SUPERBUR

BIBLIOTECA UNIVERSALE RIZZOLI

Johannes Mario Simmel

IL CODICE GENETICO

traduzione di ANNA CORBELLA

Biblioteca Universale Rizzoli

ISBN 88-17-11409-X

Titolo originale dell'opera:
DOCH MIT DEN CLOWNS KAMEN DIE TRÄNEN

prima edizione Superbur: febbraio 1992
seconda edizione Superbur: maggio 1992

A L.S., K.K. - E. e A.M.,
ovunque siano,
con amore, stima e riconoscenza

La follia è rara nell'individuo,
ma nei gruppi, nelle nazioni e nelle epoche
è la regola.

FRIEDRICH NIETZSCHE
Al di là del bene e del male

L'unica possibilità di vincere in questo gioco
è quella di non giocare.

Dal film americano *WARGAMES*

Le persone, i fatti e le istituzioni citati nelle pagine di questo libro sono in parte frutto dell'invenzione, per esempio le emittenti televisive francesi Première Chaîne e Tele 2, *la sede del telegiornale tedesco* Welt im Bild *e l'omonima trasmissione e i cosiddetti ''reparti speciali''. Molte altre persone, parecchi episodi e istituzioni corrispondono invece alla realtà. Tre persone — i tre personaggi chiave del libro, opportunamente modificati nel loro aspetto esteriore — hanno influenzato e caratterizzato in modo particolare la mia vita e continueranno a farlo finché non morirò. Una di esse ha permesso che fra un uomo e una donna, che vivevano un'esistenza ''amputata'', nascesse l'amore, quell'amore di cui nel libro si narra.*

Gli orribili esperimenti — tutti fino all'ultimo — dei quali riferisco sono già stati portati a compimento da celebri scienziati di tutto il mondo. I risvolti catastrofici e grotteschi di tali esperimenti sono fatti reali. Ho riferito esattamente le affermazioni orali e scritte di numerosi personaggi del nostro tempo, opinioni, decisioni e progetti di uomini tanto potenti quanto privi di scrupoli, gli uomini che decidono del nostro destino, e ho citato stralci di trasmissioni televisive, brani di opere sia scientifiche sia politiche, dichiarazioni, relazioni, articoli e comunicazioni giornalistiche. Solo in alcuni casi sono stato costretto dalle norme vigenti o dalla situazione particolarmente critica a cambiare nomi, luoghi e tempi. Eventuali somiglianze con persone reali e fatti reali non sono pertanto casuali né fortuite, bensì assolutamente inevitabili.

J.M.S.

Prologo

È la volta dei clowns.

Quando i due pagliacci fanno il loro ingresso sulla pista, dagli spalti si alza il coro unanime e gioioso dei bambini. Uno dei due è molto alto e robusto e indossa un costume a scacchi gialli e neri; l'altro, piccolo di statura ed esile, porta un vestito a quadretti bianchi e rossi. Il trucco pesante maschera completamente i loro volti. Ai piedi portano scarpe sformate e i calzoni che indossano sono esageratamente larghi. In testa entrambi calzano dei minuscoli cappelli.

Che spettacolo, ragazzi!

Bambini e bambine siedono felici accanto ai loro genitori sulle poltroncine allineate sotto il tendone. Hanno osservato divertiti il balletto dei pony neri, hanno seguito terrorizzati il numero dei leoni e con il fiato sospeso hanno visto librarsi nell'aria le splendide trapeziste dai costumi d'argento.

E ora è la volta dei clowns.

«Dai, giochiamo a fare il Gugliemo Tell!» dice quello vestito di giallo e nero.

«Che cosa?» ribatte l'altro.

Più che parlare gridano, rivolti ciascuno a una metà della platea, cosicché tutti quanti possano comprenderli.

«Al Guglielmo Tell! Quel tipo che con l'arco e le frecce ha centrato una mela piazzata sulla capoccia di suo figlio! Da cento metri di distanza!»

«Cosa, cosa, cosa... Che roba!» esclama il più piccolo dei due. «Da una distanza di cento metri! Questo Guglielmo Tell avrebbe beccato una mela piazzata sulla capoccia di suo figlio? E io dovrei fare la parte del figlio, vero? Ma fammi il piacere! Fammi il piacere!»

«Sì, perché no?»

«Come si chiama il bambino?»

«Si chiama Walter!»

«Il bambino si chiama Walter! Il piccolo Walter!» Il pagliaccio piccolo di statura porta una mano davanti alla bocca e sussurra confidenzialmente al pubblico: «Il vecchio non ce la farà mai!».

I bambini scoppiano a ridere.

In prima fila, proprio a ridosso della pista, siedono una donna e un bambino. La signora indossa un completo con giacca e pantaloni giallo acceso e il bambino porta un blazer, pantaloni di flanella, camicia bianca e cravattino. Ha sette anni. Guarda la madre con occhi raggianti.

«Dov'è la mela?» domanda il pagliaccio.

«Eccola qui!» risponde l'altro prendendo dalla tasca dei pantaloni una mela straordinariamente grossa e bella. Dopo aver tolto il cappello dalla testa del compagno di scena, gli sistema per bene la mela sul capo. Ma la mela rotola per terra. Il ciccione la raccoglie, la rimette sulla testa dell'amico e sferra un pugno violento per sistemarla a dovere. La mela rotola di nuovo a terra. E il pagliaccio magrolino finisce a gambe all'aria.

Il ciccione solleva l'amico di peso e lo rimette in piedi. Quindi ci riprova con la mela. Ma la mela casca a terra. I bambini strillano e gli adulti ridono.

La giovane donna in prima fila osserva con amore il figlio che applaude entusiasta. Gli accarezza dolcemente i capelli neri. Anche lei ha i capelli neri, tagliati molto corti e acconciati semplicemente all'indietro. Nel viso sottile spiccano due grandi occhi neri. Il loro bagliore è velato da un soffio indelebile di tristezza, che neppure il riso riesce a cancellare. Sulla cornea dell'occhio destro spicca una strana macchia di pigmentazione, piccola, e scura come un grano di polvere. Pur essendo tanto piccola quella strana macchia dona al volto della donna un'impronta assai particolare. La pelle del viso ha il colorito tipico di coloro che trascorrono gran parte del tempo all'aria aperta.

«Mio caro Pierre» dice la madre. Ma il bambino non la sente, poiché la sua voce è soffocata dalle risa del pubblico. Il pagliaccio più magro infatti ha esclamato: «Paparino, con quella mela non ci riusciremo mai! Ci serve qualcosa d'altro!». E, tolta una banana di tasca, se la piazza sulla testa.

I bambini impazziscono.

«Che sciocchezza, Walter!» esclama il più grasso. «Ti faccio vedere io come si fa! Tirati via quella banana dalla testa!»

Il pagliaccio magrolino butta via la banana.

Il ciccione dà un grosso morso alla mela e la piazza sulla testa dell'amico. La mela rimane al suo posto. «Hai visto com'è facile, Walter? Ora vado a prendere arco e frecce.»

«Dove ce l'hai l'arco e le frecce, paparino?»

«Laggiù, in quella valigia.»

Il pagliaccio si è presentato in scena con un grosso bagaglio, che ha appoggiato al centro della pista. Si dirige appunto verso la valigia. Non appena volta le spalle al compagno, quest'ultimo si toglie di testa la mela e ne stacca un morso. Lo mastica, lo inghiotte e si passa una mano sullo stomaco. Il ciccione diffidente si volta. Ma l'amico è stato più veloce di lui. La mela è tornata al suo posto, sulla testa calva e coperta di cerone del pagliaccio.

Ah, come ridono i bambini!

L'uomo che sta sognando questa scena giace in un ampio letto. Un sorriso gli scuote il volto. L'uomo che sogna manda lunghi respiri rilassati.

La donna dai capelli corti e gli occhi neri sente qualcuno alle sue spalle ridere sonoramente. Si gira. L'uomo che ha riso siede due file dietro di lei. Ha il volto solcato dalle rughe e i capelli grigi, nonostante abbia poco più di quaranticinque anni. Riconosce la giovane donna che si è girata a guardarlo e la saluta con un cenno del capo. Lei ricambia il saluto. Con lui c'è la moglie, una donna fragile e minuta, e due ragazzine. Sono le figlie.

I bambini ora strillano, gemono e si sbellicano dalle risa. Ogni volta che il pagliaccio corpulento si incammina verso la valigia nera, il suo compare si toglie di testa la mela e l'addenta. E ogni volta che il primo, diffidente, si volta, l'altro ha già rimesso al suo posto la mela, che si fa via via sempre più piccina. Il grassone si china sulla valigia. Cerca invano di aprirla. E intanto il suo compare riesce a mangiarsi tutta quanta la mela. I bambini ridono come matti.

«Walter!» chiama il più grosso.

«Sì, paparino?»

«Vieni ad aiutarmi!»

Il pagliaccio magrolino solleva i calzoni, mettendo in mostra i calzini violetti e le giarrettiere verdi. Inciampando nelle scarpe si dirige verso il suo compare, che lo fissa con diffidenza.

«Dove hai messo la mela?»

Il clown indica la sua pancia.

L'altro esclama: «Ma bene! Ma bene! L'hai voluto tu! Vorrà dire che faremo a meno della mela!».

«Evviva! Evviva! Giochiamo senza la mela!»

«Dai, aiutami!»

Si chinano entrambi e armeggiano con le serrature della valigia nera. A un tratto il coperchio si solleva. E all'improvviso i due pagliacci si rialzano stringendo fra le mani due fucili mitragliatori. Si mettono a sparare furiosamente sul settore del circo in cui siedono la giovane donna con il figlio e il signore dai capelli grigi con la famiglia.

Si scatena il panico. Bambini che piangono, madri che urlano, uomini che gridano. I mitragliatori fanno fuoco senza pietà, colpendo qui un bambino, più in là una donna, laggiù un altro bambino. Gli spettatori si accasciano sanguinanti. L'uomo brizzolato si riversa sulla poltroncina: un proiettile l'ha centrato in piena fronte. Un fiotto di sangue gli inonda il viso. Sangue, sangue. La moglie e le due ragazzine cadono a terra, anch'esse coperte di sangue. E i pagliacci continuano a sparare.

Un'agitazione violenta si è impadronita del pubblico. Gli spettatori cercano di guadagnare l'uscita, ma le scale che separano i diversi settori sono troppo piccole perché tutti quanti possano fuggire. Gli uomini si fanno strada con la forza, spingendo via donne e bambini. Molti inciampano e cadono. Altri li calpestano. E sangue, un enorme fiume di sangue scorre dalle gradinate verso la pista.

Un membro del servizio d'ordine del circo avanza stringendo in pugno una pistola. Il più magro dei due pagliacci lo vede arrivare. Tre colpi e l'uomo cade a terra, il volto affondato nella polvere. La pista intorno a lui si tinge di rosso.

La giovane donna vestita di giallo, appena è iniziata la sparatoria, ha spinto il figlio sotto la gradinata, scivolando accanto a lui per ripararsi dai colpi. Si muove con la destrezza e l'esperienza di un soldato. Sdraiata a terra osserva i due pagliacci che, senza cessare il fuoco, retrocedono verso l'uscita della pista. Intorno a loro si crea il vuoto, la gente si butta a terra o cerca di fuggire. I clowns escono dal circo.

Di sicuro un'auto li aspetta all'uscita, dice la donna fra sé.

I corridoi sono intasati di persone. I feriti si lamentano. La gente, fuori di sé dalla paura, reagisce con brutalità, picchiando furiosamente il prossimo. Morti e feriti giacciono a terra esanimi. Gli altoparlanti diffondono le parole di una voce d'uomo, nessuno comprende il loro significato.

Nel sonno l'uomo si agita irrequieto. Piccole gocce di sudore gli imperlano la fronte. Respira con affanno e si passa le mani fra i capelli grigi. Nel sogno vede con chiarezza il volto dell'uomo che giace senza vita in una pozza di sangue. Egli vede se stesso — morto! Vede sua moglie, le sue bambine — morte, morte, morte! Sono riverse sopra una gradinata. E l'uomo nel sonno manda un forte gemito...

La donna balza in piedi. Solleva di peso il figlio che la segue barcollando. Parecchia gente si è riversata all'interno della pista. I feriti mandano urla strazianti. La donna si apre un varco in mezzo alla folla, sempre tenendo per mano il bambino. Il ragazzo inciampa, si accascia. La madre lo trascina. La donna avanza facendosi strada a gomitate. La gente ribatte ai suoi colpi.

«Lei! Che fa? È impazzita?»

«Al diavolo! Vattene al diavolo!»

La donna raggiunge l'ingresso del tendone, dove si trovano le casse. Ci sono anche tre cabine telefoniche. Spalanca la porta della prima cabina, si tira appresso il figlio e appoggiandosi contro il vetro compone un numero. Ha il fiato grosso.

«*Hamburger Allgemeine*» risponde una voce di donna.

«Sono Norma Desmond. Voglio parlare con il redattore capo. È urgente!»

«Un momento, signora Desmond.»

La centralinista passa la comunicazione.

Un'altra voce femminile risponde. «La segretaria del redattore capo, prego?»

«Sono Norma Desmond. Il dottor Hanske, per favore! Subito!»

«Va bene!»

Clic.

Una voce maschile. «Norma?»

La donna cerca di scandire le parole con la massima chiarezza. «Günter! Sono al Circo Mondo. C'è stata una sparatoria. Due pagliacci hanno fatto fuoco sulla platea.»

«Cosa?»

«Su un settore particolare della platea, quello in cui ci trovavamo anch'io e Pierre.»

Dalla strada giunge il sibilo delle sirene: due, tre, quattro, impossibile contarle. Un'automobile della polizia attraversa l'ingresso e si ferma stridendo al centro della pista. Un'altra auto la segue, la luce blu accesa e la sirena spiegata. La gente si fa da parte. Dalla cabina telefonica Norma scorge le ambulanze ferme davanti al tendone del circo.

«È arrivata la polizia... ambulanze... medici, infermieri...»

Gli agenti e il personale sanitario passano davanti a lei, diretti all'interno del circo. Le sirene continuano a ululare.

«Quanti sono i morti? Quanti i feriti?» chiede il redattore capo dall'altro capo del telefono.

«Non saprei. Una cinquantina forse! Magari sessanta. Sentimi bene, Günter, a giudicare da quello che ho visto direi che i pagliacci avevano una missione ben precisa da svolgere. Dovevano uccidere un uomo. Lui e la sua famiglia. Hanno aperto il fuoco contro di lui. Quell'uomo è morto. E sono morte la moglie e le figlie.»

«Hai idea di chi si tratti...»

«Lo so!»

«Chi è?»

«Il professor Martin Gellhorn.»

«Il professor Gellhorn?»

La porta della cabina si spalanca. Norma trasale.

Di fronte a lei c'è un uomo piuttosto alto. È cereo in viso. Porta un paio di occhiali montati a giorno. Indossa un abito sgualcito e strappato. Ha il respiro affannoso.

«Cosa vuole?» strilla Norma.

L'uomo cereo torna sui suoi passi. «Mi scusi... non avevo visto che la cabina era occupata...»

La porta si richiude. L'uomo scompare.

«Norma! Norma!» urla la voce al telefono.

«Sì, dimmi!»

«Cos'è stato?»

«Non ho idea. Un uomo...»

«Dicevi che si tratta del professor Gellhorn?»
«Sì!»
«Della clinica Virchow?»
«Esatto!»
«Ma è uno scienziato!»
«Un microbiologo.»
«Un microbiologo! E da quando si uccidono i microbiologi?»
«Questo non lo so.»
«Sei davvero sicura che sia proprio lui?»
«Accidenti? Sapessi quante volte l'ho visto in fotografia! Sono sicurissima!»
«Ma per quale motivo possono averlo ammazzato?»
«Santo Dio, cosa vuoi che ne sappia. Manda subito qui dei fotografi! E qualche redattore! Joe! Franziska! Herbert! Jimmy! Io non mi muovo di qui! E fa' in modo di trovare un po' di spazio! Abbiamo bisogno di spazio! Il titolo di testa cos'è?»
«Ancora disaccordo a Bruxelles fra i partecipanti della conferenza CEE. Lo cestiniamo, sta' tranquilla. La prima pagina è tua. E anche la terza. Ti diamo tutto lo spazio che vuoi.»
«D'accordo. Richiamo io.» La donna riappende. E un istante dopo si accorge che il figlio è accasciato a terra. Giace in una pozza di sangue. Lei stessa posa i piedi nel sangue di suo figlio. Si inginocchia.
«Pierre! *Pierre!*»
Pierre non risponde. Pierre è morto. La donna scorge una macchia di sangue sul risvolto destro della giacca del bambino. Probabilmente è di lì che è entrata la pallottola. Apre la giacca. Un fiotto di sangue le inonda le mani, il vestito, le scarpe. Norma non riesce più a respirare. Lo devono aver colpito subito, pensa. Prima che lo mettesse al riparo. Norma non se n'è accorta. E lo ha trascinato fin lì.
Altre sirene ululano incessantemente. Arrivano altre ambulanze e altre auto della polizia.
Siamo ad Amburgo. Sono le 17,54 di lunedì, 25 agosto 1986.

Libro Primo

1

Il momento peggiore fu rientrare a casa dopo il funerale. Pensava di non esserne capace. Tornando a casa non l'avrebbe più trovato. Non sarebbe stato più lì ad aspettarla. Non avrebbe più potuto sentire la sua risata. Mai più, pensava, mai più. Rideva tanto. Come suo padre. Anche suo padre aveva vissuto in quella casa. Anche suo padre era morto. Non avrebbe più sentito le loro voci e non li avrebbe rivisti mai più. Mai più. Mai più. In nessun luogo. Ma quella casa! Per me, pensava, questa casa è come la tana per un animale, il luogo dove può rifugiarsi quando è stanco, oppure ferito, quando è triste, affamato o allo stremo delle forze. O dove invece ritorna contento dopo una buona caccia, una corroborante nuotata o una gara di corsa con altri animali. Da tanti anni ormai mi spediscono in ogni angolo del mondo, pensava, ma sono sempre tornata qui, in questa casa, felice di ascoltare la voce di Pierre e quella di suo padre. E altrettanto felice mi sentivo quando rincasavo tardi la sera. Nella mia casa. Sì, questa è la mia casa, la mia tana. Se quando tornavo uno dei miei uomini dormiva, allora mi sdraiavo accanto a lui per ascoltarne il respiro, il respiro del mio uomo o il respiro di mio figlio. Ho perduto il mio uomo e ora ho perduto anche mio figlio. Non vedrò né sentirò mai più la voce dell'uomo che ho amato e quando tornerò a casa il mio bambino non sarà più lì ad aspettarmi. E questa casa non sarà mai più la mia tana. Pur conoscendone ogni angolo, è diventata un posto distante. Mi hanno portato via tutto. Questo posto non tornerà mai più quello che era. Mai più. Mai — la parola più esecrabile che esista. Peggiore di qualsiasi tirannia.

Andava da una stanza all'altra e si sentiva vuota e bruciata. Pensava che sarebbe stato meglio se la morte si fosse presa anche lei. Gli occhi neri erano pieni di tristezza, di collera e al tempo stesso velati da un sentimento di umile rassegnazione, di pena e solitudine — la solitudine della morte e della vita.

Una volta con il padre di Pierre parlammo di come avremmo desiderato morire. Fu a Beirut, nell'ottobre del 1978, me lo ricordo benissimo. Ci avevano spedito laggiù. Pierre come inviato dell'*Agence France Presse*. Ci conoscevamo già da tre anni. Ci eravamo incontrati nel gennaio del 1976, quando c'erano stati tanti morti sulla Linea Verde, la linea di demarcazione fra il settore orientale e quello occidentale di Beirut. I cristiani vivevano nel settore orientale, i musulmani in quello occidentale. Nel gennaio del 1976 i musulmani avviarono un'operazione di controllo dei documenti di riconoscimento nei pressi della Linea Verde e uccisero o deportarono parecchi cristiani che sorpresero nella zona. Mi trovavo a Beirut-Ovest, ma volevo assolutamente recarmi nel settore orientale. Nei pressi della Linea Verde fui arrestata. Mi stavano trascinando verso un mucchio di rovine per uccidermi quando saltò fuori questo Pierre Grimaud, urlando a squarciagola che ero straniera e giornalista e quindi non mi dovevano ammazzare. Ricordo ancora che indicava insistentemente le magliette che entrambi indossavamo. Il clima a Beirut era terribilmente caldo e umido e noi giornalisti giravamo in maglietta e calzoncini e sulle magliette era stampata la scritta: ''STAMPA — NON SPARARE!'' in lingua araba e inglese. Pierre si mise a discutere con due musulmani, mentre in mezzo alle rovine un sacco di gente veniva fucilata. Ci furono tanti morti nel gennaio del 1976 sulla Linea Verde. Fu un vero e proprio assassinio. Poi, grazie a Dio, un missile esplose a un centinaio di metri di distanza e mandò all'aria tutto quanto si trovava lì attorno. E mentre una pioggia di detriti ci cadeva addosso questo Pierre Grimaud — allora non conoscevo ancora il suo nome — mi afferrò e scappammo via insieme, piegati e procedendo a zig-zag per evitare il fuoco dei musulmani. Un secondo missile esplose fra noi e loro, provocando una grossa nuvola di fumo e polvere che ci permise di fuggire. Da quel giorno restammo sempre insieme — o quasi — e lavorammo insieme, aiutandoci reciprocamente. Nel 1976 Pierre aveva trentanove anni, nove più di me. Avevamo entrambi parecchie esperienze di guerra e fino ad allora ce l'eravamo sempre cavata mettendo a frutto le nostre esperienze in fatto di sopravvivenza. Conoscevamo un sacco di trucchi, molti dei quali si erano rivelati utilissimi. E quella notte, nell'ottobre del 1978, ci mettemmo a parlare della morte. Nel frattempo avevamo vissuto anche dei periodi di separazione, poiché le rispettive redazioni ci spedivano da un capo all'altro del mondo; ma finivamo per incontrarci sempre a Beirut, dove la situazione si faceva via via sempre più grave. Quella notte eravamo all'hotel Commodore. L'hotel Commodore si trova nel settore occidentale della città. Avevamo una stanza anche all'hotel Alexandre, a Beirut-Est. Molti giornalisti avevano due stanze, una in ogni settore della capitale libanese. Non sempre infatti era possibile spostarsi da un settore all'altro. Entrambi gli alberghi, sia il Commodore sia l'Alexandre, subivano ripetutamente dei bombardamenti, ma ogni volta venivano risistemati alla bell'e meglio. Facemmo l'amore quella notte. I nostri corpi abbracciati si muovevano come un unico corpo e fu stupendo come sempre, come nessuno di noi due avrebbe mai immaginato che potesse essere. Erano tre anni ormai che stavamo insieme, senza ieri né domani, vivendo solo il presente. Pregavamo Dio che ci fosse solo il presente, solo il presente, per sempre e che durasse per sempre, senza finire mai. In quel momento eravamo noi due soli, per noi e per sempre e non ci importava niente altro. Non era il momento di vivere, era il momento di morire, ma non subito, non subito... o forse sì, se dovevamo morire allora sarebbe stato bello morire così. Giacevamo l'uno accanto all'altra e posavo la testa sul suo petto, sentivo il battito del suo cuore e il rombo delle mitragliatrici che rompeva il silenzio della notte, il boato dei motori di un bombardiere e il fragore delle esplosioni. Gente che gridava e poi il boato di altri missili, sempre più vicini e sempre più forti.

«Se si avvicina ancora,» dissi «il nostro vecchio Commodore salterà in aria. Questa volta ci siamo dentro anche noi e non possiamo fuggire. Speriamo in bene!»

«Non succederà» fece Pierre mentre un missile esplodeva fuori sulla strada. Io aggiunsi: «Sarebbe bello continuare a vivere insieme. Ma se dobbiamo morire, allora vorrei che morissimo insieme. L'ho sempre desiderato. È meglio che ci uccidano insieme, piuttosto che lasciare uno di noi a soffrire».

Ci fu un'altra esplosione. Lontana questa volta e Pierre mi baciò i capelli. Io lo baciai sulla fronte e Pierre disse: «Anche questa volta è andata bene. Lo sapevo. E so che sarò io il primo a morire, *mon chou*».

«No, non morirai per primo» risposi.

«E invece sì. Lo voglio. Lo voglio davvero. E prego perché sia così.»

Il fuoco delle mitragliatrici martellava nel silenzio.

«Dici sul serio?» domandai.

«Sì» disse Pierre. «Prego ogni sera. Ho pregato anche poco fa.»

Io mi strinsi più forte a lui e lo baciai sulla bocca mentre fuori la guerra infuriava, lontano da noi due. Dissi: «No. Voglio morire io per prima».

«No, tesoro mio. Sarà Dio a decidere. E io credo in lui. Tu no.»

«Non è giusto» replicai mentre un carro armato transitava davanti al Commodore. Sentii lo stridore dei cingoli di ferro e scoppiai a piangere. Pierre credeva in un Dio universale, non personale. Se fosse stata una creazione del suo intelletto avrei potuto discutere con lui e magari smontare le sue convinzioni. Ma davanti a un Dio universale non avevo alcuna possibilità. E anche questo era ingiusto.

«Non voglio essere ingiusto con te, tesoro» continuò Pierre abbracciandomi. «Voglio morire prima di te solo perché mi è impossibile pensare di poterti sopravvivere. Certo, ammetto di essere egoista in questo!»

«Per favore, non parlare così!»

«Lo dico solo perché prima o poi potrebbe succedere. A te come a me.»

«Ci è sempre andata bene finora.»

«Già. Troppo bene.»

«Forse abbiamo sbagliato mestiere» dissi.

«No, questo non c'entra» mi rispose. «Quando due persone si amano, uno dei due muore sempre. Non importa cosa fanno e dove sono. La morte è sempre in agguato per coloro che si amano. Non riesco a togliermelo di mente, amore mio. Mai.»

«Nemmeno io» dissi. «Per questo penso solo al presente e voglio che solo il presente sia importante per noi. Non dobbiamo avere un domani. Anche se ragionare così non ha senso.»

«Non è affatto vero» rispose lui. «Per noi tutto resterà sempre come è adesso. Non ci sarà mai un passato per noi o per uno di noi. Perché ci amiamo. Il passato non esiste per due persone che si amano, *mon petit chou*» — fra noi parlavamo sempre francese, dal momento che Pierre se la cavava piuttosto male con il tedesco. — «Il passato resta vivo nel presente, proteso verso il domani.»

«Ma se uno dei due dovesse morire?» azzardai sentendo il battito del suo cuore e del mio. Lontano, nel quartiere cristiano della città, tre missili esplosero in rapida successione. «Quando uno di noi morirà, Pierre?»

«Nessuno muore veramente, fino a quando c'è qualcuno che lo pensa e che lo ama» disse. «Anche da morto egli resta vivo per chi lo ama. Una presenza inconsistente e costante.» Il fuoco delle mitragliatrici rompeva il silenzio. «La parte migliore di un uomo che muore resta in colui che lo ama. Entra a far parte di lui, ne arricchisce l'esistenza. E così essi restano uniti per l'eternità.»

«Ma allora» ribattei «perché vuoi morire prima di me? Io so perché voglio essere la prima a morire: perché non credo a quello che hai appena detto. Sono parole fantastiche, *chéri*, e mi fa un immenso piacere il fatto che tu le abbia pronunciate. Ma non corrispondono alla verità e lo sai bene anche tu. Sii sincero, ammettilo!»

«Okay» esclamò Pierre. «Non ci credo nemmeno io. Ma Dio solo sa quanto vorrei che fosse vero.»

Il caldo e l'umidità erano quasi insopportabili. Le mitragliatrici sparavano incessantemente le loro lunghe raffiche di colpi e il bombardiere sorvolò ancora la città sganciando il suo carico di missili. L'albergo tremò. Fu una notte come tutte le altre.

2

Si scosse di colpo dai suoi pensieri.

Era seduta sul letto, se ne rese conto solo allora. Girò la testa e vide le due foto nelle cornici d'argento sul comodino. Una ritraeva Pierre Grimaud, l'altra suo figlio, al quale Norma aveva dato lo stesso nome del padre. Pierre Grimaud sedeva sopra una tanica di benzina davanti a una cassa di munizioni, sulla quale era sistemata una macchina per scrivere portatile. Grimaud batteva i tasti con due dita. Indossava soltanto un paio di calzoncini grigio-verdi e un cappello a visiera dello stesso colore, come quello che portano i soldati e gli autisti per proteggersi dal sole. Il viso affilato e il torace magro e nerboruto erano bruciati dal sole. Quando Norma gli aveva scattato quella foto, Pierre aveva fissato l'obiettivo. E aveva riso. Intorno agli occhi gli si erano disegnate tante piccole rughe. Aveva una bocca grande e grossi denti irregolari. Al collo portava una catenina d'oro con appeso un portafortuna: due lenti da vista montate in oro, con un quadrifoglio al centro.

Norma scostò il lembo della scollatura del suo abito nero. Prese la catena e il ciondolo portafortuna. Da parecchio tempo non era più Pierre a indossarlo. Sono stata io a fargli questo regalo, pensò. Quando eravamo a Beirut. Ma non gli ha portato fortuna.

Fissò la foto di Pierre e poi quella di suo figlio. Il bambino inforcava la bicicletta. Indossava un paio di blue jeans e una camiciola colorata. Com'era piccola la sua bara, pensò guardando il volto sorridente di suo figlio. L'aveva scelta qualcuno dell'Istituto di medicina legale. Qualcun altro aveva sbrigato tutte le formalità e aveva deciso il luogo di sepoltura. Una donna all'obitorio le aveva detto di aver coperto la piccola salma con un bel lenzuolo e di aver messo un mazzolino di fiori fra le mani del bambino. Com'è gentile la gente quando uno muore. Chissà se la mancia che aveva dato agli uomini delle pompe funebri era stata abbastanza generosa. Nessuno oltre a loro era andato al cimitero. E la stessa Norma era venuta via appena la piccola bara era affondata nella terra.

«Nessuno muore veramente, se...»

Anche Pierre aveva ammesso di non credere a queste parole! A un tratto Norma non riuscì più a sopportare la vista delle due fotografie. Le ripose in un cassetto del tavolo. E a un tratto avvertì il bisogno di uscire da quella stanza. Andò in soggiorno, nel suo confortevole soggiorno pieno di libri. Il divano, comodo e accogliente, correva lungo tutta una parete letteralmente rivestita dalla collezione di quadri e immagini che Pierre e Norma avevano raccolto nel corso degli anni. Le cornici si sfioravano addirittura fra loro. C'era la fotografia di due soldati seduti sulla panca di una cella, privi degli arti inferiori e vestiti di stracci. Accanto alla foto tre litografie di Chagall: *Gli amanti sotto il mazzo di gigli*, *Gli amanti sul cielo di Parigi* e *L'ebreo in verde*, poi *La profanazione del minotauro* di Dürrenmatt, con la fantastica creatura appoggiata a un muro del labirinto e un uomo minuscolo, in piedi sul muro, intento a orinare su di lei; opere di pittura naive di Milinkov — un campo in piena estate con alte messi e alberi carichi di frutti e coppie di uomini e donne che amoreggiavano fra loro; e ancora un disegno di Horst Janssen, di grandi dimensioni, sul quale appariva un teschio posato sopra un tavolo. Lo stesso autore, residente ad Amburgo, aveva spiegato a Norma che il teschio era l'immagine della morte, la morte che divora se stessa. In un angolo del foglio Janssen aveva disegnato anche il suo volto, come in tante altre sue opere; accanto alla ''morte'' spiccava il ritratto di un bambino in rosso e bianco che batteva il suo tamburo. L'olio del tamburino era un'opera di Franz Krüger, un celebre ritrattista e pittore di vita militare della Berlino Biedermeier, famoso per i suoi quadri equestri. Fra tutti i quadri allineati sulla parete era questo il preferito di Norma.

Si diresse verso il tavolo a ribalta sul quale erano disposti bicchieri e bottiglie e il contenitore termico del ghiaccio. Versò del whisky in un grosso bicchiere e vi gettò alcuni cubetti di ghiaccio. Bevve un sorso e aprì la porta finestra per uscire in terrazza. Erano già passate le sette di sera e il sole piegava a occidente. L'appartamento si trovava all'ultimo piano di un condominio situato all'inizio della Parkstrasse nel quartiere di Othmarschen, poco distante dal viale che costeggia l'Elba. Norma fissava il corso del fiume, illuminato dagli ultimi raggi del sole. Sulla sponda opposta si apriva lo Steendiekkanal, con il porto delle chiatte adibite al trasporto di carbone e l'edificio di servizio all'ingresso del porto, più avanti le officine HDW-Finkenwerder, le strutture ferroviarie e i vagoni merci, tutto quanto immerso nel bagliore dell'ultimo sole. Sapeva che dietro ai binari si trovava il luogo dal quale era appena tornata: il piccolo cimitero della vecchia chiesa. Dal cimitero aveva raggiunto la più vicina fermata del vaporetto, quindi aveva attraversato il fiume scendendo in prossimità del Teufelsbrück e costeggiando lo Jenischpark era tornata a casa.

Ora, seduta in poltrona, vuotava il suo bicchiere e non le importava più di nulla. Si rialzò e andò in bagno per farsi una doccia. Basta! Basta! Si infilò l'accappatoio e si versò dell'altro whisky. Basta! Basta! Poi si rifugiò nello studio e seduta alla scrivania pensò di telefonare a un'amica. Ma dopo aver composto le prime cifre — basta! — abbandonò l'idea e riappese il ricevitore. Basta! Non poteva stare lì seduta davanti alla scrivania. Basta! Bevve dell'altro whisky e poi ancora dell'altro e ricominciò a piangere. Bevve di nuovo e infine si sedette nella stanza di suo figlio. Basta! Si sdraiò sul letto e — basta! — il cuscino aveva ancora il profumo dei suoi capelli. No, questo non poteva sopportarlo. Corse via dalla camera e tornò in terrazza, poi in soggiorno, a guardare ancora una volta i quadri degli amanti e del tamburino e della morte. Basta! Basta! Basta!

3

Norma aveva quarant'anni e da diciannove esercitava la professione di giornalista. Da diciannove anni la redazione la spediva in ogni angolo del mondo. Come inviata speciale quando scoppiava una guerra — e di guerre ne erano scoppiate tante in quegli anni — oppure una rivoluzione, se si verificava una catastrofe naturale o una ribellione. In occasione di un processo sensazionale. O per far luce su un caso di corruzione, su un traffico di armi o di droga o per indagare su una truffa finanziaria. Chiamavano lei quando un piccolo stato subiva una brutale aggressione da parte di un paese più potente. E non c'era politico, scienziato, filosofo, scrittore, attore, pittore, regista, compositore o scultore che nell'arco di questi diciannove anni fosse sfuggito alle sue interviste. I suoi articoli venivano tradotti in molte lingue e pubblicati sui più autorevoli giornali stranieri. Era nota in tutto il mondo come una delle migliori giornaliste in attività. Nonostante avesse ricevuto e ricevesse in continuazione allettanti offerte da parte delle più celebri e stimate riviste del suo paese, Norma era sempre rimasta fedele all'*Hamburger Allgemeine*, che grazie a lei era diventata una testata di importanza internazionale. Si può dire che il giornale era Norma Desmond. Per il suo lavoro aveva ricevuto premi e riconoscimenti. I suoi servizi migliori e le sue interviste erano stati pubblicati in una raccolta di diversi volumi. Suo figlio frequentava un collegio alla periferia di Amburgo. Quando le era possibile Norma lo andava a prendere e lo portava a casa sua, vicino al fiume. Naturalmente, in seguito all'incidente al reattore nucleare di Chernobil, Norma aveva preso parte alla conferenza stampa internazionale di Mosca e si era recata ai margini della zona ''proibita'' intorno alla centrale atomica in avaria. Rientrata ad Amburgo, era andata a prendere il figlio per trascorrere con lui le vacanze estive. Insieme avevano compiuto diverse gite e si erano recati al circo, quel pomeriggio del 25 agosto...

E ora era tutto finito. Finito. Finito.

Norma non riusciva a darsi pace. Camminava su e giù per il soggiorno e poi usciva sulla terrazza. L'acqua del fiume brillava, illuminata dai raggi dell'ultimo sole. Faceva ancora molto caldo.

Era morto. Morto. Morto.

Le dolevano i piedi. Si lasciò cadere sulla chaise-longue davanti alla libreria. La poltrona era rivestita di stoffa verde scuro. Su quella sedia amava stare Pierre Grimaud quando entrambi, di ritorno dai rispettivi viaggi di lavoro, si ritrovavano ad Amburgo. Veniva sempre qui da me, pensava Norma. Lo andavo a prendere all'aeroporto. Mi portava sempre delle rose. Rose rosse. Trentun rose rosse. E la sera si sedeva su questa sedia. Io preferivo accovacciarmi sul divano. Spesso parlavamo o ascoltavamo musica fino alle prime luci dell'alba. Chopin, le sonate per pianoforte di Schubert, Gershwin e Rachmaninov. Nel sonno ci tenevamo per mano. E non ci separavamo mai, nemmeno per un minuto. Insieme uscivamo a prendere il giornale la domenica. E poi ripartivamo, io per una meta e Pierre per un'altra, per poi rincontrarci come sempre a Beirut, in quella maledetta Beirut. L'ultima volta fu nell'agosto del 1978. Alloggiavamo all'hotel Commodore, nel settore occidentale della città, e all'inizio di ottobre — chissà perché non riesco a ricordare il giorno preciso? — ci ritrovammo a parlare della morte... sì, della morte. E il 18 ottobre, pochi giorni dopo — questa data la ricordo perfettamente e non la scorderò mai —, ci trasferimmo nel settore orientale di Beirut, all'altro albergo presso il quale avevamo una stanza, l'Alexandre. Alcuni colleghi americani ci avevano rivelato che presto in quella parte della città sarebbe stata avviata una grossa operazione militare e temevamo che in seguito non ci sarebbe più stato permesso di attraversare la linea di demarcazione.

Arrivammo a Beirut-Est la sera del 17. Il 18 alcune unità dell'esercito siriano accerchiarono il quartiere cristiano e lo presero sotto tiro. Fu l'evento più terrificante al quale ebbi modo di assistere in tutta la mia carriera, il più spaventoso, tanto che non trovo le parole per descrivere ciò che vidi. Pierre e io, con alcuni colleghi e parecchia gente che si trovava nelle vicinanze, ci rifugiammo nelle cantine dell'hotel Alexandre. Iniziò la pioggia di missili. La terra ci tremava sotto i piedi, l'edificio oscillava e i cristiani pregavano oppure imprecavano. Il fuoco dei missili non cessava; durò un'ora, forse due. Morti e feriti venivano trascinati nelle cantine dell'albergo. I feriti gridavano ma non c'erano medici né medicinali, non c'era acqua né luce. E fu allora che sentimmo l'urlo di Jean-Louis. Fu un urlo terribile, disumano. Pierre e io sistemammo una cassa sotto a una finestra della cantina per riuscire a guardare sulla strada, o a quello che era rimasto della strada. Jean-Louis Cassis, fotografo dell'*Agence France Presse*, giaceva supino accanto a un mucchio di detriti. Lo spostamento d'aria gli aveva strappato di dosso la maglietta e i calzoni. Giaceva nudo e si premeva le mani sul ventre. Pareva che la pancia gli fosse esplosa. Gli intestini gli fuoriuscivano dalla ferita e Jean-Louis cercava di ricacciarli al loro posto, ma non riusciva e urlava, urlava, urlava.

Era un amico di Pierre. Sicuramente aveva cercato di rifugiarsi all'Alexandre, ma non ce l'aveva fatta. Giaceva a terra urlando come un forsennato e in mezzo alle grida si sentiva chiaramente un nome. Sempre lo stesso. «Pierre!»

Pierre si precipitò all'uscita della cantina. Io lo seguii cercando di trattenerlo. Gridavo: «Resta, Pierre! Non puoi far niente per lui! Sta per morire. Pierre, Pierre! Ti scongiuro, resta qui!». Ma Pierre mi diede una spinta e corse fuori sulla strada. Tornai a guardare dalla finestrella. Lo vidi chinarsi sul corpo dell'amico; era assurdo, inutile, non poteva più aiutarlo. Ma Jean-Louis era un suo amico. Esplose un altro missile. Accadde nel punto esatto in cui Pierre e Jean-Louis si trovavano. Quando la nube di polvere si diradò, al posto loro rimase solo un enorme cratere. Le cose andarono così, ricordava Norma. Mi richiamarono ad Amburgo e il 9 giugno 1979 diedi alla luce un figlio. Lo chiamai Pierre, come suo padre.

Non sopportava di stare seduta sulla poltrona rivestita di verde e riprese a camminare su e giù per l'appartamento. Accese una sigaretta e la spense subito dopo. Sentì il fischio di una grossa imbarcazione mercantile che percorreva l'Elba diretta verso il mare e pensò che fino a quel giorno diciassette suoi colleghi avevano perso la vita sul lavoro, dei dodici che erano stati rapiti non si avevano notizie e che Jerry Levin della NBC aveva trascorso dieci mesi legato a un radiatore.

Può darsi, pensava Norma, che le religioni siano state le più importanti invenzioni dell'uomo — le religioni in senso astratto. Ma sono finite ben presto in mano agli ideologi. Che sono la cosa peggiore che esiste a questo mondo. Essi trasformano il bene e il bello in male. Vogliono solo il potere, il potere sul mondo. Il potere e ovviamente il guadagno che dal potere deriva. Gli ideologi del cristianesimo hanno insegnato a dei poveri diavoli a odiare, disprezzare, uccidere il profeta Maometto e i suoi seguaci. E gli ideologi dell'Islam hanno insegnato ad altri poveri diavoli a odiare, disprezzare e uccidere il dio dei cristiani e i cristiani stessi. Gli ideologi hanno insegnato a cristiani e musulmani la tortura, la distruzione, la sofferenza e la morte. In nome di Dio. Altri ideologi hanno trasformato idee sostanzialmente grandiose in imprese criminali. I politici e l'industria bellica ne sono loro debitori. Gli ideologi hanno milioni e milioni di persone sulla coscienza. Tuttavia, pensava Norma, Pierre era riuscito a morire prima di lei. Pregava ogni sera perché ciò accadesse. Dunque si poteva fare affidamento su un Dio come quello; dato in pasto agli ideologi. No, si disse. Non si può. Mio figlio non ha di certo pregato Dio di farlo morire. Ma è morto. Cos'hanno fatto questi ideologi di Dio — non importa quale Dio — e degli ideali — non importa quali — se questi Dèi e questi ideali ai quali gli uomini vengono educati o costretti a credere permettono che solo l'orrore e la bestialità si affermino nel mondo? Non solo a Beirut, ovunque. Che solo l'odio e la morte, la sofferenza e la miseria, le epidemie, la fame, abbiano il sopravvento. Che tanti bambini muoiano. Che Jerry Levin rimanga legato per dieci mesi a un radiatore! Al diavolo! Al diavolo gli ideali — non importa quali —, al diavolo Dio — l'uno piuttosto che l'altro — con i quali si martellano le menti degli uomini! Al diavolo! Ammesso che il diavolo esista! L'uomo è condannato alla sventura, pensava Norma disperata. Se ami qualcuno sei certamente dannato e destinato a ritrovarti solo quanto prima. Aspetta, non passerà molto tempo, solo una breve parentesi, una brevissima parentesi. E tutto è finito. No, pensava, non è finito niente. Per i morti sì, certo. Ma non per i vivi, costretti a continuare. I morti sono i più fortunati. O forse no. Forse non sono contenti, forse sono più amareggiati di noi. Com'era piccola quella bara. Com'era piccola. E non c'è più adesso. Non c'è più. Non c'è più.

E mentre si abbandonava a questi pensieri udì il campanello squillare.

4

Alla porta c'era un ragazzo.

Era alto di statura e indossava calzoni neri e una giacca blu scura piuttosto corta, chiusa fino al collo da una fila di bottoni d'argento. Sul risvolto sinistro erano ricamate le parole ''Hotel Atlantic''. Il ragazzo si era tolto il berretto blu e si era prodotto in un cortese saluto. Aveva occhi e capelli chiari.

«La signora Desmond?»

«Sì.»

«Devo consegnarle questa lettera, signora.» Le porse una busta.

«Una lettera? Da parte di chi?» Osservò la calligrafia sulla busta. «Oh!» sospirò emozionata. «Aspetta un attimo!» Prese dalla borsa un biglietto da dieci marchi e lo diede al fattorino. «Tieni.»

«Grazie, signora.»

«Come ci torni all'Atlantic?» gli domandò.

«In taxi. Mi sta aspettando da basso.» Si chinò. «Buongiorno, signora.»

Norma chiuse la porta e andò in soggiorno. Si sedette sulla poltrona rivestita di verde e aprì la busta. Conteneva due fogli di carta intestata dell'albergo. Lesse il testo scritto con una calligrafia inclinata.

Mia cara, dolce Norma,
in questo momento le parole sono inutili e vuote, lo so bene. Ma immagino che tu sia seduta nel soggiorno di casa mia, a Francoforte. Sola nella tua indicibile tristez-

za. Allora prenderei dallo scaffale il *René* di Chateaubriand e ti leggerei questa frase:
''In una grande anima deve esserci più spazio per la sofferenza che in una piccola...''.
Tu l'hai sempre avuta un'anima così, anche senza quest'ultima sofferenza, così atroce e spietata, anche prima dell'altra terribile perdita. Forse il mondo sarebbe diverso se ci fossero più donne e uomini come te. Ti prego di non considerare le mie parole un semplice gesto di consolazione. Non c'è conforto per il tuo dolore. Neppure il tempo può guarire le ferite, ma solo mascherarle. Si può accettare l'esistenza solo combattendo quotidianamente con l'idea di condurre una vita mutilata. E ti citerei, a te che sei così forte e ricca nell'animo, un'altra frase che ho letto qualche giorno fa in un romanzo di Pierre Jean Jouves, *Il mondo vuoto*. Dice: ''Non c'è grande vita senza grandi perdite''. Non prendertela, Norma. E non dire: ''A che serve tutto ciò?''. È vero, non c'è conforto. Ma ci sono gli amici e quelli ti possono aiutare. Anche se da principio le loro parole non fanno che accrescere la tua disperazione. Poi però le parole, i gesti, le mani, le braccia, le spalle prendono forma nella memoria e diventano una specie di culla nella quale ci si adagia come un neonato nel suo lettino. Il movimento della culla tende a esaurirsi, ma sapere che c'è un amico pronto a darti una spinta con una frase o un sorriso può aiutarti a trascorrere alcune ore di questi giorni disperati e tremendi. Cara Norma, chiamami all'Atlantic, appena ne avrai voglia. Sono a tua disposizione. Un abbraccio dal tuo sincero amico

Alvin

5

«Hotel Atlantic. Buongiorno.»

«Buongiorno. Vorrei parlare con il ministro Westen, per favore.»

«Un momento, prego.»

Norma sentì la voce calma e profonda di Alvin. «Westen.»

«Oh, Alvin! Ti ringrazio per la lettera! Ti ringrazio tanto!

Credevo fossi a Tokyo...»

«Infatti ero in Giappone. Sono arrivato due ore fa. Ho fatto rotta sul Polo e sull'Alaska. Ho telefonato due volte da Tokyo, quando ho saputo. Ma non rispondeva mai nessuno.»

«Sono stata parecchio fuori casa. C'erano tante formalità da sbrigare. La polizia ha trattenuto la salma per sette giorni. Fino a ieri. E oggi pomeriggio hanno seppellito il mio bambino.»

«Povera Norma.»

«È stato brutto, Alvin. Ma ho ricevuto la tua lettera. E adesso sei qui.»

«Vuoi che venga da te?»

«Ti prego, Alvin, vieni!» Esitò prima di continuare. «Vuoi mangiare qualcosa? Non so cosa ho in casa, ma posso cucinarti un boccone.»

«Ho pranzato in aereo.»

«E io non riesco a mandare giù niente. Ah, ho proprio voglia di sfogarmi con te! E possiamo aprire una bottiglia, Alvin! Ho in cantina il tuo vino preferito, il Baron del L., un *pouilly fumé*.»

«Lo berremo insieme. D'accordo. A presto, allora! Impiegherò una mezz'oretta.»

«Grazie.»

«Di che?» disse Alvin. «Va' in cantina a prendere il vino e bada che sia ben freddo.»

«Sì, Alvin, sì.»

«Non gelato, però.»

«No, non gelato. E sappi che non so come ringraziarti. Di essere sempre pronto a correre in mio aiuto. Grazie!»

«Anche tu sei importante per me» disse Alvin Westen. Nel mese di aprile aveva compiuto 83 anni.

Quando arrivò la strinse fra le braccia senza dire una parola e le accarezzò dolcemente la schiena. Appena entrato l'aveva baciata sulle guance e sulla fronte. Restarono abbracciati a lungo e la mano di Alvin Westen scorreva teneramente sulla sua schiena tremante.

Infine si diressero in soggiorno. Alvin Westen, uomo politico di chiara fama dal passato di ministro, era per Norma, che aveva perso in giovane età entrambi i genitori, una specie di padre putativo.

Westen era un uomo alto e slanciato, più alto di lei. Aveva i capelli bianchi ancora folti, la fronte spaziosa, una bocca grande e gli occhi chiari ricchi di uno sguardo profondo. Nel suo volto erano impressi con chiarezza i sentimenti che lo animavano: saggezza, bontà d'animo, disponibilità verso il prossimo, una forza irriducibile con la quale lottare per la giustizia e contro l'ingiustizia, un instancabile desiderio di conoscenze, uno spiccato senso dell'umorismo radicato su uno spirito della massima serietà. Indossava un abito estivo di colore chiaro. Norma non conosceva nessuno che fosse più elegante di lui, più affascinante di lui, più gentile e cordiale di lui.

Nell'ottobre del 1969 Alvin Westen, socialdemocratico, era diventato ministro in un governo di coalizione del suo partito con il partito liberal-democratico. In quell'occasione Norma, che ne conosceva la fama di politico ma non l'aveva mai incontrato di persona, lo intervistò per il suo giornale. Quell'intervista fu l'inizio di una profonda amicizia fra l'agguerrita giornalista e il paladino della giustizia. Da allora Westen, che aveva perduto parecchi anni prima sia la moglie sia i figli, divenne per lei una sorta di padre putativo. Terminata l'esperienza di governo, Westen, che oltre all'abilità politica vantava la fama di eccellente economista — era stato per parecchi anni direttore di banca —, fu invitato da parecchie multinazionali estere e dai capi di governo di molti paesi stranieri a fornire la sua consulenza e il suo aiuto. Iniziò a viaggiare molto e a tenere conferenze un po' ovunque. E ogni volta che Norma si trovava in difficoltà si rivolgeva a Westen, ovunque egli si trovasse, e riceveva da lui il consiglio più giusto e buono. E se si sentiva triste o disperata il suo ''padre putativo'' sapeva sempre consolarla. E se Westen durante i suoi viaggi si imbatteva in un clamoroso caso di ingiustizia, in un losco affare di corruzione, violenza o terrorismo, allora era lui a chiamare Norma, che lo raggiungeva e scriveva i suoi articoli sul terrorismo, la violenza, la corruzione e l'ingiustizia.

6

Si sedettero in terrazza.

Era diventato buio. Sull'Elba brillavano tante piccole luci. Le navi illuminate scivolavano silenziose nel porto o verso il mare. Faceva ancora molto caldo. Norma e Westen sedevano con le spalle rivolte alla parete. Westen stringeva la mano di Norma e di tanto in tanto entrambi bevevano un sorso del loro vino preferito. Per parecchio tempo non dissero nulla.

Poi, a un tratto, Norma incominciò a parlare. Teneva lo sguardo fisso sulla danza di luci che movimentava il corso del fiume e faticava a trovare le parole.

«La cosa peggiore è che non ho la minima idea... non ho la minima idea del movente... il movente della strage nella quale mio figlio ha perso la vita... Quando morì suo padre fu diverso... c'era Jean-Louis in mezzo alla strada... con il ventre dilaniato e... gli intestini che fuoriuscivano dalla ferita... e gridava, gridava, gridava... Chiamava il suo amico, sapeva che eravamo lì, nella cantina dell'Alexandre... E Pierre dovette andare da lui... dovette correre in suo aiuto... Anche se ormai non c'era più niente da fare... Sono morti tutti e due ma io sapevo il perché... Pierre era morto per il suo amico... Aveva dovuto farlo... La sua morte aveva un senso... Ma adesso... Perché mio figlio ha dovuto morire? Perché? Perché, Alvin? Perché? Questo pensiero mi tormenta, mi fa impazzire... è la cosa peggiore... è...»

Per la seconda volta dopo la morte di suo figlio Norma scoppiò a piangere; singhiozzava così forte che tutto il corpo le sussultava. Piangeva, con la testa riversa sul tavolino sul quale erano appoggiati i bicchieri e la bottiglia di vino. Piangeva, piangeva, piangeva e Alvin le accarezzava dolcemente la testa. E Norma piangeva, il volto sul tavolo, sbattendo la testa da una parte e dall'altra, e Alvin le accarezzava la nuca, senza fermarsi, mentre lei continuava a piangere, singhiozzava e con la voce rotta dal pianto seguitava a parlare.

«Eravamo così felici... Quante cose abbiamo fatto insieme... Andavamo a teatro... al cinema... a correre nei prati... e al circo... E pensare che al circo non avrebbe voluto andarci. Sono stata io... io, io... perché mi piacciono tanto i pagliacci... Dio mio, i pagliacci... Non trovi che sia terribile? L'assurdità di tutto questo, Alvin, l'insensatezza!»

Chino su di lei Alvin disse: «Non esiste insensatezza in questa vita, Norma. Non c'è nulla che accada senza una ragione o casualmente. Molte cose ci paiono assurde a prima vista, perché non siamo in grado di comprenderle. Ma tutto ciò che accade ha un senso. Tutto! Anche quello che è successo ora. Non lo conosciamo, ma un giorno lo scopriremo. Forse presto, se proveremo a cercarlo, questo significato profondo».

Norma si rialzò e lo guardò con il volto stravolto dal pianto. «Cos'hai detto?»

Ci siamo, pensò Westen fra sé. Ci siamo.

«Ho detto che non c'è nulla di assurdo. Tutto deve avere un senso. E per trovarlo basta andare a cercarlo. Lo dobbiamo cercare.»

«Vuoi dire...» Lo fissò negli occhi.

Bene, si disse lui. Forza! La conosco, so com'è fatta.

«Voglio dire che devi essere tu a cercarlo. Senza perdere nemmeno un minuto. Non devi cedere alla disperazione. Non ora. Devi gettarti nel lavoro, con tutte le tue forze, e lavorare fino allo stremo. È l'unica cosa che puoi fare. Lavora! Trova un senso alla morte di tuo figlio. Cerca la verità! Bisogna scoprirla e non c'è nessuno che possa farlo meglio di te. Devi scoprire che cosa si nasconde dietro questa strage. È la tua professione.»

«Sì» disse lei con la voce priva di tono, guardandolo ancora negli occhi. «Sì, Alvin. Hai ragione. Certo.»

Bene, si disse lui.

«Che ore sono?» gli domandò.

«Le undici e due minuti. Perché?»

«Alle undici trasmettono il telegiornale. Oggi c'è stato anche il funerale di Gellhorn e della sua famiglia. Dopo i sette giorni prescritti hanno restituito le salme alle rispettive famiglie. Vieni!» Norma era già corsa in soggiorno. Accese il televisore e si buttò sul divano, fissando attenta lo schermo. Westen si sedette accanto a lei.

Le immagini mostravano un uomo che parlava rivolto verso una platea. La sua voce — l'oratore si esprimeva in inglese — era coperta dalla voce dell'interprete. «... La corsa agli armamenti è l'espressione più abietta della natura umana. Dobbiamo considerare il possesso di armi atomiche un delitto ai danni dell'umanità.» Un grosso applauso. La voce dell'annunciatore continuò con il commento: «In un clima di intensa emozione termina il suo discorso il presidente americano della Associazione internazionale dei medici impegnati nella lotta contro le armi atomiche, dottor Bernard Lown. Il collega sovietico dottor Eugenii Chasov, con il quale Lown ha condiviso il Premio Nobel per la pace nel 1985, gli stringe la mano e si porta accanto a lui».

Lo schermo si oscurò per un attimo e apparve l'immagine dell'annunciatore.

«Amburgo. A otto giorni dal brutale attentato terroristico al ''Circo Mondo'' la polizia, nonostante l'immediato avvio delle indagini, non ha ancora trovato una traccia che possa condurre ai responsabili dell'atroce bagno di sangue. Non è stato scoperto neppure il movente della strage. Ieri sera gli inquirenti hanno restituito ai rispettivi parenti le salme delle vittime e quest'oggi si è potuto procedere alle esequie, che hanno avuto luogo in diversi cimiteri della città anseatica. Fra le vittime si contano quattordici donne, nove uomini e quindici bambini. Diciannove feriti versano ancora in gravi condizioni. Si teme che il misterioso attentato possa provocare altre vittime, così ha detto un portavoce della commissione speciale d'inchiesta. Sotto la stretta sorveglianza della polizia, della polizia federale di frontiera, di uomini in borghese e membri dell'unità antiterrorismo GSG 9 si sono svolti oggi in un settore ermeticamente isolato del cimitero di Ohlsdorf i funerali di quelle che si ritengono le vittime prescelte dell'attentato, il professor Martin Gellhorn, scienziato di chiara fama, la moglie e le due figlie, che sono state inumate nella tomba di famiglia.»

Sullo schermo apparvero delle immagini.

Una zona del cimitero. Si vedono mezzi corazzati, parecchi uomini in uniforme, civili e poliziotti muniti di videocamere che riprendono la cerimonia e i partecipanti. Un gruppo di parenti e amici delle vittime. Una grande fossa. Altri cineoperatori riprendono le immagini dai tetti delle auto della polizia che bloccano la zona. Si sente il rombo di un motore. Un elicottero della polizia federale di frontiera sorvola il cimitero. Si intravedono in cabina alcuni militari armati. Il sole illumina migliaia e migliaia di fiori.

La voce di un corrispondente: «Mercoledì, 3 settembre 1986. Sono le 16,30. Le auto funebri con le salme delle vittime, che hanno ricevuto la benedizione nella camera ardente, attraversano il cimitero. Il corteo, al quale nessuno ha potuto partecipare, è chiuso da un'auto della polizia. I parenti e i conoscenti delle vittime aspettano nei pressi del luogo di sepoltura».

Westen fissava attentamente Norma. Il viso della donna

era teso. I suoi occhi non si staccavano dal video. E teneva i pugni stretti.

Sullo schermo scorrevano nuove immagini. Gli uomini dell'impresa di pompe funebri sollevano la prima bara e la tolgono dall'auto. Sono vestiti come è consuetudine ad Amburgo fin dal 1700: giacca di velluto nero, colletto bianco inamidato, pantaloni neri al ginocchio, calze lunghe e un grosso tricorno sulla testa. Quattro di loro trasportano la prima bara alla tomba di famiglia, già aperta, i partecipanti alla cerimonia fanno ala al passaggio delle bare. Si sente il rombo minaccioso degli elicotteri. E le immagini ne mostrano due che sorvolano il cimitero. Un'altra telecamera inquadra di nuovo gli operatori e i militari con le armi a tiro rapido. La voce dell'annunciatore: «In questa bara giace il professor Martin Gellhorn. Lo scienziato aveva soltanto quarantasei anni. Era conosciuto in tutto il mondo. Aveva lavorato in America, in Unione Sovietica e in Francia e ultimamente dirigeva l'Istituto di Immunologia e Microbiologia presso la clinica Virchow».

Un'interferenza. A un tratto sullo schermo appaiono una miriade di punti bianchi e neri. La voce dell'annunciatore continua: «I rappresentanti di importanti aziende farmaceutiche e noti colleghi dell'Est e dell'Ovest sono venuti a rendere l'estremo saluto allo scienziato... Ecco il professor Herbert Lauterbach, primario della clinica Virchow di Amburgo».

Le immagini tornano chiare. Accanto alla tomba si vede un uomo alto e magro, dal naso adunco e i capelli bianchi. La telecamera lo riprende più da vicino. «Come tutti i più stretti collaboratori dello scienziato assassinato anche il professor Lauterbach si rifiuta di dare delucidazioni sull'attività del professor Gellhorn.»

La prima bara viene calata nella tomba, mentre la seconda viene trasportata sul luogo di sepoltura.

«In questa bara giace la signora Angelika Gellhorn...»

I necrofori passano lentamente davanti alla telecamera. Si vedono solo due di loro. Sono entrambi robusti e di media statura. Uno dei due, molto pallido in volto, porta un paio di occhiali montati a giorno.

«Eccolo!» strillò Norma. «Ancora lui!» Balzò in piedi e con il dito indicò un punto preciso sul video.

«Chi è? Chi è, Norma?»

«Era al circo. E ha...»

«Cosa? Cos'ha fatto? Norma! Di chi stai parlando?»

Norma si sedette. «Aspetta! Ti spiegherò più tardi...»

L'uomo dal volto pallido e con gli occhiali è sparito dallo schermo. Scorrono altre immagini...

I cineoperatori della polizia, il personale di vigilanza, gli elicotteri, i militari armati di mitra.

Altri necrofori sorreggono due feretri più piccoli: «... La bara di Lisa, la figlia minore del professor Gellhorn. Aveva cinque anni... E la bara di Olivia... sette anni soltanto...».

Sette anni. Come Pierre, si disse Norma. Una bara così piccola. Come la bara di Pierre...

Le immagini ora riprendono uomini e donne accanto alla tomba. «... Ecco i parenti delle vittime...»

Le due piccole bare vengono calate sotto terra.

«... erano i più stretti collaboratori del professor Gellhorn... Il biochimico polacco Jan Barski era il suo sostituto. Lavorava con lui da dodici anni...» continuava l'annunciatore mentre la telecamera inquadrava un uomo alto e robusto, con i capelli neri tagliati molto corti e il viso grande e aperto. «... Il biochimico giapponese dottor Takahito Sasaki...» piccolo, esile, con gli occhiali. «... Il biologo molecolare israeliano dottor Eli Kaplan...» alto, biondo, occhi azzurri. «... Il batteriologo tedesco dottor Harald Holsten...» media statura, tarchiato, con un tic nervoso. «... E infine la studiosa di genetica dottoressa Alexandra Gordon, di nazionalità inglese...» alta, magra, i capelli scuri tirati sulla fronte. Piange. «... Dietro di loro le mogli del dottor Kaplan e del dottor Holsten...»

E così via. Ora è il momento dei fiori e delle corone mortuarie. I necrofori le dispongono lungo entrambi i lati della tomba, scavando un poco la terra per alloggiare le corone più grosse. Una telecamera indugia sui nastri con le scritte dorate in diverse lingue. Le corone più belle e più grosse sono state inviate da conoscenti sovietici e americani.

Un sacerdote pronuncia l'orazione funebre. Il rombo dell'elicottero copre le sue parole. Tutti i partecipanti alla cerimonia sfilano davanti alla tomba. Ciascuno getta una rosa nella terra, si inchina e infine si allontana...

Intanto l'annunciatore prosegue il suo commento. «Le autorità federali hanno richiesto l'intervento dell'INTERPOL. La città anseatica di Amburgo, la polizia, la clinica Virchow e numerose industrie farmaceutiche internazionali hanno destinato la somma complessiva di cinque milioni di marchi come ricompensa a chi fornirà indizi utili per l'arresto degli autori della strage.»

Dallo schermo scompaiono le immagini della cerimonia funebre. La telecamera inquadra di nuovo l'annunciatore in studio. «Avete visto un servizio sul funerale del professor Gellhorn e della sua famiglia, vittime del brutale attentato terroristico al ''Circo Mondo'' di Amburgo del 25 agosto scorso. Vi chiediamo scusa per la breve interruzione delle immagini. — Sud-Africa. Nel corso dei gravi scontri avvenuti a nord della capitale fra i negri e le truppe governative, sessanta persone sono morte e più di duecento sono state ricoverate in ospedale in gravi condizioni...» La voce si interrompe e lo schermo si oscura.

Norma aveva premuto il tasto del telecomando. La stanza era quasi buia. C'era solo una piccola lampada accesa sopra l'apparecchio.

Westen le chiese immediatamente chi fosse l'uomo che aveva suscitato la sua agitazione.

«Il becchino! Al circo c'erano tre cabine telefoniche. Vicino alle casse. Stavo parlando al telefono con la redazione quando quell'uomo dal volto cereo e gli occhiali montati a giorno spalancò la porta della cabina. Era sconvolto. Mi chiese scusa e scomparve.»

«E quell'uomo al funerale faceva il becchino?»

«Sì, Alvin, sì! Ne sono sicurissima.» A un tratto Norma balzò in piedi. Le brillavano gli occhi alla luce fioca della lampada. «Non c'è niente di assurdo a questo mondo. L'hai detto tu. A volte sembra che le cose non abbiano un senso. Ma non è così. Anche questa strage ha un senso. E io lo scoprirò, fosse l'ultima cosa che faccio.» Si accorse solo allora di aver dato libero sfogo alle sue parole. Sconsolata disse: «Ah, Alvin!».

Senza esitare l'anziano Westen si alzò e la strinse fra le braccia. «Lo scoprirai, Norma.» Un sorriso lieto gli illuminò il viso. Sono riuscito ad aiutarla, pensava. Purché la morte me ne lasci il tempo!

7

Il giorno dopo faceva ancora più caldo.

Con la sua Golf GTI blu Norma si diresse a nord lungo

l'Aussenalster punteggiato di vele colorate. Il tettuccio dell'auto era reclinato. Norma indossava un vestito nero senza maniche, un paio di scarpe nere e degli occhiali da sole che le nascondevano gli occhi arrossati. Si sentiva debole, spossata e piena di inquietudine. Dal cruscotto dell'automobile, racchiusa in una piccola cornice, una foto di suo figlio la guardava. Il bambino rideva. Devo levarla di lì, si disse Norma. Proseguì imboccando la Barmbeker Strasse. Il vento caldo le provocava una forte emicrania. Erano quasi le undici. Era appena stata alla redazione dell'*Hamburger Allgemeine Zeitung*, in Lübecker Strasse. dove aveva avuto un colloquio con il redattore capo.

Il dottor Günter Hanske aveva cinquantaquattro anni; era un uomo di media statura costantemente afflitto da problemi di sovrappeso. Aveva labbra sottili, un naso affilato, occhi scuri molto grandi e curiosi come quelli di un bambino, e una chioma bruna foltissima. Si trattava però di un parrucchino. Norma lo sapeva perché una volta Hanske, completamente ubriaco, se l'era tolto in sua presenza. Era stato circa un anno prima, a casa di Norma. Le aveva raccontato della sua vita solitaria, delle due mogli che lo avevano lasciato, e le aveva rivelato che a quarant'anni, per cause del tutto sconosciute, nel giro di un mese aveva perso tutti i capelli. Quella sera Hanske, mosso da un forte sentimento di autocommiserazione, aveva fatto giurare a Norma di mantenere l'assoluto segreto riguardo al suo parrucchino. Hanske vestiva sempre all'ultima moda. Era un uomo di successo, molto colto e in genere molto triste. Le ragazze che frequentava erano giovanissime. Le rimorchiava in discoteca. La sua vita privata era assai complicata. Alla ragazza di turno chiedeva di non accarezzargli mai i capelli, né di tirarglieli o scompigliarglieli durante l'amplesso: ciò gli avrebbe procurato — bizzarria della natura! — gravi turbe di tipo sessuale.

«E loro ci credono?» gli aveva chiesto Norma quella sera.

«Quelle credono a tutto» aveva risposto Hanske, togliendosi il parrucchino, quasi volesse fornirle una prova tangibile delle sue affermazioni. La cute liscia del cranio aveva un colore roseo e brillava. Hanske infine aveva implorato Norma di sposarlo e al suo cortese rifiuto aveva cercato di violentarla. Ma era troppo ubriaco per riuscirci. Nessuno più parlò di quella notte e del parrucchino. Hanske restò l'amico fidato di sempre, fiero di poter lavorare con una donna come Norma.

L'aveva ricevuta subito, quella mattina. Norma gli aveva parlato del capo della Commissione speciale d'inchiesta ''25 agosto'', il commissario Carl Sondersen della polizia federale di Wiesbaden, incaricato di condurre le indagini, con il quale si era incontrata il giorno dopo l'attentato.

Sondersen le era piaciuto molto, anche se non aveva potuto aiutarla nelle sue ricerche. Quando gli aveva domandato come fosse riuscito ai terroristi di entrare indisturbati al ''Circo Mondo'', il commissario, un uomo alto e abbronzato, dall'aspetto straordinariamente giovanile per la sua posizione, le aveva risposto: «È stato facile. Gli agenti hanno trovato i veri pagliacci nei loro camerini. Dopo averli storditi e legati, i terroristi hanno indossato i loro costumi e le loro maschere e si sono truccati frettolosamente. Nessuno se ne è accorto. Dei due non si è ancora trovata traccia. Il piano deve essere stato studiato con una precisione e una maestria sorprendenti...».

«Bene» aveva detto il redattore capo Hanske a distanza di nove giorni, dopo averne parlato con Norma e alla luce delle sue rivelazioni a proposito dell'uomo dal volto cereo che aveva visto una prima volta nella cabina telefonica del Circo Mondo e che aveva poi rivisto in televisione. «Continua così. Hai mano libera, come sempre. Se hai bisogno di qualcosa devi solo chiederlo. Qualsiasi cosa sia. Come sempre, del resto.»

«Ho già telefonato al dottor Barski,» aveva aggiunto lei «il sostituto del professor Gellhorn. Sai chi è?»

Hanske aveva annuito.

«Ho appuntamento alle undici. All'Istituto. Inizierò da lui.»

«In bocca al lupo» le aveva augurato Hanske.

Attraversando il Goldbekkanal Norma pensava alla temperatura piacevole e fresca che l'impianto di condizionamento manteneva all'interno della redazione. Imboccò la Hindenburgstrasse, che attraversava il parco comunale con il laghetto e il lido. Non molto distante, sulla sinistra, sorgeva il Planetario e nelle vicinanze si alzavano i tre grattacieli della clinica Virchow, tre grosse torri color ocra disposte ai vertici di un triangolo. Il più alto dei tre edifici aveva diciotto piani, Norma lo aveva letto da qualche parte. Le tre torri erano collegate da altri edifici più bassi.

Norma fermò l'auto davanti a una sbarra. Il portiere accaldato uscì dalla guardiola e la salutò.

«Vado dal dottor Barski dell'Istituto di Microbiologia» disse. «Mi chiamo Norma Desmond. Ho un appuntamento.» Aveva chiamato l'Istituto dalla redazione e la segretaria di Barski le aveva fissato l'appuntamento.

«Un momento.» Il portiere entrò nella guardiola e chiese informazioni presso la segreteria sulla signora Desmond. Poi tornò da lei. «Tutto a posto, signora. Nella prima torre, al quattordicesimo piano.» La sbarra si alzò. Norma si diresse al parcheggio della prima torre. Una delle due palazzine più basse, Norma già lo sapeva, ospitava la clinica otorinolaringoiatrica e i reparti di ostetricia e urologia, l'altra la psichiatria e neurologia, la chirurgia, la pediatria e il pronto soccorso. Le due torri invece accoglievano diversi istituti di ricerca e un grosso centro coronarico.

Norma estrasse la chiave d'avviamento. Lo sguardo le cadde di nuovo sulla foto sorridente di suo figlio. La tolse dalla custodia di plastica e la girò. Poi scese. Attraversando il cortile di pietra, diretta all'ingresso del grattacielo, si ritrovò a pensare a Beirut. Le pietre erano così bollenti che ne avvertiva il calore attraverso le suole delle scarpe e il vento era pesante e umido come laggiù. No, non devi pensare a Beirut! A Beirut il vento portava l'odore della morte e della putrefazione, e Pierre morì. Ma che significa? Anche l'altro Pierre è morto. L'hanno ucciso, qui ad Amburgo. Pensa a lui! Pensa ad Amburgo! Pensa agli assassini di tuo figlio! Si accorse di avere la schiena madida di sudore. Intanto era arrivata nei pressi dell'ingresso. Davanti agli ascensori era sistemata una grossa targa in metallo con le indicazioni dei diversi istituti alloggiati nell'edificio. Norma salì al quattordicesimo piano. Tre infermiere salirono con lei. Chiacchieravano fra loro.

«Oggi non si venderà nulla» diceva una delle ragazze. «Insalata, spinaci, erbette, cavoli, niente di niente. I prezzi sono già calati del trenta per cento. E adesso che il latte è contaminato si viene a sapere che in Assia circolano casse di latte in polvere avariato.»

«Ieri l'altro anche il reattore di Hamm-Uentrop è stato improvvisamente disattivato» ribatté l'altra.

«Non è la seconda volta che succede qualcosa questo mese?» chiese la prima.

«Sì, e oggi al telegiornale hanno detto che la commissione franco-tedesca per la centrale atomica di Cattenom non ha riscontrato alcuna carenza nel sistema di sicurezza» si intromise la terza infermiera.

«In fatto di sicurezza e di irraggiamento non esiste un criterio generale. Ognuno esprime il suo parere. I bambini non devono andare nei prati. I bambini possono giocare nei prati. I bambini non possono giocare con la sabbia, i bambini possono giocare con la sabbia. Il mio piccolino mi ha chiesto: ''Mamma, moriremo tutti?''. Tutti hanno paura. È stato calcolato che dovrebbe avvenire una sciagura nucleare ogni diecimila anni. Questo è il risultato del calcolo delle probabilità. Bella roba! Quest'anno abbiamo avuto Chernobil e solo nel 1981 Three Miles Island.»

«Perché credi che ci tengono nascoste tante cose?»

«Perché le radiazioni non comportano alcun pericolo» disse la seconda infermiera. «Assolutamente. L'ha detto Kohl. Dobbiamo proseguire lungo il cammino dell'energia atomica per evitare che l'industria si sgretoli, l'ha detto ieri sera in un'intervista alla televisione. Questa ondata di panico è del tutto irresponsabile. Sono stati diramati messaggi fatti di parole vili e opportunistiche, ha dichiarato Dregger. E Zimmermann ha precisato: ''Aspettiamo che i russi dicano qualcosa — poi potremo pensarci sopra''. Pensarci sopra? Ma se nessuno di loro ha mai usato il cervello!»

«Ti chiedi perché ci ingannano, tutti quanti? È una questione di miliardi, Eva, di miliardi di miliardi!»

«Una volta contagiati, che se ne fanno di tutti i loro miliardi?»

«Inventeranno qualcosa. Sono convinti di essere esenti dai pericoli atomici. Chi ha i soldi è protetto dalle radiazioni. Anche in caso di conflitto nucleare. Un po' di pazienza e si saprà chi è il colpevole dell'incidente di Chernobil.»

«E chi sarebbe?»

«Gli ebrei» rispose la prima ragazza.

L'ascensore si fermò al quattordicesimo piano. Norma scese. Percorse un lungo corridoio fino a una porta dal vetro opalino. Sulla porta chiusa un cartello diceva: VIETATO L'INGRESSO. Al di là della porta il corridoio faceva un angolo di novanta gradi. Lungo questo tratto si aprivano sulla sinistra numerose porte e sulla destra alcune grosse vetrate. Le tende frangisole riparavano l'ambiente dal caldo. Sul piano funzionava un impianto di condizionamento d'aria. Tutto era bianco all'interno dell'Istituto. Le porte, le pareti, i mobili che arredavano i salottini del corridoio. Norma passò davanti alla porta della segreteria di Gellhorn e poi davanti alla porta del suo studio. Una targa di plastica bianca recava il suo nome scritto in nero: PROF. DR. MARTIN GELLHORN e sotto ANNUNCIARSI ALLA PORTA ACCANTO. Nessuno ormai poteva più annunciarsi al professor Gellhorn, si disse Norma. Il professor Gellhorn era morto. Come Pierre. Devo telefonare al collegio di Pierre. Norma si sentì mancare e dovette appoggiarsi a una parete. Pochi istanti le bastarono per sentirsi meglio e proseguire. Non pensarci, si disse.

Pensa al tuo lavoro. Un'altra serie di porte. Lesse: DR. TAKAHITO SASAKI e sotto: ANNUNCIARSI ALLA PORTA ACCANTO... DR. ALEXANDRA GORDON. ANNUNCIARSI ALLA PORTA ACCANTO... DR. HARALD HOLSTEN. ANNUNCIARSI ALLA PORTA ACCANTO... DR. JAN BARSKI. ANNUNCIARSI ALLA PORTA ACCANTO...

La porta era aperta. Norma entrò. Due impiegate sedevano alle scrivanie poste l'una di fronte all'altra. La più anziana stava sistemando delle diapositive in un caricatore. Probabilmente erano state utilizzate per illustrare una relazione. La più giovane aveva una cuffia sulla testa e batteva i tasti di una macchina per scrivere elettronica molto silenziosa. La cuffia era collegata a un piccolo dittafono. Anche qui le tende frangisole erano abbassate. Non lontano dalla segreteria del dottor Barski qualcuno rideva a squarciagola.

«Buongiorno» disse Norma.

Le due donne indossavano camici bianchi. La più anziana alzò gli occhi e tolse gli occhiali. «Buongiorno.»

«Sono Norma Desmond. Ho un appuntamento con...»

«Il dottor Barski.» La donna annuì con aria severa. La sua collega batteva imperterrita alla macchina per scrivere. Due targhette di plastica bianca indicavano i nomi delle due impiegate sedute alle scrivanie. Norma li lesse. «Ho ricevuto io la sua telefonata, signora Desmond. L'appuntamento con il dottor Barski è fissato per le undici.» L'impiegata teneva fra le mani un'agenda.

«Sì, signora Vanis» disse Norma. «Per le undici. Spero di essere arrivata per tempo.»

Anche l'altra segretaria, la più giovane, di nome Woronesch, alzò gli occhi e, annuendo, sorrise. Norma ricambiò il sorriso.

«Mi dispiace molto, signora Desmond» disse la signora Vanis. «Ma il dottor Barski è ancora occupato. Se vuole attendere nel salottino...» Si alzò e le fece strada nella stanza adiacente. Anche nel salottino, come in tutto l'Istituto, gli arredi erano rigorosamente bianchi.

«Prego, si accomodi!»

«Grazie.» Norma si sedette accanto al tavolo.

«Vedo cosa posso fare» disse ancora la signora Vanis. Tornò alla sua scrivania. La porta rimase aperta e Norma la sentì chiamare ad alta voce: «Herta!».

Il lieve ticchettìo della macchina per scrivere cessò. La giovane collega dell'anziana impiegata, che probabilmente si era tolta la cuffia dalle orecchie, rispose: «Sì?».

«Il dottor Barski è sempre al reparto Malattie Infettive?»

«Sì. Sono tutti lì.»

«Grazie, Herta.» Il dolce ticchettìo ricominciò. Norma sentì comporre un numero al telefono. E udì di nuovo la voce della segretaria più anziana. «Vanis. Il dottor Barski è da voi...» Norma drizzò le orecchie. «... insieme agli altri, sì, lo so. C'è qui la signora Desmond. Potrebbe avvertire il dottor Barski...» Una breve pausa. «Ah sì... hm... capisco... grazie.»

La signora Vanis tornò da Norma.

«Mi dispiace, signora Desmond. Il dottor Barski è ancora occupato. Purtroppo dovrà aspettare almeno mezz'ora. Si è verificato... un contrattempo. Non ne ero al corrente quando le ho fissato l'appuntamento...»

«Aspetterò. Non si preoccupi. Sono cose che succedono. Gli imprevisti fanno parte del lavoro.» Norma sorrise.

La signora Vanis ricambiò il sorriso. «Lei è molto comprensiva, signora. Grazie.» E tornò in segreteria.

Sul tavolino erano sparse alcune riviste scientifiche. Norma si mise a sfogliarle distrattamente.

Non lontano da quella stanza un uomo produsse un'altra risata sonora.

8

Mezz'ora dopo il dottor Barski non era ancora arrivato. Trascorsero altri venti minuti, poi dal corridoio giunsero delle voci. Le voci si facevano via via più chiare. Infine una disse, proprio davanti alla porta della segreteria: «Va bene. Ci vediamo da me alle quindici. Venite tutti». Le altre voci si dispersero. L'uomo che aveva parlato sulla porta entrò in segreteria. Norma ancora non poteva vederlo. Ma sentì di nuovo la sua voce. «Mi dispiace. Non ho potuto sbrigarmi prima.»

«La signora Desmond sta aspettando da quasi un'ora, dottore.»

«Le ho già detto che mi dispiace!» Il dottor Barski entrò nel salottino.

Norma si alzò. Da vicino era molto più alto di quanto sembrasse in televisione. Fu questa la sua prima osservazione. E la seconda invece fu che l'aspetto di quell'uomo era dal vero ancor più miserando di quanto lo fosse sullo schermo. Pallido. Con due profonde occhiaie che ne appesantivano lo sguardo. Stressato dal lavoro? si chiese Norma. No, non solo. C'era dell'altro in quell'uomo. Preoccupazioni? Paura? Paura di che? Ansia? In televisione le era sembrato un uomo imperturbabile. E adesso invece...

Barski accennò un inchino. I capelli neri cortissimi erano leggermente increspati e molto folti. «Barski. Buongiorno, signora Desmond. Sono spiacente di averla fatta aspettare così a lungo. Dovevo occuparmi di una questione molto urgente.»

«Lo so, dottore. Al reparto Malattie Infettive.»

Norma trasalì vedendo il dottore cambiare all'improvviso espressione. Se prima aveva prodotto un sorriso di circostanza, ora si fece scuro in volto.

«Dove?»

«Al reparto Malattie Infettive» ripeté Norma. Provava una strana sensazione di sgomento.

«Cosa le salta in mente?» La voce armoniosa del dottor Barski si alzò di tono.

«Lei era al reparto Malattie Infettive» ribadì Norma. È terribile, si disse. Perché sono così intimorita? Perché quest'uomo è così adirato con me?

«Chi l'ha detto?» Barski aveva alzato parecchio la voce. E il suo tedesco a un tratto aveva assunto un forte accento polacco.

«Una delle sue segretarie... Ha telefonato al reparto Malattie Infettive per avvertirla che ero qui. Era in buona fede... Dottor Barski, la prego, io...»

«Mi scusi un momento, per favore...» Il dottore tornò in ufficio. E si chiuse la porta alle spalle.

C'è qualcosa che non quadra in questa storia, si disse Norma. Bene, non mi resta che stare a vedere! Passarono quasi cinque minuti. Poi Barski tornò da lei. Sorrideva. Chissà con quale sforzo, pensò Norma fra sé.

«Tutto a posto. Ha capito male, signora Desmond. La signora Vanis le ha detto che non potevo venire da lei perché ero impegnato in laboratorio fino a mezzogiorno.»

Norma preferì non contraddirlo.

«Probabilmente ho capito male.» Non immaginavo che avrebbe reagito in questo modo, si disse. Per quale motivo non dovrebbe essere stato in quel reparto? Questo è un ospedale, in fondo. E a me non interessa affatto dove va il dottor Barski. Perché allora è così infuriato?

Barski tornò a sorridere.

Norma disse: «Ecco... Io... Tutti quanti siamo ancora sconvolti dai terribili avvenimenti dei giorni scorsi... sicuramente... abbiamo i nervi a pezzi».

«Anche lei? Ma certo! Mi scusi! Condoglianze, signora Desmond. Ha subìto una perdita terribile. Posso offrirle qualcosa? Un caffè? Un succo di frutta? Una Coca-Cola?»

«No, grazie.»

«Se permette le faccio strada.» Aprì un'altra porta del salottino ed entrò nel suo studio. Norma lo seguì. Era una stanza enorme. Norma rimase di stucco. Anche qui i mobili e gli scaffali erano rigorosamente bianchi. E la scrivania bianca era sommersa da libri e manoscritti.

«Cosa posso fare per lei, signora Desmond?» Il dottor Barski aveva ritrovato la calma e la sua voce era tornata profonda e melodiosa.

«Sto indagando sull'attentato terroristico che ha provocato la morte del professor Gellhorn e della sua famiglia... di mio figlio e di altre vittime. Un attentato che finora nessuno ha rivendicato. Non ho voluto parlargliene telefonicamente. Vorrei sapere da lei se ci sono dei retroscena e vorrei conoscere il suo parere sul movente dell'attentato.»

Il volto del dottor Barski si irrigidì. Norma lo notò con un certo stupore.

«Cosa le fa supporre che io abbia qualcosa da dire in merito a questa faccenda?»

«Ecco...» Norma rise nervosamente. «Lei era il sostituto del professor Gellhorn, se non erro. E lavorava insieme a lui da dodici anni.»

«Sì. E allora?»

«Se c'è qualcuno che può avere un'idea della ragione per cui il professor Gellhorn è stato ucciso... Intendo dire che a questo mondo nulla accade senza un preciso significato. A meno che i due assassini siano dei pazzi. Ma è un'ipotesi che possiamo sicuramente escludere. Sono certa che anche lei avrà formulato una sua teoria in proposito. Se ora non è possibile parlarne, mi fissi un appuntamento, a breve termine preferibilmente, affinché se ne possa discutere con calma.»

«No» disse Barski.

«Come?»

«Non le fisserò nessun appuntamento e non ne parleremo affatto.» La sua voce si era fatta gelida. E l'accento polacco era tornato a farsi sentire.

«Non mi darà un appuntamento... Ma perché?»

«Perché non ne vedo la ragione.»

«Dottor Barski, abbiamo a che fare con un crimine di proporzioni mostruose! È suo dovere collaborare affinché sia fatta luce sulla faccenda!»

«Mio dovere? Nei riguardi di chi? Della polizia. Giustissimo. Sono già stati qui tre volte. E ho detto loro tutto ciò che so.»

«Ossia?»

«Ossia niente.»

Si voltò a guardare la porta che comunicava con la segreteria. Speriamo che non se la prenda con le due povere signorine, si disse Norma. Ma perché? Perché?

«Non immagina davvero quale potrebbe essere il movente...»

Barski la interruppe bruscamente. «No, assolutamente no. E se anche avessi qualche supposizione in merito, non verrei comunque a raccontarla a lei. Non ho la minima intenzione di fornire materiale scottante a giornalisti irresponsabili per riempire le pagine di un giornale scandalistico!»

Questa volta fu Norma ad alzare la voce. «Lei si sbaglia

di grosso, dottore. Io non sono una giornalista d'assalto!»
«Mi sta bene.»
«Al telefono lei mi ha detto di conoscere e ammirare il mio lavoro.»
«Infatti. Ed è altrettanto vero che sono addolorato per la morte di suo figlio.»
«Lasci perdere.»
«Non usi questo tono, signora Desmond. Non glielo permetto!»
«Chi è stato ad alzare la voce per primo?» Al diavolo, pensò. Sto perdendo il controllo. Questo mascalzone mi ha fatto uscire di senno. Non posso comportarmi così. No, non posso. Appellandosi a tutte le sue forze Norma riprese la padronanza di se stessa. «Le chiedo scusa, dottore» disse. «Il fatto è che... che proprio non capisco.»
«Cosa non capisce?»
Mi guarda come se avesse voglia di prendermi a schiaffi, pensò Norma. Ma che gli prende? Cosa c'è di strano in lui? Disse: «Non capisco perché mi ha ricevuto! Cosa credeva che volessi da lei?».
«Io... ecco... io...»
Incredibile, pensò. Il dottor Barski balbetta, arrossisce. Ma che succede qua dentro?
«Allora?»
«Io credevo... credevo che lei volesse scrivere un necrologio per il professor Gellhorn... e che le servissero delle informazioni...»
«Dottore! Un necrologio... a nove giorni dalla morte?»
«Proprio così. E perché no? Un elogio al suo lavoro magari... È una cosa così... così insolita?» Ancora una volta l'accento polacco si manifestò con evidenza.
«Mi stia a sentire, dottore. Tutti i giornali hanno pubblicato a tempo debito una valanga di necrologi. Una scusa come questa è una grave offesa nei miei confronti.»
La voce di Barski assunse un tono fortemente aggressivo. «Le mie parole la offendono? Liberissima di offendersi, signora Desmond.»
Norma non poteva sopportare oltre quella situazione. Si alzò.
«Ne ho abbastanza.»
«Sono d'accordo con lei.» Anche Barski si era alzato. Si

guardavano negli occhi. Norma era fuori di sé. E anche il medico. È assurdo, pensava Norma. No, non assurdo, orribile. Orribile e incomprensibile. «Ho lavorato in tutto il mondo» disse e le parole le uscivano faticosamente dalle labbra secche. «Ho avuto a che fare con gente di ogni tipo. Ma non avevo mai incontrato un uomo scostante come lei.»

«Oh, questa volta dovrei essere io a offendermi» ribatté Barski con freddezza. «Le auguro un buon proseguimento di giornata, signora Desmond.»

Norma andò alla porta. Barski non accennò minimamente ad accompagnarla. Vicino alla porta Norma si fermò e si girò verso il dottore. «Un'ultima domanda. Spero che almeno a questa voglia rispondere. È stata la clinica a contattare l'impresa di pompe funebri che ha provveduto alla sepoltura della famiglia Gellhorn? So che i parenti risiedono altrove.»

«Sono stato io a occuparmene.»

«Sarebbe così gentile da fornirmi nome e indirizzo dell'impresa?»

«Per quale motivo, signora Desmond?»

«Ne ho bisogno per una ragione molto importante.»

«Si può sapere di che si tratta?»

«No.»

«Molto gentile.»

«Anche lei si è espresso al massimo della cordialità. Allora, posso avere l'indirizzo?»

«Glielo darà la signora Vanis.»

Norma tornò in segreteria e si rivolse alla più anziana delle segretarie, visibilmente turbata.

Un minuto dopo aveva preso nota sul suo blocco dell'indirizzo che le interessava. «Grazie, signora Vanis. Buongiorno!»

La donna dai capelli grigi fissò Norma senza parlare. Si tolse gli occhiali e seguì con lo sguardo la visitatrice che se ne andava.

Norma scese con l'ascensore al piano terra e uscì all'aperto. Nonostante fosse già settembre, il caldo era insopportabile. Si guardò attorno per orientarsi. Costeggiò una delle torri e attraversò diversi parcheggi finché raggiunse la sua meta. Si fermò davanti a uno stabile a due piani, protetto a una distanza di una quindicina di metri da una siepe molto fitta. Nella siepe si apriva un cancello sul pilastro del quale era affissa una targa con la scritta REPARTO MALATTIE INFETTIVE. C'era un campanello sovrastato da un piccolo video. Norma suonò.

Dal microfono le giunse una voce d'uomo. «Desidera?»

Norma disse il suo nome ed esibì davanti al video la tessera di giornalista.

«Per favore, si avvicini un poco!» Norma si avvicinò. «Va bene. Sì, signora Desmond. Cosa desidera?»

«Io...» incominciò a dire Norma, quando alle sue spalle sentì una voce che conosceva: «Questo è troppo!».

Trasalì. C'era Barski dietro di lei.

«Lei mi ha seguito!»

«Lo immaginavo! Lei è una di quelle che si intrufolano dappertutto per spiare la gente! Da questo momento le proibisco di entrare in ospedale.»

«Lei non mi può proibire un bel niente!»

«Come no! Dove ha lasciato l'auto?»

«Davanti alla prima torre.»

Avvicinandosi al videocitofono Barski disse: «Lasci stare, signor Kreuzer. Ho già provveduto io alla signora». E rivolto a Norma aggiunse: «Per favore!».

Norma si diresse al parcheggio con visibile riluttanza. Barski l'accompagnò alla Golf e le aprì cortesemente la portiera. Norma si sedette sulla pelle infuocata del sedile.

«Un momento!» Il dottore girò attorno all'auto e si sistemò accanto a lei.

«Non l'ho autorizzata a...» prese a dire Norma, furibonda.

«Lasci perdere. All'uscita, prego.»

Si fissarono a lungo. Infine Norma distolse lo sguardo e mise in moto. Si fermò davanti alla sbarra dell'uscita. Maledizione, pensò. Perché mi sono fermata? Idiota, la sbarra è abbassata. Questo mascalzone ha fatto segno al portiere di chiudermi la strada.

Il portiere uscì dalla guardiola. Sudava ancor più copiosamente di prima. Barski scese. Disse: «Signor Lutz, le presento la signora Norma Desmond, giornalista. Si scriva per bene questo nome».

«Sì, signor dottore.» Il portiere prese carta e matita e, gocciolando di sudore, scrisse il nome.

«Posso procurarle delle noie, dottore» lo minacciò Norma.

«Ne sono certo» ribatté Barski.

«Grosse noie. E lo farò. Può contarci.»

«Ci conto.»

«Il suo modo di agire è assolutamente insensato, dottore. Non crederà che a questo punto io abbia intenzione di lasciar perdere tutto quanto e non mi preoccupi più di ciò che accade qua dentro! Il suo atteggiamento è uno stimolo a proseguire.»

«Mi fa piacere.» Barski si rivolse al portiere: «Attacchi il biglietto al quadro della portineria! E informi i suoi colleghi. A partire da questo momento alla signora Desmond è tassativamente proibito varcare l'ingresso della clinica. Fra dieci minuti riceverà conferma delle mie disposizioni da parte dell'amministrazione dell'ospedale».

«D'accordo dottore.»

«Ora può sollevare la sbarra.»

9

Roba da matti. Non mi era mai successo, in tutta la mia carriera. Cosa gli sarà saltato in mente? Sembra impazzito. No, non è matto... Così si diceva Norma tornando lungo la Barmbeker Strasse verso il centro città. La sua auto sfrecciava veloce — troppo veloce. No, il dottor Barski non era affatto impazzito. Il suo comportamento confermava la questione del reparto Malattie Infettive. Inutile negarlo, era stato in quel reparto. Il reparto Malattie Infettive. Ho inteso benissimo le parole della signora Vanis e della sua collega. «Reparto Malattie Infettive» hanno detto. Era lì mentre io lo aspettavo in salotto. Perché nessuno lo deve sapere? Perché ha mentito con tanto accanimento? Suonò forte il clacson, spazientita, e si accinse a superare una Cadillac. Prendi il metrò, idiota, se non sei capace di guidare una macchina così grossa! Al reparto Malattie Infettive deve esserci qualcuno di cui nessuno deve sapere nulla. Forse più di una persona. Di cosa diavolo può trattarsi? Un'infezione contratta dove? E perché la cosa lo sconvolge tanto? Barski era in preda al panico. Sì, in preda al panico. E anche le sue segretarie sembravano molto nervose. Norma accelerò ancora l'andatura. Un'auto proveniente dalla direzione opposta la abbagliò. Grazie, caro. Sì, sto viaggiando a centodieci! Sarà meglio togliere il piede dal pedale! Perché

Barski ce l'aveva tanto con me? Mi ha letteralmente sbattuto fuori dal suo studio. Solo perché ho nominato il reparto Malattie Infettive. Gatta ci cova. Altrimenti mi avrebbe ricevuto tranquillamente e mi avrebbe parlato, raccontandomi un sacco di bugie. Già, un sacco di bugie, ne sono certa. Ha accettato di vedermi solo per mentirmi, per distogliermi dai fatti che sono effettivamente accaduti all'interno dell'istituto e per tranquillizzarmi, appagando in qualche modo la mia curiosità. Erano queste le intenzioni di Barski. Senza dubbio. La velocità della Golf blu rientrò nei limiti della norma. Mi spiacerebbe finire nei guai per colpa di quel mascalzone. Divieto assoluto di varcare la soglia della clinica! C'è qualcosa sotto, si disse. C'è qualcosa di grosso. Non ci ho messo molto a scoprirlo. Mio caro dottor Barski, staremo a vedere come andrà a finire!

Dal Mundsburger Damm svoltò a destra in Uhlenhorster Weg e si fermò. Era arrivata. Il negozio era molto grosso.

AGENZIA DI POMPE FUNEBRI
EUGEN HESS
SEPOLTURE TRADIZIONALI E CREMAZIONI
TRASPORTI IN TUTTO IL MONDO
APERTO 24 ORE SU 24

Norma scese dall'auto. Come sempre prese con sé la grossa borsa a tracolla che conteneva cinepresa, registratore, pellicole, cassette e blocco. Per guidare si era messa gli occhiali da sole e non li tolse entrando nel negozio. La sala d'aspetto era interamente rivestita di nero. Al centro, sopra a un piedistallo, troneggiava un grosso feretro di legno nero finemente intagliato e ornato da decorazioni in argento. Sulla destra e sulla sinistra si innalzavano dei preziosi candelabri. Alcuni altoparlanti nascosti diffondevano le note di una musica lieve: Chopin. Un signore anziano in abito nero, camicia bianca e cravatta nera mosse silenziosamente i suoi passi.

Si chinò. Il suo viso e la sua voce armoniosa esprimevano una sincera partecipazione: «Le mie sentite condoglianze, signora».

«Grazie» rispose Norma. Si sentiva lievemente stordita.

«La morte ti prende per mano, che tu sia un pezzente o un sovrano» sentenziò con voce soave l'anziano signore. «In che modo possiamo esserle utile in queste ore così tristi, cara signora?» Si sfregò le mani bianchissime.

«È lei il signor Hess?»

«Per servirla, signora cara. Vuole accomodarsi nel mio ufficio? Discuteremo di là tutti i particolari del caso. Signora, è meglio che si segga. Dio mio, ma lei non si regge in piedi...»

«Senta, signor Hess, io sono una giornalista. Mi chiamo Norma Desmond.»

«Oh! Allora non si tratta di un lutto! Lei non ha perso nessuno?»

«No» rispose Norma. Al diavolo!

«La sua risposta mi rincuora! Deve perdonarmi. Del resto io lavoro al servizio della morte. Pensi: ''L'uomo, partorito dal ventre della donna, fiorisce e appassisce come un fiore. La sua esistenza è fuggevole...''.»

«Signor Hess.»

«''... come un'ombra e dura ben poco. Egli ritorna polvere e il vento...''»

«Signor Hess!»

«''... disperde le sue tracce!'' Sì, gentile signora?»

«La prego di collaborare al mio lavoro, signor Hess. Sto svolgendo delle indagini.»

«Sono a sua completa disposizione, signora.»

«Grazie. Se non erro il dottor Barski dell'Istituto di Microbiologia della clinica Virchow le ha affidato l'incarico di occuparsi delle esequie del professor Gellhorn e della sua famiglia.»

«Esatto, signora. Presso il cimitero di Ohlsdorf. Che orribile tragedia! Due bambine piccole! Dove stiamo andando a finire? Mi dica, signora!»

«Lei ha pensato a tutto. I feretri, gli addobbi floreali, il trasporto delle salme. I suoi uomini hanno calato le bare nella tomba.»

«Abbiamo fatto del nostro meglio. Si trattava di un'importante personalità e di una cerimonia di livello internazionale. Vi hanno preso parte numerosi stranieri.» Il signor Hess si sfregò di nuovo le mani. Di tanto in tanto si produceva in un inchino.

«Ho visto la cerimonia in televisione» disse Norma.

«E le è piaciuta? Mi scusi! Ha avuto l'impressione di un lavoro bene eseguito?»

«Assolutamente, signor Hess. È stata molto toccante.»
«La ringrazio, signora cara. Siamo una delle più antiche aziende della piazza.»
«Mi hanno colpito molto anche i suoi uomini, impeccabili nelle loro divise.»
«Tutte tagliate su misura, signora. Su misura!»
«Immaginavo. Quanti necrofori ha impiegato per il funerale?»
«Posso risponderle con precisione, signora: dodici. Le bare dei bambini sono più leggere e occorrono soltanto... le chiedo scusa.»
«E gli uomini... sono suoi dipendenti fissi?»
«Certamente, signora. La nostra impresa è piuttosto grossa. Spesso ci occupiamo di diversi funerali contemporaneamente. La maggior parte dei miei dipendenti lavora qui da parecchi anni.»
«Sto cercando uno di loro.»
«Uno in particolare?»
«Sì.»
«E perché mai? Voglio dire: ha forse mancato nel suo lavoro? Ha delle lamentele da rivolgermi nei suoi confronti...»
«Niente di tutto questo, signor Hess. Il suo comportamento è stato esemplare, come quello di tutti i suoi colleghi. Lo cerco per un motivo preciso. Che ha a che fare con il mio lavoro. Vorrei vedere quell'uomo.»
«Certo. Posso sapere di chi si tratta?»
«Non lo so.»
«Non lo sa?»
Chopin, ancora Chopin.
«No, non so come si chiama.»
«In questo caso non...»
«Posso descriverglielo, signor Hess. È un uomo di media statura. Uno e settanta all'incirca. Ha un colorito particolarmente pallido e porta un paio di occhiali montati a giorno.»
«Oh.» Il signor Hess chinò il capo.
«Ha capito di chi si tratta?»
«Sì, mia cara signora.» Il signor Hess sembrava turbato.
«Come si chiama?»
«Langfrost. Horst Langfrost, signora cara. Lavora per noi da poco tempo. Una persona ineccepibile. Non ho mai dovuto lamentarmi. Bravissimo nell'esternare la sua... come dire...

la sua partecipazione al dolore altrui. Proprio così.» Il signor Hess annuì trasognato.

«Posso vedere il signor Langfrost?»

«Temo di no, signora.»

«Perché?»

Il signor Hess sospirò. «È scomparso.»

Iniziamo bene, si disse Norma. «Che significa ''scomparso''?»

«Che è scomparso. Mi scusi tanto. È svanito, si è dileguato nel nulla.» Il signor Hess sbatté le mani come se fossero ali di un uccello. «Non immagina lo scalpore che la sua scomparsa ha suscitato qua dentro! Naturalmente io devo far finta di nulla. Ma sono molto preoccupato! Lo stiamo cercando dappertutto. Ho già avvertito la polizia. Dovevo farlo, non le pare?»

«Da quando è scomparso?»

«Da ieri. Non è rientrato dopo il funerale.»

«Gli altri sono tutti qui?»

«Sì, signora cara. Sia i necrofori sia gli autisti. Manca solo il signor Langfrost. A detta di alcuni potrebbe essere rincasato direttamente.»

«In divisa? È possibile secondo lei?»

«Difficile. Ma non impossibile... potrebbe anche essere. Il signor Langfrost se ne è andato via con la divisa addosso. Ma non è andato a casa. Da ieri mattina non è più rientrato a casa.»

«Questo come lo sa?»

«Ha telefonato la signora Meisenberg. Il signor Langfrost abita presso di lei. Ha una camera con bagno.»

«Potrebbe darmi l'indirizzo, signor Hess?»

«Ma certo! Efeuweg 126. Si trova ad Alsterdorf. Vicino alla stazione della metropolitana di Lattenkamp.»

«La ringrazio molto, signor Hess. Mi è stato di grande aiuto.»

«È stato un piacere. Sono a sua disposizione... pardon... forse manco un po' di tatto, cara signora...»

10

«Quel bastardo» disse la signora Meisenberg. «Quel maledetto bastardo. Che vada al diavolo. Crepi lui e chi gli sta vicino.»

La signora Meisenberg era una donna sulla cinquantina, molto alta e secca come un grissino, con i capelli tinti di un rosso sgargiante. Uno strato compatto di fondotinta le copriva il viso. Le labbra sembravano una ferita aperta. E i denti... la signora Meisenberg aveva dei gran brutti denti. Indossava una vestaglia a fiori, calze di nylon arrotolate alle caviglie e un paio di pantofole. Accolse Norma nell'anticamera della sua piccola pensione, situata al primo piano di una palazzina ricostruita nel dopoguerra. Un edificio scadente dalle pareti sottilissime. Dietro una di quelle pareti doveva esserci un bagno. Si sentiva il ronzìo di un rasoio elettrico. Come l'intero stabile anche la pensione era sporca e trasandata.

«Gli ho dato gratis l'alloggio» continuò la signora Meisenberg. «Non ne è valsa la pena. Ho cucinato per lui. E ha mangiato tutto. Sempre. Gli preparavo il miglior caffè. E solo carne di primo taglio. Verdura di prima scelta. Anche adesso con questa storia delle radiazioni. La prendevo nel banco dei surgelati. Era come se fosse a casa sua. Bastardo, mascalzone. E la mousse al cioccolato, sempre. Per il signore.»

«Scusi?» Norma socchiuse gli occhi. L'ingresso odorava di cera per pavimenti e di biancheria sporca.

«La mousse al cioccolato? Non l'ha mai provata?»

«Sì, certo. Ma...»

«Andava matto per la mousse. La divorava. E non ne aveva mai abbastanza. E io gli dicevo: Sta' attento, Horsti! Non abbuffarti così! Pensa al tuo fegato! Non glielo dicevo per i soldi. Lo facevo per lui, per la sua salute. Niente da fare, sa? Tre volte alla settimana la voleva, il signorino. Mi costava parecchio. Al diavolo!»

«Forse tornerà» le disse Norma.

«Quello? No! L'ho intuito fin dal primo momento che era uno di quelli che tagliano la corda, prima o poi.»

«Cosa glielo faceva pensare?»

«Una donna si accorge di certe cose, signora Desmond. E non è la prima volta che mi capita. Ce ne sono stati altri, prima di lui. E tutte le volte sapevo che se ne sarebbero andati. Gli uomini sono dei bastardi. Dei bastardi!» strillò la Meisenberg con il cuore gonfio d'odio.

L'uomo nel bagno stava lavandosi i denti. Si sciacquò la bocca e sputò l'acqua nel lavandino. Un tipo pulito, pensò Norma fra sé.

«Quanto tempo è stato qui?»

«Due anni. No, di più. Pensi un po', mia cara! Aveva promesso di sposarmi. Ci saremmo sposati quando avesse trovato un altro posto.»

«Un altro posto?»

«Sì, non più come becchino. Era ragioniere. Diplomato. E aveva un ottimo impiego in vista.» L'uomo in bagno si sciacquava ancora la bocca. «Almeno, così diceva. Forse erano storie. Cambiava lavoro in continuazione.»

«Per esempio?»

«Che so io? Ha fatto la guardia notturna. Non so per chi e per cosa. Si trattava di una faccenda segreta. E non poteva raccontarmi niente. Poi ha fatto il giornalista. Cambiava sempre giornale. E naturalmente non mi diceva per che giornale lavorava. Io gli ho sempre creduto perché l'amavo. Era l'uomo della mia vita. Quando si ama si finisce sempre nella merda, lo sa? Ha fatto l'operatore al cinema. Questo l'ha fatto veramente. Al cinema Star. Sono andata a controllare di persona in cabina di proiezione. Poi ha scritto un libro. È stato chiuso in casa per un anno. E naturalmente non l'ha mai finito. E ha fatto anche il corriere. Così diceva. Doveva recapitare documenti segreti in varie città. Io gli ho sempre creduto.»

«Dove andava?»

«Zurigo, Parigi, Milano, che so io? Ora non credo più a niente di quello che mi ha detto. Aveva un'altra, fin da principio. E se ne è andato via con quella. Piantandomi qui da sola. Alla mia età. Il mondo è pieno di ragazzette che la danno via senza pudore! Una sigaretta?»

«No, grazie.»

L'uomo in bagno tossì.

«Posso vedere la sua stanza, signora Meisenberg?»

«Certamente. Ma non troverà niente. Venga, signora. Si guardi pure in giro. Può aprire anche i cassetti. Non ci troverà nemmeno una matita o un foglio di carta. Si è portato via tutte le sue cose e i documenti. Non so nemmeno dirle se si chiamava davvero Langfrost. Santo Cielo!» La donna si era alzata e aveva aperto una porta. La stanza era piccola, la finestra dava su un muro diroccato. Un armadio, il letto, un tavolo, una sedia.

«In pratica ha sempre alloggiato in camera mia» continuò la signora Meisenberg. «Guardi nell'armadio! Gli ho comprato tutto io: scarpe, camicie, biancheria, calze, vestiti. Mocassini morbidissimi. Guardi qua! Sa quanto mi sono costati? Tutto gli ho regalato. Quando è arrivato non aveva niente. Solo gli stracci che portava indosso. E i buchi nelle suole. Gli ho dato tutto. Per amore. Perché se no? Sapesse quanto l'ho cercato!»

Oltre ai vestiti non c'era davvero niente. Nel giro di pochi minuti Norma poté constatarlo di persona. Tornò con la signora Meisenberg in anticamera e le manifestò il suo rincrescimento.

«Nessuno mi può consolare» disse la signora Meisenberg aprendo il portone. «Sono una cretina. Lo sono sempre stata. La solita vecchia cretina. Allora arrivederci, signora Desmond. E buona fortuna.»

«Grazie» rispose Norma.

L'uomo nel bagno tirò lo sciacquone.

11

«... in risposta alla dichiarazione del presidente Reagan, di non volersi più attenere al trattato SALT II, l'organo del partito comunista sovietico, la *Prava*, minaccia l'installazione di nuovi missili. Il trattato SALT II — peraltro mai ratificato — è uno dei pochi accordi rimasti circa la limitazione delle armi strategiche. Il recente atteggiamento del presidente americano ha suscitato commenti e critiche negli ambienti della NATO e nelle capitali dei paesi europei alleati. Lipsia: in seguito alla visita a un'esposizione nella città tedesca il primo ministro belga...». Norma si alzò e smise di ascoltare il notiziario diffuso dagli altoparlanti nel salone d'ingresso della sede centrale del *Welt Im Bild*.* L'edificio di notevoli dimensioni sorgeva nella località di Bendestorf, un paesino di campagna, vicino alla pensione ''Zum Schlangenbaum'' e agli studi cinematografici costruiti nel primo dopoguerra. Tutti i notiziari del primo programma venivano realizzati a Bendestorf e di lì trasmessi sulla rete nazionale. Norma aveva dovuto attraversare la città assolata, imboccare l'autostrada per Hannover e percorrerla fino all'uscita di Ramelsloh per poi inol-

* Notiziario trasmesso sulla prima rete della televisione. [*N.d.T.*]

trarsi nella campagna. Un uomo uscì dall'ascensore. Norma gli andò incontro. Indossava un paio di pantaloni di lino e una camiciola azzurra piuttosto lunga e larga. Aveva supergiù la sua età.

«Norma!» La abbracciò calorosamente. Jens Kander, redattore del telegiornale, aveva lavorato fino a otto anni prima come giornalista. Si erano incontrati tante volte — in tutti i paesi del mondo. Kander aveva una pessima cera. Disse: «Mia moglie e io ti abbiamo scritto una lettera. Ieri. Siamo davvero addolorati!».

«So che sei sincero» disse Norma passandosi una mano nei capelli cortissimi. «Non parliamone, però, per favore. Ti ho telefonato perché ho bisogno di un piacere da te. Sono certa che mi potrai aiutare.»

«Come no!» Le pose un braccio sulle spalle e la condusse all'ascensore. «Raccontami...»

Nel suo ufficio la fece accomodare sul divano di finta pelle nera. Kander si sedette dietro la scrivania e compose un numero telefonico di poche cifre.

«Birgit? Sono Jens. Ho bisogno di un favore! Mi serve l'edizione delle 20 di ieri sera del telegiornale... Abbiamo trasmesso un servizio sul funerale del professor Gellhorn e della sua famiglia... che è stato ripetuto anche nell'edizione delle 23... Sì, lo so che non conserviamo il materiale delle edizioni notturne... perciò ti ho detto che si tratta del notiziario delle 20!... È possibile averlo sul mio apparecchio?... No, non voi, si intende. Quelli del reparto registrazione... Benissimo! Grazie tante...» Posò il ricevitore. «Ci vorrà qualche minuto» disse a Norma. «Cosa c'entra l'uomo delle pompe funebri?» In ascensore Norma gli aveva accennato alla questione.

«Ancora non lo so. Devo scoprirlo. Si può ricavare una foto dalla pellicola?»

«Norma, ormai lavoriamo solo con materiale elettronico! Però si può eseguire una fotografia da un fermo-immagine.»

«Non verrà tanto bene, vero?»

«Come no! I ragazzi del reparto registrazione sanno il loro mestiere. Riusciranno a ottenere un'immagine quasi perfetta.»

«Ti ringrazio molto per il tuo aiuto, Jens» Norma lo guardò in volto. «Cosa c'è? Hai dei problemi?»

«Sì.»

«Con tua moglie?»

Una ragazza dai lunghi capelli biondi si affacciò alla porta. «Fai tu l'autobomba in Irlanda?»
«No. Credo ci pensi Henry.»
«Va bene.» La porta si richiuse.
«No, non con mia moglie» rispose Jens. «Non posso spiegarti di che si tratta. Ormai la cosa va avanti da qualche mese. Mi sento giù. Sempre. I colleghi sono gentili. Il lavoro fantastico, una volta che ti abitui a disastri e catastrofi, e ormai tutti quanti ci siamo abituati a questo genere di cose. Inge è un'ottima moglie. I bambini stanno bene. Sono io! Io che mi detesto! Strano, con Inge non ne ho mai parlato e ora ne parlo insieme a te.»
«Perché non ci vediamo mai. Cosa non si va a raccontare a un barista sconosciuto?» ironizzò Norma. «Perché sei così turbato?»
«Non riesco a spiegarmi perché sono al mondo» disse Kander. «Non è un giro di parole. Non riesco ad afferrare il significato della mia vita. A conoscere me stesso. Scoprire chi sono.»
«Capisco.»
«Senti un po', come posso sapere chi sono? La vita scorre senza mai fermarsi. E senza mai tornare indietro. Tutto ciò che faccio lo faccio una volta soltanto. Senza sapere se in merito a una situazione ho compiuto la scelta giusta o quella sbagliata. Non posso correggere le mie azioni e rifare una seconda volta ciò che ho già fatto. Ripetere tutto una seconda volta, come se si trattasse di rimandare in onda un'edizione del telegiornale! No, il paragone non regge! Si possono riprodurre le immagini ma non gli avvenimenti. Nessun avvenimento. Mai! Se lo si potesse fare, avrei la possibilità di cambiare molto del mio operato e di migliorarmi. E forse sarei soddisfatto di me stesso. Ma così? Chi sono io? Cosa faccio? Cos'è l'uomo? Tu, io, Inge, tutti quanti? Gli avvenimenti non si ripetono mai. E allora come si giustifica la nostra esistenza? Non possiamo decidere nulla. Ma dobbiamo lasciare andare le cose per il loro verso. E che senso ha tutto questo?»
«Non lo so proprio, Jens.»
«Neppure tu sai chi sei?»
«Non ne ho la minima idea» rispose Norma con voce stanca.
«Sì, ma noi dobbiamo essere qualcuno! Noi...» Jens si interruppe di colpo. «Merda! I miei problemi non sono nulla.

Perdonami, Norma! Ma sei stata tu a chiedermi come sto. Tu piuttosto stai vivendo un momento orribile.»

«Smettila!» ribatté lei ad alta voce. E in tono normale proseguì: «Al cimitero avete lavorato con parecchie telecamere elettroniche. Immagino che vi siate spostati con una stazione mobile trasmittente».

«Sì. Il redattore a bordo della stazione mobile era Walter Grüter. Ha ultimato il servizio qui in redazione, ne ha scritto il testo e lo ha registrato. Infine il filmato è stato mandato in onda nel corso dell'edizione serale del *Welt im Bild*.»

«Conservate le registrazioni di tutte le edizioni del notiziario?»

«L'edizione principale delle ore 20 viene interamente videoregistrata. Ogni giorno. Se, per esempio, ti servisse il telegiornale del 4 settembre di dieci anni fa non hai che da chiederlo.»

«Dove conservate il materiale?»

«C'è una grossa cantina sotto l'edificio in cui ci troviamo. Presto sarà strapiena. E pensare, Norma, che c'è in giro un sacco di gente che sostiene di sapere con esattezza chi è e perché sta al mondo.»

«Io non ci credo. Quand'anche fosse vero, cosa ne ricaverebbero?»

«Be'» fece Kander «se io sapessi chi sono...»

Il telefono squillò. Kander sollevò il ricevitore e disse il suo nome. «Sì, Birgit?» Sentì cosa gli diceva la collega. «Che significa: non c'è? Ci deve essere! Controllate di nuovo!... E allora controllate una quarta volta!... Scusami, sono un po' nervoso. Impossibile che sia scomparso...» Norma si lasciò cadere sul divano. «Che significa: scomparso? Non è mai scomparso niente qua dentro! Telefona al Reparto Registrazione. Forse è rimasto da loro... Hai già... Lì non c'è. Maledizione! Allora è davvero... Aspetta, vengo giù!» Riappese e si alzò in piedi. « È inaudito. Sembra che sia sparito proprio il telegiornale delle 20 di ieri sera... Io...» Si precipitò verso Norma. «Dio mio, cos'hai?»

«Come?» fece Norma sconcertata.

«Stai piangendo. Non te ne sei accorta?» Kander tolse di tasca un fazzoletto e glielo porse. «Hai il volto rigato di lacrime. Fino al collo. Al bordo del vestito. Norma! Norma!»

Norma si asciugò il viso. E con un filo di voce disse: «Non

me ne sono proprio resa conto, Jens. E... e non pensavo nemmeno al mio Pierre...».

«A cosa pensavi?»

«A questo telegiornale... e al fatto che è irripetibile, come hai detto tu qualche minuto fa... Che non si ha l'opportunità di... Che nessuno ha questa dannata opportunità di... Ora è passato. Va' pure.»

«Dici sul serio? E dovrei lasciarti qui da sola?»

«Ma sì, certo. È anche colpa del caldo. Sono in giro da questa mattina...»

«Sdraiati un momento, allora! Vuoi bere qualcosa? Una birra? Whisky? Cognac? Dell'acqua fresca?»

«Niente, grazie.» Sollevò le gambe e si distese sul divano. «Ora va', Jens.»

Rimasta sola Norma chiuse gli occhi. E dopo qualche tempo incominciò a comunicare in silenzio con Dio. Tu non esisti, gli diceva. Ma se ci sei veramente — quando eravamo a Beirut Pierre credeva fermamente in te —, se ci sei fa' che il mio bambino non debba più soffrire né avere paura, te ne prego! Fa' che possa librarsi nella pace ultraterrena e che lo accolga un'atmosfera di serenità. Se ci sei, fa' che sia così. Se non esisti, ciò che dico non ha senso. Ma se ci sei! Con tutti i miei pensieri sono sempre vicino a te, piccolo mio. Vicino a te e a tuo padre. Restate con me, ve ne prego, e vegliate sulle mie giornate... Al diavolo! imprecò in silenzio. Era stato proprio Pierre a parlarmi così quella notte all'hotel Commodore di Beirut-Ovest e io gli avevo detto che secondo me neppure lui credeva in Dio e gli avevo chiesto di ammetterlo e Pierre l'aveva ammesso e aveva detto che no, nemmeno lui ci credeva, ma gli sarebbe piaciuto molto poterlo fare. Faceva così caldo a Beirut e l'aria era così pesante e fuori i mitra martellavano incessantemente e poi arrivò quell'aereo da combattimento e scaricò le sue bombe e l'albergo si mise a tremare. Fu una notte come tutte le altre a Beirut e non la potrò mai dimenticare. Come non potrò dimenticare te, Pierre, e nemmeno te, bambino mio. Ma è assurdo! Non posso mettermi a piangere così! No, non posso!

Norma si mise a sedere. Aprì la borsa a tracolla e prese uno specchietto. Perché voi due avete potuto morire lasciandomi qui sola? si domandava. Non è giusto. Dio non può esistere. Si asciugò il viso e si ricompose. Rimase a sedere sul divano per parecchio tempo, cercando di non pensare a niente.

Finalmente arrivò Jens Kander. Era piuttosto agitato e le confermò che la copia videoregistrata dell'edizione principale del telegiornale con il servizio sulla sepoltura di Gellhorn era effettivamente sparita e che in redazione la notizia aveva destato l'inquietudine generale.

«Qualcuno ha rubato il materiale» disse Kander. «Non è difficile rubare se si conosce l'archivio e soprattutto se si hanno le chiavi. Dev'essere stato qualcuno che lavora qui. A cosa stai pensando?»

«Al secondo canale» disse Norma. «Avranno mandato in onda anche loro un servizio nel loro notiziario.» La redazione centrale della seconda rete della televisione tedesca si trovava a Starnberg am See, vicino a Monaco, e il notiziario realizzato in quella sede — *24 Stunden* — corrispondeva al *Welt im Bild* della prima rete.

«Senza dubbio» disse Kander. «Le autorità federali hanno permesso soltanto ai due enti televisivi nazionali di effettuare le riprese.»

«Lo so» replicò Norma. «Hai degli amici a Starnberg?»

«Sì, parecchi. Spesso capita di lavorare insieme e ci aiutiamo reciprocamente. Il mio migliore amico si chiama Rotter. È il redattore capo.»

«Allora telefonagli, per favore, e domandagli se la registrazione del servizio sul funerale è in archivio oppure è sparita. No! Chiedigli solo se ha la possibilità di averne una copia.»

«Va bene.» Jens Kander si sedette alla scrivania e chiese al centralino di passargli il suo amico Kurt Rotter della redazione centrale del secondo programma. Fu una cosa veloce. Parlò con l'amico e poi, premendo la mano sul microfono del ricevitore, riferì a Norma: «Certo che hanno la videoregistrazione. È andato a controllare». Qualche istante dopo Kander disse: «Sì... Avete quella copia... No, no... è solo che al momento non riusciamo a trovarla...».

«Domandagli se ce la può trasmettere» sussurrò Norma.

«Dovremmo vedere una cosa, Kurt. Non potreste trasmetterci la vostra copia?... Magnifico!... Sì, subito se è possibile... Te lo confermo io... Sei molto gentile, Kurt. Ti ringrazio molto... Ciao.» Riappese.

«Splendido, no?... Un momento!» Kander riprese in mano il telefono. E infine disse: «Ci vorrà un quarto d'ora. Ma potremo vedere la registrazione qui da me. Ci porteranno su la cassetta».

«Benissimo, Jens.» C'erano alcuni quotidiani sul tavolino. Norma si mise a sfogliarli. Tutti dedicavano ampio spazio ai funerali. C'erano le fotografie dei parenti, dei collaboratori e degli illustri colleghi internazionali che avevano preso parte alle esequie delle famiglia Gellhorn. Sotto una grossa foto che ritraeva un gruppo di persone, la didascalia precisava i nomi e le cariche della personalità in questione: Mihail Sobolov, professore di chimica genetica all'Università Lomonossov di Mosca, Albert Robertson, presidente dell'industria farmaceutica americana AMERIGEN, Tom Stafford, professore all'Istituto di tecnologia genetica dell'Università di Cambridge, il professor Robert Cajolle, presidente del consiglio di amministrazione della EUROGEN di Parigi. Tutti i giornali riportavano le foto di queste personalità, dei parenti delle vittime, dei più stretti collaboratori di Gellhorn, degli uomini delle pompe funebri. In nessuna di tutte quelle foto compariva l'uomo dal volto cereo.

Bussarono alla porta. Una ragazza in blue-jeans consegnò a Kander una videocassetta. «Salve, Jens. È per te. Ce l'hanno appena trasmessa da Starnberg.»

«Grazie, Monica.» La ragazza se ne andò. Kander si alzò. «Vediamo un po'» disse infilando la cassetta nel videoregistratore. Chiuse le tende e accese una lampadina. Quindi mise in funzione il televisore.

Sullo schermo apparvero le cifre 5, 4, 3, 2, 1 su sfondo scuro, accompagnate da brevi fischi, dopodiché iniziarono a sfilare le immagini del servizio sulla cerimonia funebre registrato dagli operatori del secondo programma. Norma osservò attentamente ogni inquadratura. Respirava con affanno e non riusciva a stare ferma sul divano. Sostanzialmente il servizio era identico a quello trasmesso sul primo programma. Cambiavano soltanto le riprese, effettuate da altre telecamere. Apparvero ancora una volta i partecipanti alla cerimonia — colleghi di Gellhorn, collaboratori — e poi le auto della polizia con i militari armati, gli elicotteri della polizia federale di frontiera e infine i necrofori.

Norma si protese verso l'apparecchio.

Vide sfilare la prima bara, sorretta dagli uomini in uniforme. E poi la seconda. E la terza e la quarta, più piccole, nelle quali giacevano le salme delle figlie di Gellhorn. La ripresa era stata effettuata dalla parte opposta. E questa volta Norma non poté vedere l'uomo che cercava, quel tipo così pallido con gli occhiali montati a giorno. No, quell'uomo non era stato inquadrato dalle telecamere del secondo programma. Ecco perché la copia archiviata a Starnberg non era stata trafugata. Con calma! Era ancora presto per trarre una conclusione simile. Ma era possibile. Anzi, possibilissimo. Il servizio sul funerale era terminato.

«Allora?» domandò Jens Kander spegnendo il televisore e scostando le tende.

«Cosa?»

«Hai trovato quello che cercavi?»

«No» disse Norma.

Kander si grattò l'orecchio destro. «Quell'uomo appariva sul materiale in nostro possesso e non su quello del secondo programma.»

«Esatto.»

«Senti un po', questa faccenda deve essere incredibilmente grossa!»

«Sembrerebbe» rispose Norma.

12

Quando verso le sei si fermò davanti a casa, in Parkstrasse, dietro a una Volvo metallizzata argento, lui era seduto sul muretto del giardino. La riconobbe e, alzatosi in piedi, le andò incontro stringendo fra le mani — con grande imbarazzo — un mazzo di rose gialle.

«E lei cosa ci fa qua?» gli chiese Norma.

«Le devo delle scuse, signora Desmond.»

«È vero.» Norma si tolse gli occhiali e lo fissò corrugando la fronte. Vicino al fiume la calura non era così opprimente.

«Questa mattina mi sono comportato in modo ignobile. La prego di perdonarmi e di accettare questi fiori!» Barski era emozionato.

E quando era emozionato l'accento natìo si faceva sentire con maggiore evidenza. Questo Norma l'aveva già notato. «D'accordo» disse. «Sono cose che capitano nel mio lavoro. Del resto non posso decidere io chi debbo andare a intervistare.»

Prese i fiori e, tendendogli la mano, lo ringraziò. «Allora scordiamo il nostro incontro di questa mattina. *No hard feelings!*»

Barski non le lasciava la mano. «No, no... Ecco... Io non volevo soltanto scusarmi con lei, signora Desmond...»

Quest'uomo è grande e forte come un orso, si disse Norma. Un orso gentile. Sì, gentile. Adesso. E mi porta delle rose. Adesso. Gli chiese: «Cos'altro desidera?».

«Vorrei pregarla di formularmi le sue domande. E di permettermi di spiegarle tutto ciò che so a proposito di questa orribile tragedia.»

Norma ripose gli occhiali da sole. «È per questo che mi ha buttato fuori dal suo studio e mi ha proibito di metter piede nella clinica?»

«No, signora Desmond!» Barski era visibilmente imbarazzato. «È stato un errore imperdonabile da parte mia...»

«Sono d'accordo con lei.»

«Il mio comportamento è stato ignobile e insolente. Anche i colleghi l'hanno detto.»

«Cosa c'entrano i colleghi?»

«Abbiamo avuto una riunione nel corso della quale ho riferito loro i fatti di stamane. Abbiamo deciso all'unanimità che dovessi venire immediatamente a cercarla per metterla al corrente della situazione.»

«Un momento» disse Norma. «Se questa mattina non avessimo avuto quel battibecco a proposito del reparto Malattie Infettive, mi avrebbe raccontato tutto quanto?»

«No» rispose lui.

«No? Per quale motivo allora mi ha ricevuto? Ora però voglio che mi dica la verità!»

«Ecco... All'interno dell'Istituto si sono verificati dei fatti sconvolgenti. Nessuno ne è al corrente.»

«Neanche la polizia?»

«Sì, la polizia sì.» Si morse le labbra. «Ma nessun altro. In particolare la stampa. Volevamo evitare nel modo più assoluto che la stampa e l'opinione pubblica venissero a conoscenza di...»

«Santa pazienza! E allora perché mi ha fissato quell'appuntamento?» esclamò Norma. Sta' calma, si disse. Sta' calma. Questa volta non doveva perdere il lume della ragione.

«L'ho ricevuta perché credevo che fosse inevitabile. Non potevo chiudere la porta in faccia a una giornalista della sua fama. Lascia che venga, mi sono detto, e raccontale un sacco di bugie.»

«Magnifico.» Proprio come mi ero immaginata, pensò Norma.

«La mia intenzione era di raccontarle un sacco di frottole e convincerla a credere che io non sapevo nulla e che nessuno di noi era in grado di fornirle l'aiuto richiesto.»

«Carino!» disse Norma prendendosela con se stessa. Perché hai accettato le sue rose? E le scuse di questo mascalzone? Perché lo stai a sentire? Ovvio, perché ora sai che nel suo Istituto è successo qualcosa di grave, qualcosa che può segnare il punto di partenza per scoprire il movente della strage. E perché tu vuoi soltanto trovare la verità e smascherare gli assassini. Gli chiese: «E credeva di mentirmi così bene da indurmi a crederle?».

«Ne ero fermamente convinto.»

«Convinto di essere un gran bugiardo?»

«Sì, signora Desmond.»

«Congratulazioni!» esclamò lei. «E allora?»

«Cosa?»

«Perché non ha perseguito il suo proposito? Perché invece di mentire mi ha assalito con la sua insolenza e la sua sfacciataggine?»

Barski non rispose.

«Glielo dirò io. Perché ho accennato al reparto Malattie Infettive! Perché avevo sentito la sua segretaria parlare di questo reparto Malattie Infettive. E quando gliel'ho detto le sono saltati i nervi ed è caduto in preda al panico.»

«Esatto.»

«Dunque l'evento sconvolgente al quale mi ha accennato poco fa ha a che fare con il reparto Malattie Infettive.»

«Sì, signora Desmond. E il modo in cui mi sono comportato stamane oltre che maleducato è stato sciocco e sventato. Perché ora lei cercherà con tutti i suoi mezzi di scoprire cosa sta succedendo nella nostra clinica.»

«Su questo può giurarci.»

«Già.»

«E dal momento che — dopo avermi sbattuta fuori — ci ha riflettuto per bene ha pensato di venirmi a trovare.»

«No.»

«Cosa?»

«Non sono venuto solo per questo.»

«Ma?»

«Ma anche perché... ecco... Noi... Abbiamo parlato a lungo e...» Barski smise di balbettare e la fissò in silenzio. Una chiatta che transitava sull'Elba mandò un lungo fischio.

Norma era inviperita. «Lei vuole raccontarmi tutto soltanto perché non riesce a venire a capo di quello che è successo. E la polizia nemmeno. E ha pensato — lei con i suoi colleghi — di rivolgersi alla Desmond. Sì, la Desmond riesce sempre a dipanare le matasse. Anche le più imbrogliate. Ecco perché è venuto da me.»

«È proprio così. Ma come fa lei a...»

«Non è la prima volta che capita.»

«Mi starà a sentire?»

«Certamente. Voglio sapere cos'è successo!»

«Mi creda, le racconterò tutto. Le spiegherò a cosa stiamo lavorando. È piuttosto complicato, ma sono certo che lei capirà. La polizia effettivamente non è riuscita a scoprire nulla. La sua professionalità è nota in tutto il mondo. Noi tutti conosciamo il suo lavoro e ammiriamo il suo coraggio...»

«Sono cose che ho già sentito.» Norma lo guardò seria in viso. «Verrò domattina all'Istituto.» Notò una smorfia sul volto di Barski. Era un orso molto triste.

«E ora che c'è?»

«Speravo di poterle parlare subito questa sera.»

«Sono spiacente. Ma devo uscire a cena. Con Alvin Westen.»

«Alvin Westen — il ministro?»

«Sì, proprio lui. E le dico fin d'ora che il signor Westen è il mio migliore amico. Non ho segreti per lui. E ovviamente egli verrà a sapere tutto ciò che lei mi racconterà. Se la cosa non le aggrada lo dica subito e se ne torni nella sua clinica!»

«Ma no... anzi!...» Barski si emozionò di nuovo e l'accento polacco tradì la sua emozione. «Conosco il signor Westen. Non personalmente, ma so che è un uomo eccezionale. Un uomo che ha molti amici, anche in Polonia! Crede che potrei raccontare tutto quanto anche a lui?»

«Sia prudente!» lo ammonì Norma. «La decisione spetta soltanto a lei. Io non so di che si tratta. E non so se i suoi colleghi sarebbero d'accordo di coinvolgere nella vicenda anche il mio amico Westen.»

«D'accordo? Ne sarebbero entusiasti! Deve sapere che noi lavoriamo in collaborazione con parecchi istituti stranieri. Il signor Westen ha amici in tutto il mondo. Forse... Mi sono lasciato trascinare dall'entusiasmo. Il fatto è che... Siamo così perplessi... e abbiamo paura.»

«Bene. A quanto pare lei ha fiducia nel signor Westen. Gli chiederò se posso portarla con me. Venga! Devo farmi una doccia e cambiarmi. Se Alvin è d'accordo, mi aspetterà in terrazza.» Norma si diresse verso il portone di casa. Barski la seguì mormorando qualcosa in polacco.

«Cos'ha detto?»

«Che si trova sempre un'intesa con una persona ragionevole. Mi perdoni.»

«Perdonarla? Quello che ha detto è molto bello.» Perché gliel'ho detto? si domandò. È assurdo, tutto ciò che sta accadendo è assurdo. Appena entrata in casa cercò un vaso per le rose gialle. Barski accettò solo un bicchiere di acqua minerale e uscì in terrazza. Sembrava la trama di un film. No, non era la realtà. Era una finzione cinematografica quella che stava vivendo. Macché! Tutto corrispondeva a una logica ben precisa!

Telefonò ad Alvin Westen e gli riferì l'accaduto.

«Ma certo!» le disse l'amico. «Porta con te questo signore, mia cara. Ho già prenotato un tavolo al ristorante. Il solito. L'ultimo in fondo alla sala. Dopo mangiato saliremo da me. Senti, il signor Barski è lì vicino a te?»

«No. Perché?»

«Questa mattina sono stato a Bonn, al Ministero degli Esteri e al Ministero per la Ricerca Scientifica. Ho parlato con alcuni amici. Mi hanno raccomandato di tenermi lontano da questa faccenda — e di tener lontano anche te!»

«Allora è peggio di quanto pensassi.»

«Sembrerebbe.»

«Il motivo naturalmente non te l'hanno detto.»

«No. Sono stato anche a Colonia e ho visto un vecchio amico, il professor Keffer, studioso di biologia molecolare. Siamo stati compagni di prigionia durante il nazismo. Dopo la guerra Keffer ha lavorato in Inghilterra, all'Istituto di Fisiologia di Cambridge. Non sa niente di preciso, ma temo che nutra dei sospetti. Tanto che mi ha consigliato di girare alla larga! Bene, stiamo a vedere cos'ha da dirci questo Barski! L'atmosfera mi sembra più che mai stimolante, non trovi? Alle sette e mezza?»

«Benissimo. Faccio una doccia e mi infilo qualcosa.»

«Un momento!»

«Cosa c'è?»

«Non vestirti di nero, per favore! Mettiti quel vestito che mi piace tanto! L'abito bianco con la giacca a quadrettini bianchi e neri. Promesso?»

«Promesso. Ciao, vecchio mio!»

Senza riattaccare compose un altro numero telefonico, quello della sede centrale del suo giornale, l'*Hamburger Allgemeine*. Alla centralinista chiese di passarle il redattore capo.

«Günter, sono Norma. Sono stata in giro tutto il giorno. Ho saputo parecchie cose, niente però che si possa stampare. Ti racconterò tutto domani. Se ci fosse qualcosa sappi che sono all'Atlantic insieme a Westen. C'è anche il dottor Barski con me. Ha deciso di vuotare il sacco.»

«A che proposito?»

«In un primo tempo abbiamo avuto un battibecco. Ti dirò tutto domani. Comunque salteranno fuori parecchie cose.»

«Bene, Norma. In bocca al lupo» le disse Günter Hanske. «Ciao!»

«Ciao, Günter!»

Fece una doccia prima gelida e poi tiepida, si truccò il viso, ma solo un poco. E indossò infine l'abito prediletto da Alvin Westen, con la giacca a quadrettini. Uscì in terrazza. Barski era appoggiato al parapetto. Guardava il fiume che scorreva lento.

«Eccomi, sono pronta» disse Norma. Aveva con sé anche la tracolla contenente l'attrezzatura professionale. Barski non rispose. Norma ripeté le stesse parole a voce alta. Barski si voltò lentamente, pareva stordito. I suoi pensieri vagavano probabilmente molto lontano.

«È bello qui da lei» disse. «Anche noi a Varsavia abitavamo in un appartamento con una magnifica terrazza sul fiume. Nella zona destra della città. Ci sedevamo spesso fuori a guardare la Vistola.»

«Lei è sposato?»

«Lo sono stato» rispose. «Mia moglie è morta.»

13

Seguirono Alvin Westen attraverso il salone del suo appartamento all'hotel Atlantic e uscirono sul balcone, affacciato sul fronte principale dell'edificio. Avevano cenato al Grill dell'albergo, a un tavolo appartato sul lato delle vetrate, riservato al signor Westen ogni volta che il noto personaggio politico soggiornava all'Atlantic. Nel corso della serata Westen e Barski avevano scoperto di avere parecchi amici comuni a Varsavia, per lo più intellettuali. E avevano ricordato un episodio avvenuto nel 1970 che aveva richiamato l'attenzione dell'opinione pubblica. In visita al ghetto di Varsavia l'allora cancelliere federale Willy Brandt si era inginocchiato davanti al monumento alle vittime del nazismo.

«Nessun altro uomo politico tedesco ha mai manifestato con altrettanta sincerità a noi polacchi la vergogna del suo popolo, chiedendoci di perdonare, non di dimenticare» commentò Barski. «Fummo in molti quel giorno — io stesso e i miei genitori — a piangere.»

«Anche molti tedeschi si commossero» disse Westen. «Mentre altri insultarono Brandt per il suo gesto e i suoi avversari politici lo accusarono di aver tradito la Germania.»

«Mi trovavo anch'io a Varsavia» disse Norma. «In seguito, quando gli chiesi una spiegazione, Brandt mi confidò di non avere ''programmato'' quel gesto, ma di aver semplicemente riflettuto sulla necessità di esternare la memoria e il rispetto per i caduti del ghetto. Non parlò con nessuno di queste sue riflessioni. E davanti al monumento, oppresso dal peso della recente storia del suo paese, cadde in ginocchio. Fu questo il suo modo di commemorare milioni di vittime. E mi disse che, nonostante Auschwitz, il fanatismo e la prevaricazione dei diritti umani avrebbero tormentato anche in futuro l'umanità.»

«Sì» disse Alvin Westen posando una mano sulle mani di Norma. «Ricordo ancora ciò che scrivesti su Willy Brandt. Rammento perfettamente le parole del tuo articolo. Diceva: Pur non avendone una ragione quest'uomo si inginocchiò e lo fece per coloro che al posto suo avrebbero dovuto farlo, ma non si inginocchiavano perché non osavano, non potevano o non se la sentivano...»

Barski aveva fissato in silenzio Westen e Norma e dopo

qualche tempo aveva detto: «Signora Desmond, signor ministro, sono felice di sedere a tavola con voi».

«Non sono più ministro. Mi chiami semplicemente Westen» gli aveva risposto l'uomo dai folti capelli bianchi. Dopo cena erano saliti nel suo appartamento al secondo piano dell'albergo.

Le grandi vetrate del salone erano spalancate. Il balcone era bianco, come la facciata dell'Atlantic. Una miriade di luci si specchiava nel canale.

«Sediamoci» disse Westen ai suoi ospiti.

«No, aspetta...» fece Norma.

«Cosa c'è?»

«Ecco...» Norma guardò il dottor Barski.

Il polacco sorrise. «È molto gentile, signora Desmond, ma non fa nulla.»

«Non capisco» disse Westen.

«Il dottor Barski e sua moglie» gli spiegò Norma «abitavano a Varsavia in una casa affacciata sulla Vistola.»

«Mia moglie è morta» continuò Barski. «Ne ho parlato poco fa con la signora Desmond. E mi commuove il fatto che lei pensi che la vista di questo corso d'acqua potrebbe... Ma è bellissimo. L'acqua scura, le luci, davvero...»

Si sedettero sulle poltroncine di vimini bianco. Il brusìo del traffico arrivava fino a loro.

«Bene» disse Westen. «Possiamo incominciare! Ci racconti la sua storia, dottor Barski!»

«È una gran brutta storia» replicò lo scienziato. «Oscura e intricata e per capirla è necessario conoscere l'argomento in questione.»

«Inizi pure, dottore. Staremo a sentire il suo racconto» disse Norma. Una nave della ''Flotta Bianca'' scivolava sulle acque dell'Alster. Echeggiava una melodia e la gente in coperta ballava. Una volta con Pierre era stata su una di quelle navi.. No, non ci pensare, si disse. No e poi no! E continuò: «Non importa quanto durerà. Voglio scoprire a tutti i costi il movente della strage. E lo vuole scoprire anche lei, se non erro».

«Sì» fece Barski. «Bene. Dovete sapere che il gruppo del quale faccio parte è composto da esperti di diversi settori. Tutti insieme lavoriamo allo stesso programma. Io sono biochimico. Uno di quegli studiosi con la testa fra le nuvole, sapete...»

Westen sorrise. Norma lo guardò. Alla sua età l'ex ministro conservava un aspetto incredibilmente giovanile, accentuato dalla sua ineccepibile eleganza. Indossava un abito blu, una camicia bianca, una cravatta intonata all'abito, calze e scarpe blu. I gemelli ai polsi della camicia erano delle antiche monete d'oro e sui polsini erano ricamate le sue iniziali. A Norma sovvenne che anche Heinrich Mann, socialdemocratico come Alvin Westen, vestiva sempre con eleganza, anche quando prendeva parte alle riunioni sindacali con gli operai in tuta o in abiti sdruciti. Westen le aveva raccontato che lo scrittore, che Norma riteneva più importante e più geniale del fratello Thomas, durante quelle riunioni di fabbrica portava sempre guanti bianchi. E gli operai trovavano del tutto normale l'abbigliamento dello scrittore che tanto si adoperava per la loro causa. Lo amavano, così come altri lavoratori amavano Alvin Westen, direttore di banca e uomo politico, che lottava per i loro diritti...

«Bene» disse Westen.

«Sì,» fece Barski «questo programma, al quale tutti quanti abbiamo lavorato — anche il professor Gellhorn naturalmente — e ancora lavoriamo, è la ricerca, con l'aiuto della microbiologia, di un rimedio effettivamente efficace contro il cancro alla mammella.» Alcuni riflettori nascosti illuminavano la facciata dell'albergo, sul tetto del quale si leggeva il nome Atlantic scritto a grandi lettere. «La biologia molecolare, già lo saprete, studia i processi che avvengono all'interno delle cellule, le più piccole unità organizzate dell'organismo vegetale, animale e umano. Ogni cellula è regolata da precisi princìpi ordinativi e contiene informazioni codificate che si tramandano di generazione in generazione. Naturalmente avrete già capito di che si tratta.» Barski guardò Norma.

«Sì» disse lei accelerando improvvisamente il respiro. «Lei sta parlando di una determinata sostanza chimica contenuta in tutte le cellule della quale si è discusso tanto negli ultimi anni, poiché essa determina il patrimonio genetico dell'individuo. L'abbreviazione del nome di questa sostanza è DNA, se non sbaglio.»

«Esatto» confermò Barski. «Il DNA, il grande segreto della vita. Il complesso nome chimico della sostanza è acido desossiribonucleico. Senza il DNA nessun organismo vivente — nessun microbo o virus, nessuna pianta, animale e nemmeno l'uomo — può riprodursi. La sequenza del DNA è la sostanza chimica responsabile della trasmissione di informazioni da una generazione all'altra, informazioni che si trasmettono in forma di unità ereditarie ovvero geni.»

«Vuol forse dire che il suo lavoro ha a che fare con i geni?» domandò Westen.

«Proprio così» rispose Barski. «Stiamo cercando dei geni particolari dotati di particolari proprietà.»

«Per poter effettuare con essi determinate manipolazioni all'interno della cellula?»

«Per operare sul patrimonio genetico e ricombinarlo nel modo più opportuno» rispose Barski, soppesando le parole.

«Ricombinarlo? Voi manipolate le cellule!» esclamò Westen.

Barski alzò le spalle. «Se preferisce questa espressione... ebbene sì, noi cerchiamo di manipolare le cellule umane.»

Norma e Westen si guardarono negli occhi. E per qualche tempo sul balcone dell'albergo illuminato a giorno regnò un grave silenzio.

14

«La genetica, la scienza che studia l'ereditarietà, ha più di cent'anni ormai. E la sua storia è piuttosto curiosa. Per anni, decenni addirittura, la ricerca segnò lunghe battute d'arresto. Come se di tanto in tanto venisse accantonata e trascurata. Nel 1866 il monaco agostiniano austriaco Gregor Mendel pubblicò i risultati dei suoi esperimenti con le specie di piselli e fagioli a fioritura bianca e rossa. Egli incrociò le specie e rilevò una straordinaria regolarità nella comparsa dei fiori rossi e bianchi. Tuttavia il significato delle leggi di Mendel fu compreso soltanto parecchi anni dopo. E si limitava comunque a descrivere il processo di ereditarietà, senza spiegarne minimamente i nessi causali. Solo nel 1940 la ricerca ebbe un nuovo impulso. In quell'anno si scoprì infatti che la trasmissione delle informazioni biologiche nella cellula avveniva attraverso il DNA. Si capì che la vita è informazione e che tutte le informazioni immaginabili nel campo dell'ereditarietà vengono trasmesse da una cellula all'altra per mezzo di una molecola che si chiama acido desossiribonucleico. ''Nucleico'' perché questa molecola si trova quasi esclusivamente nel nucleo della cellula. Successivamente la ricerca fu condotta e approfondita dallo scienziato viennese Erwin Chargaff. Nemmeno lui però riuscì ad addentrarsi nei segreti di questa sostanza che oggi tanto ci interessa. Neppure questo biochimico austriaco la cui opera mi ha sempre affascinato...»

«Per quale motivo?» domandò Norma.

«Mi hanno colpito la sua vita e il suo destino. I libri che ha scritto. Che non trattano soltanto del DNA. Perché... Ecco, signora Desmond, deve sapere che Chargaff è stato il primo scienziato a criticare lo studio dei segreti della natura. Non mi stanco mai di leggere i suoi libri e di meditare sui suoi ammonimenti.»

«Che genere di ammonimenti?» chiese Norma.

«Abbia un attimo di pazienza, signora Desmond» disse Barski. «Tornando al DNA, nel 1952 il biochimico americano James Watson e il collega inglese Francis Crick di Cambridge decifrarono la struttura tridimensionale dell'acido desossiribonucleico. Grazie alla loro scoperta ora si sapeva in che modo il DNA, responsabile di tutti i caratteri ereditari dell'individuo, trasmetteva le informazioni da una cellula all'altra. Per la loro scoperta della cosiddetta doppia elica, Crick e Watson nel 1962 furono insigniti del Premio Nobel. E infatti la struttura del DNA ricorda una doppia elica, o spirale, aggrovigliata su se stessa.» Barski si tolse di tasca un pezzo di carta e fece uno schizzo per illustrare la spiegazione. «Ecco» disse. «Queste sono due molecole di DNA unite fra loro in modo da formare una doppia elica. Il funzionamento ricorda quello della cerniera lampo. La cerniera si apre per far sì che le informazioni genetiche si trasmettano a un'altra cellula. Alla vecchia molecola se ne lega un'altra, dalle caratteristiche corrispondenti alla precedente.»

«Interessante» commentò Westen.

Barski sorrise. «Vero? È un argomento che affascina tutti quanti. Salvador Dalí fece del DNA il tema di un suo quadro. La doppia elica si ripeteva su cravatte, confezioni di generi alimentari, tappeti. Finalmente, dopo tanti anni di studi e di ricerche, il DNA acquistò una certa popolarità! Se provassimo a distendere la catena del DNA contenuta in una cellula del suo corpo, signora Desmond, otterremmo un nastro lungo un metro e mezzo. E la catena formata dal DNA di tutte le cellule del suo corpo giungerebbe da qui fino alla Luna.»

«Certo» fece Norma. «E alla luce della nuova scoperta si

iniziò a pensare di intervenire sulla struttura della sostanza, di manipolarla — a fin di bene naturalmente.»

«Esattamente.» Barski annuì. «E infatti lo studio della genetica registrò un notevole impulso. Gli scienziati avevano il morale alle stelle. La tecnologia genetica si apriva ai loro occhi come un campo tutto da scoprire. Le malattie incurabili a un tratto sembrarono guaribili. Il cancro perse il suo alone di mistero. Si iniziò a considerare la possibilità di introdurre elementi genetici fondamentali all'interno delle cellule per curare le più svariate malattie organiche e psichiche. La diagnosi precoce attuata grazie ai mezzi della tecnologia genetica permette di individuare un numero crescente di malattie ereditarie in tempo utile per ricorrere, nell'eventualità, all'interruzione della gravidanza. I processi produttivi della biotecnologia potrebbero ridurre il fabbisogno energetico dell'industria, salvaguardando l'ambiente e risparmiando un notevole quantitativo di materie prime. Con la manipolazione genetica i microbi potrebbero trasformare i rifiuti in materiale organico per l'industria oppure in mangimi.»

«E si potrebbe intervenire anche sulla struttura genetica delle piante» disse Norma. «Per ottenere varietà migliori. Frutti più grossi. Specie resistenti alla siccità e alla pioggia. Significherebbe risolvere il problema della fame: carni migliori, animali più sani e più grossi...» A un tratto Norma ammutolì.

«Cosa c'è, Norma?» le chiese Westen.

«Sembra così bello» disse in tono preoccupato. «Ma sicuramente c'è anche un altro lato della medaglia. C'è sempre un lato brutto delle cose.»

«Sono allibito!» esclamò Barski. «Le sue intuizioni sono sorprendenti!»

«È solo una questione di deformazione professionale» replicò Norma. «Quando si fa un lavoro come il mio ci si abitua a soppesare attentamente ogni cosa.»

«Poco fa mi ha chiesto perché mi interessassi tanto a Chargaff.»

«Sì, a proposito degli ammonimenti dello scienziato.»

Barski annuì. «In seguito alle scoperte di Crick e Watson la microbiologia si accinse a conquistare nell'ambito delle scienze naturali il posto che nei primi anni del secolo era stato occupato dalla fisica atomica e nucleare. E questo fatto preoccupava Chargaff. Lo allarmava. Nel suo libro intitolato *Il fuoco di Eraclito* egli scrive che due scoperte scientifiche funeste hanno caratterizzato la sua vita di scienziato. La prima è stata la scissione dell'atomo e la seconda la rivelazione del meccanismo dell'ereditarietà. In entrambi i casi l'uomo ha operato una manomissione del nucleo, il nucleo atomico e il nucleo della cellula. E a parer suo in tutti e due i casi la scienza ha valicato una barriera dalla quale avrebbe dovuto tenersi lontana.»

«Gli scienziati non conoscono barriere» ribatté Norma.

«Già» fece Barski. «Sulla rivista scientifica *Science* Chargaff scrive che è ipotizzabile la sospensione degli esperimenti di fisica atomica e delle imprese spaziali e che un giorno si potrà benissimo rinunciare all'utilizzo di propellenti chimici o addirittura abolire gli strumenti di distruzione — le bombe per esempio. Ma le nuove forme di vita, continua Chargaff in quell'articolo, non potranno mai essere revocate! ''Abbiamo il diritto'' si domanda lo scienziato ''di intervenire in modo irrevocabile ai danni di una saggezza evolutiva di milioni di anni, per soddisfare la vanità e la curiosità di un pugno di scienziati?''»

Di nuovo nessuno parlò.

Infine Norma disse: «Non capisco...», ma si interruppe subito.

«Cosa non capisce?» le chiese Barski.

«Com'è possibile che proprio lei, che cita le parole di Chargaff, abbia a che fare con la manipolazione genetica? Come fa, dottore, a svolgere il suo lavoro?»

Lo scienziato polacco rispose a bassa voce. «Perché grazie a Dio la genetica ha anche dei lati positivi. Noi tutti all'Istituto ci adoperiamo affinché la tecnologia genetica possa condurre a un miglioramento delle condizioni di vita. Stiamo cercando un rimedio contro una malattia terribile. Vogliamo aiutare l'umanità, ben sapendo che la scienza sulla quale operiamo potrebbe condurre a risultati orribili... Per questo sono qui.» La voce gli si arrochì.

«Ma che c'entra?» chiese Norma sottovoce. Fissava Barski come se non l'avesse mai visto prima d'allora.

Il polacco taceva.

«Forse perché avete già ottenuto qualche risultato sconvolgente?»

«Sì» rispose Barski. «È per questo che poco fa l'ho pregata di lasciare in macchina il registratore. Non è il caso che quello

che sto per raccontarle rimanga impresso su un nastro.»
«È un fatto così grave?»
Barski annuì.

15

Dopo una lunga pausa Barski si appoggiò allo schienale della poltroncina di vimini e riprese a parlare. «Ci siamo dedicati con tutte le nostre energie alla lotta contro il cancro alla mammella. Sappiamo che esistono determinati virus che aggrediscono e infettano determinate parti del corpo. E sappiamo che esistono altri virus, assolutamente innocui, che non provocano malattie. Quello che noi cerchiamo è un virus che non solo non provochi alcuna malattia, ma che guarisca l'organismo malato. Il metodo, peraltro semplicissimo, è estremamente noioso. Il nostro virus in primo luogo deve rispondere a tre requisiti: deve adattarsi alla cellula malata, deve essere in grado di attaccarla e non deve intervenire sulle cellule sane. È chiaro?»
«Sì» rispose Norma.
«Bene» continuò Barski. «Prendiamo uno degli innumerevoli virus che rispondono a questi requisiti, fra i quali speriamo di trovare quello che fa al caso nostro. Fra tutte le informazioni contenute nel DNA di questo virus ci servono soltanto quelle inerenti al nostro campo di lavoro. Perciò dall'intera molecola di DNA sezioniamo il tratto che ci interessa.»
«Che significa?» domandò Norma incuriosita.
«È un modo di dire. Ovviamente non possiamo operare con forbici e coltello. Sezionare una molecola significa ricavare il tratto che effettivamente ci interessa effettuando una serie di svariate operazioni chimiche. Si tratta per lo più di reazioni con determinati enzimi. Se ne conoscono all'incirca due migliaia. Sappiamo di quale enzima dobbiamo servirci per ottenere nel corso di una determinata operazione chimica la sezione di DNA che ci interessa. Perciò, scelto fra i tanti un virus assolutamente innocuo, isoliamo la parte di DNA che ci interessa e speriamo che si tratti del ''nostro'' virus. Finora non abbiamo avuto fortuna.»
«Da quanto tempo siete impegnati in questa ricerca?»
«Oh, sono soltanto sette anni» rispose Barski. «E se fra al-

tri sette anni dovessimo trovarlo sarebbe un fatto sensazionale! Deve sapere che i virus sono infinitamente tanti. E in sette anni non abbiamo mai abbandonato le speranze — finché, cinque mesi fa, è successa questa cosa sconvolgente. La vittima di questa orribile vicenda è il dottor Thomas Steinbach, biochimico come me. È un membro del nostro gruppo di ricerca. O forse è meglio dire che lo era.»

«Quanta gente lavora all'Istituto?» chiese Westen.

«Siamo in 65. Anzi, 64 dopo la morte del nostro capo. E 63 con l'assenza di Steinbach. Del gruppo fanno parte medici, fisici, chimici, biochimici, microbiologi e anche esperti di informatica, matematici e programmatori, dai tecnici di laboratorio agli assistenti, fino ai più qualificati studiosi. Gente di tutte le nazionalità. Alcuni sono molto giovani — con i miei 42 anni sono io il più vecchio. Tom per esempio ne ha 29. Ci conosciamo da quando sono venuto in Germania. Sono esattamente dodici anni. Tom era un collega fantastico. Un uomo di grande professionalità. Direi che era il motore del gruppo. Aveva sempre nuove idee. Instancabile. Entusiasta del suo lavoro. Ma dotato di un forte senso critico — nei confronti di se stesso e di noi altri. Quante discussioni abbiamo avuto! Se aveva un'opinione diversa dagli altri non esitava a difenderla con le unghie e con i denti. Le sue erano vere e proprie battaglie verbali! E non si dedicava esclusivamente al lavoro. Si interessava un po' a tutto. Era il più grosso intenditore di musica dell'intero Istituto; amava il jazz, la musica classica, tutta la musica in genere. Il suo compositore preferito? Mozart. Aveva un armadio pieno di dischi di Mozart. Non perdeva un concerto o un'opera. Mai. E con la pittura e la letteratura era lo stesso. Sapeva tutto, conosceva tutti e aveva le sue preferenze. E poi la politica. E lo sport: tennis, nuoto, vela, pugilato e così via. Felicemente sposato. Sua moglie si chiama Petra. Ha ventotto anni e si occupa di moda. Una coppia splendida. Con gli stessi interessi e le stesse passioni. Entrambi scoppiavano dalla voglia di vivere, vivere, vivere.»

16

Barski si era infervorato nel discorso. A un certo punto tacque e rimase a guardare l'Alster con le sue innumerevoli luci.

A bassa voce soggiunse: «Era l'11 aprile, me lo ricordo benissimo. Sono passati cinque mesi. Quella sera eravamo andati al cinema, Tom, sua moglie e io. Davano *Amadeus*, il celebre film di Milos Forman, premiato con otto Oscar, tratto da un lavoro di Peter Shaffer. L'avrete visto anche voi, immagino. La vera storia di Mozart. Un uomo sgradevole, orrendo — e quest'uomo sgradevole sapeva creare delle musiche così belle! Il film ci era piaciuto moltissimo, a tutti e tre. Dopo la proiezione ci eravamo fermati in un locale a bere qualcosa. Volevamo parlare del film. Il giorno dopo era un sabato e potevamo dormire fino a tardi. Il bar aveva tante nicchie separate e si stava bene. Tranquilli. I miei amici avevano ordinato del whisky. Io un bicchiere di acqua minerale — sono astemio. Discutevamo del film. Più che altro eravamo io e Petra a parlare. Tom quella sera era piuttosto tranquillo. Allora non ci avevo fatto caso. Credevo che fosse solo assorto in meditazione sul film che aveva visto. Non dimenticate che Mozart era il suo compositore preferito! Petra e io parlavamo, parlavamo. Al tavolino accanto al nostro erano seduti due signori e all'improvviso Tom aveva esclamato...»

«State zitti!»

Il pianista suonava solo vecchie melodie, dall'aria dolce e malinconica; proprio per questo il locale era molto frequentato. Su ogni tavolo era accesa una candela. In quel momento risuonavano le note suadenti di *As time goes by* dal film *Casablanca*. Petra e Barski tacquero, fissando Tom con occhi stupiti. Solo in un secondo tempo capirono che stava ascoltando la conversazione dei vicini di tavolo. Anch'essi avevano assistito alla proiezione del film *Amadeus*.

Il signore che stava parlando era un tipo alto e robusto e si era accalorato nel discorso. Aveva il viso paonazzo. Diceva: «No e no e no! Sapevo che Mozart non era uno stinco di santo ma non posso credere che fosse un simile depravato! Non posso proprio, Johnny». Aveva davanti a sé un bicchiere di cognac, il suo amico un boccale di birra e un bicchierino di grappa.

«No» disse l'amico, che si chiamava Johnny. «Non dire così. Anch'io sono rimasto di stucco vedendo il film. Ma per una ragione diversa. Ecco, Mozart da sempre è circondato da un alone celestiale, la gente ha fatto di lui un mito. Mentre il film ci mostra l'uomo Mozart, la creatura terrena che si cela dietro questo mito; ci racconta gli ultimi anni di vita di un genio che disdegna le regole di vita della società e che l'invidia e la mediocrità portano alla morte.»

«È vero» commentò Petra.

«Ssss!» sibilò Tom.

Il pianista suonava le note de *La vie en rose*.

«Sciocchezze» ribatté l'uomo rosso in volto, alzando il bicchiere. Si chiamava Hans. «Non raccontare palle, Johnny! Non puoi separare l'uomo dalla sua opera.»

«Certo che posso farlo!» ribatté l'altro. «Lo devo fare! Altrimenti dove sarebbe il significato del film? L'uomo non ha niente a che vedere con l'opera.»

«E invece sì!»

«No, Hans! No e poi no! Se fosse come dici tu, perderebbe di significato l'opera di tutti i più celebri pittori, scrittori, filosofi, scultori, musicisti e scienziati. Bisognerebbe disprezzarli per la vita che hanno condotto. Proprio i più dotati e ricchi spiritualmente hanno avuto delle pecche.»

«Quella risata,» ribatté l'altro turbato «quella risata idiota!»

«E allora? E allora?»

«Un maschio assatanato che si infilava sotto ai tavoli per toccare le cosce delle ragazze!» L'uomo di nome Hans si infervorava sempre più nella conversazione.

«Sì, sì, ma che importa?» disse il suo amico.

«Un fissato, preoccupato solo di mettere le mani addosso alle bionde e di scopare come un ossesso. Era questo Mozart?»

«Sì, Mozart era anche questo.»

L'uomo dal volto paonazzo scosse il capo. «Un uomo che ha prodotto una musica divina era... era così osceno, volgare, infantile?»

«È mostruoso ma è così, Hans.»

«Mostruoso» ripeté Hans sconcertato. «Un uomo chiassoso. Litigioso. Sconcio nel parlare. Un punk vissuto all'epoca del rococò. Ed è stato lui a creare le note cristalline e leggiadre delle sonate e la *Kleine Nachtmusik*?»

Barski, Tom e sua moglie ascoltavano attentamente la discussione dei loro vicini di tavolo. Il volto di Tom aveva assunto un'espressione estasiata.

«Accidenti!» esclamò l'amico di Hans. «È proprio questo lo spirito del film. Vuole farci capire che dobbiamo smetterla di idolatrare questo Wolfgang Amadeus Mozart, nemmeno fosse un santo! Ecco cos'era! Un depravato!»

«Un depravato!» ripeté in tono sommesso l'uomo dal volto rubizzo. «Un ubriacone, alcolizzato e delirante, ottenebrato da...»

«Ed è stato l'autore di sinfonie fantastiche, celestiali, eccelse!» disse Johnny. «È questo l'aspetto che mi affascina del film. Questa doppia personalità di Mozart.»

«No. A me no» disse l'altro vuotando il bicchiere. «A me non piace affatto.» Batté il pugno sul tavolo. «Sai bene, Johnny, cosa ho sempre pensato di Mozart. Era un dio per me. Sì, un dio in terra! Ascoltando la sua musica mi sentivo trasportare in una dimensione mistica, mi sentivo vicino a Dio. Era una sensazione meravigliosa. Meravigliosa!»

«Lo sarà ancora, Hans.»

L'uomo rubizzo scosse di nuovo il capo. «No» disse con voce mesta. «No, Johnny. Non sarà più così. Ora provo nausea. Un senso di infamia e sporcizia. Ogni volta che ascolterò la sua musica non potrò più pensare a Dio, ma alla pornografia, al sesso, alla volgarità e alla sconcezza. Alla sconcezza.»

«No, Hans. Devi smetterla di intestardirti. La musica di Mozart non ha niente a che vedere con tutto questo. Il fatto è che non hai capito il significato del film.»

«L'ho capito perfettamente. Peccato. Sarebbe stato meglio se non l'avessi visto. No, è sciocco quello che ho detto. Bisogna guardare negli occhi la verità. E io lo faccio. Ma c'è una cosa che non potrò più fare d'ora in avanti.»

«E cosa?»

«Non potrò più ascoltare la musica di Mozart.»

«Ti sta dando di volta il cervello?»

«No. E non sono nemmeno ubriaco. Ho bevuto soltanto due cognac. Sono sobrio e ti ripeto che non potrò mai più sentire Mozart. Mai più. Non posso. Non posso proprio. È probabile che tu abbia ragione. Ma non mi interessa. Il solo pensiero di ascoltare ancora la sua musica mi dà la nausea. La musica di un lurido porco.»

La discussione proseguì in questi toni. L'uomo dal volto paonazzo non era ubriaco. Diceva ciò che provava in cuor suo. E il film al quale aveva assistito aveva decretato la caduta di un dio.

«È finita con Mozart» disse. Aveva le lacrime agli occhi.

Non era un uomo forte, no di certo. Ma non poteva farci nulla. Molti di noi sono deboli. E nulla si può per arginare le lacrime.

Il pianista intonò la melodia di *April in Portugal.*

«Basta» ripeté Hans. «Non voglio più saperne. Mai più. Mai più. Mai più.»

Mai più, pensava Norma mentre Barski le raccontava l'episodio. Mai più, mai più riavrò il mio Pierre. Mai più lo rivedrò tornando a casa. Non sentirò più la sua risata, la sua voce. Non lo stringerò mai più fra le mie braccia. Mai più. Non ci pensare, si disse, non ci pensare!

Barski le chiese in tono preoccupato se si sentisse poco bene.

«Perché me lo domanda, dottore?»

«È molto pallida.»

«Ah... è colpa di questa luce.» I riflettori che illuminavano la facciata dell'albergo erano ancora accesi, così come l'insegna al neon con il nome Atlantic.

Westen accarezzò la mano di Norma. «È tutto a posto, dottore» disse. «La conosco bene. Ogni tanto le capita di impallidire. Stai bene, Norma, vero?»

Norma annuì riconoscente. Che amico fantastico era Alvin per lei!

Westen intanto aveva continuato a parlare, rivolto al dottor Barski. «Un episodio molto significativo. Il fatto è che bisognerebbe evitare questo genere di cose. Nell'arte come in politica.»

«Cosa si dovrebbe evitare?»

«Di crearsi degli idoli» spiegò l'anziano signore.

«Infatti» assentì Barski. «E questo è solo l'inizio di una storia molto più triste.»

«Che immagino riguardi il suo collega Thomas Steinbach.» Teneva la mano di Norma fra le sue e la accarezzava. Alcune navi illuminate scivolavano sulle acque scure del canale. Sull'altra sponda brillava una miriade di luci, mentre il traffico sulla strada sotto di loro era notevolmente diminuito.

«Andammo al cinema la sera del venerdì» riprese Barski. All'improvviso anch'egli era impallidito. Norma se ne accorse. «Il lunedì successivo Tom si presentò all'Istituto come sempre e il pomeriggio, mentre prendevamo il tè insieme a Gellhorn — dovete sapere che da noi il tè a metà pomeriggio è quasi un rito — a un certo punto Tom ci chiese sorridendo: ''A qualcuno di voi interessano i miei dischi di Mozart?''.»

«A qualcuno di voi interessano i miei dischi di Mozart?» domandò sorridendo il dottor Thomas Steinbach, con una voce dolce e sommessa. Portò alle labbra la tazza di tè.

Nessuno gli rispose.

«Dai, Tom! Di' la verità! È una barzelletta, vero?» disse infine il dottor Takahito Sasaki, un giapponese piccolo di statura e minuto, sistemandosi gli occhiali d'oro.

«Non è affatto una barzelletta, Tak» rispose il dottor Thomas Steinbach, un ragazzone alto e abbronzato. Gli occhi verdi di Tom erano dolci come la sua voce. «Sto parlando seriamente.»

«Ma se sei sempre stato un patito di Mozart!» esclamò il dottor Eli Kaplan. Alto, biondo di capelli e con gli occhi blu, Kaplan era originario di Israele.

«Quei dischi non mi interessano più.» Steinbach sorrise.

«Tom ci prende in giro» disse Alexandra Gordon. Anche la dottoressa Gordon era piuttosto alta e snella. Portava i capelli raccolti sulla nuca. «Perché ti prendi gioco di noi?»

«Non è vero. Non vi sto prendendo in giro» replicò Steinbach con quella strana voce così dolce e armoniosa.

«Il tuo compositore preferito!» insistette il dottor Harald Holsten, un tipo tozzo e tarchiato. «Il tuo compositore preferito!»

Tom sorrise. «No, non lo è più» rispose. «Non mi va più di ascoltare la sua musica. Questo tè è ancora quello che ti ha portato quel tuo amico di Cambridge?»

«Sì, Tom» rispose il dottor Jan Barski, polacco, un uomo robusto dal viso aperto e i capelli neri tagliati cortissimi. «Senti un po'... È assurdo, ma per caso non è che quel tipo l'altra sera ti abbia influenzato?»

«Aveva ragione!»

«Cosa? Non dire sciocchezze! Era ubriaco.»

«Fatto sta che quando sento Mozart non posso fare a meno di pensare a quello che ha detto.»

«Ma se ti è sempre piaciuto da impazzire!»

«Ora non mi va più.»

«Cosa te ne farai dei tuoi trecento dischi di Mozart?»

«Si può sapere di che si tratta?» chiese il professor Gellhorn entrando nel vivo della discussione. Nonostante avesse solo 45 anni, aveva il volto sciupato e i capelli grigi.

Barski gli raccontò del film *Amadeus* e dell'episodio al quale avevano assistito dopo la proiezione. Il comportamento di Tom aveva stupito tutti quanti, ma egli sembrava non curarsene. Guardava fuori dalla finestra, nel buio lattiginoso della sera. Nevicava.

«Allora, nessuno vuole i miei dischi? È un regalo!»

«Vuoi venire al punto, Tom?» disse Eli Kaplan innervosito.

«È tutto qui, Eli» rispose Tom. «Bene. Se a nessuno di voi interessano i miei dischi, li regalerò a Ted, del reparto chirurgia. È un fanatico di Mozart e farà salti di gioia. Ho persino qualche registrazione diretta da Bruno Walter. Li darò tutti a Ted. Allora, Jan, ci vediamo alle sette per il tennis?» Sorrise.

«Alle sette giocammo a tennis» raccontava Barski sul balcone dell'appartamento di Alvin Westen all'Hotel Atlantic. «Vinse Tom. Era il più forte di tutti noi. Ma da quella sera non poteva più ascoltare la musica di Mozart. E regalò veramente tutti i suoi dischi all'amico chirurgo.»

«Curioso» commentò Westen.

«Non finisce qui!» disse Barski. «E il resto è ancora più strano.»

«Quanti anni ha detto che ha il suo collega? 29, o sbaglio?» chiese Westen con fare meditabondo. «Giovanissimo per la posizione che occupa.»

«Nel nostro campo è la regola, in tutti i paesi del mondo. Invecchiando si diventa più... più riflessivi, più prudenti. Pensi a Chargaff! Con il passare del tempo ha maturato mille dubbi e paure.» Barski scrollò le spalle. «A mano a mano che gli anni passano si pensa sempre più spesso a ciò che Chargaff ha detto e ha scritto...»

«Anche per il professor Gellhorn era così?» domandò Norma.

«Sì» rispose Barski. «Nelle ultime settimane aveva un'espressione molto cupa e accigliata.»

«Più del solito?»

«Sì, molto di più!»

«Come mai?»

«Se lo sapessi!» fece Barski. «Per gli scienziati più giovani il nostro lavoro è come un gioco, un gioco affascinante — come un gioco d'azzardo. E in effetti si tratta davvero di un gioco d'azzardo!» Barski guardò il fiume. «Le menti creative sono in genere le più giovani. Perché non soffrono se la ricerca subisce una battuta d'arresto o si arena in qualche nodo inestricabile. Per riprendersi è sufficiente che vadano a trovare la loro ragazza, a fare una nuotata o una bella bevuta in compagnia. Che importa, si dicono. Domani è un altro giorno. Oppure si mettono a correre per chilometri e chilometri.»

«O sfrecciano come pazzi sull'autostrada con una macchina sportiva» aggiunse Norma.

Barski la fissò meravigliato. «Come fa a saperlo?»

«Perché?»

«Tom aveva una macchina del genere! Una Ferrari. L'aveva acquistata di seconda mano. Non so dove. E spesso la guidava a folle velocità. Strano che lei l'abbia pensato.» Guardò Norma. E anche lei lo guardò. Qualche istante dopo tornò a fissare il canale. «E proprio in macchina gli successe un altro strano fatto. Non stava andando forte. No...» Barski ritornò con la memoria a quel giorno. «Fu cinque giorni dopo l'episodio del film. Quella mattina Petra, la moglie di Tom, mi telefonò. Era molto agitata.»

«Tom vi ha già raccontato di questa notte?» mi chiese Petra.

Barski era seduto nel suo ufficio. Solo. «Di questa notte? No, non mi ha detto nulla.»

«Che strano.»

«Perché? Avete litigato?»

«No.»

«Cos'è successo allora?»

«Per un soffio non siamo finiti all'altro mondo.»

«Cosa?»

La voce di Petra vibrava. «Siamo stati a trovare dei nostri amici. Non capisco proprio come mai Tom non te ne abbia parlato! Verso l'una di notte siamo tornati a casa. Passando per Heinrich-Hertz-Strasse. Sai qual è?»

«Sì, certo. E poi?»

«Tom andava a cinquanta all'ora, non di più. Da una strada laterale è sbucata una Mercedes, a centoventi all'ora almeno. Senza darci la precedenza. Mi sono messa a urlare come una pazza. Ci ha preso in pieno. Nel cofano. Per un soffio non ci ha ammazzati.»

«Santo cielo, Petra!»

«Puoi ben dirlo, Jan! Il colpo ci ha scaraventato al margine della strada. Ci siamo quasi capottati. E siamo andati a sbattere contro il muro di una casa. Appena sono riuscita a mettermi in piedi, ho cominciato a stare male. Dalla Mercedes è uscito un piccoletto in smoking, che è venuto verso di noi barcollando da tanto era ubriaco. Te lo giuro, Jan. Era ubriaco fradicio. E si è messo a gridare: ''Razza di un bastardo! Io ti spacco la faccia! A te e alla battona che ti sta vicino!''. Proprio così, mi ha dato della battona. ''Io ti mando in galera, disgraziato! Lurido bastardo! Guarda come mi hai conciato la macchina! Vieni fuori, stronzo! Vieni fuori, che ti ammazzo di botte!'' Dici sul serio, Jan, che non te ne ha parlato?»

«No, Petra. E allora? Cos'ha fatto tuo marito?»

«Cos'ha fatto? È proprio questo il punto. Tom non ha fatto niente.»

«Che significa?»

«Niente. Niente di niente. O meglio, è sceso dalla macchina. E ha sorriso. Sai che da una settimana ha preso il maledetto vizio di sorridere sempre. Non importa cosa succede. Tom sorride. Comunque sai cos'ha fatto? Ha guardato negli occhi quel mascalzone e gli ha detto: ''Su con la vita, amico! Non prendertela tanto!''.» Petra scoppiò in lacrime. «E l'altro... l'altro gli ha sferrato un pugno in mezzo ai denti. Credi che Tom abbia reagito in qualche modo? Nemmeno per sogno. Ha continuato a sorridere e gli ha detto: ''Proprio non capisco perché te la prendi tanto, amico mio''. Quello della Mercedes l'ha picchiato di nuovo, così forte che per poco Tom non finiva a gambe all'aria. Allora mi sono intromessa io e gli ho tirato un calcio proprio... prova a immaginare dove... e con le scarpe a punta per giunta! E sai cos'ha fatto quel delinquente? Mi ha tirato un calcio anche lui!»

«No!»

«Come no! Credimi!» Petra singhiozzava disperata. «Sono finita per terra, mi sono rotta le calze e mi sono graffiata una gamba. E credi che mio marito abbia fatto qualcosa? Niente! Non ha mosso un dito!»

«È incredibile!»

«Non mi ha nemmeno aiutata a rimettermi in piedi! È rimasto lì con il suo solito sorriso sulle labbra e ha detto: ''Insomma, signore, perché ce l'ha tanto con noi?''. E quello l'ha colpito al ventre, facendolo cadere riverso sul cofano della macchina. E Tom, sorridendo imperterrito, l'ha invitato a smettere. ''Non faccia così!'' Ti giuro che le cose sono andate proprio così, dovessi diventare cieca sui due piedi. Quello lo picchiava e Tom gli diceva: ''Non faccia così''. All'ennesimo pugno nello stomaco gli ha detto: ''Lei mi sta facendo male''.»

«Roba da matti.»

«L'hai detto. È roba da matti. Con tutto questo baccano naturalmente la gente del quartiere si è svegliata. Si sono accese le luci alle finestre e parecchie persone sono uscite per la strada a vedere cosa stava succedendo. Ognuno diceva la sua. Tranquillo come un pascià quel tipo della Mercedes se ne è tornato al volante — anche la sua macchina aveva subìto qualche danno, ma non era ridotta di certo come la nostra Ferrari — ed è partito a tutto gas, rischiando di falciare un paio di persone. Io mi sono messa a strillare. La gente cercava di calmarmi. Qualcuno ha avvertito la polizia. E intanto mio marito se ne stava appoggiato alla macchina e sorrideva serafico senza dire una parola.»

«È assurdo.»

«Assurdo. Proprio così.»

«Aveva bevuto anche lui?»

«No, quasi niente. Tom non regge l'alcol.»

«E la polizia?»

«Gli agenti sono stati molto gentili. Hanno creduto alla nostra versione dell'incidente. Che del resto era la pura verità. Ma adesso viene il bello! Stammi a sentire. Un agente si rivolge a Tom e gli domanda: ''Ha preso il numero di targa?''. ''Il numero di targa?'' ripete Tom con quel solito, maledetto sorriso sulle labbra. ''Perché, dovevo prenderlo?''»

Petra piangeva disperata.

Barski le disse: «Potevi prenderlo tu almeno! Perché non ci hai pensato?».

«Già. Perché non ci ho pensato...» fece Petra fra i singhiozzi. «Strano... Comunque la Ferrari è distrutta. Hanno dovuto portarla via con il carro attrezzi. Ci costerà un patrimonio farla riparare. Ci hanno portato a casa gli agenti. Gentili, vero?

E Tom non te ne ha nemmeno accennato? Dici sul serio?»

«Forse è ancora sconvolto dall'accaduto» azzardò Barski non troppo convinto. «Ora cerca di calmarti, Petra. Grazie al cielo non vi è successo niente. Vi costerà un patrimonio, ma le vostre ossa valgono molto di più. È questo che conta. E vedrai che Tom ci racconterà tutto...»

Ma il dottor Thomas Steinbach non disse nulla ai colleghi.

Nel tardo pomeriggio Barski, esasperato, andò a trovarlo in laboratorio. Tom era curvo sopra un microscopio. Indossava il camice protettivo e aveva una mascherina davanti al naso e alla bocca. Barski, che prima di entrare in laboratorio si era infilato gli indumenti protettivi, gli posò una mano sulla spalla.

«Senti un po', Tom» disse a voce alta per farsi sentire attraverso la mascherina. «Petra mi ha raccontato di questa notte. Gran brutta faccenda. Ma tu come mai ti sei comportato in quello strano modo?»

«Io?» Tom alzò gli occhi e sorrise. «Ma quando?»

«Questa notte.»

«Ma cosa è successo questa notte? Vuoi dire l'incidente?»

«Sì, maledizione!» strillò Barski. «Avete rischiato di morire!»

Tom sorrise. «Secondo le statistiche nel 1985 in Germania ogni giorno ventitré persone hanno perso la vita in un incidente stradale.»

17

«Iniziò così» disse Barski. «Le stranezze di Tom naturalmente ci preoccupavano. Successero altre cose, forse meno evidenti. Due volte la settimana il gruppo si riunisce per discutere dei risultati ottenuti. E naturalmente si verificano accesi scontri verbali, perché ognuno di noi difende a spada tratta le sue teorie. Siamo grandi amici tutti quanti, ma nel corso di queste riunioni a volte litighiamo selvaggiamente.» Barski rise. Ma tornò subito serio in volto. «Anche nell'ambito di queste discussioni l'atteggiamento di Tom cambiò. Proprio lui, che aveva sempre manifestato un temperamento polemico, perse ogni aggressività. Durante le riunioni sedeva al suo posto e sorrideva, fumando beato la sua pipa. E se gli si domandava il suo parere non faceva che ripetere testualmente l'opinione dell'ultimo di noi che aveva parlato. E ogni volta che questo fatto si verificava non potevo fare a meno di pensare all'episodio accaduto in quel locale dopo la proiezione del film *Amadeus*. Tom aveva fatto suoi i pensieri dell'uomo che aveva sentito parlare al tavolo accanto. Con il passare del tempo Tom assumeva un atteggiamento sempre più apatico e indifferente, anche riguardo alle situazioni più banali e quotidiane. Spesso accusava difficoltà di espressione e aleggiava in uno stato d'animo infantile e spensierato.»

«E per il resto?» chiese Norma. «Mi riferisco ai suoi passatempi preferiti, ai suoi interessi letterari e culturali.»

«Continuava a comportarsi come in passato. Faceva sport. Si interessava di arte e cultura. E anche la sua vita sessuale era sempre la stessa. Lo abbiamo chiesto a sua moglie. Tutto come prima. Salvo...»

«Salvo?»

«Salvo che non provava più nulla. Ce l'ha detto Petra. E per restare in argomento ci ha confidato anche che una sera Tom è andato in un locale a luci rosse. Proprio lui che ha sempre detestato quel genere di spettacoli! Senza avvertirla è rincasato all'alba, ammettendo di esserci stato insieme a un vecchio compagno di scuola, un tipo poco raccomandabile. Tom era sfinito quella mattina. E non vedeva niente di strano in tutta la faccenda. ''Quel tale mi ha detto di andare con lui e io ci sono andato. Perché, non dovevo?'' Purtroppo la storia non finisce qui. Vi ho già detto che Petra è titolare di un grosso negozio di moda a Düsseldorf? Dopo il matrimonio, dovendosi trasferire ad Amburgo, ha affidato la gestione del negozio a un amministratore, un certo Egon Heidecke. In quei giorni, quando Tom aveva iniziato a manifestare quello strano comportamento, Petra aveva ricevuto pessime notizie da Düsseldorf. L'amministratore del negozio era stato dichiarato insolvibile. A nome della ditta aveva contratto crediti per una somma superiore al milione di marchi, li aveva investiti in operazioni infruttuose e non era più in grado di restituire il denaro alle banche. I crediti gli erano stati concessi in quanto intestati all'azienda, che registrava un ottimo fatturato. Un bel giorno il giudice istruttore convocò Petra a Düsseldorf. La sera precedente ero a cena a casa di Tom e di Petra. Naturalmente la conversazione era scivolata su quell'argomento. E Petra? Sto male se penso a quella sera. Petra sorrideva. Con quello stesso, maledetto sorriso che suo marito da un po' di tempo sfoggiava in qualsiasi situazione. ''Ah, Jan,'' mi disse Petra ''perché agitarsi tanto? È ridicolo!'' ''Ridicolo?'' ribattei. ''Ti rendi conto che quel disgraziato ti ha rubato un milione di marchi?'' ''Sono soldi tuoi?'' mi chiese Petra sorridendo. Fu quella la prima volta che temetti veramente per la sorte dei miei due amici» disse Barski. «Ero angosciato. Il giorno seguente Petra partì per Düsseldorf. Tornò tre giorni dopo insieme a Doris, una vecchia amica comune. Nel pomeriggio Doris mi telefonò in clinica dicendomi: ''Jan, devo parlarti immediatamente. È molto importante''. ''Petra?'' le chiesi io. ''Sì'' fece Doris. ''Subito non posso. Ho da fare con Tom. Ci vediamo verso le 18?'' ''Va bene, Jan'' disse Doris.»

Dopo aver parlato con Doris, Barski si recò nello studio di Tom. Ciò che vide lo sconvolse.

Tom, in camice bianco, sedeva dietro la scrivania, i piedi appoggiati al piano di lavoro. Fumava la pipa e parlava in un dittafono. Stava dicendo: «... abbiamo dunque applicato al vettore una molecola di DNA-messaggero. L'interazione di enzimi di acido desossiribonucleico opera sul punto di contatto fra il vettore e la molecola di DNA-messaggero...»

«Cosa stai dettando?» gli chiese Barski.

Tom lo zittì con un cenno della mano. «Lasciami finire la frase... in modo da eliminare il punto di contatto, raddoppiarlo e originare due nuove catene. Il raddoppiamento del punto di contatto consente in un secondo tempo la scissione del DNA-messaggero dal vettore. Ecco fatto!» Tom spense il dittafono. «Sì, Jan?»

«Cosa stai dettando?»

«Gli ultimi risultati delle nostre ricerche.» Quel sorriso...

«Il procedimento del DNA-messaggero? Ma Lucie non l'ha già redatto tempo fa?»

«Infatti. Lo sto dettando a un amico. Me lo ha chiesto per favore.»

«Cosa? Chi è?» strillò Barski fuori di sé.

«Patrick.»

«Chi è?»

«Patrick Renaud.»

«Il fisico della EUROGEN?»

«Sì, proprio lui. Ma... che ti prende, Jan? Cos'hai...»

Barski si era scagliato su di lui e gli aveva strappato dalle mani il dittafono.

«C'è ancora una cosa che dovete sapere» continuò Barski, rivolgendosi a Norma Desmond e ad Alvin Westen. «Trascorsi pochi anni dalle prime scoperte nell'ambito della possibilità di applicare a una molecola di DNA un'altra molecola di struttura adeguata, ossia di produrre in laboratorio il cosiddetto DNA ricombinato, in America esistevano già 219 aziende impegnate nel settore della tecnologia biogenetica, gestite per lo più dalle principali multinazionali chimiche e farmaceutiche. E di queste 219 aziende ben 110 erano state fondate al solo scopo di studiare gli effetti della mutazione del DNA. Oggi queste aziende sono diventate molte, molte di più. La biologia e la genetica sono diventate una colonna dell'industria.»

«Ne eri informato, Alvin?» chiese Norma.

«Sì» rispose l'anziano politico. «Purtroppo sì. Ciò di cui parla il dottor Barski è il futuro. Come vedi, è già iniziato da tempo. E nel futuro si investono milioni, miliardi... con la speranza di realizzare introiti da capogiro.»

«Grazie alla ricombinazione genetica si ritiene di poter guarire ogni malattia, di migliorare ogni aspetto della nostra vita» riprese Barski. «Ottenere razze migliori, varietà vegetali più adatte al fabbisogno dell'uomo. Con l'eliminazione genetica dei parassiti si pensa di poter garantire l'incolumità dei raccolti. Le mucche dovrebbero produrre più latte. E si potrebbero sfruttare in modo intensivo i tesori del mare. Sarebbero definitivamente debellate le epidemie che oggi fanno tremare gli allevatori...»

«Si tratta dunque di un giro di parecchi miliardi» concluse Norma. «Soldi. Un mucchio di soldi. Finalmente abbiamo trovato un movente per l'uccisione di Gellhorn.»

«Sono dello stesso parere» disse Barski. «La rivista inglese *Nature* pubblica ogni due settimane una speciale rubrica che si occupa dell'andamento delle quotazioni borsistiche delle più importanti aziende del settore biogenetico.»

«Quotazioni di borsa su una rivista scientifica?»

«Sì, signora Desmond. Per il momento nessuna azienda ha

ancora realizzato grossi profitti. Ma presto le cose cambieranno. Con un simile investimento di capitali le cose devono per forza cambiare. O, per citare ancora una volta le parole di Chargaff: ''Qui non ci sono solo nobili princìpi; c'è odore di soldi, una montagna di soldi''.»

«Felice intuizione» commentò Westen.

«Già» fece Barski. «Lo sa Dio cosa c'è sotto. Dovete sapere che il nostro lavoro è sovvenzionato dalla MULTIGEN, una di queste grosse aziende. Gli scienziati di tutto il mondo, indipendentemente dall'azienda o dal gruppo di ricerca al quale appartengono, si conoscono fra loro e spesso hanno rapporti di amicizia. Ma in nessun caso uno scienziato andrebbe a raccontare a un amico che lavora per conto di un'altra azienda i risultati ottenuti dal suo gruppo di ricerca, magari nell'ambito di un progetto al quale entrambi stanno lavorando. È inconcepibile. Ecco perché ero così sconcertato che non riuscivo nemmeno a parlare...»

«Accidenti a te, Tom! L'EUROGEN è la nostra più accanita concorrente! Siamo tenuti a mantenere il massimo segreto! E tu... tu vai a raccontare al tuo amico Patrick a che punto siamo arrivati?»

«Me lo ha domandato così gentilmente» replicò Tom, esibendo il suo solito sorriso.

«Quando? Dove?»

«Cosa?»

«Quando te lo ha domandato? E dove vi siete visti?»

«Sono stato a Parigi tre settimane fa, ti ricordi? Ci siamo divertiti un mondo, Patrick e io. E parlando del più e del meno mi ha detto che avrei potuto rivelargli a che punto siamo con le ricerche. Ieri me ne sono ricordato. E mi sono detto che era una vergogna fare aspettare tanto tempo un amico. Così oggi mi sono messo...»

«Tom!» strillò Barski. Nella foga gli sfuggirono due o tre parole in polacco. Poi si riprese. «Ti rendi conto che non puoi farlo?».

«Perché no?» gli chiese Tom meravigliato. «È un così bravo ragazzo. E in fondo ci stiamo occupando della stessa cosa! Con metodi diversi. Noi operiamo chimicamente, a Parigi lavorano con reagenti radioattivi. La diversità è tutta qui. E se a Patrick interessa sapere... Insomma, cosa ci trovi poi di tanto strano?»

«Hai il numero di telefono di Patrick?»

«Certo. Sull'agenda.»

«Dammelo.»

«Volentieri. Perché? Non credi che sia stato lui a chiedermi informazioni?»

Barski aveva già sollevato il ricevitore. 00 33 14 — il prefisso per Parigi. Nel giro di pochi secondi riuscì ad avere in linea Patrick Renaud.

«Patrick, sono Jan Barski da Amburgo.»

«Ehi! Che piacere sentirti! Come va?»

Parlavano inglese.

«Senti, Patrick. Sono qui con Tom.»

«Il vecchio Tom. Tanti saluti da parte mia.»

«Grazie e altrettanto» disse Tom sorridendo e tirò un'altra boccata dalla sua pipa.

«Sta' zitto!» lo apostrofò Barski. «No, Patrick, non dicevo a te! Stammi a sentire, è vero che Tom è venuto a Parigi?»

«Sì, certo. Ma...»

«Ed è vero che gli hai chiesto di registrare su nastro i nostri recenti risultati?»

Silenzio.

«Patrick!»

«Sì, Jan...»

«Allora, gliel'hai chiesto oppure no?»

«Sì, per Dio, sì. Stavamo scherzando — sai che Tom è uno che ci sa fare con gli scherzi — stavamo solo scherzando e a un certo punto ho detto a Tom: Eh dai, rendiamo le cose più semplici, al diavolo i nostri capi, dimmi a che punto siete così avremo più tempo tutti e due per giocare a tennis e divertirci. Ma ti giuro che stavamo solo scherzando. Figurati se dicevo sul serio! Ma cosa diavolo è successo? Non dirmi che Tom mi ha preso sul serio!»

«Già.»

«Impossibile. Non posso crederci.»

«È la verità, Patrick.»

«Senti, Jan... Ma Tom come... Non credi che gli sia successo qualcosa?»

«Infatti, Patrick.»

«Cosa?»

«Ancora non lo so. Ti farò sapere. E non parlare a nessuno di questa faccenda.»

«Cosa credi? Siamo vecchi amici! Non aprirò bocca, puoi contarci. Povero vecchio Tom! Dio mio...»

«Devo interrompere, Patrick. Grazie.»

«Auguri, Jan. E telefonami appena avrai scoperto cos'è successo a Tom.»

«Ciao, Patrick.»

«Salutamelo tanto» fece Tom svuotando la pipa. «Allora, avevo ragione o no?»

«Il dittafono lo tengo io, Tom» disse Barski.

«Prego, se proprio ci tieni tanto. Anche se non capisco...»

Barski lo interruppe. «Sai che ti sono amico, Tom. È vero?»

«Certo, Jan. Sei un carissimo amico.»

«Purtroppo sono costretto a fare una cosa che mi ripugna.»

«E allora non farla!»

«Devo, Tom.»

«Di che si tratta, Jan?»

«In te c'è qualcosa che non va, Tom. Da un po' di tempo me ne sono accorto. A cominciare da Mozart. E poi l'incidente in macchina. Il locale porno. Ci mancava solo questa idiozia!» Barski indicò il piccolo apparecchio che teneva fra le mani. «Se non fossi venuto qua per caso... In questo stato costituisci un grosso rischio per la sicurezza del nostro lavoro. Ora devo andare. Ma non posso lasciarti solo. Ecco... perdonami, Tom. Sono costretto a rinchiuderti in laboratorio.»

«Davvero?»

«Sì, Tom! È per il tuo bene. Non prendertela!»

«Perché dovrei prendermela con te, Jan?» Il dottor Thomas Steinbach sorrise. «Sei un vero amico, Jan.»

Barski andò alla porta.

«Cercherò di sbrigarmela in fretta» disse.

«Non preoccuparti, vecchio mio! Fa' pure con comodo! Nell'attesa fumerò la pipa e cercherò di leggere qualcosa. Ah, Jan...»

«Sì, Tom?»

«Quando torni giochiamo a tennis? Alle sette, come al solito!»

18

«Ero sconvolto» disse Barski. Dal balcone sul quale sedeva con Norma e Alvin Westen scorgeva il corso dell'Alster. Una nave illuminata scivolava lentamente, diffondendo le note di una celebre canzone. ''*Moon River*'' fece Barski e rimase ad ascoltare. Norma e il suo anziano amico lo fissavano in silenzio. Infine egli riprese il racconto: «Chiusi a chiave Tom e corsi a riferire l'accaduto al professor Gellhorn. Il nostro lavoro è ovviamente protetto, come il lavoro dell'intera industria farmaceutica e dei gruppi di ricerca di ogni settore, da rigide misure di sicurezza. Ciascuno di noi ha a disposizione un terminale nel quale inserisce formule, dati e risultati; le informazioni vengono automaticamente codificate e trasmesse al calcolatore dove vengono immagazzinate su disco fisso. Solo chi è a conoscenza del codice può richiamare le informazioni dall'unità principale. E Tom ovviamente ne era a conoscenza. Il professor Gellhorn convocò l'intero gruppo e io misi al corrente i colleghi di ciò che stava succedendo. Rimasero tutti sconcertati e tutti si dissero d'accordo sul fatto di non poter lasciar circolare liberamente Tom finché non si fosse scoperto cosa gli fosse capitato».

«Non possiamo nemmeno lasciarlo andare a casa» disse Takahito Sasaki. «Deve essere sottoposto a una visita accurata. Da capo a piedi. Siamo in una clinica, no? E allora facciamogli fare un check-up. Immediatamente. Siete d'accordo?»

Tutti alzarono la mano.

«Chi glielo va a dire?»

«Io» risposero contemporaneamente il professor Gellhorn e Barski.

I due uomini imboccarono il corridoio immacolato.

«Tak ha ragione» disse Gellhorn. «Dobbiamo mettere quel poveraccio in mano ai vari specialisti!»

Barski aprì la porta del laboratorio. Tom non si era mosso dalla sua poltrona. Teneva i piedi appoggiati alla scrivania e fumava beato la sua pipa. Si alzò.

«È stata una cosa veloce» commentò sorridendo. «Buongiorno, professore.»

«Salve, Tom. Mi stia a sentire un momento. Jan gliene avrà

già accennato. Negli ultimi tempi lei ha accusato dei cambiamenti. Intendo dire che la sua intenzione di cedere a un amico i risultati ottenuti nei nostri laboratori non è affatto normale.»

«No? Non è normale? Credevo che fosse la cosa più normale del mondo. Ma se lei la pensa diversamente... e anche Jan non è d'accordo...»

«Tom,» lo zittì Gellhorn «non sto scherzando. Lei è malato. Non sappiamo di che si tratta. Perciò le consigliamo di sottoporsi a una visita accurata, il più presto possibile. Subito sarebbe meglio. Dobbiamo sapere cosa le è capitato. Se andassimo subito di là da Lauterbach e ne parlassimo, lei sarebbe d'accordo?»

Tom sorrise. «Come volete. A me va tutto bene. Non ho neanche un pigiama, però. E il rasoio.»

«Ci penserà Jan. Sua moglie è in casa, no?»

«Senz'altro. Le ho telefonato poco fa.» Un altro sorriso. Il solito dannatissimo sorriso. «Non dimenticare nulla, Jan. E per piacere, portami anche due scatole di tabacco Dunhill. L'ho quasi finito. Posso portare con me i miei appunti, qualche libro e una penna per scrivere, professore? Credo di essere su una buona strada. Vorrei continuare a lavorarci sopra, senza perdere tempo a causa di questo check-up...» Sorridendo batté una mano sulle spalle di Gellhorn. «*Okay then, let's go, Professor!*»

Barski percorreva la Herbert-Weichmannstrasse a bordo della sua Volvo metallizzata argento. Tom e Petra Steinbach possedevano un bellissimo appartamento al secondo piano di una palazzina patrizia rimasta intatta durante la guerra. Suonò il campanello e Petra andò ad aprire.

«Ciao, Jan!» esclamò, baciandolo sulle guance. Sorrideva. Dio santissimo, pensò Barski. Ancora quel sorriso, lo stesso sorriso di suo marito!

«Entra! C'è anche Doris.» Petra lo precedette in soggiorno. Barski gettò uno sguardo alla collezione di statuette d'avorio intagliato che Tom e Petra avevano portato da un viaggio in Egitto. Doris era seduta sul divano di forma circolare. Era una donna molto attraente, della stessa età dell'amica, con i capelli rossi e gli occhi verdi. Barski la salutò. Doris lo guardò con aria triste e, senza farsi notare da Petra, scosse la testa. Barski afferrò al volo: Petra non doveva sapere che gli aveva telefonato.

«Allora, come mai da queste parti?» chiese Petra sorridendo. Quel sorriso! Ancora quel sorriso! pensò Barski e disse: «Tom ha dei problemi».

«Dei problemi?» ripeté Petra scandendo le sillabe.

«Sì, già da qualche tempo. Tu stessa me ne hai parlato. Pensa all'incidente che avete avuto! O all'improvvisa avversione per la musica di Mozart. Gli abbiamo parlato, consigliandogli di sottoporsi subito a una visita completa.»

«Perché?» domandò Petra.

«Per trovare una spiegazione al suo strano comportamento.»

«Visitatelo pure, se volete.»

Doris scoppiò a piangere.

«Smettila, se non vuoi peggiorare le cose» la rimproverò Barski.

Doris cercò di soffocare il pianto nel fazzoletto.

«Cos'hai ancora? Perché ti sei messa a piangere?» le chiese Petra.

«Io... io... non posso fare a meno di pensare a quello che è successo a Düsseldorf.»

«E scordatela una buona volta quella benedetta Düsseldorf!» esclamò Petra.

«Si può sapere cos'è successo a Düsseldorf?» chiese Barski.

«È stata una noia mortale» rispose Petra. E sorrise. Barski socchiuse gli occhi.

«Una noia!» ripeté Doris allibita. «Vuoi sapere cos'ha fatto questa pazza?»

«Cosa?»

«Sta' tranquilla, Doris! E smettila con questa storia!»

«No, voglio sapere di che si tratta. Allora, cos'ha fatto Petra?» domandò Barski.

Doris non se lo fece dire due volte. «Questa pazza si è rifiutata di sporgere denuncia contro quell'Heidecke, sai, il gestore del negozio che le ha portato via un milione tondo tondo di marchi.»

«Ti sei...» Maledizione, si disse Barski. Esattamente come Tom. «Perché ti sei comportata così?»

Petra sorrideva trasognata.

«Perché?»

«Non gridare, Jan. Da quando siamo partite, Doris non fa che inveire contro di me. Non la capisco proprio, sai?»

«Sono io che non capisco te» la rimbeccò Barski. «Perché non hai sporto denuncia?»

«Per quale motivo avrei dovuto farlo?»

«Un milione — ti sembra poco?»

«No, ma lui non ce l'ha più. Non ha più nulla, l'ha detto il giudice. E in fondo quell'Heidecke è un bravo ragazzo. Mi è sempre stato simpatico. Perché peggiorargli le cose con la mia denuncia? Davvero, Jan, non sarebbe corretto.»

«Cosa? Ma non ti rendi conto che le banche vorranno indietro i loro soldi? Se quell'uomo non salderà i suoi debiti sarai tu a pagare. Ce l'hai un milione di marchi?»

«No, figurati.»

«E cosa pensi di fare, allora?»

«Ma...» fece Petra sorridendo e giocherellando con la catenina d'oro che aveva al collo. «In un modo o nell'altro ne verrò fuori. In fondo è soltanto un negozio. Ecco. Lo venderò.»

«Non vale un milione.»

«No di certo. Forse riuscirò a prenderne mezzo. Compreso l'arredo e il magazzino.»

«E l'altro mezzo milione?»

«Vuoi sapere una cosa? Un anno Tom e io siamo stati in vacanza in Italia. Avevamo affittato una casa di campagna ed eravamo diventati amici dei contadini che abitavano lì vicino. Il capofamiglia era un uomo molto anziano.» Quel sorriso! «Era gente poverissima. E ogni giorno capitava loro qualcosa di brutto. E sai cosa diceva il vecchio nonno quando le cose andavano male? Diceva: ''Dio ci aiuterà''. E allora, miei cari amici, perché prendersela tanto? Dio mi aiuterà.»

«L'hai sentita tu stesso» disse Doris. «Non è terribile, Jan?»

«Terribile? Cosa?» domandò Petra.

Barski si alzò in piedi. «Ascoltami, Petra. Io ti sono amico. Mi credi?»

«Certo che sì. Ma che significa?»

«Anche tu a quanto pare hai dei problemi» le disse bruscamente. Ma non poteva fare diversamente. «Probabilmente lo stesso genere di problemi che affliggono Tom. Se ti chiedessi un favore me lo faresti?»

«Sì, senz'altro.»

«Allora in valigia, oltre ai pigiami, alla vestaglia e alle cose di Tom, metti anche quello che può servire a te per un paio di giorni di permanenza in ospedale.»

«Ospedale?»

«Vorrei che anche tu ti sottoponessi a un check-up. Insieme a Tom. Vi metteremo nella stessa camera. Vedrai, sarà una cosa veloce. E finalmente scopriremo cosa vi sta succedendo.»

«Non ci sta succedendo proprio niente» replicò Petra sorridendo. «Ma se lo desideri tanto... Non mi costa niente fare come dici tu. A proposito, l'avvocato di Düsseldorf era un tipo davvero affascinante.»

E così Barski portò Petra alla clinica. Anche Doris li accompagnò. Per strada acquistò il tabacco per Tom. Petra aveva lo stesso atteggiamento allegro e spensierato che anche suo marito manifestava da qualche tempo. Per tutto il tragitto non fece che parlare di moda. Gli altri non dicevano nulla. Nello specchietto retrovisore Barski vedeva il volto di Doris. Che aveva ricominciato a piangere.

«... bianco e nero saranno i colori del prossimo inverno. A Düsseldorf ho visto Yvonne, la conosci anche tu, Jan, quell'indossatrice di Parigi. Abbiamo chiacchierato un bel po'. Sì, bianco e nero! Un esempio? Miniabito in maglia bianco con ampia scollatura sulla schiena. Lo stesso modello in nero con riporti in bianco. Corpino bianco a pois neri con scollatura molto profonda... Cappello bianco e nero da marinaio... Si cerca il contrasto. Giacca di linea severa con gonnellone ampio, tutto nero... O al contrario: completo in maglia bianca con giacca lunga e pantaloni aderenti... Maglia nera aderente con scollatura sul dietro abbinata a una doppia gonna di mussola di seta bianca...»

All'improvviso Norma si sentì la testa piena di ovatta. Le sovvennero delle parole che aveva letto in un libro di Dante Alighieri... Nessun dolore è più forte del ricordo dei bei tempi del bisogno... Nessun dolore è più forte... No, si disse. No e poi no. Devi smetterla! Sì, ora va meglio. Non ci sto più pensando. Non ci penserò mai più. Oh Dio, come vorrei riuscire a non pensarci più!

Sentì Westen che diceva: «Temevate che si potesse trattare di un'infezione? Non so se si dica così... Intendo dire che i due presentavano gli stessi sintomi e... e di conseguenza poteva trattarsi di contagio».

«Infezione è esatto» lo rassicurò Barski. «Ma cosa l'aveva provocata? Cos'era successo? Quando arrivammo — nel frattempo avevamo lasciato Doris in albergo — Tom era già stato ricoverato al reparto Malattie Infettive. In una camera doppia. Sedeva davanti al tavolo vicino alla finestra, dietro una montagna di libri e dispense, e lavorava con grande accanimento, come se si trovasse in laboratorio. Gli era stato messo a disposizione anche un terminale. Tom e Petra furono molto contenti di vedersi e si scambiarono baci e abbracci. Poi disfecero le valigie. Il giorno seguente iniziarono gli esami.» Barski si passò una mano nei capelli. «Dovete sapere che i vari edifici della clinica Virchow sono collegati fra loro da un labirinto di corridoi sotterranei. Attraverso questi corridoi Petra e Tom furono condotti dai diversi specialisti, da un reparto all'altro. Gli infermieri che si occupavano di loro indossavano indumenti protettivi. E la camera che li ospitava era assolutamente isolata grazie a un ingegnoso sistema di porte automatizzate. Tutte cose che fanno parte del nostro lavoro. Tom e Petra sono stati dunque sottoposti a esami accuratissimi. Sono stati controllati tutti gli organi, cuore, polmoni, fegato, gola, naso, orecchie. Risultato: niente. Nessuna anomalia. Due individui perfettamente sani. Maledizione! Ma non erano sani! E si lasciarono fare tutto, anche le prove più sgradevoli, senza opporsi. Sempre con quel sorriso sulle labbra che ormai mi disgustava. I medici ripeterono una seconda volta tutti gli esami e poi una terza. I due furono trasportati da un reparto all'altro, da un'apparecchiatura all'altra. Niente. Andammo avanti così per otto giorni. Poi fu la volta dei neurologi e degli psicologi. Tomografia assiale computerizzata del capo. Radiografie al cervello con sostanze di contrasto. Liquidi che vanno iniettati sottocute — un esame alquanto spiacevole. Risultato? Nei limiti della norma. E lo stesso fu riscontrato dagli psicologi. I vari test dettero risultati eccezionali. Eravamo esasperati, credetemi. Tutti quanti. Tranne Tom e Petra, sempre gioviali e pazienti. Tom lavorava e i suoi calcoli diventavano sempre più complessi. Ci chiedeva in continuazione libri e articoli scientifici. E noi purtroppo gli davamo tutto ciò che voleva...»

«Perché purtroppo?»

«Perché è piombato in una situazione maniacale. Non fa che lavorare. Non dorme e non mangia quasi più. Abbiamo cercato di impedirglielo. Senza successo. Se va avanti così...» Barski scrollò la testa. «Petra ha chiesto di farle avere delle riviste di moda e quando andiamo a trovarla, sia noi sia i medici dei vari reparti, ci parla di volant plissettati e corpini attillati, di ricami in paillette e di spalle in evidenza. Ha in mente solo la moda. E Tom pensa solo ai suoi virus. Un pomeriggio infine ci trovammo nello studio del professor Gellhorn per bere insieme una tazza di tè e Harald, il dottor Harald Holsten, disse...»

«C'è una sola spiegazione: sono affetti da un virus.» Holsten finalmente aveva avuto il coraggio di dire ad alta voce ciò che da parecchi giorni tutti pensavamo. «Tom è stato colpito per primo e in seguito ha contagiato la moglie. È un miracolo che il virus non sia dilagato.»

«Chi può dirlo!» ribatté Gellhorn.

«Santo Cielo!» esclamò Takahito Sasaki.

«Ma come ha fatto?» domandò Eli Kaplan. «Come ha fatto a infettarsi? Lavoriamo nella massima sicurezza. Abbiamo indumenti protettivi. Mascherine per il volto, paratie stagne fra un locale e l'altro. Lavoriamo in sovrappressione e depressione. Sbaglio, professore?»

Non ottenne risposta. L'uomo dai capelli grigi aveva lo sguardo perso nel vuoto.

«Professore!» lo richiamò Kaplan.

Gellhorn trasalì. «Sì, prego?»

«Cosa stava pensando?»

«Pensavo a Chargaff» disse Gellhorn. «Da quando ho intuito che Tom è stato aggredito da un virus che ne ha mutato completamente il carattere, mi ritrovo spesso a sfogliare i libri di Chargaff. ''Le nuove forme di vita non possono essere revocate'' scrive. ''Sopravviveranno ai nostri figli e ai figli dei nostri figli. Un attacco irreversibile alla biosfera è un atto così grandioso e terrificante che vorrei solo non esserne stato autore con la mia generazione...''.»

«Ma noi stiamo cercando qualcosa di utile!» esclamò Eli Kaplan. «Stiamo cercando di combattere la malattia del secolo!»

Gellhorn continuò nel suo discorso, come se non lo avesse sentito. «''Questo mondo ci è stato dato in prestito'' scrive ancora Chargaff. ''Noi andiamo e veniamo e dopo un certo periodo lasciamo la terra, l'acqua e l'aria a chi viene dopo di noi. La mia generazione — e forse anche quella che l'ha preceduta — ha intrapreso per prima, grazie alla guida delle scienze naturali esatte, una campagna distruttiva ai danni della natura. E il futuro ci maledirà per questo."»

«"Le nuove forme di vita non possono essere revocate"» ripeté Norma. «È una frase orribile. Orribile nella sua estrema logicità. Il mutamento che si ottiene nel patrimonio genetico attraverso la manipolazione del DNA è ovviamente irrevocabile.»

Barski annuì. «Già. Irrevocabile. Il povero Tom e sua moglie ne sono l'esempio concreto. Il loro stato è rimasto immutato. E lo resterà fino alla morte.»

«Come può affermarlo fin d'ora?» domandò Westen.

«Quando si procede per eliminazione — e i nostri check-up hanno escluso tutte le possibili malattie — l'ipotesi che resta, per quanto incredibile e assurda, corrisponde alla verità. Abbiamo pertanto a che fare con una mutazione del patrimonio genetico che si esprime nel modo seguente: memoria prossima e remota perfettamente conservata, salvo l'assenza nel ricordo di ogni forma emotiva; assenza totale di sentimenti; perdita assoluta dell'aggressività e della capacità di formulare la propria opinione; assunzione acritica e immotivata di opinioni e pareri altrui, accompagnata dalla paradossale concentrazione intellettuale su un unico tema, concentrazione che, in assenza di freni, può condurre allo sfinimento totale dell'individuo. Ora, signora Desmond, spero che capisca perché sono uscito di senno quando mi ha accennato al reparto Malattie Infettive. Siamo costretti a mantenere il massimo segreto sull'accaduto, per evitare che si scateni una reazione di panico.»

Norma annuì. «Sì, ora la capisco. Ma... ma, se le cose stanno in questo modo, il dottor Steinbach e sua moglie rappresenteranno per tutta la loro esistenza un pericolo per l'umanità. Saranno costretti all'isolamento fino alla morte — è vero anche questo?» Guardò Barski negli occhi.

«Temo di sì, signora Desmond.»

«Rinchiusi fino alla morte nel reparto Malattie Infettive?»

Barski annuì.

«Anche se si scoprirà quale virus è responsabile della mutazione — del mutamento di carattere, della perdita di aggressività e di senso critico...»

«Sì, ha detto bene» fece Barski annuendo. «Il virus ha probabilmente aggredito e alterato alcuni centri del cervello.»

«Sì, sì, certo. Ma una volta identificato il virus e decifrato il suo DNA non c'è la speranza di trovare un antidoto... un qualsiasi medicinale... un vaccino, che so io, che possa risanare i due malati? No» si interruppe la stessa Norma. «No, per Dio, no, no. Non è possibile, se è vero che il virus ha alterato il loro patrimonio genetico. ''Le nuove forme di vita non possono essere revocate!'' È terribile ciò che Chargaff aveva a suo tempo preannunciato!»

«Già. Ma nessuno gli ha mai dato retta» disse Barski. «Tutti aspirano al progresso, vogliono migliorare il mondo in cui viviamo a qualsiasi prezzo, e trarne per giunta il massimo guadagno. Comunque siamo riusciti a identificare il virus che ha colpito Tom e Petra.»

«L'avete identificato? Ma come...» chiese Norma.

«Sì, attraverso la coprocoltura. Siamo stati... sì, posso ben dirlo, siamo stati fortunati!»

«Di quale virus si tratta?» domandò Westen.

«Ricorda, per quanto concerne la struttura del DNA, il virus dell'herpes. Il virus dell'herpes labialis, quello che provoca la cosiddetta ''febbre'' sulle labbra, è relativamente innocuo. La maggior parte di noi l'ha in corpo senza manifestare alcun episodio patologico. L'herpes può manifestarsi esteriormente in seguito a un'ustione solare. Si formano allora, se tutto va bene, quelle piccole bollicine sulle labbra, che la gente chiama appunto ''febbre'', e può formarsi del catarro.»

«E se le cose non vanno bene?» chiese Westen.

«Il virus può trasmettersi al cervello e provocare una infiammazione della membrana cerebrale. Una meningite erpetica che può avere esito letale. Il virus che ha colpito Tom e Petra somiglia a quello dell'herpes, ma è molto più pericoloso perché aggredisce immediatamente il cervello provocando i danni che vediamo. L'infezione si propaga attraverso piccolissime particelle presenti nella saliva, che vengono espulse parlando. È così che Tom ha contagiato sua moglie.»

«Ma da dove è saltato fuori questo virus?» chiese Norma.

«Da dove?» ripeté Barski. «Da un errore di laboratorio. Vi

ho detto che il nostro lavoro è terribilmente rischioso. E sono questi i rischi a cui andiamo incontro. Attraverso una serie di operazioni chimiche con determinati enzimi noi ''spezziamo'' la molecola di DNA e utilizziamo le parti di molecola che corrispondono a virus teoricamente validi per la nostra ricerca. Prendiamo dunque questa parte di molecola e la introduciamo in un virus innocuo. Così...» Barski prese il foglio di carta sul quale aveva tracciato lo schizzo della molecola di DNA.

«Abbiamo chiamato A la sequenza di DNA che dovrebbe risanare la cellula cancerogena. Mi seguite?»

Norma annuì.

«Purtroppo non sempre le cose procedono in modo così esatto» proseguì Barski. «A volte succede che alla sequenza A rimanga attaccato un altro tratto di molecola di DNA. Questo accade perché non sempre si riesce a operare una perfetta scissione. Alla sequenza A resta dunque attaccata una ''coda''. Nel nostro caso, malauguratamente, la sequenza A e il resto X hanno dato vita al nuovo virus AX che provoca danni cerebrali irreparabili. Tom ha contratto l'infezione in laboratorio — una disattenzione, una piccola ferita, un'avaria del sistema di controllo della pressione — e successivamente ha contagiato la moglie. È chiaro che stiamo lavorando febbrilmente per trovare un vaccino che protegga l'uomo da questo nuovo virus.»

«Un vaccino efficace su coloro che ancora non hanno contratto l'AX» commentò Westen.

«Esatto. Solo gli individui sani potranno avvalersi del vaccino. Per Tom e Petra ormai non c'è più niente da fare.»

«Ho un atroce sospetto» soggiunse Westen. «Questo caso presenta parecchie analogie al caso di quella che è stata definita la peste del secolo, l'AIDS. All'improvviso ci siamo trovati questo virus. Da un giorno all'altro. Ci hanno detto che la sindrome da immunodeficienza arriva dall'Africa, dove è conosciuta da anni. Come mai allora non ne sapevamo nulla? Come mai, dottor Barski? Potrebbe darsi — le domando e il solo pensiero che ciò sia possibile mi fa rabbrividire — potrebbe darsi che il virus che provoca l'AIDS sia stato prodotto in un laboratorio di genetica?»

Barski non rispose.

«Dottore!»

«Io... io credo di no. Ma c'è chi pensa il contrario. E alla luce di quello che è capitato nei nostri laboratori si può dire che non è impossibile...»

«Non è impossibile?» ripeté Norma alzando la voce. «Lei conoscerà il professor Jakob Segal, il celebre biologo e immunologo...» Barski annuì. «Ebbene, lo scrittore Stefan Heym ha avuto modo di intervistarlo. Nell'intervista Segal ha parlato del grandissimo e ''sicurissimo'' laboratorio di genetica e virologia dell'Istituto di ricerca scientifica militare di Fort Detrick nel Maryland. Il celebre scienziato è convinto che nel corso dei loro esperimenti i tecnici di Fort Detrick abbiano prodotto il virus dell'AIDS, denominato HTLV III. Dal momento che gli effetti iniziali dell'infezione non si manifestano in forma grave e che all'epoca ancora non si sapeva che la durata dell'incubazione è da due a cinque anni, il virus non fu considerato pericoloso per l'uomo e i soggetti che lo avevano contratto nel corso degli esperimenti — ebbene sì, in quell'istituto si lavora su cavie umane, in questo caso i detenuti di un penitenziario maschile — furono rispediti nelle loro celle. Fu così, secondo il professor Segal, che il virus dell'AIDS si diffuse dal laboratorio all'esterno. L'episodio, accaduto nel 1977, non fu mai rivelato. Ma lei deve esserne al corrente. Cosa mi dice, dottore, a questo proposito?»

«Conosco le affermazioni del professor Segal» disse Barski, voltando la testa dall'altra parte.

«Ah sì?» insistette Norma. «E non ha niente altro da dirmi? Proprio ieri su tutti i giornali si parlava di AIDS, la peste che piano piano ci sta uccidendo. La situazione è allarmante; secondo le statistiche ogni giorno in Germania 2000 persone contraggono l'infezione, il che significa settecentocinquantamila all'anno. E nel giro di pochi anni saranno milioni.»

«Ho letto anch'io quegli articoli» disse Westen. «Finora gli scienziati hanno riscontrato che solo una parte di coloro che hanno contratto l'infezione, dal 5 al 20 per cento, sviluppa la malattia. Ma nel corso di una conferenza svoltasi a Parigi gli esperti hanno annunciato che nei prossimi anni il 100 per cento dei sieropositivi è destinato ad ammalarsi. Il 100 per cento! Lei cosa ci può dire, dottore?»

Lo scienziato polacco rispose soppesando le parole. «Non c'è alcun motivo fondato che induca a ritenere che il virus dell'AIDS sia stato effettivamente prodotto nel corso degli esperimenti di virologia!»

«E se lo fosse?» gli domandò Norma. «Se il virus dell'AIDS fosse stato generato nell'ambito di una manipolazione del DNA?»

«In tal caso potremmo solo sperare che il virus dell'AIDS — a differenza del nostro virus AX — non agisca a livello del materiale ereditario. Se il patrimonio genetico resta inalterato, è possibile trovare un siero che guarisca il malato dall'infezione. Ma, se il patrimonio genetico risulta danneggiato, allora si può soltanto trovare un vaccino che protegga dal contagio coloro che non sono ancora malati di AIDS e non hanno contratto l'infezione.»

«E agli altri toccherà la stessa sorte che è toccata agli Steinbach. Nessuno li potrà aiutare» concluse Westen.

Barski annuì.

«È terribile» disse Norma. Terribile, ripeté dentro di sé. Non ho mai avuto a che fare con una faccenda così terribile.

«Domani verrà all'Istituto» continuò Barski. «Potrà vedere i nostri due pazienti, Tom e sua moglie — attraverso una lastra di vetro e ovviamente indossando gli indumenti di protezione. Se c'è ancora qualcosa che non sa, gliela spiegherò. Naturalmente è gradita anche la sua presenza, signor Westen.» Barski guardò di nuovo Norma negli occhi e, accentuando la cadenza polacca della sua parlata, aggiunse: «Ora che è al corrente della situazione, è ancora intenzionata a indagare sui motivi che hanno portato alla morte del professor Gellhorn, della sua famiglia e di tanti altri poveri innocenti? Le ho già detto che la polizia non è riuscita a scoprire nulla. Riponiamo in lei ogni nostra speranza, signora Desmond. Dobbiamo scoprire la verità! Perché, perché Gellhorn e gli altri sono stati ammazzati? Non credo che l'incidente capitato in laboratorio possa giustificare una strage! Ci dev'essere dell'altro! Qualcosa di grosso!».

«Le ho già detto che farò di tutto per scoprire il movente e gli autori della strage» rispose Norma. «È lo scopo della mia vita, l'unico che mi sia rimasto. Mio figlio...» Si alzò e, appoggiata alla balaustra, guardò l'Alster immerso nel buio. Westen le si avvicinò e le cinse le spalle. Con la voce rotta Norma si rivolse ancora a Barski e disse: «Per quanto riguarda il professor Gellhorn... Non potrebbe fornirmi qualche altra indicazione? La vicenda di Petra e Tom Steinbach si è verificata parecchi mesi fa, se non sbaglio».

«Sì, in aprile...»

«È passato un bel po' di tempo da allora... Non è successo niente di strano al professor Gellhorn? Lei non ha notato niente? Non le ha mai confidato di essere stato ricattato? O qualcosa del genere?»

«No» rispose Barski, avvicinandosi a Norma. «Non ho notato niente di particolare, a eccezione di quella espressione afflitta e corrucciata di cui le ho già parlato.»

«Non ha ricevuto lettere minatorie? Telefonate? Non le ha confidato niente?»

«No» ripeté Barski. «Ed è molto strano, perché sicuramente, prima dell'omicidio, è successo qualcosa. Le sue intuizioni, signora Desmond, sono senz'altro giuste. Ma non abbiamo alcun indizio al quale aggrapparci. Nemmeno l'ombra di un sospetto. L'aspetto peggiore di questa vicenda è la sua completa oscurità...»

«Perché Gellhorn era così preoccupato?» chiese Norma sentendo il braccio di Barski accanto al suo.

«Non saprei» rispose il polacco. «Di certo posso solo affermare che negli ultimi tempi il suo atteggiamento nei confronti della tecnologia genetica si faceva sempre più scettico. Un giorno — era la metà di luglio — andai a trovarlo nel suo studio. Era seduto dietro la scrivania e fissava nel vuoto. La sua mente era molto distante, tanto che non si accorse della mia presenza e dovetti salutarlo due volte perché mi notasse. Ricordo benissimo ciò che mi disse.»

«Posso saperlo anch'io?»

«Mi disse: ''Jan, questa notte ho letto il verbale di interrogatorio di Robert Oppenheimer''. Come lei sa,» spiegò Barski «nel 1954 Oppenheimer comparve davanti a una delle famigerate commissioni di sicurezza istituite dal senatore americano McCarthy per indagare sulle attività antiamericane.»

«Sì, certo» assentì Norma. «Oppenheimer è stato uno dei padri della bomba atomica. Uno dei più grossi scienziati del nostro secolo. L'utilizzazione delle bombe atomiche a Nagasaki e Hiroshima lo gettò nello sconforto. Direi che subì lo stesso travaglio mentale di Chargaff e come quest'ultimo manifestò apertamente le sue paure. Per questo suo atteggiamento fu accusato di essere stato un agente segreto comunista e di aver rivelato ai russi importanti segreti sulla bomba atomica. E allora?»

«Cosa?»

«Cosa le disse il professor Gellhorn a questo proposito?»

«Mi raccontò ciò che Oppenheimer disse davanti alla commissione. Lo scienziato riferì di aver ricevuto una telefonata da Einstein, il quale gli aveva confidato che, se gli fosse stato concesso di vivere una seconda volta, avrebbe fatto il fabbro ferraio o l'ambulante, perché solo così avrebbe potuto godere della sua indipendenza.»

«E a metà luglio il professor Gellhorn le raccontò questo episodio?» chiese Norma.

«Sì, me ne ricordo perfettamente. E citò anche un altro passo della deposizione di Oppenheimer, molto noto. Lo scienziato disse che la storia antica e recente narra il declino e la rovina di singoli ceppi, singole razze e singoli popoli. D'ora in poi l'uomo ha la possibilità di distruggere l'intero genere umano. E prima o poi questo avverrà, se non si troveranno delle forme di convivenza politica. Tutti lo sappiamo — affermò Oppenheimer — ma ci rifiutiamo di prenderne atto. Non ci sembra astuto limitare il progresso. E crediamo di avere ancora tanto tempo davanti a noi. Ma non è vero...»

«Non abbiamo tempo da perdere» disse Westen.

Con la voce tremante, marcata da un forte accento polacco, Barski si domandò con un filo di voce: «Cosa successe a Gellhorn? Sapeva qualcosa? Intuiva qualche cosa? Perché l'hanno ammazzato, perché? Maledizione, perché? Perché?».

Il dottor Jan Barski non disse altro. Tutti e tre rimasero appoggiati alla balaustra del balcone, fissando in silenzio la notte. Sopra di loro brillavano le grosse lettere del nome dell'albergo.

19

Erano le tre e mezza del mattino quando lasciarono l'albergo. La Volvo metallizzata argento di Barski era posteggiata dall'altra parte della strada. Benché fosse molto tardi Alvin Westen aveva insistito per accompagnare i suoi ospiti da basso. Salutò Norma con un abbraccio. «Buonanotte, Norma.»

«Buonanotte, Alvin! Grazie di tutto.»

«Di cosa? Telefonami appena ti svegli.»

«Ma se dormi ancora...»

«Mi bastano poche ore di sonno. Cosa vuoi, sono i vantaggi dell'età.»

«Sciocchezze. Tu non invecchierai mai» disse Norma, abbracciandolo ancora.

E ancora una volta Alvin Westen invocò silenziosamente la morte: Ti prego, lasciami ancora un po' di tempo!

Barski aprì la portiera anteriore e aiutò Norma a salire in macchina. Al portachiavi era attaccata una piastrina con delle lettere incise. Norma abbassò il finestrino e, mentre la Volvo lentamente si avviava sulla strada, si sporse a salutare l'amico Alvin Westen. Questi ricambiò. La Volvo si allontanò velocemente. L'anziano signore rimase solo — e un po' perso — davanti all'ingresso dell'Atlantic. Un fascio di luce gli illuminava il viso. Con il braccio salutava ancora. Barski dette un colpo di freno e svoltò a sinistra.

Le strade erano deserte. Nessuno dei due parlava. Giunsero al ponte illuminato. L'acqua dell'Alster era scura e profonda. Non c'erano barche, non c'era più nessuno che suonava e ballava. Quando giunsero davanti al vecchio Orto Botanico Norma chiese a Barski: «Poco fa ho notato il suo portachiavi. È d'argento?».

Barski non distolse lo sguardo dalla strada e, senza tradire alcuna emozione, rispose: «Sì, è d'argento. Me lo regalò tempo fa mia moglie».

«Le chiedo scusa.»

Sulla destra scivolavano veloci gli alberi del parco.

«Non è il caso» disse l'uomo seduto al volante. «Vuol sentire un po' di musica? Posso accendere la radio.»

«No, non mi va» disse Norma.

Qualche istante dopo Barski disse: «Sulla piastrina del portachiavi sono incise delle parole».

«Non è necessario che me ne parli.»

«Mi va di farlo.»

«Sicuro?»

«Sì, certo. Sul bordo della piastrina c'è scritto, in polacco: ''Jan Barski, questo angelo ti protegga''. Al centro era saldato un angioletto d'argento. Il giorno che mia moglie morì, l'angioletto si staccò. Andai da un gioielliere e gli chiesi di lucidare il centro della piastrina e di incidere una parola. Dove in origine era saldato l'angelo feci incidere il nome Dubravka. Che in polacco significa ''la buona''.»

Per le strade non c'era nessuno, nemmeno un'auto.

«Era il nome di mia moglie» disse Barski. «Fui molto contento di poterlo incidere sulla piastrina. E da quel giorno Dubravka mi ha sempre protetto.»

«È molto bello» disse Norma. «E la proteggerà sempre.» Lei stessa portava al collo il quadrifoglio di Pierre!

«Si chiamava Dubravka» continuò Barski. «La buona. Ed era la bontà in persona. Ci conoscemmo a Varsavia nel 1972. Lavorava come psicologa presso l'Istituto di Psichiatria dell'Università. Nel 1973 ci sposammo. Tre anni dopo nacque nostra figlia. Jelisaveta.»

Costeggiavano il parco. Lascialo sfogare! si disse Norma. Ognuno di noi ha bisogno di sfogarsi. Anch'io ne ho avvertito il bisogno quando Pierre è morto. E di tanto in tanto ne sentirò ancora la necessità, ora che il mio bambino non c'è più. Lascialo parlare! Forse ha dimenticato che tu sei seduta accanto a lui e sta parlando con se stesso. Anche a te capita spesso. Lascialo sfogare...

«La chiamavamo sempre Jeli. E chiamavo mia moglie Bravka... Era sempre così allegra, ragionevole, giusta, gentile con il prossimo. Le volevano tutti bene. Non si poteva non amarla. Ci scambiavamo le nostre opinioni riguardo al lavoro. Avevamo gli stessi gusti in fatto di musica, pittura, letteratura e la pensavamo allo stesso modo su ogni argomento...»

Ah, pensò Norma, anche voi...

«Facevamo tutto insieme. Le vacanze sul Baltico. La settimana bianca a Zakopane. E se il lavoro ci allontanava l'uno dall'altra soffrivamo terribilmente. E ci telefonavamo anche due, tre volte al giorno...»

Sì, ti capisco, pensava Norma fra sé.

«Cinema, teatri, esposizioni, concerti... sempre insieme. E anche a fare la spesa andavamo insieme, al sabato pomeriggio...»

Insieme, sempre insieme, pensava Norma. Con Pierre andavamo a prendere i giornali la domenica mattina... Non so se riuscirò ad ascoltarlo ancora a lungo...

Attraversarono il quartiere di Sankt Pauli. C'era ancora movimento per le strade: luci, grida, musiche. Scorsero un paio di prostitute all'angolo di una strada. Alzarono le gonne —

sotto erano completamente nude — e sorrisero invitanti. Quando la Volvo di Barski si allontanò, cessarono di sorridere. Erano stanchissime, avevano già lavorato parecchio. C'erano molti ubriachi in giro e le strade erano tappezzate di cartacce, giornali, manifesti strappati, rifiuti e vomito.

Un'auto li superò.

«Ma quello è impazzito!» esclamò Norma indispettita.

«... avevamo un bellissimo appartamento» continuò Barski, che probabilmente non si era nemmeno accorto di essere stato sorpassato. «Spesso sedevamo in terrazza a chiacchierare o ad ascoltare un po' di musica. Altre volte tacevamo e guardavamo la corrente... Bravka...»

C'era un ubriaco in mezzo alla strada. Barski lo evitò.

«In notti come questa,» disse e parlava davvero con se stesso «nelle calde notti di fine estate restavamo in terrazza fino al mattino, finché l'acqua e il cielo diventavano chiari e cambiavano colore da un minuto all'altro, come la città intorno a noi che si svegliava... Erano colori fantastici... e notti meravigliose... Bravka non voleva mai andare a dormire... Dobbiamo andare, le dicevo... Fra poche ore dovremo ricominciare a lavorare... E spesso lei rispondeva: ''Restiamo qui. Restiamo qui. Ho così poco tempo...''.»

C'era una donna adesso in mezzo alla strada. Barski suonò il clacson. La donna non si mosse. Barski frenò e cercò di evitarla. La donna si buttò addosso alla macchina. Aveva i capelli scuri, grandi occhi e zigomi pronunciati. Era carina. Nonostante il trucco pesantissimo. Dall'angolo della bocca le pendeva una sigaretta. Indossava un vestito rosso impalpabile, molto scollato, con due spacchi laterali alti fino ai fianchi. Sul braccio teneva una borsetta di vernice nera. Si avvicinò a Barski e con un sorriso meccanico stampato sulla bocca allungò la testa per guardare dentro la macchina.

«Ah! Una coppietta!» Il tono di voce era volgare come il suo aspetto. Gettò via la sigaretta, alzò dall'interno la sicurezza della portiera posteriore, la spalancò e si buttò sul sedile, sbattendo la porta. «Magnifico! Ce la faremo in tre!»

Le cose si svolsero in rapida successione.

«Esca subito di qui!» Barski si voltò infuriato.

La donna in rosso sollevò il vestito fino al seno. «Guarda qua! Faccio di tutto. Se la tua dolcezza preferisce stare a guardare, vengo solo con te. O solo con lei, se vuoi stare tu a vedere. Non dico mai di no. A niente.»

«Scenda subito dalla mia macchina!» le intimò Barski.

La donna rise sguaiatamente e premette la sicura della portiera. «Non ancora, tesoruccio! La tua amica è su di giri, guardala!» Si chinò in avanti e baciò la nuca di Barski.

Questi la respinse malamente. La donna strillando cadde dal sedile. E si trascinò appresso la borsa di Norma, che cadendo si aprì. Il contenuto si rovesciò sotto i sedili. «Maledetta troia!» inveì la prostituta. Poi, con ironia, si scusò: «Pardon, signora bella. Metto a posto tutto». Si chinò e raccolse tutti gli oggetti che erano caduti. «Bel tipo si è trovata. Brutto porco!»

Barski era sceso dall'auto. Aprì la portiera posteriore, afferrò la donna per le spalle e la buttò fuori.

«Ehi!» strillò la ragazza picchiandolo con la borsetta di vernice. «Bastardo! Sei un bastardo! Uno stronzo!»

Una Mercedes nera si fermò accanto a loro. Due uomini balzarono fuori dall'auto. La donna vestita di rosso si dileguò in una viuzza. Uno dei due la rincorse. L'altro chiese a Barski: «Cosa voleva?».

«Provi a immaginare.»

L'uomo guardò dentro alla macchina. Aveva una grossa pila. «Ha portato via qualcosa?»

«Credo di no. L'ho buttata fuori subito. Ci avete messo un bel po' ad arrivare!»

«Merda! Un ubriaco ci ha fatto perdere un sacco di tempo.» L'uomo si chinò e perlustrò l'auto da cima a fondo. Non trovò niente. Porse a Norma la sua borsa e le chiese di controllare se mancava qualche cosa.

Norma lo guardò. «Lei chi è?»

«Insomma, le ha rubato qualcosa?»

«Lei chi è?» insistette Norma furibonda.

«Dal giorno dell'attentato a ciascuno di noi è stata assegnata una scorta» le spiegò Barski. «Questi signori ci seguono in continuazione. Non li aveva notati, signora Desmond?»

«Una scorta?»

«Proprio così» rispose l'agente. «Manca qualcosa?»

Norma controllò la borsa. L'agente con la pila ne illuminava l'interno.

«Registratore, cinepresa, cassette, pellicole... No. C'è tutto» disse Norma.

«È sicura?» fece l'uomo.
«Sì, sicurissima.»
«Sono le sue cose?»
«Sì.»
«Non sono state scambiate?»
«Dannazione! No! Vuole che non sappia se questa roba è mia?»
«Bene, vuol dire che era proprio una puttana.»
Arrivò anche il secondo uomo. Era senza fiato.
«Allora?»
«Sparita. Si dev'essere infilata in una di quelle case. Trovarla è impossibile. Tutte quelle case hanno un'uscita posteriore. E sono piene di puttane.»
«Va bene» disse l'altro. «Tanto fumo e niente arrosto. Meglio così. A posto, dottore. Buona notte, signora!»
Barski risalì. I due uomini ripresero posto sulla Mercedes e aspettarono che la Volvo si mettesse in moto. Quindi la seguirono a distanza.
Barski era molto agitato. «Mi dispiace» disse.
«Non avevo pensato alla scorta» disse Norma. Diede un'occhiata allo specchietto retrovisore. «Chiaro. Naturale.»
«Mi dispiace davvero!» insistette il dottore.
«Non è colpa sua. Cose che capitano da queste parti! Passo spesso di qui per andare a casa. Dovrebbe vedere cosa succede il venerdì sera, quando arrivano i pullman carichi di turisti olandesi e belgi!»
«Ma quella donna ha detto delle sconcezze... le chiedo scusa... davvero...»
«Stia tranquillo adesso! Con il lavoro che faccio mi capita di sentire anche di peggio.»
Barski scosse la testa. «No» disse. «È stato... è stato disgustoso.»
«Se ne dimentichi. Non ci ha portato via niente. È questo che conta!»
Per un po' entrambi tacquero. Quando Barski riprese a parlare erano ormai lontani dal quartiere malfamato. E la sua mente vagava...
«Mi chiamava ''Cuore mio''... Io le dicevo ''Anima mia''... e lei ripeteva sempre di avere poco tempo. Io mi arrabbiavo. Quando il dolore divenne insopportabile, solo allora si decise a consultare un medico... Le doleva qui...» Si toc-

cò il petto. «L'accompagnai dal medico e quando la visitò Bravka strillò per il dolore... La mattina seguente la sottoposero a una tremenda trafila di esami. Anche una tomografia. Non c'erano ancora metastasi... Qualche giorno dopo la operarono e in un primo tempo andò tutto bene, poi fu un disastro... Uno dopo l'altro tutti gli organi cedettero... i reni... E i liquidi le invasero il corpo... Non mi riconosceva più... Stavo chino su di lei e lei gridava: ''Chiamate Jan! Chiamate Jan! Chiamate Jan!''. Io le dicevo: ''Bravka, sono qui''. E lei continuava a urlare e chiedeva che mi mandassero a prendere... Il suo cuore era fortissimo... E quando i liquidi raggiunsero i polmoni e iniziò a rantolare...» Barski trasalì al ricordo e guardò Norma. «Le chiedo scusa! Mi perdoni!»

Norma annuì e socchiuse gli occhi per un momento.

«Cancro all'intestino» aggiunse Barski. Da quando aveva iniziato il suo lungo sfogo l'accento polacco si era fatto via via più marcato. «Un medico l'ha... Sono stato io a supplicarlo... Credo che un po' l'abbia aiutata quando è iniziato quell'orribile rantolo... due giorni dopo infatti il suo cuore si fermò... un cuore fortissimo...»

Imboccata la Königstrasse, passarono davanti al cimitero israelita, immerso nel buio. «Morì il 25 maggio 1982, alle dieci meno un quarto... Ho poco tempo, diceva sempre... aveva appena compiuto trentacinque anni... non sono molti, vero? Jeli allora aveva sei anni appena. Abitavamo già ad Amburgo. Il professor Gellhorn mi aveva chiamato a far parte del suo gruppo nel 1974... Bravka aveva trovato lavoro presso la clinica di Eppendorf. Stavamo in una vecchia casa molto bella in Ulmenstrasse, nel parco, vicinissima all'Istituto... un appartamento spazioso... in mezzo al verde... Peccato che non si vedesse l'Elba da casa nostra... Quando Bravka fu sepolta nel cimitero di Ohlsdorf, Jeli e io restammo soli... Faceva caldo quel giorno... molto caldo... Oltre a noi c'erano solo gli uomini delle pompe funebri e i custodi del cimitero. Non c'era nemmeno il prete. Non l'avevo voluto. Ero troppo adirato con Dio... Che il Signore mi perdoni! Vado raramente a trovare Bravka... Lei mi capisce, vero?»

«Sì» disse Norma.

«Lei non è là sotto» disse Barski.

Attraversarono il sobborgo di Altona.

«No» rispose Norma.

«Lei è... Ho letto la storia di un ebreo che — dopo aver perso la moglie — andò dal suo rabbino e gli chiese se ci fosse un modo per richiamare in vita i defunti. E il rabbino gli rispose: ''Sì, puoi farli rivivere pensandoli...''.»

Passarono davanti al municipio di Altona e raggiunsero il viale che costeggia l'Elba.

«Sono stato molto sgarbato» disse ancora Barski. Guardò Norma negli occhi. «Lei ha appena perso suo figlio.»

«Non si preoccupi» replicò lei. «Lei ha i suoi morti, io i miei. *Everybody has to fight his own battles.*»

«Ha ragione» disse guardandola di nuovo. «Ognuno di noi deve combattere le sue battaglie.»

Norma gli chiese: «Sua figlia frequenta la scuola qui ad Amburgo?».

«Sì» rispose Barski. «Siamo rimasti nella vecchia casa. Jeli non ha voluto traslocare. Abbiamo una fantastica governante, la signora Krb. Vive insieme a noi da parecchi anni. Conosceva mia moglie ed è affezionata alla bambina. Quando non sono in casa, se ne occupa lei. Siamo stati fortunati ad avere con noi la signora Krb, molto fortunati...» Barski tacque e non disse altro finché non arrivarono in Parkstrasse. Fermò la Volvo dietro la Golf blu di Norma. Quindi scese e aprì la portiera di destra.

«Bene...» prese a dire Norma.

«Se permette la accompagno.»

Norma non se l'aspettava. «Cosa?» domandò imbarazzata.

«Salgo un momento» disse con la voce che tradiva una certa insicurezza. «Un momento soltanto.»

«Perché?»

Barski la guardò. «Lei sa perché, signora Desmond.»

«Sì» fece lei. «Certo. Ma ho lasciato accesa la luce per rendere meno sgradevole il ritorno.»

«Capisco» disse Barski. «Allora posso...»

Norma annuì e insieme si avviarono verso casa. Salirono con l'ascensore. Norma aprì la porta e si sentì sopraffare da una tremenda sensazione, ma in quel preciso istante Barski le pose il braccio sulle spalle. Poi la accompagnò da una stanza all'altra e infine in soggiorno. Norma aveva disposto le rose gialle in un vaso sul tavolino davanti al divano.

«Grazie» disse. «Ma lei? Quando entrerà in casa...»

«Io ho la bambina» rispose Jan Barski. «Andrò in camera

sua e starò a guardarla mentre dorme. Quando torno tardi la sera, o rientro da un lungo viaggio, prima di tutto vado a vedere la bambina. In fondo posso ancora ritenermi fortunato, non le pare?»

«Sì» disse lei. «Può dirsi fortunato. E io la ringrazio.»

«Di che?»

«Della sua fiducia. Ora che sono al corrente di tante cose ho maggiori probabilità di smascherare gli assassini di mio figlio. Gradisce dell'acqua minerale? Non so cosa offrirle, dal momento che è astemio.»

«Infatti.»

«Acqua minerale con una fettina di limone?»

«No, grazie. Sto bene così. Oh, guardi quella rosa!»

«Una coccinella!» esclamò Norma. Sentiva di dovere molto a quell'uomo. Moltissimo.

Barski si chinò sull'insetto e lo osservò con estrema attenzione. «Hm» fece.

«Abbiamo a che fare con una coccinella» disse in tono scientifico. «Una *Coccinella septempunctata* per l'esattezza.» Si mise a contare ad alta voce: «Uno... due... tre... infatti, sette. Che combinazione! Se non avessi notato questa coccinella, mi sarei scordato di raccontarle la scoperta più sensazionale della ricerca genetica».

«Di che si tratta?»

«Della vita sessuale delle coccinelle. Non di questa specie,» precisò «ma di quella con due soli punti neri, denominata *Adalia bipunctata*. Si dice che porti fortuna. E che porti male a chi la schiaccia. Si dice che queste coccinelle fossero le creature preferite dalla madre di Dio e che la Madonna le proteggesse.»

«Interessante» disse Norma. Come si dava da fare quel dottore. Per vincere le sue simpatie...

«Ma veniamo al punto. Nell'ultimo numero della rivista scientifica *Nature*, un certo professore M.E.N. Majerus e i suoi colleghi dell'Istituto di genetica dell'Università di Cambridge annunciano di avere scoperto il meccanismo con il quale le coccinelle della specie *bipunctata* scelgono i loro partner.»

«No» disse Norma bruscamente.

«Cosa c'è che non va, cara signora?»

«Non ammetto che lei mi prenda in giro!»

«Prenderla in giro?» Barski corrugò la fronte. «Signora Desmond, non mi permetterei mai! Si tratta effettivamente di una scoperta sensazionale. Mi creda. Del resto è avvenuto all'Istituto di genetica dell'Università di Cambridge! Nello stesso Istituto in cui Crick e Watson scoprirono la doppia elica del DNA! Mi consente di continuare?»

Norma alzò appena le spalle,

«La ringrazio. Ebbene, la maggior parte delle coccinelle femmine della specie *bipunctata* non può scegliere liberamente il proprio compagno. Questo Majerus e il suo gruppo di ricerca hanno scoperto che ciò dipende da un solo gene, un solo gene, signora Desmond...»

«Ho sentito, dottor Barski.»

«Un solo gene stabilisce se la coccinella si accoppierà con un maschio nero a punti rossi piuttosto che rosso a punti neri. Non mi interrompa, per favore. È una scoperta importantissima.» Barski aveva assunto il tipico tono di chi sta in cattedra. «Gli scienziati di Cambridge hanno dimostrato che la predilezione per i maschi neri è un fattore ereditario. Ereditario, ha capito? Se la coccinella eredita il gene dominante, solo i maschi di colore nero hanno buone speranze di averla come compagna.»

«Ora la smetta, per favore!»

«In caso contrario tutti e due i tipi di maschi hanno uguali probabilità. Questo risultato è frutto di complicatissimi studi e accoppiamenti.»

«Santo Cielo!»

«Il risultato non è fine a se stesso ma pone fine all'antica controversia fra i sostenitori della teoria dell'ereditarietà e i fautori delle teorie comportamentistiche. Finora si escludeva che un solo gene potesse determinare un procedimento complesso come la scelta del compagno... Incredibile, vero?»

«Lei è molto gentile» disse Norma. «Veramente gentile. È una storiella, vero?»

«Signora Desmond! *Nature* è una delle più quotate riviste scientifiche!»

«Oh, certo» disse Norma.

«Va bene» fece Barski piegando la testa di lato. «Le chiedo scusa un'altra volta.»

«Perché? Ha solo cercato di distrarmi... Ecco, noi due... Ognuno cerca di districarsi dalla palude con i propri mezzi... Ma che sia lei a cercare di tirarmi fuori...» Norma non riuscì a proseguire e voltò la testa dall'altra parte.

«Ora devo andare.»

«Sì» disse lei girandosi. «Mi telefoni appena arriva a casa!»

«Ma sa che ore sono?»

«Credo che farò fatica ad addormentarmi. Mi telefoni — sarò più tranquilla. Può sempre... può sempre capitare qualcosa. E sia prudente!»

Erano passati in anticamera. Barski le tese la mano e mormorò una frase nella sua lingua.

«Cos'ha detto?»

«Ah» fece lui imbarazzato. «Ho pregato per lei.»

«Crede in Dio?»

«Una volta no, non ci credevo. Ma da quando...»

«Capisco.»

«Le telefonerò.» Barski aveva già premuto il pulsante di chiamata dell'ascensore. Le porte si aprirono. Salì.

«Che Dio la protegga» disse. L'ascensore si richiuse e scivolò lentamente verso il piano terra.

Norma chiuse la porta a chiave e andò in bagno. Aprì i rubinetti della vasca. Non ha senso, pensava. Le intenzioni sono buone. Ed è così gentile. Ma ognuno di noi è solo. *And has to fight his own battles. Alone.*

20

Norma si immerse nella vasca e cercò di non pensare; per un po' ci riuscì, poi le tornò in mente la teoria delle coccinelle che Barski le aveva raccontato. Ma non voleva pensare nemmeno a Barski e si sforzò tanto che riuscì a toglierselo dalla testa. Rimase nel bagno per un bel po'. Sul petto aveva il quadrifoglio portafortuna che fino ad allora non le era mai stato d'aiuto.

Le finestre della camera da letto si affacciavano sulla terrazza. Non si asciugò né si coprì. Si sdraiò nuda sul copriletto di cotone, lasciando evaporare le goccioline d'acqua. L'appartamento, situato all'ultimo piano dello stabile, era molto caldo anche in piena notte. Le piaceva stare sdraiata sul letto a godere la sensazione di freschezza che l'acqua le aveva lasciato sulla pelle. A poco a poco la tensione della giornata e della lunghissima serata si allentò. Chiuse gli occhi e pronunciò la sua preghiera, quella che ogni sera ripeteva mentalmente. Questa volta ne cambiò leggermente le parole. Buon Dio, se è vero che ci sei, fa' che Pierre e il mio bambino non debbano soffrire la paura e il dolore, la preoccupazione e la solitudine. Fa' che vivano nella pace celeste e siano in qualche modo felici! Vi amo tutti e due e con la mente vi sono sempre vicina. Vegliate su di me, perché la mia vita sia sempre retta, così sia. Sarebbe bello se potessero ascoltarmi, pensò. Il telefono sul comodino prese a squillare. Barski, si disse. È arrivato.

Sollevò il ricevitore. «Sì?»

Le rispose una voce maschile metallica e distorta. «Buongiorno, signora Desmond. Il dottor Barski l'ha appena accompagnata a casa. Avrà fatto di certo un bel bagno e ora sarà sdraiata sul letto...»

Norma si mise a sedere.

«Chi parla?»

«Lei non mi conosce.»

«Di che si tratta?»

«Della sua vita.»

«Cosa?»

«Si tratta della sua vita, signora Desmond.»

«Vorrebbe...»

«Non mi interrompa! È molto semplice. Il dottor Barski le ha raccontato tutti i particolari del suo lavoro. Deve sapere che sono uno dei più grandi ammiratori delle sue inchieste, signora Desmond. Questa volta però le suggerisco di non occuparsene e di non avviare ricerche di alcun tipo. È un suggerimento categorico. Se lo trascurerà e incontrerà di nuovo il dottor Barski, se visiterà l'Istituto e... e si occuperà di faccende che non la riguardano, le costerà la vita — così come è costata al professor Gellhorn e alla sua famiglia. Glielo dico perché capisca che faccio sul serio. Se continuerà le ricerche dovremo eliminarla, entro due giorni. Sono molto generoso. Le lascio un po' di tempo per riflettere. La richiamerò. E mi dirà cosa ha deciso di fare, se vivere o morire — come suo figlio!»

«Assassino!» strillò Norma. In quel preciso istante notò la canna di un fucile spuntare dal davanzale della finestra. Grazie all'esperienza accumulata in anni e anni di lavoro in prima linea ebbe una reazione fulminea. Lasciò andare il telefono e rotolandosi sul letto si gettò a terra dalla parte opposta alla finestra. Partì un colpo. La pallottola si conficcò stridendo nella superficie laccata dell'armadio. Sentì le schegge sulla schiena nuda. Al telefono l'uomo dalla voce metallica e distorta chiamava: «Signora Desmond... Signora Desmond... Dannazione, che succede? Risponda! Risponda!».

È finita, si disse Norma. Un senso di abbandono del tutto innaturale si impadronì di lei. È finita. Se lo sconosciuto aggressore che sparava dalla terrazza si fosse alzato, l'avrebbe vista e non avrebbe potuto fallire. Partì un secondo colpo. L'arma appoggiata al davanzale si impennò e cadde per terra sulla terrazza.

L'uomo al telefono gridava ancora il suo nome. «Signora Desmond... Signora Desmond... Risponda! Maledizione, risponda!» È incredibile, si disse Norma. Incredibile! Prima mi minaccia e poi, senza aspettare la mia risposta, manda un sicario a uccidermi! Che sciocchezza! Evidentemente il killer appostato sulla terrazza non era stato mandato dall'uomo al telefono. Altrimenti quest'ultimo non avrebbe avuto motivo di minacciarla e ricattarla. Evidentemente erano in parecchi a volere che Norma si tenesse lontana da quella vicenda. Ma qualcuno si era intromesso appena in tempo...

Molte finestre si spalancarono. Si udirono voci, grida, strilli. I colpi avevano svegliato tutto il vicinato.

Norma si alzò lentamente. Scivolò sul letto. Cautamente sollevò la testa e sbirciò fuori dalla finestra. Faceva già chiaro. Guardò al di là del davanzale. C'era un uomo disteso sulla terrazza. Indossava un paio di calzoncini corti e una camiciola grigia, una giacca a vento con la cerniera e scarpe da tennis blu. Era alto e magro, con i capelli biondi. Aveva la bocca spalancata. Dalla bocca gli usciva un fiotto di sangue. La testa era piegata di lato. Una pallottola lo aveva colpito al collo, di fianco. L'uomo giaceva in una pozza di sangue che si allargava sempre più. Gli occhi irrigiditi fissavano il cielo. Finalmente mi hai portato fortuna, quadrifoglio! pensò Norma fra sé. Accanto al cadavere scorse il fucile dal quale era partito il primo colpo.

Norma alzò gli occhi. Nella luce velata del mattino scorse un uomo sul tetto della casa vicina, circa tre metri sopra la terrazza. Non esitò a riconoscere quel volto cereo e gli occhiali montati a giorno. Era l'uomo che dopo l'attentato al circo aveva spalancato la porta della cabina telefonica in cui lei si trovava. L'uomo che lavorava alle dipendenze dell'impresa di pompe funebri Hess e che aveva preso parte alle esequie della famiglia Gellhorn. L'uomo che aveva abitato nella pensione della vecchia Meisenberg, spacciandosi per il signor Horst Langfrost.

21

Probabilmente quell'uomo aveva già cambiato nome, pensò Norma con estrema lucidità. Sul tetto della casa vicina c'erano un parafulmine, dei camini e l'antenna della televisione. E anche parecchi sfiatatoi. Dal tetto era facilissimo raggiungere l'ascensore di servizio passando per una di quelle condutture. Mentre Norma analizzava le varie possibilità, l'uomo dal volto cereo — che portava sulle spalle un fucile — era già sparito.

Norma si accorse che tutto il corpo le gocciolava di sudore. Tremava come una foglia. Era lo spavento a scoppio ritardato. Si gettò sul letto.

«Pronto... Pronto... Signora Desmond!» Sempre quella voce.

Norma tremava a tal punto che non poteva reggersi in piedi. Ma si riprese subito. Per prima cosa riappese il ricevitore.

Fuori la gente gridava. Signora Desmond! Signora Desmond! Cos'è successo? Signora Desmond! Non sarà mica morta? Aiuto! Aiuto! Assassini! Silenzio! urlò qualcun altro. Signora Desmond, mi sente? Mi sente, signora Desmond?

Norma sollevò il ricevitore e compose un numero.

Rispose una voce maschile. «Pubblica sicurezza!»

Senza scomporsi Norma disse: «Sono Norma Desmond. Abito in Parkstrasse. All'angolo con il viale dell'Elba. Ultimo piano. Venite subito! È stato ucciso un uomo nel mio appartamento!»

«Lo conosce?»

«No. Mi ha sparato. E qualcun altro lo ha ucciso.»

«Può ripetere il suo nome?»

«Desmond. Norma Desmond.»

«La giornalista? Non tocchi niente! Veniamo subito!»

22

«A quanto pare sono almeno due i gruppi criminali che vogliono impedirle a tutti i costi di indagare sulla vicenda» disse Carl Sondersen, capo della Commissione speciale ''25 agosto'' del presidio di polizia di Wiesbaden.

Erano quasi le 13. Dal tentato omicidio ai danni di Norma Desmond erano trascorse sette ore e mezza. Alcuni agenti della squadra di Sondersen erano ancora affaccendati in camera da letto, in terrazza e sul tetto della casa vicina. Il telefono di Norma era stato bloccato. Era rimasta in funzione solo una linea diretta con il presidio di polizia. Il cadavere era stato rimosso e la pozza di sangue lavata.

«Si direbbe anche» continuò il commissario Sondersen «che queste due parti hanno interessi completamente differenti. Gli uni hanno mandato l'uomo che ha tentato di ucciderla, signora Desmond. Gli altri hanno mandato questo tizio che, stando alla descrizione, dovrebbe chiamarsi Horst Langfrost. Entrambi sono arrivati passando dalla casa vicina. Lo hanno stabilito i nostri uomini. L'uomo che è stato ucciso dovrebbe essere stato il primo ad arrivare. Ha segato il lucchetto della porta di servizio della terrazza della casa vicina, ha assicurato una corda a uno di quei grossi sfiatatoi e si è calato sulla sua terrazza.» Si infilò un dito della mano destra nel colletto della camicia. «Poi la faccenda si è complicata.»

«Sì, parecchio» disse Norma. Indossava un paio di pantaloni di lino bianco con una camiciola a maniche corte e calzava un paio di sandali bianchi. Sedeva di fronte al commissario, un uomo dal fisico slanciato, abbronzato, che alle parole alternava rapidi movimenti delle mani. Accanto a lui, sotto la parete tappezzata di quadri, sedeva Barski, di fronte a quest'ultimo Alvin Westen e in un angolo era appollaiato il dottor Günter Hanske, redattore capo dell'*Hamburger Allgemeinen Zeitung*. Barski era arrivato mezz'ora dopo l'attentato. Westen poco dopo. L'ultimo era stato Hanske. Norma lo fissava con aria irritata: aveva il parrucchino fuori posto. Ma non se ne accorgeva. E nemmeno gli altri.

In tutte le stanze dell'appartamento le tende erano abbassate. Sul tavolo davanti al divano l'elica di un grosso ventilatore volteggiava invano. Tutti quanti si erano tolti giacca e cravatta, a eccezione di Alvin Westen, impeccabile ed elegante come sempre. Erano stati ascoltati prima dagli agenti e successivamente dal commissario Sondersen. Costui era un tipo alto e snello e il suo viso ricordava nell'espressione quello di un medico scrupoloso.

«I due sicari,» disse Hanske «vuol dire che tutti e due dovevano uccidere la signora Desmond?»

Sondersen sollevò le mani. «Non abbiamo elementi sufficienti per dirlo con certezza. Per esempio non sappiamo come mai Langfrost ha sparato all'ultimo momento, impedendo per un soffio all'assassino di colpire la signora Desmond.»

«Secondo lei era già appostato sul tetto vicino?»

«Le ho detto che non sappiamo niente di preciso.» Sondersen alzò una mano. «Può darsi che Langfrost sia stato incaricato di impedire a ogni costo che la signora Desmond fosse uccisa.»

«Perché?» domandò il dottor Hanske. Accidenti, il parrucchino sta scivolando indietro, pensò Norma.

«Ebbene, la signora Desmond ha ricevuto la telefonata minatoria da parte di quell'uomo dalla voce indecifrabile» disse Sondersen. «Lo sconosciuto ha minacciato di morte la signora Desmond nel caso avesse continuato le ricerche. Ma le ha anche concesso un po' di tempo per riflettere. Dicendole che avrebbe richiamato per conoscere la sua decisione. Ne deduco che non è stato lui — o chi per lui — a mandare un killer a casa sua. Deve essere stato qualcun altro, dai metodi più rigidi e radicali. A quanto pare i primi, quelli della telefonata, conoscono i metodi dei secondi. Sanno che gli altri non perdono tempo con le minacce e il terrorismo psicologico. Ecco perché, secondo me, è entrato in scena Langfrost, per impedire al sicario di portare a termine il suo compito, la qual cosa, non so come mai, gli è riuscita solo in extremis.»

«Una versione molto verosimile» commentò Hanske. «Ma le cose potrebbero essere andate anche diversamente.»

«Certo» disse il commissario dal volto sottile e abbronzato e gli occhi grigi. «Ma è probabile che siano andate proprio in questo modo.» Diede un'occhiata ai suoi appunti. «Il killer aveva uno Springfield 03. Langfrost ha sparato con una carabina calibro 98, un'arma che in passato è stata in dotazione all'esercito. Abbiamo trovato un bossolo sul tetto della casa vicina. I nostri specialisti stanno esaminando lo Springfield, alla ricerca di eventuali impronte digitali. La carabina calibro 98 è ovviamente nelle mani di Langfrost. La polizia lo sta cercando, sulla base della descrizione fornita dalla signora Desmond. La sua telefonata, signora, è arrivata al posto di polizia alle 5,44. I primi posti di blocco sono stati allestiti alle 6,22. E alle 6,36 la polizia ha pattugliato tutte le strade che si dipartono dalla città. Langfrost non ha avuto molto tempo per fuggire. Con ogni probabilità dovrebbe ancora trovarsi sul territorio cittadino.»

La porta della camera da letto si aprì. Sulla soglia comparve un agente di polizia. Sondersen si alzò. «Vengo subito.»

«No...» fece il poliziotto visibilmente agitato. «La telefonata è per la signora Desmond.»

«La signora Desmond! Ma non abbiamo bloccato tutte le linee?»

«Infatti. Non capisco nemmeno io.»

«Prego, signora Desmond» disse Sondersen. Norma corse in camera da letto, seguita dal commissario. Afferrò il ricevitore mentre Sondersen si metteva in ascolto attraverso un secondo microfono supplementare, installato poche ore prima dai suoi uomini.

Era ancora quella voce metallica e distorta. «Buon giorno, signora Desmond. So che non è sola, ma in gentile compagnia. C'è anche il commissario Sondersen con lei. E anche lui mi starà sicuramente ascoltando. Buon giorno, signor Sondersen. Le piacerebbe sapere come ho fatto a inserirmi sulla linea telefonica? Ecco, io posso fare qualsiasi cosa! Veniamo a lei, signora Desmond. Dalla mia prima telefonata ha avuto tempo sufficiente per riflettere su quello che le ho detto. E nel frattempo ha potuto constatare di persona che abbiamo dei concorrenti dai modi piuttosto bruschi. Allora?»

Norma si sedette sul letto. Sondersen e gli altri ascoltavano con il fiato sospeso. «Allora» prese a dire «le dirò che ho già riferito tutto ciò che il dottor Barski mi ha raccontato al redattore capo del mio giornale, il dottor Hanske. E naturalmente al signor Sondersen. Sia l'uno sia l'altro hanno registrato il mio racconto. Vale a dire che se lei mi ucciderà o ucciderà il dottor Hanske, la redazione al completo sarà comunque informata di tutto. Potrà minacciare tutta la redazione. E ucciderne a uno a uno i componenti. Ma resteranno comunque i nastri registrati. Lei non sa dove si trovano. Non li troverà mai. Ho ricevuto molte informazioni dal dottor Barski.

So di che si tratta — e anche la redazione del giornale lo sa. Perciò ho deciso di continuare le mie ricerche e non mi importa di quello che farà lei.» Norma riappese.

«Cerchiamo di scoprire come ha fatto a inserirsi nel blocco» disse Sondersen ai suoi uomini. Poi tornò con Norma in soggiorno.

Tutti tacevano.

«Allora?» chiese Norma a un certo punto.

Nessuno rispose.

Infine Barski disse: «Signora Desmond, la prego e la scongiuro di lasciar perdere questa faccenda! Dimentichi tutto quello che le ho raccontato. Dimentichi anche me. Non potrò mai perdonarmi di aver messo a repentaglio la sua vita — gliel'ho già detto quando sono arrivato a casa sua. La prego... Dell'attentato di questa mattina se ne occuperà un suo collega. Per favore, dottor Hanske, per favore! Lei deve proibire alla signora Desmond di occuparsene! La mandi via, lontano da qui! Le affidi qualche altro incarico! Deve andarsene da Amburgo al più presto!».

«No» esclamò Norma. «Non me ne andrò.»

«Nemmeno se fossi io a chiedertelo, tesoro?» si intromise Alvin Westen.

«No, nemmeno.» Norma parlava a voce bassa, ma con trasporto. «Ho perduto mio figlio. Anni fa ho perduto anche suo padre. Si chiamava Pierre Grimaud ed era un corrispondente dell'*Agence France Presse*. Siamo stati a Beirut insieme...»

«Lo so» la interruppe Barski. «Lessi i suoi articoli dal Libano.»

«Ma allora» continuò Norma «sapevamo di dover fare i conti con la morte. Poteva succedere ogni giorno. Anche a me. Eravamo in guerra. Mio figlio non era in guerra. Era al circo. E me l'hanno ucciso. Lasciami parlare, Alvin. Per sopportare la morte — e a maggior ragione l'assassinio — di una persona amata bisogna avere uno scopo. Dopo la morte di Pierre dedicai la mia vita al lavoro, continuando a scrivere come se lui fosse ancora con me. Ora che mio figlio è stato ucciso, il mio scopo — me ne sono resa conto con chiarezza grazie a questa telefonata — il mio scopo è scoprire la verità. Devo smascherare gli assassini. Nella tecnologia genetica sono investite somme ingenti. Non lo sapevo. Ma so che la vita umana non conta nulla quando sono in gioco i miliardi. E so che devo trovare a tutti i costi gli uomini che hanno ammazzato mio figlio.»

«E quando li avrai trovati?» le chiese Westen con un filo di voce. «Quando li avrai trovati, Norma? Nessuno potrà mai restituirti il tuo bambino!»

«No» disse Norma. «Ma la verità restituirà a me la voglia di vivere. Devo dare un senso alla mia vita. E adesso basta, non parliamone più. Occupiamoci di cose serie.»

Barski guardò Westen. L'anziano amico di Norma si strinse nelle spalle.

Sondersen disse: «Signori, trovo che la signora Desmond si sia comportata in modo fantastico. Fantastico davvero!».

«Grazie» rispose Norma.

«Veramente io non...» prese a dire Hanske.

Sondersen lo interruppe. «Ai danni della signora Desmond è già stato compiuto un attentato. La signora Desmond è in pericolo. Indipendentemente dalle sue decisioni. Se ne era scordato? Sono due le parti che la minacciano. Alla prima delle due la signora ha dichiarato di aver rivelato tutto ciò che sa a lei, dottor Hanske, e a me. E in effetti sia lei sia io abbiamo registrato le dichiarazioni della signora Desmond. Perciò non ha alcun senso ucciderla, perché le ricerche continuerebbero comunque — da parte mia come da parte sua. Forse la signora Desmond ha un tantino esagerato a proposito della quantità di informazioni ricevute dal dottor Barski. Ma non importa. Anzi, così facendo si è procurata una sorta di... sì, di assicurazione sulla vita.» Guardò Norma e sorrise. Lei ricambiò. «Se fossi stato io al telefono, avrei afferrato al volo che questa signora non deve essere eliminata. La sua morte comporterebbe conseguenze imprevedibili, dal momento che sono in molti a ''sapere''. La signora Desmond deve continuare a lavorare, affinché la si possa fuorviare dalla giusta pista — sia lei sia noi, dottor Hanske — e imbrogliare in un labirinto di indizi e informazioni falsi e manipolati. È dunque molto più utile da viva che da morta. Lo verranno a sapere anche gli altri, quelli della fazione più radicale, e agiranno allo stesso modo. Con il suo comportamento mi è stata di grande aiuto, signora Desmond. La ringrazio.»

«Naturalmente lei ha ragione, signor Sondersen» disse Westen. «Solo così Norma poteva uscire dall'impasse.»

Sondersen si alzò.

Per tutto il tempo Norma non gli aveva staccato gli occhi

di dosso. Gli disse: «Signor commissario, volevo già chiedergliela la prima volta che ci siamo visti, il giorno dell'attentato al circo. È possibile che io abbia conosciuto suo padre? Una dozzina di anni fa, credo. Un certo signor Wigbert Sondersen della squadra omicidi del dipartimento di polizia di Norimberga. Poco prima del pensionamento.»

Il capo della Commissione speciale la guardò sorpreso.

«Sì, era mio padre, signora Desmond. Ma come...» Sollevò le mani in uno dei suoi gesti abituali.

«Vedendola mi sono ricordata di lui. Avete la stessa forma del viso, lo stesso modo di fare.»

«Dove l'ha conosciuto?»

«A Norimberga, nel maggio 1974, in occasione di un processo che richiamò l'attenzione dell'opinione pubblica. L'imputata, la nota attrice Sylvia Moran, era accusata di aver ucciso l'ex amante, un certo Romero Rettland, che la ricattava. C'era di mezzo anche una bambina, la bambina della Moran, Babs. Babs aveva delle gravi lesioni cerebrali...»

«Ma certo!» esclamò il redattore capo Hanske. «Scrivesti un grosso reportage sul processo! Lo vendemmo in tutto il mondo. Dalla vicenda è stato tratto anche un libro...»

«Nessuno è un'isola» disse Norma. «Suo padre, signor Sondersen, si era recato per primo sul luogo del delitto ed era stato chiamato a deporre. Ho parlato a lungo insieme a lui.» Si rivolse anche a Westen e Barski. «Era un uomo molto intelligente e molto triste. Da ragazzo desiderava fare il maestro e insegnare ai giovani a fare del bene. Decise poi di lottare. Finì alla squadra omicidi. Aveva quotidianamente a che fare con il male. E questa lotta incessante gli rubò giorno dopo giorno tutte le sue forze. Sa cos'è l'aspetto più terribile della cattiveria?, mi domandò un giorno. È il fatto di non poterla combattere. Possiamo punire un uomo malvagio. Ma cosa otteniamo? Nulla. Non potremo mai fare di lui un uomo migliore. Ma la cosa peggiore, mi disse, è guardare indietro. Quando passo in rassegna la mia vita e il lavoro che ho svolto, mi accorgo di tanti errori, tante mancanze che ho commesso. E non posso fare niente per correggerli...» Norma ammutolì. Il mio amico Jens Kander, pensò, si tormenta con questi stessi pensieri. Strano. A quanto pare sono in molti a preoccuparsene. Molto strano che mi capiti di incontrare il figlio di quell'uomo tanto triste. Pierre, Pierre! Perché non sono morta anch'io in quell'orrido cratere! pensò e intanto riprese a parlare: «"Tutto ciò che ho fatto in passato non ha più alcun valore." Così mi diceva suo padre, signor Sondersen. E diceva: "Nulla resiste al tempo. Il passato viene accantonato così come si accantonano gli atti di un processo ormai concluso, senza alcuna possibilità di rivederli. Si è tanto discusso del passato nel nostro paese, della possibilità di superarlo" mi confidava suo padre. "Ma il passato non si può superare. Resta sempre immutabile e incancellabile!" Quando lo incontrai, nel 1974 a Norimberga, questa consapevolezza non gli dava più pace».

«Sì, era proprio mio padre» confermò il commissario Carl Sondersen. «All'epoca io avevo 26 anni e lavoravo alla polizia giudiziaria di Colonia. Quello che ha detto è vero, signora Desmond. Mio padre era tormentato dall'impossibilità di migliorare l'animo degli uomini più malvagi. Si sarebbe logorato con queste sue elucubrazioni se non avesse avuto mia madre accanto a sé. Lei sola riusciva a dargli forza. E a farlo sorridere ogni tanto.»

Come Pierre con me, pensò Norma.

«Mia madre era una donna eccezionale.»

«Sono ancora vivi?» chiese Norma titubante. La vita è un soffio...

«Sì», rispose Sondersen. «Stanno a Kronberg nel Taunus. Vado a trovarli appena posso.» Sorrise. «Sono così felici. Papà ha 78 anni, la mamma 72.»

Così felici, ripeté Norma mentalmente. Anche noi volevamo essere felici. Pierre e io. Non sempre e non per tutti la vita è così breve. E a volte si può essere felici in due.

«È magnifico» disse.

«Sì» replicò il commissario del presidio di Wiesbaden. «È stata mia madre a renderlo felice. È riuscita finalmente a convincerlo che non è importante far diventare buono un cattivo, ma ciò che conta è combattere la malvagità. Questo soltanto è importante!»

«Ne è convinto anche lei» disse Norma.

«Lo sono sempre stato, signora Desmond. Da bravo figliolo ho fatto tesoro dell'esperienza dei miei genitori.»

«Lei è nato per lottare» disse Norma, domandandosi in silenzio il perché di quell'aria così triste e abbattuta.

«Come mio padre» rispose Sondersen. «Ma a lungo andare egli subì il logorìo del continuo lottare. A me non succederà mai. Non bisogna mai stancarsi o peggio ancora cedere, perché il male non è invincibile. Basta lottare, con tutte le forze, perché il male è destinato a perire. Pensi a Hitler, Eichmann, Goebbels, Himmler e all'intera genìa nazista!»

«Non mi sembra un paragone azzeccato» commentò Westen.

«Perché no?»

«Si guardi in giro!» esclamò Norma. «Il mondo non è ancora pieno di nazisti?»

«E allora dobbiamo insistere, combattere contro di loro. Non ho alcuna intenzione di cambiare il mondo. Voglio solo impedire che sia fatto ancora tanto male. È questo che importa, questo soltanto» disse Sondersen.

«Da bravo figliolo ha fatto sua la convinzione di sua madre» disse Westen.

«Sì. E se non fossi così determinato non potrei fare questo lavoro.»

«Lei è un uomo in gamba» disse Norma. Ma perché aveva un'aria così tesa e oppressa?

«Macché!» si schernì Carl Sondersen. «Il fatto è che non bisogna mai tirarsi indietro. Né lasciarsi scoraggiare. Anche se...»

«Anche se?» lo incalzò Norma.

«Niente» fece Sondersen.

«Mi saluti suo padre» gli raccomandò. «E anche sua madre, che è riuscita a fargli tornare il sorriso sulle labbra.» Anche Pierre riusciva sempre a farla sorridere. Grazie a Dio, al mondo c'è gente come loro. Come la madre del commissario, come Pierre. Peccato, sono stata sfortunata. Anche Pierre era un lottatore tenace. Di questi tempi non si può fare a meno di lottare. Anche a costo della propria vita. Si paga sempre con la vita.

«Le dirò, dottor Barski,» continuò Sondersen cambiando argomento «che non sono molto entusiasta del fatto che lei abbia raccontato alla signora Desmond tutto quello che sa, trascurando la promessa che mi aveva fatto di non rivelare nulla alla stampa...»

«Ecco, io...» prese a dire Barski.

Sondersen lo zittì alzando una mano. «... Io posso capirla. Come no» disse. All'improvviso sembrò alterarsi nell'umore. «Quando è successo l'attentato? Il 25 agosto. Undici giorni fa. Cosa abbiamo concluso in questi undici giorni? Niente. Non abbiamo individuato nemmeno una traccia. Né abbiamo scoperto il movente. Siamo rimasti arenati in partenza. Nonostante io disponga di tutti i mezzi possibili e immaginabili. E mi avvalga della collaborazione di tutte le forze di polizia, del Ministero degli Interni, del Ministero di Grazia e Giustizia, della polizia dei singoli stati federali, della polizia di frontiera, dell'INTERPOL. Tutti sono a mia disposizione. E il risultato? Niente. Il professor Gellhorn era un suo amico. Non ho difficoltà a comprenderla, dottore.»

Barski lo fissò.

Sondersen gesticolava. «A volte il mio lavoro è...» Tacque.

Westen lo guardò. «Diceva?» chiese.

«È... molto complicato» disse Sondersen. Voltò la testa e osservò il quadro di Horst Janssen, l'immagine della morte che divora se stessa. «A volte... tutte le cose si confondono.»

«Cosa nel nostro caso?» domandò Westen, entrando improvvisamente nel vivo della conversazione.

«Una cosa e l'altra» rispose Sondersen, restando nel vago. «Sarebbe bello se potesse divorarsi da solo come la morte...»

«Chi?» chiese Hanske.

«Il male. Se si divorasse da sé come la morte fa nel quadro» spiegò il commissario. «Lasciamo perdere... Tornando a lei, dottor Barski... Lei si sarà detto: con quel Sondersen non si va avanti di un passo. Proviamo a contattare la signora Desmond. È una giornalista di rango, conosciuta in tutto il mondo e indipendente. Ha un forte interesse personale al chiarimento della faccenda. Se per questo Sondersen la questione è troppo complicata, lei riuscirà sicuramente a venirne a capo.»

Che gli prende? si domandò Norma fra sé. C'è qualcosa che non va. Guardò Westen, cercando una risposta ai suoi dubbi. Westen ricambiò lo sguardo e le fece un cenno appena percettibile.

Il commissario giocherellava nervosamente con le dita. «Ma questo Sondersen in fondo non è un idiota» disse guardando la collezione di quadri. «Bellissimi i suoi quadri, signora Desmond. Mi piacciono molto. In genere Sondersen è uno che se la cava.»

Che succede? si domandò Norma. Sondersen sembrava sul punto di perdere il controllo. Forse era colpa del caldo. La camicia del commissario aveva due grosse macchie di sudore sotto le ascelle. Per un attimo il suo volto assunse la stessa espressione triste che Norma aveva conosciuto sul volto di suo padre.

«Troveremo gli autori della strage» disse il commissario Sondersen. «Anche se questa volta sarà piuttosto difficile. Soprattutto adesso che lei, dottore, ha informato la signora Desmond. Non sto muovendole un rimprovero. Lei ha perfettamente ragione. Sono passati undici giorni e ancora non abbiamo trovato un solo indizio. E il problema poi non riguarda la signora Desmond. So che in passato ha collaborato spesso con la polizia, e con grande successo. La signora Desmond ci sarà di grande aiuto. Ma dobbiamo fare i conti con i mass media.»

«Li avreste avuti addosso comunque» disse Hanske passandosi una mano nei capelli — posticci. Norma chiuse gli occhi. Fortunatamente il parrucchino era tornato al suo posto. «Le redazioni sono sintonizzate ventiquattro ore su ventiquattro sulle frequenze della polizia. Quando è scattato l'allarme, i ragazzi sono partiti immediatamente — armati naturalmente di macchine fotografiche.»

«Sì» disse Sondersen. «Abbiamo dovuto tirarli giù dagli alberi e fare un cordone intorno alla casa per non farli entrare. Nonostante tutto sono riusciti a scattare un sacco di fotografie. A me. Agli agenti. Al cadavere del killer. Certo, lei sostiene che sarebbe successo comunque. Purtroppo la signora Desmond ha perso il figlio nell'attentato al Circo Mondo. Di conseguenza c'è sotto qualcosa. La signora Desmond probabilmente ha delle notizie. Avete un'idea di quello che si scatenerà d'ora in avanti? Prima di bloccare il telefono della signora ho preso una telefonata. Era il direttore di un noto quotidiano scandalistico. Avete sentito tutti cos'ha detto! Insomma, viviamo in un paese democratico o no? Grazie al cielo siamo in un paese libero! E così domani i giornali usciranno con la notizia del tentato omicidio, accompagnata da una valanga di ipotesi e illazioni del tutto inventate. Titoli a caratteri cubitali. E fotografie! Lo farà di certo anche lei, dottor Hanske...»

«Può contarci.»

«Ma io scriverò soltanto quello che mi è successo. Non farò alcun riferimento a ciò che il dottor Barski mi ha rivelato» disse Norma.

«Tante grazie. Il fatto è che ci sono giornali ben diversi dall'*Hamburger Allgemeine*. Che scrivono tutto quello che vogliono. Pur di ricavarci un mucchio di quattrini.»

«Mi stia a sentire, signor Sondersen» sbottò il redattore capo Hanske, irritato. «Non siamo noi a fare le notizie. Noi ci limitiamo a venderle.»

«Infatti. E a ricavarci un mucchio di soldi.»

«Allora, signor commissario, come avrebbe voluto che fossero andate le cose?» gli domandò Hanske.

Sondersen lo fissò inviperito.

«Allora, vuole essere tanto gentile da spiegarmelo?»

All'improvviso Sondersen assunse un'espressione molto triste che a Norma rammentò di nuovo il volto di suo padre. «Avrei voluto tenere io le redini della situazione. Avrei voluto che non ci fosse stato nessun morto. Nessun panico. Nessuna confusione. Che il mio lavoro non fosse reso ancora più difficile.»

«Ancora più difficile?» chiese Westen.

«Scusi?»

«Lei ha detto: che il mio lavoro non fosse reso ancora più difficile.»

«Deve avere capito male, signor ministro. Non ho detto questo.» Sondersen lo guardò con occhi privi di espressione.

«Come no» intervenne Barski. «Lei ha detto...»

Il redattore capo lo interruppe bruscamente. «Le sarebbe bastata una breve comunicazione da parte del portavoce della polizia, vero? Ancora nessuna traccia, si invita la popolazione a collaborare con le forze di polizia. Più o meno, no?»

«Sì, più o meno...» Sondersen osservava i quadri di Norma.

«Mi dispiace per lei, signor Sondersen» esclamò Hanske, incollerito. «Attraverso le varie agenzie di stampa la notizia del nuovo attentato sarà diramata alle reti televisive federali e private. Vige la libertà di stampa in questo paese. Abbiamo il diritto di scrivere sull'attentato, così come lei ha il diritto di occuparsene.»

Sondersen sorrise enigmaticamente. Hanske non se ne accorse, ma gli altri sì.

«Domattina i giornali saranno in edicola con le ultime notizie. Ha detto lei stesso che il dottor Barski si è giustamente rivolto alla signora Desmond vedendo che la polizia non approdava ad alcun risultato. Non è vero?»

«Sì, certo.» Sondersen continuava a fissare i quadri alla parete.

«Vede? Sono gli svantaggi della democrazia! In un regime totalitario ciò non...»

«Stia zitto un momento, signor Hanske, per favore» lo interruppe Westen. «Posso rivolgerle una domanda, signor Sondersen?»

«Sì, signor ministro.» Il commissario capo si girò lentamente e guardò Alvin Westen. Il suo sguardo arrivava da lontano.

«Non sono più ministro. Da parecchio tempo ormai. Comunque, posso rivolgerle una domanda?»

«Sì, certo!»

Westen si sporse in avanti. E, come lo stesso Sondersen poco prima, parlò molto lentamente, scandendo le sillabe: «Posso sapere se la Repubblica Federale si serve di servizi speciali operativi?». Gli occhi di tutti erano puntati su di lui.

Sondersen gli chiese: «Cosa intende per ''servizi speciali operativi'', signor Westen?».

«Alcuni paesi» rispose questi pazientemente «dispongono di unità speciali che godono di assoluta priorità ed entrano in azione quando la sicurezza nazionale è in pericolo. Esistono anche in Germania?»

«No, che io sappia.» Sondersen si infilò un dito nel colletto della camicia. Norma notò che le macchie di sudore si erano allargate.

«Se esistessero lo ammetterebbe?» chiese Westen.

«No» rispose il commissario capo Carl Sondersen.

23

Tutti tacquero.

Norma infine domandò: «Perché gliel'hai chiesto, Alvin?».

L'anziano signore rispose: «Per scommessa».

«Una scommessa? E con chi?» fece Norma.

«Con me stesso. Sulla risposta che il signor Sondersen mi avrebbe dato.»

«E l'hai vinta?»

«Sì, Norma» rispose Westen.

«Senta, signor Westen, se lei sospetta che io, o la polizia

federale o qualsiasi altro corpo di polizia operiamo sotto l'influenza di...»

«Lungi da me dubitare di lei» disse Westen. «Lei fa del suo meglio. Fa quel che può. Ne sono convinto, mi creda. La mia era solo una domanda. Se la signora Desmond le offrisse la sua collaborazione, cosa risponderebbe? Glielo dico perché è stato lei ad affermare che è una bravissima professionista, nota in tutto il mondo e soprattutto indipendente. È vero?»

«Sì, sono il primo a sostenerlo.» Sondersen guardò Norma con una strana espressione.

Colma di invidia. Perché? si chiese Norma. Per quella parola, forse? Indipendente... Già, indipendente...

«Sarebbe fantastico» rispose il commissario che si riproponeva di lottare contro la malvagità dell'uomo. «Non potrei chiedere di meglio.»

«Tu saresti d'accordo, Norma?» chiese Westen. «Per te è facile intrufolarti in situazioni alle quali il signor Sondersen non riesce ad arrivare... o molto difficilmente, per via dell'ufficialità della sua posizione, non trovi? D'altro canto la veste di commissario gli offre altri vantaggi. Si tratterebbe di uno scambio reciproco di aiuto.»

«Ma certo» disse Sondersen. A un tratto la tristezza era svanita e il commissario pareva disteso. Disteso... Proprio così, si disse Norma. Con una voce ferma e risoluta concluse: «Sono d'accordo. Allora, commissario, come pensa di avviare questa collaborazione?».

«Per il momento non scriverà niente di quello che il dottor Barski le ha raccontato. Mi dovrà riferire tutto ciò che verrà a sapere. Di persona. Per telefono. Per mezzo di registrazioni su nastri. O di fotografie. Appena saprà qualcosa, si farà viva immediatamente.»

«Va bene. Ora veniamo a lei. Qualsiasi cosa sappia, la darà a me in esclusiva. Voglio avere ventiquattro ore di anticipo sul suo portavoce e sugli altri giornalisti.»

Barski la fissava strabiliato. Non conosceva ancora la sua risolutezza.

«No, non se ne parla nemmeno!» protestò Sondersen. La conversazione era piuttosto agitata. «Siamo tenuti a osservare determinate regole. Le darò sei ore di anticipo.»

«Diciotto ore!»

«Dieci!»

«Ci sto!» disse Norma.

«Grazie per la sua intermediazione, signor Westen» disse Sondersen riprendendo il suo normale tono di voce.

«Non c'è di che. Anch'io vorrei tanto che non ci fosse più spargimento di sangue. Se ciò fosse possibile grazie alla vostra collaborazione...»

Sondersen rispose: «Chissà. Speriamo di venirne a capo. Allora...». Così dicendo tese la mano a Norma.

Norma la strinse. «So cosa sta per dirmi.»

«Cosa?»

«Che la mia vita è in pericolo. E che lei è responsabile di tutto ciò che può accadermi. Mi sta proponendo una scorta armata. Che mi protegga ventiquattro ore su ventiquattro. Nell'ombra...»

«Esatto» fece Sondersen.

«Che significa nell'ombra?» domandò Barski.

«Ci sono due tipi diversi di scorta armata» spiegò Norma. «Una lavora nell'ombra, l'altra alla luce del sole. Le ho già provate entrambe in passato e se devo essere sincera direi che non servono a nulla. Ma non voglio creare difficoltà al signor Sondersen, perciò...»

«Grazie» disse Sondersen. «Anche lei, dottore, è protetto da una scorta. Dal giorno dell'attentato. Mi sembra di avergliele detto quando ci siamo incontrati la prima volta. Mi ha dato il suo assenso...»

«Sì, certo.»

«Nessuna legge permette a un'autorità di polizia di proteggere con un qualsiasi tipo di scorta armata un cittadino contro la volontà di quest'ultimo» affermò Westen. «A meno che la sicurezza del singolo cittadino non comprometta il benessere del paese ed entrino in questione interessi di stato. Allora lei dovrebbe accettare la scorta, volente o nolente. Ma non è il caso nostro.»

«Come dice?» Sondersen guardò l'ex ministro con un certo nervosismo.

«In questo caso non abbiamo a che fare con interessi di stato. Per questo poco fa le ho rivolto quella domanda a proposito dei servizi speciali, signor commissario. Lei ha detto che non ne esistono, ma che se ne esistessero non lo ammetterebbe.»

«Dove vuole arrivare, signor Westen?» domandò Sondersen. Ora lo fissava con antipatia.

Ha stretto i pugni, notò Norma. E suda. Quest'uomo ha dei problemi. Preoccupazioni o grattacapi. Oppure è arrabbiato...

«Ho ripetuto solamente le sue parole, signor Sondersen.» Westen ricambiò pacatamente il suo sguardo. «Tutto qui. E ho cercato di spiegare al dottor Barski la situazione in cui si trova. Senza una minaccia agli interessi supremi dello stato non c'è legge che possa autorizzarla a mettere un cittadino sotto la sua protezione. Il dottor Barski e i suoi colleghi del resto hanno accettato la scorta. E la signora Desmond pure. Sono persone ragionevoli. Non vogliono causarle ulteriori grattacapi. Non vogliono che le succeda qualcosa per causa loro. Nemmeno io lo voglio. Pensi che vado in giro con le guardie del corpo da quando sono stato ministro.»

Sondersen non gli staccava gli occhi di dosso.

«Vede, dottore,» continuò Westen «dal momento che si esclude una minaccia agli interessi supremi dello stato, il dottor Sondersen — cito le testuali parole della disposizione vigente — ''deve operare una scelta tenendo conto del grado di pericolosità della situazione e del diritto del cittadino a manifestare liberamente la propria personalità''. Il commissario ha scelto una protezione discreta, proprio perché non vuole condizionare la libera manifestazione della personalità della signora Desmond. Non mi guardi in quel modo, signor Sondersen! Non mi sto divertendo, sa? Anzi, sono tutt'altro che allegro.»

Sondersen alzò le spalle e dischiuse le labbra per dire qualcosa. Poi però cambiò idea.

«Siete protetti tutti quanti da una scorta armata, che agisce nell'ombra» proseguì Westen. «Devo allontanarmi dalla città. Perciò sono pienamente d'accordo con l'altra richiesta del signor Sondersen.»

«Sarebbe?»

«Vai via da Amburgo? Ma non mi avevi detto che ti saresti fermato un po'?»

Sondersen e Norma avevano parlato contemporaneamente.

«Hai capito male, Norma» disse Westen sorridendo. «Ho detto che devo partire!»

Non è vero, si disse Norma. Non ha mai detto che sarebbe dovuto partire. Il motivo della partenza ha sicuramente a che fare con questa conversazione. Che sciocca sono stata a contraddirlo! Perciò si affrettò a correggersi: «Ma sì, certo! Sapessi come sono confusa!».

«Puoi ben dirlo, Norma.» Westen nicchiò. «Torniamo al signor Sondersen. Vuole che tu ti trasferisca fino a quando questa storia non sarà chiarita. Come ti si può proteggere quassù? Il tuo appartamento è una trappola. Ho ragione, signor Sondersen?»

«Sì, signor Westen» rispose il commissario dal volto abbronzato. Dalla sua voce trapelavano meraviglia e irritazione al contempo. «Teniamo sotto stretta sorveglianza l'Istituto di Microbiologia. Credo che là la signora Desmond sarebbe al sicuro. Qualcosa in contrario?»

«Ne parlerò io in amministrazione» si affrettò a dire il dottor Barski. «Potremmo metterle a disposizione una camera in un reparto della torre. Forse due. Così potrà lavorare meglio. Se desidera, posso aiutarla a traslocare.»

«Grazie, dottore» rispose Norma.

«Soddisfatto, signor Sondersen?» fece Westen.

«Certamente» rispose lui. «Posso sapere dove è diretto?»

«Ah, ho in programma diverse tappe» disse Westen. «Sa com'è...»

«No» ribatté Sondersen. «Non lo so.»

Uno degli agenti che stazionavano in camera di Norma si affacciò alla porta e chiamò con un cenno il suo capo. Sondersen lo raggiunse e si chiuse la porta alle spalle.

«Perché te ne vai? Si può sapere dove?» gli domandò subito Norma.

Westen scrollò le spalle.

«All'imperatore romano che sfilava in trionfo si accostò uno schiavo che gli sussurrò all'orecchio: ''Ricordati che sei un uomo e dovrai morire!''. Io non sono un imperatore. E so di essere un comune mortale. Il fatto è che mi resta ben poco da vivere!»

«Non voglio sentirti parlare così!» lo rimproverò Norma.

Anche Barski si intromise. «Non sono cose da dire, signor Westen!» Anche la sua Bravka lo ripeteva sempre. Ho così poco tempo... Si accorse che Norma lo stava guardando. Ha capito anche lei, pensò. E si sentì pervadere da un dolcissimo affanno.

«Non datevi pena per quello che dico» riprese Westen. «Nessuno di noi vive in eterno. Abbiamo poco tempo per imparare ben poche cose. Io ormai le ho imparate. Perciò devo partire.

E sono felice che ci sia lei accanto alla signora Desmond, dottore.»

«Oh» fece Barski imbarazzato. «Ne sono contento anch'io.»

«Quel Sondersen ha un che di strano, cosa ne dite?» chiese Hanske.

«Si direbbe» disse Westen.

«Ma cosa?»

«È infelice.»

«Infelice?»

«Sì» disse Norma. «Ne sono certa.»

«Ma perché?» chiese Hanske.

In quel momento il commissario capo tornò in salotto e riprese il suo posto accanto a Norma.

«Avete scoperto come ha fatto il nostro uomo a inserirsi sulla linea telefonica della polizia?» domandò Hanske.

«No» disse Sondersen. «Non riusciamo a trovare una spiegazione.» Aveva un'aria molto stanca. Aggiunse: «Però ho ricevuto un'altra informazione. E la metto subito a sua disposizione, signora Desmond. Abbiamo identificato l'uomo che è stato ucciso».

«Avete fatto in fretta!» esclamò Barski stupito.

«A volte occorre anche meno tempo» replicò il redattore capo Hanske. «Se si considera il fatto che il signor Sondersen ha chiesto l'intervento dell'INTERPOL.»

«E questo lei come lo sa?»

«Signor Sanderson! Tutti noi abbiamo degli amici in un posto e nell'altro. La signora Desmond in passato ha fornito il suo valido contributo all'INTERPOL. Gliene sono grati. Prima di venire qui ho telefonato a Parigi.»

«Congratulazioni» commentò Sondersen con asprezza.

Quell'uomo doveva essere davvero infelice, pensò Norma. Infelice? Al diavolo, chi di noi non è infelice? Ma forse fuori di qui...

Sentì Sondersen che diceva: «Il signor Hanske ha ragione. Effettivamente c'è voluto un po' di tempo. Vede,» spiegò al dottor Barski «la prima cosa che gli agenti fanno quando arrivano sul luogo del delitto è prendere le impronte digitali del morto. I reperti vengono consegnati al più vicino posto di polizia che li trasmette immediatamente al centro operativo di Wiesbaden».

«In che modo avviene la trasmissione dei dati?» domandò Barski.

«Con delle telefoto. Dal centro operativo le impronte vengono successivamente trasmesse all'INTERPOL a Parigi e ai corrispondenti centri operativi di tutti i paesi europei. Presso questi centri le impronte vengono digitalizzate.»

«Che significa?»

«Il calcolatore elettronico traduce le impronte in formule numeriche» spiegò Sondersen. «Dopodiché il calcolatore è in grado di confrontare se l'impronta è già stata registrata o meno. Di solito saltano fuori almeno due o tre nomi di persone che potrebbero avere quelle impronte. Il successivo controllo deve essere eseguito dal personale di polizia. Dagli archivi vengono estratte le schede con le impronte originali di quelle persone e messe a confronto con quelle dell'ucciso.»

«E se non è schedato? Se non avete in archivio le impronte?» chiese Barski.

«Questa volta ci è andata bene.»

«Aveva dei precedenti?»

«No. Aveva lavorato per qualche tempo nel Principato di Monaco. In quello stato la polizia registra le impronte digitali di tutti gli stranieri. Devono essere impresse anche sul documento di identità, che si tratti di un galantuomo piuttosto che di un delinquente. Come vede siamo stati molto fortunati.»

«E chi era?» chiese Norma.

«Si chiamava Antonio Cavaletti, nato l'11 gennaio 1949 ad Ajaccio, in Corsica.» Norma prendeva appunti. «Nel 1974 giunse nel Principato. Durante il servizio militare nell'esercito francese era stato addestrato come tiratore scelto. È rimasto a Monaco cinque anni. Lavorava nel servizio di vigilanza di una grossa azienda. Doveva essere un tiratore eccellente.»

«E adesso non ci venga a raccontare che l'azienda si occupava di tecnologia genetica» disse Barski.

«Proprio così» confermò Sondersen. «Presso il centro di amministrazione di un'azienda che si chiama GENESIS TWO.»

«Come?»

«GENESIS TWO.»

«Un nome eloquente, mi pare» commentò Hanske.

«Se Cavaletti è stato mandato dall'azienda significa che delle due è quella la fazione radicale» arguì Westen.

«Esatto. La sede amministrativa della GENESIS TWO si trovava a Fontvieille, una località creata artificialmente sbancando le montagne e colmando un tratto di mare.»

Norma notò l'espressione contratta del volto di Barski.

«Si trovava?» chiese questi.

«Sì» gli rispose Sondersen. «Tre settimane prima dell'attentato al Circo Mondo gli uffici si sono svuotati all'improvviso. Da un giorno all'altro i dipendenti sono spariti. Senza lasciare alcuna traccia. Finora non si è scoperto nulla in proposito.»

Norma si accorse che Barski era impallidito.

24

«Che ci fai tu qui?» chiese il dottor Takahito Sasaki, un giapponese piccolo di statura ed esile. Fissava il dottor Barski con un'espressione irritata. Insieme a Barski c'era Norma.

«Devo parlarti.»

«Ora non posso.»

«È molto importante. Mi devi ascoltare!»

«Che modi sono?»

«Scusami! Sono molto agitato! Ho visto la tua segretaria e mi ha detto che eri al laboratorio dodici. L'ho pregata di avvertirti che si trattava di una faccenda urgente. E...»

«Sì, sì, lo so. Mi ha telefonato. E le ho detto che non potevo proprio.»

Il giapponese armeggiava davanti a un grande cubo di materiale plastico, dentro il quale erano allineati recipienti, provette e vetrini per il microscopio installato nel sistema. Sasaki vestiva il camice e gli indumenti protettivi di colore verde. Aveva anche una mascherina sulla bocca. Teneva le mani infilate in due lunghi tubi di plastica con le estremità a forma di guanti. Mentre parlava Sasaki introduceva delle sostanze dentro alcune buste di plastica che si trovavano all'interno del cubo. Le buste, sigillate meccanicamente, finivano in un contenitore. All'esterno del cubo Norma notò due grosse decalcomanie. La prima riportava l'immagine del teschio, simbolo di pericolo, l'altra era un cerchio giallo con tre spicchi neri e stava a indicare la presenza di radioattività. Il laboratorio era molto grande. Intorno ai lunghi tavoli lavoravano tre donne e sette uomini, tutti protetti dagli speciali indumenti. Le apparecchiature in dotazione comprendevano numerosi microscopi e terminali, sugli schermi dei quali sfilavano serie di numeri e formule chimiche. Nel laboratorio c'erano altri apparecchi molto sofisticati, bollitori, refrigeratori e ampolle di Erlenmeyer. Si sentiva il brusìo degli esaustori. Il laboratorio era pressurizzato. I ripiani alle pareti erano strapieni di boccette contenenti le più svariate sostanze chimiche. E poi c'erano enormi frigoriferi, forni a microonde e alti contenitori per materiale elettronico.

Erano passate da poco le tre del pomeriggio.

Appena Sondersen e i suoi agenti se ne erano andati, Barski aveva insistito perché Norma si recasse insieme a lui all'Istituto. Norma aveva accettato, promettendo però ad Hanske che prima di sera avrebbe fatto un salto in redazione. Barski aveva guidato a velocità folle. E non aveva risposto alle domande di Norma. Quando aveva appreso che Sasaki non poteva lasciare il laboratorio, aveva pregato Norma di indossare gli abiti protettivi.

«Perché? È un ambiente radioattivo?» gli aveva chiesto Norma.

«Alcune sostanze chimiche che intervengono nei nostri esperimenti sono radioattive» le aveva risposto. «Quindi è necessario premunirsi.»

L'aveva accompagnata nello spogliatoio. Norma si era tolta di dosso i vestiti ed era rimasta in mutandine e reggiseno e si era poi infilata una tuta verde fatta di uno strano tessuto. La tuta era piena di tasche chiuse da cerniere lampo e aveva degli elastici ai polsi e alle caviglie. Aveva calzato un paio di speciali calzature verdi e si era infilata i guanti. Su un ripiano dello spogliatoio c'era anche una specie di casco protettivo. Ma Barski aveva spiegato a Norma che una mascherina davanti alla bocca era più che sufficiente. Infine si era messa in testa un cappuccio di tessuto verde ed era uscita da una seconda porta dello spogliatoio. Di lì aveva varcato una serranda ermetica che conduceva in una stanza illuminata da luce al neon nella quale era allineata una fila di mastelli. Era il luogo in cui avveniva la decontaminazione. Attraverso un'altra porta infine era giunta nel corridoio del laboratorio numero dodici, dove Barski, vestito di verde da capo a piedi come lei, la stava aspettando.

Insieme erano andati a cercare il dottor Sasaki.

Il giapponese continuava ad armeggiare all'interno del cubo di plastica. Era furibondo. «Insomma, cosa diavolo c'è, Jan?»

«Manda via i ragazzi.»

«Cosa?»

«Mandali via un momento.»

«Senti, qui si lavora. Non si può piantare tutto così...»

«Per favore!»

Il giapponese fissò il collega sconcertato. Poi, con un sorriso di circostanza, alzò le spalle e, rivolto agli assistenti, esclamò: «Mi dispiace, signori, ma devo pregarvi di lasciare per qualche tempo il laboratorio. Grazie».

Si alzò un mormorìo di disappunto.

«Ci vorrà un quarto d'ora. Non di più!» aggiunse Barski. «Per favore!»

Il gruppo di assistenti vestiti di verde lasciò la stanza. Nel laboratorio scese il silenzio, rotto solo dal ronzìo degli esaustori.

«Allora?» incominciò a dire il giapponese contrariato. «Non ti interessa se tutto va a pallino per colpa tua, eh?»

«Quello che ho da dirti è molto più importante» spiegò Barski. Si protese in avanti e con un filo di voce disse: «Oggi in città è stato ucciso un certo Antonio Cavaletti».

«E con questo?»

«Me ne hai parlato proprio tu, Tak.»

«E di cosa? Insomma, Jan, si può sapere cosa vuoi?»

«Sei stato tu a dirmi che tempo fa c'è stato un furto presso la clinica in cui lavora tuo fratello Kiyoshi, a Nizza. Dalla cassaforte sono stati trafugati i documenti relativi alle ultime scoperte. E insieme al materiale è sparito anche un uomo del servizio di vigilanza. La polizia lo ritiene il responsabile del furto e gli sta dando la caccia. E mi hai anche detto che quest'uomo, assunto da tuo fratello, aveva lavorato presso la GENESIS TWO.»

Sasaki sorrise. Non riusciva a capire dove Barski volesse arrivare. «Sì, è successo nello scorso dicembre. Ed è per questo che piombi qui all'improvviso e mi mandi all'aria il lavoro?»

«Santo Dio! La clinica di tuo fratello si occupa di esperimenti delicati esattamente come quelli che svolgiamo noi qua dentro! A Nizza è stato commesso un furto. E qui è stata uccisa una famiglia intera!»

«Non capisco che relazione possa esserci fra le due cose.»

«Non lo so nemmeno io di preciso. Ma i due episodi potrebbero essere strettamente connessi l'uno con l'altro.»

«E come?»

«Devi sapere che questo Antonio Cavaletti aveva lavorato proprio alla GENESIS TWO. E tre settimane prima dell'attentato terroristico al Circo Mondo la GENESIS TWO è improvvisamente scomparsa nel nulla.»

Sasaki sfilò le braccia dai tubi di plastica. «Stammi a sentire, Jan. Il tuo tono non mi piace affatto. Stai tirando delle conclusioni del tutto inconsistenti.» Sasaki era arrossito. «E per giunta in presenza di questa signora. Posso sapere chi è?»

«È Norma Desmond, la giornalista.»

«Lei è...» Il giapponese tirò un grosso respiro. «E Jan l'ha condotta qua dentro?»

«Da sola non ci sarebbe arrivata di certo» ribatté Barski risentito.

«Piacere di conoscerla, signora Desmond.»

Sasaki accennò un inchino. Poi si rivolse di nuovo al collega. «Sai bene che è tassativamente proibito entrare ai non addetti...»

Barski si chinò accanto al giapponese. «Come sta tuo fratello, Tak? È ancora vivo? Ha ricevuto delle minacce? Non è ancora saltato per aria con tutta la sua clinica?»

«Adesso smettila, Jan! Ne ho abbastanza!»

«Anch'io, Tak! Anch'io non ne posso più! Il tuo modo di fare comunque è molto strano.»

«E il tuo no? Il fatto che sia qui e sia a Nizza circoli gente della GENESIS TWO cosa ti fa pensare? Che sia stato io a far ammazzare Gellhorn?»

«Non gridare!»

«Bella pretesa! Io non devo gridare. Ma tu puoi permetterti di venire qui ad accusarmi di...»

«Non ti sto affatto accusando, Tak!»

All'interno del cubo di plastica si accese all'improvviso una lampadina rossa intermittente. Sasaki imprecò in giapponese. «Sei contento? L'esperimento è andato a monte. Ci stavamo lavorando da tre settimane. A turno, senza staccare gli occhi un momento da questa macchina. Da tre settimane. E adesso dovremo ricominciare da capo.» Si alzò. «Forza! Corri dalla polizia e denunciami! Cosa aspetti? Sono stato io a uccidere Gellhorn! Gellhorn e tutti gli altri!...»

«Tak!»
«Sì?»
«Sta' zitto!»
«Basta, ne ho abbastanza! Vattene! Via di qui!»
«Sai se tuo fratello è a Nizza in questi giorni?»
«Non ne ho idea.»
«Quando l'hai sentito l'ultima volta?»
«Non saprei. Credo due o tre settimane fa! Perché? Cos'altro c'è adesso?»
«Vorrei parlargli. Subito.»
«E allora telefonagli! O vai a trovarlo.»
«Puoi contarci. Andrò a Nizza.»
«Senta, signora Desmond, forse può spiegarmi lei cosa sta architettando il mio amico Jan!» Il giapponese fissava Norma con uno sguardo impaurito e implorante.
«Lei non può spiegarti proprio niente» rispose Barski. «Al massimo ti può dire che stamattina ci è mancato poco che la uccidessero. E che è viva per miracolo.»
A un tratto Sasaki si lasciò cadere esausto sul suo sgabello. «Le hanno sparato?»
Norma annuì.
«Dio Santissimo... Sono... sono seduto qui da otto ore... Non ne sapevo niente... È orribile...»
«L'uomo che ha tentato di ucciderla e che a sua volta è rimasto ucciso è proprio quell'Antonio Cavaletti che lavorava alla GENESIS TWO» spiegò Barski. «Adesso che ne pensi?»
«È assurdo!» esclamò il giapponese. Sembrava sconvolto.
Barski sfiorò il braccio di Norma. «Venga, signora Desmond.» Si diressero alla porta del laboratorio. Norma si voltò. Il dottor Takahito Sasaki, curvo sul suo sgabello, mormorava parole incomprensibili. La spia all'interno del cubo di plastica si accendeva e si spegneva a intermittenza.

25

Uscirono sul corridoio che dal laboratorio dodici conduceva al locale di decontaminazione. Barski si avvicinò a un lavandino dal quale usciva un tubo cromato piegato come un manico di ombrello. Mise una mano sotto l'estremità del tubo orientata verso il lavandino. Dal tubo uscì l'acqua. Tolse la mano. Il flusso si arrestò. Tornò a mettere la mano sotto il tubo. L'acqua riprese a scorrere.

«È un sensore» spiegò Barski. Ancora una volta la sua voce tradiva una forte inflessione polacca. «Evita il contatto con qualsiasi oggetto sul quale potrebbero trovarsi depositi di sostanze pericolose. Anche la porta ermetica è munita di sensore.» Barski si avvicinò alla porta e tese la mano per afferrare la maniglia. La porta si aprì automaticamente. Quando ritrasse la mano, la porta si richiuse. «Ha visto? In questo modo...»

«Sì» disse Norma. «Dottor Barski, lei è molto preoccupato. Si è comportato in modo molto strano con il dottor Sasaki. È convinto che sappia più di quanto abbia ammesso?»

Barski non rispose. Giocherellava con il tubo del lavandino.

«Dottor Barski!»

«Non lo so.» La guardò con aria afflitta. «Potrebbe essere sospettato di avere a che fare con l'attentato del 25 agosto? Mi rendo conto solo ora che tutti noi potremmo essere implicati. E Sondersen ha sicuramente dei sospetti su tutti noi. Devo vedere al più presto il fratello di Tak.»

«Posso accompagnarla a Nizza?»

L'espressione tesa di Barski si allentò. Nei suoi occhi stanchi apparve un barlume di felicità. Norma lo notò. Ma esiste davvero la felicità? si domandò. Sì, forse sì. Ma poi torna sempre la tristezza...

«Certo. Mi farebbe piacere.»

«È una clinica specialistica?»

«Sì. Si occupa di problemi piuttosto delicati. A proposito dei quali Watson, lo scopritore della doppia elica, disse: ''Quando si inizierà a occuparsene, in tutto il mondo si scatenerà un processo diabolico che investirà politica e morale''.»

«Quando partiamo? Per dove esattamente? Con che mezzo? Devo informare di ogni mio spostamento sia Sondersen sia Hanske.»

«Partiremo da Düsseldorf con il primo volo per Nizza di domani mattina. Penserò io a prenotare i biglietti. La clinica del dottor Sasaki si trova nel quartiere Cimiez, in Avenue Bellanda. Gli telefonerò subito per avvisarlo del nostro arrivo imminente.»

«Devo ancora scrivere un articolo per l'edizione di domani e lasciarlo in redazione. Credo che mi sarà impossibile traslocare questa sera. Domani anche il signor Westen deve partire. Ceniamo insieme questa sera. Ci farà compagnia?»

«Volentieri, grazie. Prima mi occuperò del suo nuovo alloggio qui alla clinica. Quanto meno cercherò di farle liberare una stanza perché possa dormire qui questa notte.»

«Grazie» rispose Norma. Non smettevano di guardarsi. «Devo passare a casa a preparare una valigia.»

«L'accompagno.»

«Non è il caso. Ho una scorta che mi protegge nell'ombra.»

«Non importa. La accompagno ugualmente. Non voglio che resti sola.»

«È molto gentile» disse Norma con un filo di voce.

«Anche lei» rispose Barski piano.

Bruscamente Norma aggiunse: «Adesso devo proprio andare. La valigia la preparerò dopo cena — ormai non faccio più in tempo. Riuscirà a essere all'Atlantic per le sette e mezza?».

«Sicuro.»

«Allora... a fra poco» disse Norma e si accostò alla porta munita di sensore che si aprì automaticamente.

Entrò nello spogliatoio e la porta si richiuse alle sue spalle. Norma chiuse la serratura e fece esattamente quello che Barski le aveva detto. Si sfilò gli indumenti protettivi, i guanti e le scarpe, la mascherina e il cappuccio e gettò tutto quanto in un grosso recipiente. Quindi si lavò accuratamente. Barski le aveva spiegato che i recipienti allineati nella camera di decontaminazione contenevano sostanze antisettiche e neutralizzanti contro le radiazioni.

«Indossando gli indumenti protettivi evitiamo di introdurre batteri e virus all'interno del laboratorio. Quando li togliamo nella camera di decontaminazione e ci laviamo accuratamente, evitiamo di portare all'esterno delle particelle contaminate. Bisogna stare molto attenti. Tutti noi lo siamo.»

Lavandosi le mani Norma ripensava alle parole del dottor Barski. Che sciocca sei, si rimproverò. Perché gli hai detto che è così gentile? Certo, è molto gentile. E allora? Quanta gente al mondo lo è. E lui? Ti ha risposto che sei gentile anche tu. Al diavolo! Basta con queste smancerie. Tuo figlio è morto. Pierre è morto. Devi trovare gli assassini di tuo figlio. Solo questo devi fare. Si sentì mancare e si aggrappò all'orlo di uno dei recipienti contenenti l'antisettico. Qualche istante dopo si accorse che stava piangendo. Proprio come le era successo nell'ufficio di Jens Kander alla sede del *Welt im Bild*. Non voleva piangere. Cercò di smettere con tutte le sue forze. Ma le lacrime sgorgavano incessanti. Maledizione! Maledizione!, pensò.

26

«Non credo che Sasaki abbia visto un nesso fra il furto avvenuto presso la clinica di suo fratello, dove alcuni giorni prima era sparito un membro del servizio di vigilanza, e i fatti di Amburgo» disse Alvin Westen.

«Ma non credo nemmeno che si sia dimenticato quello che è successo a Nizza» replicò Barski.

«No, è molto improbabile» aggiunse l'anziano signore dai capelli bianchi.

Erano seduti all'ultimo tavolo in fondo alla terrazza del ristorante dell'hotel Atlantic, che la direzione riservava al signor Westen ogni volta che egli soggiornava in albergo. Avevano terminato di cenare e stavano bevendo il caffè. Norma e Westen avevano ordinato anche un cognac. I due uomini discutevano animatamente. Norma era stanca quella sera, spossata e molto triste. Ma era una tristezza delicata, che non faceva male. Sedeva accanto a Westen, con le spalle rivolte alla parete. Barski le stava di fronte. Le piaceva il ristorante dell'hotel Atlantic. Le piaceva anche l'albergo perché era lì che Alvin soggiornava ogni volta che arrivava ad Amburgo. Quante volte avevano cenato insieme. Sempre a quel tavolo. Quando Pierre era ancora vivo, avevano cenato tutti e tre insieme qualche volta. Pierre e Alvin si piacevano molto. Pierre è morto. Da tanto tempo ormai. La sua sedia è sempre stata vuota da allora. Oggi c'è seduto un altro uomo. Il tempo non conta nulla, pensò Norma. Per me è come se Pierre fosse ancora seduto lì. Sì, ancora. Negli ultimi tre giorni a Beirut sono esplose tre autobombe. La prima ha causato sessanta vittime, la seconda ventuno, la terza trentatré. E numerosi feriti gravissimi. Non è cambiato niente a Beirut. E in me cos'è cambiato da quando Pierre è morto? Mi sembra che sia successo ieri. Adesso è morto anche mio figlio. No! si disse. Non pensarci! Pensa a qualcosa d'altro. Guardati attorno! Il ristorante è cambiato negli ultimi anni. Le tovaglie adesso sono gialle, le tappezzerie sono state rinnovate. In mezzo alle finestre ad arco sono state applicate nuove lampade, delle mezze sfere di porcellana che illuminano il soffitto. Un po' di anni fa c'era solo un candeliere su ogni tavolo. Ora non più. Le tende blu invece sono rimaste. Blu, il colore dell'albergo. Un blu che a Pierre piaceva molto. Quanti ricordi. Quanto amore. Qualcuno ha scritto: Cos'è l'amore se non il ricordo? C'è un altro uomo seduto al posto di Pierre. Aiutatemi a trovare gli assassini! Pierre, figlio mio, aiutatemi! Vi amo. Vi amo tanto. Ma non siete più qui. Devo smetterla, pensò. Devo smetterla subito. Disse: «Mi avevi detto di avere degli impegni in Russia e in America, Alvin. Ma solo in autunno. E invece te ne vai subito. Immagino che avrai le tue buone ragioni».

«Infatti» rispose Alvin Westen.

«La tua partenza è collegata alla domanda che hai rivolto a Sondersen a proposito dei servizi speciali? E alla sua risposta imbarazzata? Pensi che abbia delle pressioni? E da parte di chi?»

«Sono molti i motivi che mi inducono a partire» rispose Westen. «Sondersen ha senz'altro delle difficoltà. Perché? Prima di partire per Tokyo ho letto su un importante quotidiano che il governo della Repubblica Federale Tedesca spenderà entro il 1990 per la ricerca biotecnologica — nel cui ambito rientra anche la tecnologia genetica — una somma superiore al miliardo di marchi. E *Time* ha scritto che il governo americano spende cifre pazzesche in questo settore — non ricordo più quanti miliardi di dollari. E adesso il dottor Barski ci parla di questa specialissima clinica di Nizza. Sapete cos'ha detto il celebre psicologo comportamentista americano Skinner? Ha detto: ''Nessuno ha un'idea di cosa l'uomo possa fare a se stesso''.»

Il maître si avvicinò al tavolo. Con molta educazione era rimasto in disparte finché il signor Westen non aveva terminato di parlare.

«Sì?» fece Alvin Westen vedendolo.

«Scusate il disturbo» disse il maître. «I signori desiderano qualcosa ancora?»

«Credo di potermi permettere un altro cognac» disse Westen.

«Anche per la signora?... Benissimo, signor ministro. Due

cognac e per il signore una minerale con ghiaccio e limone.» Il cameriere si allontanò.

«Nessuno ha un'idea... Dio mio!» esclamò Norma. «Che parole tremende!»

Westen posò una mano sulla sua.

Il maître tornò insieme a un cameriere. Quest'ultimo scaldò due grossi bicchieri da cognac sopra un fornellino e il maître versò il liquore.

«La sua marca preferita, signor ministro» disse il capo cameriere. «Martell extra. Etichetta d'argento.»

«C'è di meglio forse?»

«No, signor ministro.»

«Noi due ci troviamo sempre d'accordo» disse Westen. «Posso offrire qualcosa anche a lei e al ragazzo? Alla nostra salute!»

«Grazie, signor ministro! Alla sua salute e a quella dei suoi ospiti!»

Westen alzò il bicchiere. «Bene» disse. Anche Norma e Barski bevvero un sorso. Westen riprese a parlare. «Nessuno ha un'idea di cosa l'uomo possa fare a se stesso. Skinner ha ragione. Ma noi dobbiamo scoprirlo. Noi tre e Sondersen del commissariato di polizia. Credo che lui l'abbia capito da un pezzo. Molto prima di me. Ecco perché devo incontrare i miei conoscenti all'estero. Ti farò sapere dove vado. Ci sentiremo per telefono. E anch'io devo sapere dove sei tu. È giunto il momento di scoprire cosa sta succedendo veramente!»

27

Erano quasi le dieci quando Norma e Barski se ne andarono. Una Mercedes nera li seguiva a distanza. Barski la vide dallo specchietto retrovisore e la fece notare anche a Norma.

«Dovrebbe essere la sua scorta» disse.

C'era ancora molto traffico in città. Solo qualche tempo dopo Barski le rivolse di nuovo la parola. «Mi scusi, signora Desmond. Avrei un favore da chiederle. Ma vorrei che fosse sincera; se la cosa non le garba, mi risponda pure di no.»

«Di cosa si tratta?»

«Il nostro aereo parte domattina alle sette e mezza. Dovremo essere all'aeroporto con almeno tre quarti d'ora d'anticipo. Perciò domattina non potrò salutare la mia bambina. E vorrei tanto darle un bacio prima di partire. Le dispiacerebbe se passassimo subito da casa mia, prima di andare da lei? Altrimenti, quando tornerò a casa, Jeli sarà già addormentata.»

«Ma certo. Andiamoci subito. Aspetterò in automobile.»

Barski protestò. «Assolutamente no! Verrà con me! La prego... Ecco... ho parlato di lei a Jeli. E vorrebbe tanto conoscerla — ci terrebbe molto, davvero.»

No, si disse Norma. La cosa sta prendendo una piega sbagliata. Non posso. Non voglio. E non deve succedere. Disse: «Va bene. Verrò a dare la buonanotte a Jeli».

«Grazie» rispose Barski.

Quando giunsero davanti alla casa di Ulmenstrasse, una strada tranquilla e silenziosa nei dintorni del parco e molto vicina all'Istituto, Norma dovette sforzarsi di non pensare a suo figlio. La Mercedes si fermò a debita distanza.

L'appartamento di Barski era molto spazioso e arredato in stile moderno. Le pareti dello studio erano completamente tappezzate di libri. Solo al centro della parete prospiciente la scrivania c'era uno spazio libero, nel quale era appeso il ritratto a olio di una giovane donna. Aveva il viso sottile, la bocca grande, occhi scuri e capelli scuri cortissimi. Addosso aveva una camicetta color lilla aperta sul collo. Sullo sfondo si alzavano grandi casermoni grigi che andavano a sfiorare un pezzo di cielo pure grigio.

«È Bravka» disse Barski. «Il ritratto è stato eseguito da una pittrice nostra amica. Le case stanno a significare, per coloro che non la conoscevano, che Bravka era una donna metropolitana.»

«Sua moglie era molto bella» disse Norma.

«Sì. E i capelli... i capelli erano pressappoco come i suoi. Mi perdoni! Era già malata all'epoca in cui fu eseguito il ritratto. In un primo tempo la pittrice aveva dato alle labbra un'espressione molto severa. Che a Bravka non era piaciuta. Le disse: ''Voglio un aspetto sorridente. E felice. Pensaci tu!''. ''Posso solo cambiare leggermente l'espressione della bocca'' rispose l'amica. ''E allora fallo!'' disse Bravka. E così da allora Bravka ci guarda sorridendo dalla parete...» Barski fissava l'immagine di sua moglie.

Una signora sulla sessantina entrò nello studio. Era piccola e rotondetta, con i capelli grigi, aveva un viso molto aperto, un grosso naso e una smagliante dentiera che Norma non poté fare a meno di notare non appena la donna aprì bocca. Mila Krb, la governante di casa Barski, era una persona estremamente cordiale.

«Jeli è già a letto» annunciò con un forte accento slavo. «Ha fatto il bagno e si è coricata sperando che il signore arrivasse prima di addormentarsi.»

«Allora ce l'abbiamo fatta» disse Barski. «Può andare a dormire, Mila. Io devo uscire di nuovo...»

La lampada con il paralume di stoffa blu in camera di Jeli era ancora accesa.

«Jan!» esclamò emozionata la bambina vedendo entrare nella stanza Barski e Norma. Ridendo allungò le braccia sottili verso il padre, Barski la strinse forte con amore. Norma distolse lo sguardo. La camera era zeppa di giocattoli, animali di stoffa, qualche bambola, e le pareti erano tappezzate di disegni.

«Ti presento la signora Desmond, Jeli,» disse Barski «della quale ti ho tanto parlato.»

«La ringrazio di essere venuta» disse la bambina porgendole la mano.

«Sono felice di conoscerti, Jeli» le rispose Norma. Si domandò se sarebbe stata capace di resistere.

«Anch'io! Ah, Jan, oggi a scuola è stata una giornata emozionante. Andrò a Berlino. Pensa, l'unica della mia classe!»

«Davvero?» fece Barski. «Sono fiero di te! Del resto io stesso ti avevo detto che la tua lettera era bellissima!»

«Sì, ma chissà quanti altri bambini hanno scritto lettere altrettanto belle. Comunque... hanno scelto me.»

«Devo spiegare di che si tratta alla signora Desmond» disse Barski.

«Si sieda!» disse Jeli. «Qui, sul letto! Anche tu, Jan. Dall'altra parte.» I due adulti si sedettero. Jeli era raggiante. Aveva gli stessi occhi e gli stessi capelli scuri dei suoi genitori. Quando sorrideva rivelava una grossa finestrella nella fila superiore dei denti. «Spiegale tutto, Jan!»

«Dopo l'incontro al vertice tra Reagan e Gorbaciov 225.000 bambini di tutto il mondo hanno scritto loro delle lettere invitandoli a impegnarsi per il disarmo. Queste lettere saranno consegnate loro in occasione del prossimo summit. Una parte di esse è attualmente esposta presso la Chiesa del Ricordo a Berlino. E a Berlino sono stati invitati circa 150 bambini per discutere insieme ad alcune personalità del mondo politico sui pericoli di un conflitto atomico.»

«E io sono una di questi» disse Jeli molto seria. «Andrò a Berlino a discutere con le autorità politiche.»

«Quando?» chiese Norma.

«Di preciso non lo so, ma credo presto.»

«Sei già stata in quella chiesa?»

«No. E nemmeno a Berlino. Per questo sono così emozionata...»

«E ti si chiudono gli occhi» aggiunse Barski.

«Ho un sonno tremendo. Ma... Mila mi ha detto che domani partirai... Ti prego, *Il gigante egoista*!»

«È troppo tardi, amore mio. Devo andare.»

«Un pezzo soltanto! Ti prego! È là.»

Barski si rivolse a Norma. «A Jeli piacciono tanto le favole.»

«Sì, e spesso Jan me ne legge una prima di spegnere la luce. Conosce la storia del gigante egoista?»

«Credo di sì» rispose Norma.

«Piacciono anche a lei le favole?»

«Molto» disse Norma. A mio figlio piacevano tanto, pensò. La sua preferita era *Il principe ranocchio*. Quante volte la sera gli leggeva delle favole! E spesso Pierre si addormentava ascoltandole. Non devi pensarci, si disse. Non devi.

«Ho molti libri di favole» disse la bambina. «Mi piacciono tutte. Quelle dei fratelli Grimm e quelle di Andersen, *La rosa più bella del mondo*... e poi tutte le favole di Korczak...» Era un medico polacco che dirigeva un orfanotrofio per ebrei e finì con tutti i suoi bambini nelle camere a gas, rammentò Norma. «... Ci sono bellissime favole nella letteratura polacca, russa e cecoslovacca. Ma le mie favole preferite sono tre scritte da Oscar Wilde...»

«Complimenti per il tuo inglese!»

«Mi ha insegnato Jan a pronunciare esattamente questo nome. Le tre che preferisco si intitolano: *Il gigante egoista*, *Il figlio delle stelle* e *Il principe felice*. Sono fantastiche. Per piacere, Jan!»

Barski aveva già preso un libro dallo scaffale. «Va bene» disse e con uno sguardo sconsolato chiese scusa a Norma.

Norma annuì sorridendo. Quel sorriso le costò un terribile sforzo.

«Il gigante egoista» iniziò Barski. «Ogni pomeriggio, tornando da scuola, i bambini si fermavano a giocare nel giardino del gigante. Era un giardino grande e grazioso, con un'erbetta verde morbida...»

La bambina guardava raggiante suo padre. E poi guardò anche Norma.

«... Sul prato qua e là spuntavano come stelle fiori bellissimi e c'erano anche dodici alberi di pesco che in primavera si coprivano di fiori rosa e bianchi e in autunno regalavano frutti profumati. Gli uccelli cantavano dai rami degli alberi e le loro melodie erano così dolci che i bambini interrompevano i loro giochi per starli ad ascoltare. ''Come siamo felici'' esclamavano uno con l'altro...»

Beirut.

Hotel Commodore.

Hotel Alexandre.

Il caldo insopportabile. I caccia da combattimento. I missili. Le macerie. I morti.

Com'eravamo felici.

Libro Secondo

1

Una bellissima rossa. Una splendida mora. Un ragazzo dalla pelle bianca. Un negro dal fisico atletico. Un letto enorme. I quattro fanno di tutto, mettendo in pratica i sogni erotici più azzardati e le fantasie più inimmaginabili. Le immagini sono accompagnate da una musica vibrante. E poi grida, gemiti, sospiri. Le rare parole pronunciate dagli attori non hanno bisogno di traduzione.

La pellicola pornografica scorre su un grande schermo bianco. In ciascuno dei camerini tappezzati di velluto rosso — circa una dozzina — è seduto un uomo di giovane età. Ognuno di essi ha a disposizione un asciugamano e un bicchiere.

«È il nostro eiaculatorio» spiegava il dottor Kiyoshi Sasaki, fratello di quel Takahito Sasaki che nel laboratorio della clinica Virchow di Amburgo studiava, per mezzo della manipolazione della catena del DNA, la creazione di un virus capace di neutralizzare le cellule cancerogene responsabili dei tumori alla mammella. Il dottor Kiyoshi Sasaki era piccolo e minuto come suo fratello e più giovane di lui di due anni. Portava un paio di occhiali troppo grandi per il suo viso sottile, dalla montatura scura di linea modernissima: lenti quadrate e bacchette sottilissime appena arcuate. Il dottor Kiyoshi Sasaki, un bell'uomo nonostante la bassa statura, badava molto alla sua immagine. Indossava un elegantissmo abito color kaki con un fazzoletto marrone nel taschino, una camicia giallo paglierino e una cravatta marrone a righe. Le calze erano marrone chiaro e le scarpe di pelle morbidissima a intarsi bianchi e color cuoio. Il dottor Kiyoshi Sasaki aveva condotto Norma e Barski davanti al grande specchio attraverso il quale si vedeva l'eiaculatorio. Gli altoparlanti diffondevano i suoni, i gridolini, il dialogo succinto e la musica di stampo wagneriano. Norma aveva acceso il registratore. «Può registrare tutto» le aveva raccomandato Sasaki «ma non fotografare.»

I quattro attori si dimenavano sul letto. Anche la musica cresceva di intensità. Non era un filmetto da poco prezzo come quelli che proiettano i cinematografi di periferia o i negozi di articoli erotici. Era un prodotto di qualità, di fattura accurata e di grande valore estetico, accompagnato da una notevole dose di perversione e volgarità.

«La chiamiamo anche la stanza dei giochi» disse il dottor Sasaki sistemandosi gli occhiali. Sorrise del gioco di parole. «Alcuni donatori si sentono inibiti e preferiscono portare da casa il materiale. E pensare che l'ambiente che mettiamo loro a disposizione» aggiunse con un tono di rimprovero «è estremamente confortevole, riservato e discreto. Discreto, cioè sobrio, non importuno, non esagerato, moderato e così via. Hm! Ogni camerino dispone di un piccolo bagno. Il donatore si può lavare e lasciare sul lavandino il bicchiere con il materiale. Non vediamo di buon occhio i donatori che portano il materiale da casa. Credo che in futuro non li accetteremo più. Qui si lavora molto meglio.»

A giudicare dalla progressione dei movimenti e dall'intensità dei suoni sullo schermo stava per prodursi un grandioso orgasmo collettivo. Un giovane uscì dal camerino dopo aver lasciato nel bagno il bicchiere con lo sperma. Un altro si stava accingendo a riempirlo.

«Solo così» spiegava il dottor Sasaki «siamo sicuri che il materiale è veramente fresco.» Diede un colpo di tosse. «Dovete sapere che in un millilitro di liquido seminale di un uomo in giovane età — molti dei nostri collaboratori sono studenti — sono contenuti alcuni milioni di spermatozoi. La nostra clinica — una struttura di prima classe — si attiene ad alcune disposizioni ben precise, che fissano a tre milioni il limite minimo di spermatozoi. Limite — cioè barriera, confine, margine, termine di una cosa verso l'alto e verso il basso. Ho notato il suo stupore, signora. Deve sapere che io tengo costantemente in esercizio il mio linguaggio. Spesso per ogni parola che apprendo memorizzo i suoi sinonimi e li ripeto ogni volta che se ne presenta l'occasione. Se volete seguirmi, vi illustrerò le altre fasi del lavoro.» Sasaki uscì per primo dalla piccola stanza di osservazione.

«Ah! gemette in quel momento la rossa sullo schermo. «Sto morendo!»

«Morire o mancare» disse l'elegante direttore della clinica avviandosi lungo il corridoio dal pavimento di marmo. «O ancora dipartirsi, perire, soccombere, addormentarsi, spirare, trapassare, passare a miglior vita o nel mondo dei più...»

Aprì la porta di un'altra stanza e fece accomodare i suoi ospiti. Fuori il sole scottava, ma all'interno della clinica la temperatura era piacevole, grazie all'efficientissimo impianto di condizionamento. Diversi uomini e donne in camice bianco armeggiavano davanti a microscopi, refrigeratori e altre apparecchiature chimiche. Alcune immagini scorrevano su tre grandi schermi. Sasaki si fermò davanti a uno di essi.

«Quella che vedete è una goccia di liquido seminale ingrandita quattrocento volte. Il liquido è stato prodotto tre quarti d'ora fa — prodotto, cioè generato, fabbricato, creato. Con questo esercizio di memorizzazione ho perfezionato la mia conoscenza del tedesco, dell'italiano, del francese, dell'inglese e dello spagnolo.» Con gli occhi fissi sullo schermo il giapponese si sistemò gli occhiali. «Però! Siamo davanti a un prodotto molto fertile, concentrato e più che mai vitale!»

Gli spermatozoi che Norma e Barski vedevano ingigantiti sullo schermo sembravano, con le loro codine dalla forma sinuosa, tanti minuscoli girini. Alcuni si muovevano appena o si lasciavano trasportare dal flusso del liquido. La maggior parte però sfrecciavano velocissimi in tutte le direzioni.

«Un buon 65 per cento manifesta una motilità notevole» disse Sasaki dopo aver osservato lo schermo. «Apprezziamo molto questo tipo di prodotto — apprezziamo, cioè stimiamo, valutiamo, ne riconosciamo il pregio e il valore, pregiamo e reputiamo. Accomodatevi!» Sasaki indicò tre alti sgabelli. Norma e Barski si sedettero.

Davanti alla finestra si stendeva un bellissimo prato rasato sul quale si alzavano grandi palme secolari. Sui loro fusti si attorcigliavano i rami di edere e gelsomini dai fiori bianchi e bougainvillee con le lucide foglie ovali e i fiori dalle mille sfumture viola, rosse e arancioni. C'erano aiuole di petunie e di gerani dai fiori bianchi, rossi e quasi blu. E grossi vasi panciuti dai quali spuntavano esili piante di rose di diverse tonalità e gladioli rossi, bianchi e arancio. Fra un vaso e l'altro crescevano grossi cespugli di margherite. Il cielo era sereno e limpido, di un azzurro intenso. Ma la luce del sole non era accecante o pungente.

«Naturalmente» proseguì il giapponese dall'insolita passione per i sinonimi «il materiale deve superare il limite inferiore di tre milioni di spermatozoi. Quell'apparecchio stabilisce il numero di spermatozoi contenuti in una goccia di liquido seminale. Quando un donatore» e così dicendo Sasaki si sistemò il polsino della camicia chiuso da una coppia di preziosi gemelli d'oro «supera questo primo esame, si procede a un esame approfondito del suo stato di salute e della sua storia genetica, risalendo se possibile fino alla quarta generazione. Sappiate che tutti i nostri collaboratori vengono ampiamente ricompensati, tanto che alcuni di essi si finanziano gli studi universitari con questa ''attività''. Prendiamo nota, dicevo, di tutti i dati anatomici, quali altezza, peso, colore dei capelli, colore degli occhi, colorito cutaneo, corporatura e gruppo sanguigno, e delle caratteristiche etniche della persona in questione, provenienza, religione, istruzione, professione, doti particolari. Si prende in considerazione anche l'eventuale consumo di droghe o l'esistenza di sintomi di nevrosi, per esempio di tic nervosi o comportamenti stereotipati.»

Lo stesso Sasaki pareva vittima di un tic nervoso. Mentre parlava della sua attività umanitaria, che considerava alla stregua di una battaglia per la conquista di una vita migliore, non poteva fare a meno di trastullarsi con il polsino della camicia.

«Se il donatore supera anche questo esame approfondito, riceve dalla clinica un numero. Nome e numero del donatore vengono archiviati in codice. Infine il prodotto viene testato per quanto concerne la sua resistenza al freddo. Ancora non abbiamo scoperto il perché, ma un campione su quattro non resiste al congelamento.»

Sasaki scese dallo sgabello e attraversò il laboratorio per documentare con le immagini la sua spiegazione. Barski e Norma lo seguirono. «Perciò sottoponiamo a un controllo un campione di ogni donazione. Prego, guardate qua! Per stabilire come si comporta il liquido seminale sottoposto a congelamento.» Sasaki andò oltre. «I prodotti seminali che superano tutti i controlli vengono introdotti in queste speciali provette — ecco qua — per essere utilizzati all'atto dell'inseminazione. Le provette vengono inserite in queste custodie — prego! — simili a quelle in cui sono riposti i sigari di migliore qualità. Lo sperma viene portato gradatamente alla temperatura di 35° sotto zero, per evitare uno shock termico... Quindi — provate a immaginare! — vengono immesse in casse di refrigerazione ad azoto liquido alla temperatura vicina allo zero assoluto, tale da bloccare qualsiasi scambio intercellulare e da inibire il consumo di ossigeno. Quando riceviamo un'ordinazione — e ne riceviamo fin troppe, a dire il vero — non facciamo che inoltrare la provetta contenente il liquido seminale al paese che l'ha richiesta — in Europa, ma anche in America, in Brasile, nel Messico.»

«Per quanto tempo si conserva lo sperma congelato?» domandò Norma.

«Ecco,» fece il più giovane dei due fratelli Sasaki «abbiamo avuto delle nascite di bambini concepiti con liquido seminale congelato da tredici anni. Non si è ancora stabilito con certezza quale sia il periodo ottimale di conservazione. Attualmente tendiamo a conservare le provette per un arco di tre anni. Conservare — custodire, salvare, mantenere, tenere...»

2

Aranci. Limoni. Agavi. Platani. Pini marittimi. Eucalipti. Pareti rivestite da tralci di bougainvillee in fiore. Ginestre. Verbascum. Garofani. Mimose. Violacciocche. Una luce incantevole. E in fondo, lontano, il mare. Infinite vele bianche disseminate sulla sua superficie come miriadi di farfalle. Una regata. Sono già stata in questo posto, pensava Norma attraversando insieme a Barski e al dottor Sasaki il parco della clinica, un grosso complesso costituito da un corpo principale e quattro edifici più piccoli. In Avenue Bellanda. In un primo momento il nome della strada non mi aveva detto niente. Poi però, quando con il taxi ci eravamo recati dal nostro albergo, lo Hyatt Regency sulla Promenade des Anglais, nel quartiere di Cimiez, avevo avvertito sempre più forte e consistente questa sensazione di déjà-vu. Sono stata qui insieme a Pierre. Ci capitava spesso di venire a Nizza. Eravamo sempre di fretta. Tranne una volta. Ci concedemmo una lunga, fantastica giornata di tranquillità. Venimmo proprio qui, nei dintorni della clinica. Era fine estate. Tutti i fiori, gli alberi, i giardini erano fioriti e profumati. Ci fermammo proprio laggiù, nella Arènes de Cimiez, ciò che resta dell'antico anfiteatro romano, sotto gli alberi di olivo. Ci sedemmo sui ruderi a osservare le montagne, il giardino delle villa Garin e più in là le grandiose rovine delle terme romane. Anche l'anfiteatro doveva essere stato maestoso e imponente. Era stato costruito per accogliere diverse migliaia di persone. Quel giorno non c'era nessuno oltre a noi. Facemmo l'amore sulle pietre assolate. Eravamo felici. Felici come a Beirut. Come in qualsiasi altro luogo. Eravamo insieme. Insieme. Visitammo anche la Villa des Arènes. Si trova in quella direzione, ma non riesco a vederla da qui. Però la ricordo perfettamente. Ospita una ricca collezione di opere d'arte. Al primo piano si trova il museo dedicato a Henri Matisse. Il pittore ha trascorso qui a Cimiez gli ultimi anni della sua vita. Quanti quadri meravigliosi! Quel nudo di ragazza così ricco di colore. E quell'anziana signora seduta davanti alla tela, che la fissava immobile. Il suo volto pareva un teschio rivestito di pergamena. Era molto anziana e passava le sue ore guardando quel quadro, guardando la ragazza simbolo di gioventù e di bellezza. «Vengo qui tutti i giorni a guardarmi. Quella sono io, signori.» Non era una vecchia pazza. Era stata a suo tempo una modella del grande pittore e aveva posato per quel bellissimo nudo. Sarebbe rimasta per sempre una ragazza giovane, bella, in fiore anche quando il suo corpo fosse avvizzito. Parlammo a lungo con quella vecchia signora. Sì, sono già stata in questo posto.

«Sediamoci sul bordo della piscina!» propose l'elegante medico giapponese. «Devo raccontarvi delle nostre fecondazioni in vitro. I laboratori si trovano laggiù.»

Con un gesto della mano indicò un edificio a due piani nascosto dalle fronde di platani secolari. In quel luogo tutto era costruito all'insegna del lusso, del buon gusto e soprattutto del denaro. I vialetti che collegavano i diversi padiglioni della clinica erano pavimentati a mosaico. Sul parterre bianco davanti al corpo principale del complesso erano parcheggiate grosse berline delle marche più costose.

«Purtroppo non posso farvi visitare il laboratorio perché le ricerche che svolgiamo sono coperte dal segreto assoluto. Del resto è proprio lì che si è verificato il furto.» Giunsero alla piscina. Le pareti erano rivestite di marmo. Il fondo blu si rifletteva nell'acqua trasparente. Intorno si stendeva un mare di fiori. E un po' più distante Norma scorse un giardino giapponese con tanto di sorgente zampillante, ponticelli e pietre rivestite di vegetazione.

Sasaki colse la direzione del suo sguardo. «È il mio hobby» spiegò. «L'ho progettato io. E in parte l'ho realizzato con le mie mani. Vede quel pappagallo sulla grossa palma? È qui da tredici anni. Verso sera fischietta le canzoni di Frank Sinatra. Mi piace molto Sinatra. Ho una collezione di vecchi dischi. Origene li sente sempre insieme a me. E ha imparato le melodie.»

«Il pappagallo Origene» ripeté Norma. Aveva il registratore acceso.

«Proprio così. Le ricordo, signora, che nemmeno qui in giardino è consentito fotografare.»

Intorno alla piscina, sotto gli ombrelloni di rafia colorata, erano disposti tavoli, sedie a sdraio e poltroncine bianche. «Accomodatevi!» disse Sasaki. «L'acqua che zampilla nel ruscello del mio giardino — devo ammettere di avere nostalgia del mio paese — scorre in un circuito chiuso, una pompa la rimanda su e poi scende di nuovo. Già.» Il giapponese si sistemò il polsino chiuso dal prezioso gioiello. «È qui che ricevo per un brindisi di commiato le signore che grazie a me hanno trovato la felicità — con la raccomandazione di non eccedere con lo champagne nei successivi nove mesi! Credo che una coppa a noi non guasterebbe. Cosa ne dite di un Comte de Champagne?»

«Io sono astemio» rispose Barski. «Per me dell'acqua minerale con una fettina di limone.»

«Benissimo.» Sasaki prese dal tavolo un telefono senza fili, compose il numero di un interno e disse:

«Raymond? Dello champagne, con due bicchieri. E una minerale con ghiaccio e limone. In piscina. Grazie». Sasaki riappese. Barski, che indossava un paio di pantaloni di lino bianco con una camiciola blu e dei mocassini di pelle bianca, prese dal portafoglio una fotografia e la mostrò al giapponese. «È Antonio Cavaletti, l'uomo della GENESIS TWO ucciso ad Amburgo. Gliene ho parlato per telefono. L'ha mai visto?»

Sasaki osservò la fotografia. Senza esitare rispose: «No, mai».

«Ne è sicuro?»

«Sicurissimo.»

«Come si chiama l'uomo che ha commesso il furto qui alla clinica?» domandò Norma.

«Pico Garibaldi. Ci era stato raccomandato dalla GENESIS TWO.» Il piccoletto fece un balzo sulla sedia. «Incredibile! Sia l'uno sia l'altro hanno lavorato per la GENESIS TWO! A quanto pare c'è sotto qualcosa.»

«Trova anche lei, vero?» Norma nicchiò. «Questo Garibaldi ha portato via tutto quello che c'era in cassaforte?»

«Non tutto. Ha preso i dischetti sui quali registriamo per mezzo di computer i risultati delle ricerche. Niente male, no? Dal giorno del furto l'intero complesso e tutti noi che ci lavoriamo siamo sorvegliati dalla polizia.»

«Da noi è pressappoco lo stesso» disse Barski. Guardò Norma. Lei annuì. Aveva già notato da tempo la Citroën blu parcheggiata davanti al complesso centrale e i due uomini che stavano appoggiati con aria indifferente alle portiere. Uno leggeva un giornale, l'altro fumava.

«Per questo siamo venuti qui, signor Sasaki continuò Barski. «Stiamo cercando dei moventi e dei collegamenti. Per questa ragione ci interessa sapere che tipo di esperimenti svolgete nella clinica. Suo fratello le avrà spiegato di cosa ci occupiamo ad Amburgo. Anche voi intervenite sulla struttura del DNA?»

«No. Cioè... nell'ambito della ricerca sì, sicuramente — ovvero senza dubbio, certamente, assolutamente, per forza.»

«E perché?» chiese Norma.

«Ecco... Per spiegarvi a che proposito interveniamo sul DNA devo prima illustrarvi altre cose.»

Un ragazzo vestito di bianco, con la giacca inamidata chiusa fino al collo, arrivò spingendo un carrello. La bottiglia di champagne era al fresco in un secchiello pieno di ghiaccio. Raymond — così Sasaki aveva chiamato il cameriere per telefono — aprì con attenzione la bottiglia e versò a Sasaki un goccio d'assaggio. Il giapponese annuì. Raymond riempì i bicchieri per metà. Servì anche l'acqua minerale. E mise sul tavolo alcune ciotoline di mandorle salate e olive.

«*Merci, Raymond.*»

«*A votre service, Monsieur le directeur.*» Il ragazzo si allontanò. Sasaki alzò il bicchiere. «Alla bellezza della signora!» esclamò.

«Molto gentile, dottore» lo ringraziò Norma. No, pensava dentro di sé. Cosa mi sta succedendo? Quel giorno, quel giorno indimenticabile che venni qui insieme a Pierre, bevemmo champagne in un ristorante circondato da palme. Fa male ricordare. Un male dolce. Bevemmo champagne insieme. Io e

Pierre. Eravamo vestiti come siamo vestiti oggi io e Barski. Pantaloni bianchi, scarpe bianche. Una camiciola leggera. E Pierre aveva un borsello come quello di Barski. L'anno dopo è morto. E io sono tornata in questo posto. Ma perché? Perché è successo?

Norma alzò lo sguardo oltre la piscina, il giardino, il posteggio e le case di Nizza, e guardò il mare, infinito e rilucente. Lo sciame di vele bianche si era avvicinato alla costa. Il riflesso del sole sulla stoffa candida era accecante. Norma si voltò di scatto e posò gli occhi sul registratore. Il nastro era quasi terminato. Con rapidità Norma lo sostituì e rimise in funzione l'apparecchio. Allora il mare era splendido e infinito come oggi. Allora... No, si disse. Adesso basta! Basta con i ricordi! Stiamo a sentire cosa dice il giapponese.

«La prima cosa di cui abbiamo bisogno» prese a dire il piccolo orientale «è l'ovulo femminile. Per i nostri esperimenti abbiamo bisogno di moltissimi ovuli.»

Norma si protese in avanti. Devo concentrarmi, si disse. «Ho letto alcuni articoli nei quali si parla di sterilizzazioni a tappeto, nel corso delle quali i medici rimuovono dal ventre delle donne ovaie assolutamente sane.»

«Signora, non capisco proprio cosa vuole insinuare con questa affermazione.»

«Lei lo sa benissimo. Io stessa ho svolto alcune ricerche su questo argomento. Spesso prima di una serie di interventi all'utero si presentano all'équipe medica degli specialisti che propongono al ginecologo responsabile di asportare insieme all'utero anche le ovaie. Direi che ultimamente si è avviato un vero e proprio commercio. Tanto che questi specialisti dell'apparato riproduttivo femminile si sono meritati una pessima nomea. Lei sa bene quale.»

«Non ne ho idea.»

«Li chiamano ladri di ovuli.»

«Lei si rivolge alla persona sbagliata, signora» ribatté Sasaki sorridendo. «Ladri di ovuli! Ho sempre rifiutato questo appellativo!»

«E come si procura il materiale per i suoi esperimenti?»

Sasaki si illuminò in volto. «Ho sempre agito in conformità alla morale. E ho sviluppato un metodo eccezionale. Alla donna vengono somministrate sostanze ormonali che stimolano la produzione e la maturazione di diversi ovuli.»

«Una specie di pillola anticoncezionale.»
«Esattamente.»
«E successivamente gli ovuli vengono asportati.»
«Asportati! Signora, i vocaboli che lei sceglie sono un tantino esagerati! Deve sapere che ogni donna viene alla luce con circa 400.000 cellule ovariche. Nel corso della sua vita solo 380 di queste cellule arrivano alla maturazione e vengono espulse nell'utero. E allora io mi domando cosa ci stanno a fare le altre 399.620? Forse» e così dicendo Sasaki sorrise confidenzialmente «madre natura ci ha voluto rifornire di materiale ovarico in abbondanza obbedendo ai princìpi della morale. Grazie al metodo ormonale riesco a portare a maturazione nelle ovaie delle mie pazienti una dozzina circa di ovuli. Per rimuoverli è sufficiente una piccola operazione. Che viene effettuata laggiù.» Sasaki indicò il corpo principale della clinica. «Ma potrebbe avvenire presso qualsiasi ente ospedaliero. Gli ovuli vengono aspirati...»

Norma ascoltava attentamente. Ma i suoi pensieri vagavano altrove. Anche se non voleva. E pensava a quel giorno. Com'era stato bello. Amavo Pierre, lo amavo tanto...

«... e introdotti in minuscole provette da laboratorio. A prescindere dal numero di spermatozoi che entrano in contatto con l'ovulo femminile, la fecondazione può avvenire soltanto in presenza di una determinata sostanza chimica che si trova nelle tube. Una volta avvenuta la fecondazione in vitro, le cellule iniziano a dividersi e a moltiplicarsi. L'ambiente di coltura deve corrispondere in maniera precisa a quello naturale, rispettando l'equilibrio biochimico che regola la crescita nell'embrione...»

E Pierre mi ha detto: «Quando non dovremo più lavorare, amore mio, verremo a stare qui. In questo posto fantastico. Qui sulla Costa Azzurra. E saremo tanto felici. Ci compreremo una casa. Non sulla costa, che è piena zeppa di turisti. Magari a Saint-Paul-de-Vence. Dove abitano Curd Jürgens e Marc Chagall. E quando morirò sarò sepolto qui». Curd Jürgens è morto, il meraviglioso Chagall è morto, e anche Pierre è morto. È successo tutto così in fretta. Cosa diceva sempre la moglie di Barski? Abbiamo così poco tempo. Così poco tempo.

«... Naturalmente effettuiamo ogni genere di controlli sull'embrione in provetta per verificare la normalità cromosomica. L'impianto nell'utero deve avvenire nel preciso momento in cui avverrebbe naturalmente se la fecondazione avesse avuto luogo spontaneamente. Normalmente l'ovulo impiega cinque giorni per compiere il tragitto — il viaggio, la gita, l'escursione, il giretto...»

Sasaki si toccò di nuovo il polsino. «*Santé, chère Madame, santé, Monsieur le docteur!*» Alzò il bicchiere. I suoi ospiti lo imitarono. Era un tipo davvero cordiale quel giapponese.

Il pappagallo iniziò a fischiettare.

Sasaki non credeva alle sue orecchie. «Origene non l'aveva mai fatto prima d'ora... Non aveva mai cantato *Strangers in the night*!»

Roba da matti, si disse Norma. Roba da matti. Non devo più bere, pensò stringendosi in grembo la borsa con il materiale fotografico e i nastri. Quanto avevamo bevuto quel giorno. Quando tornammo in albergo ci reggevamo appena in piedi. Stavamo al Negresco, non allo Hyatt Regency. E mentre ci amavamo i nostri corpi ardevano inebriati.

Il pappagallo fischiava e Sasaki lo accompagnava. «... *and ever since that night we've been together, lovers at first sight...*»

3

La spia rossa del registratore era accesa.

Norma domandò: «Ma chi sono i suoi clienti?».

«Sapesse quanti! Quanti!» Sasaki si sporse in avanti. «Prendiamo ad esempio il suo paese, la Repubblica Federale Tedesca. Dal dieci al quindici per cento delle coppie non riescono ad avere figli. A causa della sterilità di uno dei partner. Il trenta per cento delle donne sterili ha problemi alle tube ovariche. Mi creda sono delle terribili tragedie! O le lesbiche, per esempio. Le donne menomate fisicamente. Le vedove. Da un punto di vista genetico anche i morti possono ancora procreare. Ricordo ancora» — un sorriso illuminò il volto del giapponese — «il caso di una donna che riuscimmo a fecondare con lo sperma del marito dopo la morte di quest'ultimo. Poco fa le ho spiegato la tecnica di congelamento dello sperma. Ebbene, il marito di questa signora era un uomo terribilmente impegnato. Non aveva tempo per avere un figlio. E aveva deciso di rimandare la questione. Ma nell'eventualità che potesse accadergli qualcosa aveva congelato il suo seme. Una saggia decisione! La vedova mi ha ringraziato in ginocchio! In ginocchio! Non ha dovuto ricorrere a uno sconosciuto. No, è stata fecondata con il seme del marito!» Questo aspetto misericordioso della sua professione sembrava commuovere Sasaki. Si riprese in fretta e, raggiante, continuò la spiegazione. «Ma quante donne non sono in condizioni, per mancanza di tempo o per altre ragioni, di portare a termine una gravidanza? Queste donne possono prendere a prestito una donna che porti nel suo grembo l'embrione concepito in vitro.» Sasaki rideva e il pappagallo fischiava. «In America si è già sviluppata una grossa industria. La questione è in mano ad avvocati che fungono da intermediari ed elaborano gli atti che regolano l'aspetto legale della faccenda. Un bambino nato da una fecondazione in vitro e partorito da una madre in prestito è sotto tutti gli aspetti un figlio legittimo.» Sasaki era così infervorato nel discorso che continuava a mettersi e togliersi gli occhiali. «Come vi ho detto poco fa, negli Stati Uniti è diventata un'industria con un giro d'affari di parecchi miliardi. Ma soprattutto si tratta di una conquista dell'umanità.»

Norma guardò Barski. Il polacco resse il suo sguardo. Le parole e l'entusiasmo di Sasaki confermavano le avveniristiche previsioni formulate solo trent'anni prima dallo scrittore inglese Aldous Huxley.

Il giapponese continuò il suo accalorato discorso. «Pensi alle donne che hanno subìto una menomazione fisica e non sono in grado di concepire un figlio né di portare avanti una gravidanza! Queste donne forse non hanno diritto a diventare madri? Oppure a una donna in carriera! Oberata a tal punto dal lavoro da non avere tempo per un figlio. A una grande attrice cinematografica!» Sasaki raddrizzò il polsino della camicia. «Si tratta di una possibilità fantastica per una donna! L'attrice impegnata in una grossa produzione fa impiantare l'embrione concepito con il suo ovulo nel ventre di un'altra donna che partorisce un figlio per suo conto. Della questione si è occupato persino l'organo ufficiale del partito comunista cinese. Vi cito le testuali parole pubblicate sul giornale: ''Una buona notizia per le donne! Ora si possono avere bambini senza portarli in grembo, perciò la donna attiva sul fronte del lavoro non è più costretta a interrompere la sua attività''. È così che la pensano molti governi. E si tratta davvero di una bella notizia. Non solo per le grandi attrici e le capitane d'industria. Anche per le donne che lavorano nelle grandi industrie e svolgono mansioni equiparate a quelle dell'uomo. I russi hanno accolto con entusiasmo questa innovazione. In Unione Sovietica l'80 per cento delle donne abili al lavoro sono effettivamente impiegate. Si rende conto di quanto sia importante ciò che siamo riusciti a realizzare? Realizzare — raggiungere, ottenere, tradurre in pratica, arrangiare, creare, attuare, mettere in opera, effettuare... ce ne sono a dozzine di sinonimi.»

«È davvero straordinario» commentò Norma.

«Grazie.» Sasaki si inchinò, convinto che si trattasse di un complimento. «Beviamo un goccio? *Santé!* E ora torniamo alle madri in prestito e all'America! Il microbiologo James Watson, premio Nobel per la chimica — forse sa di chi si tratta, è colui che ha scoperto la doppia elica del DNA — ha affermato che per trovare una madre a prestito non è necessario ricorrere ai mezzi coercitivi dei regimi totalitari. I pareri sulla sacralità della procreazione sono assai discordi e molte donne si presterebbero ad accogliere un figlio nel loro grembo per conto di terzi soltanto per spezzare la monotonia e l'insensatezza della loro vita. Già nel febbraio del 1977 — del 1977 — apparvero le prime inserzioni nelle quali si cercavano madri in affitto. Ho sentito dire che a Los Angeles la prestazione è attualmente valutata fino a 50.000 dollari! E 50.000 dollari hanno pagato due coniugi di Los Angeles senza figli che hanno scelto sul portfolio fotografico di un avvocato sia il donatore di seme sia la madre in prestito. In California l'affare ha raggiunto dimensioni tali che le autorità temono l'intervento della mafia — sempre che non abbia già messo le mani su un servizio così lucrativo. Mettere le mani su una cosa... impossessarsene, possederla, controllarla, organizzarla. Hm!»

Sasaki si tolse gli occhiali, li inforcò di nuovo e poi li tolse un'altra volta. «Noi congeliamo le donazioni di sperma. La medicina veterinaria ha raggiunto risultati ancora più avanzati, sviluppando una tecnica di congelamento degli embrioni. Il primo vitello nato con questo procedimento è stato chiamato Frosty. Il celebre biologo animale Hafek, una mente innovativa e creativa, ha profetizzato che in un futuro non troppo lontano ogni donna potrà acquistare — magari al supermercato, ah! ha! — un embrione congelato, se lo farà impiantare nell'utero dal medico e dopo nove mesi di gravidanza partorirà un figlio che dal punto di vista genetico non ha niente a che fare con lei. Naturalmente all'atto dell'acquisto la donna riceverà un documento di garanzia nel quale si attesta che l'embrione non ha difetti genetici. E precise informazioni circa il colore di occhi e di capelli, il sesso, l'altezza e il quoziente d'intelligenza del nascituro.»

«Questa è fantascienza» disse Norma.

«Sì? Dice sul serio?» Sasaki sorrise. «Anche per quanto concerne il sesso del feto?»

«So solo che in India un numero crescente di donne gravide si rivolge al medico per sapere, per mezzo di un esame ecografico, di che sesso è il bambino che porta in grembo» ribatté Norma. «Se il feto è di sesso femminile, le donne abortiscono. L'India è un paese molto povero. Per molte donne una figlia femmina è soltanto un peso. Un peso che non possono permettersi. I figli maschi invece possono lavorare e produrre e un giorno — le donne indiane lo sperano — badare a loro. Se tutte le donne indiane la pensassero in questo modo, il paese presto si spopolerebbe.»

Sasaki sorrise. «Conoscere il sesso del nascituro per queste donne è un aiuto.»

«Non direi» replicò Norma.

«E perché?»

«Sono ben altri i problemi che le affliggono. La fame. La siccità...»

«Stiamo parlando di due cose ben diverse, signora. Questi problemi esulano dalle mie responsabilità. Mentre mi assumo ogni responsabilità quando affermo che attualmente sono in grado di fornire un embrione del sesso desiderato con il 90 per cento di sicurezza.» Ancora una volta il giapponese si sistemò i gemelli d'oro. «Ma non mi fermo qui. C'è chi non ha interesse a stabilire soltanto il sesso del nascituro, ma vorrebbe generare esseri umani dotati di particolari qualità e particolari atteggiamenti. Generare cioè produrre, creare, fabbricare, allevare, costruire. E a questo punto ci spostiamo in un campo che la riguarda più da vicino, caro collega. A questo proposito abbiamo a che fare con la manipolazione del DNA.»

«E siamo sempre più vicini alla fantascienza» disse Norma.

Sasaki sorrise di nuovo. «Da parecchio tempo in quell'edificio nascosto dagli alberi, dove purtroppo non posso condurvi, si svolgono degli esperimenti... esperimenti... Proprio lì è avvenuto il furto. L'uomo della GENESIS TWO, un certo Pico Garibaldi, ha rubato i documenti più importanti relativi a questi esperimenti. Per conto di chi? Per conto di chi, mi domando? Secondo me ha agito proprio per conto di coloro che avrebbero un notevole interesse a produrre determinati tipi di uomini. Sono loro i mandanti di Garibaldi. Ne sono fermamente convinto. Fantascienza? Lo crede davvero? E se sì — per quanto tempo ancora? Per quanto tempo?» Sasaki si era accalorato nel discorso. Cercò di controllarsi.

Sorrise. E poi si alzò. «Venite! A proposito di maschi e femmine, ho qualcosa di strepitoso da mostrarvi! Non crederà ai suoi occhi, Madame. Prego, caro collega!»

4

Gli occhi di Sasaki brillavano. Il volto aveva un'espressione estasiata e la voce vibrava: «Vi mostrerò il mio circuito».

Si era infilato un camice bianco. Il suo laboratorio, corredato dalle più moderne e sofisticate apparecchiature tecnologiche, splendeva di vetro e di acciaio.

Mentre il medico giapponese armeggiava con i suoi strumenti, Norma, che teneva in mano il registratore acceso, si rivolse a bassa voce a Barski. «Per caso non le sovviene la famosa affermazione di Chargaff?»

«E come;» rispose Barski nello stesso tono sommesso «ma c'è un'altra espressione di questo impareggiabile critico della natura che lei deve conoscere, una espressione che egli mutuò da una celebre frase di Sir Arthur Helps, segretario e confidente della regina Vittoria. Sir Helps inventò il verbo ''disinventare'' — in inglese *to disinvent* — e scrisse che avrebbe volentieri disinventato la telegrafia. Chargaff fece suo questo nuovo termine e affermò: ''Se fossi più giovane fonderei la società dei disinventori''. Ecco... io sono affascinato dal modo di pensare di quest'uomo. Me ne convinco sempre più e non solo nei riguardi del mio lavoro, ma nell'ambito di tutte le scienze naturali.»

Nel frattempo Sasaki aveva acceso un becco Bunsen. In una mano reggeva una sottilissima cannula di vetro lunga una ventina di centimetri.

«In un primo tempo» disse il giapponese «non eravamo in grado di distinguere gli spermatozoi responsabili di una prole di sesso maschile da quelli recanti il patrimonio genetico femminile, nemmeno operando con un microscopio potente. Questo microscopio a contrasto di fasi mi permette di osservare oggetti che non assorbono la luce. Con questo strumento è possibile notare che gli spermatozoi responsabili del sesso maschile sono più piccoli degli altri. I primi hanno forma allungata e una testa tondeggiante rispetto a quella ovale dei secondi.»

Sasaki posò la cannula sulla fiamma del becco Bunsen e la lasciò scaldare fino a quando nella porzione centrale il vetro iniziò a fondere. Allora, con un movimento plastico degno di un von Karajan, la allontanò dal fuoco e la plasmò con maestria trasformandola in un filo sottilissimo e cavo al centro. La cannula si era assottigliata tanto che un filo metallico l'avrebbe attraversata a malapena.

«Voilà! Ecco il mio circuito!» esclamò Sasaki raggiante. Servendosi di un imbuto introdusse nella cannula alcune gocce di diverse sostanze liquide. «Vedete» disse. «Ho introdotto gli spermatozoi.» Si avvicinò al microscopio a contrasto di fasi. «Prego, signora. Guardi pure!» Norma si chinò sull'apparecchio e mise a fuoco l'immagine.

«Allora, come si comportano i nostri spermatozoi?»

«Ma... mi sembrano tante trote in un torrente» disse Norma.

«Eccezionale! Fantastico!» esclamò Sasaki, aggiustandosi il polsino. «E quali sono i più veloci?»

«Quelli con la codina lunga e la testa tonda mi sembrano più rapidi — sulla breve distanza. Direi che gli altri però sono più resistenti.»

«Complimenti!» fece Sasaki. «Con il suo intuito lei avrebbe potuto diventare una grande scienziata. Gli spermatozoi che portano i caratteri femminili sono più resistenti alla distanza e più forti.» Norma e Barski guardarono lo scienziato giapponese che li aveva scrutati attraverso il microscopio. E in un crescendo di entusiasmo Sasaki affermò: «Ebbene, sono io a decidere quali spermatozoi vinceranno la gara!».

«E come?» domandò Norma.

«Immetto nella cannula alcune gocce di secrezione vaginale, o di sostanze prelevate dall'utero o dal collo uterino. In questo modo gli spermatozoi si ritrovano in un ambiente ''familiare''. A volte aggiungo anche qualche goccia di aceto di vino, per rendere più acide le secrezioni; in questo caso l'ambiente è particolarmente gradito agli spermatozoi che recano i caratteri femminili. Oppure rendo la soluzione alcalina con un poco di lievito disciolto in acqua, favorendo l'attività degli spermatozoi con i caratteri maschili.»

«Attraverso questi esperimenti riesce a separare i due gruppi di spermatozoi?»

«In sostanza sì.» Sasaki sembrava Mosè davanti alla Terra Promessa. «E poco fa lei parlava di fantascienza, signora? Parlava — citava, diceva, affermava, sosteneva, spiegava, denominava, etichettava... Credo di avere raggiunto una perfetta padronanza della lingua. La mia clinica fornisce prodotti di prima qualità: maschi o femmine a piacere.» Si strofinò amorevolmente il gemello del polsino. «E dal momento che la cosa può interessare chiunque e lei sicuramente ne scriverà, per quanto riguarda l'atto procreativo tradizionale io consiglio...»

«Conosco questo genere di raccomandazioni» lo interruppe Norma. «Ho già scritto diversi articoli sull'argomento.» Non ne poteva più di quel fanatico, ma fece di tutto per controllarsi. «Si tratta di consigli per le donne» continuò. «Primo: svolgere una regolare attività sessuale fino a due giorni prima dell'ovulazione. Sospendere i rapporti per una settimana. Gli spermatozoi che portano i caratteri femminili in genere sopravvivono fino all'arrivo dell'ovulo nella cavità uterina. La maggior parte degli spermatozoi con i caratteri maschili muore prima che ciò avvenga. A chi desidera concepire una leggiadra fanciulla si consiglia inoltre una lavanda acida prima del rapporto. L'ambiente acido blocca l'attività degli spermatozoi responsabili del sesso maschile. Domanda? Come si fa una lavanda acida? Risposta: Con due cucchiai di aceto in un litro d'acqua.»

«Fantastico!» esclamò Sasaki.

«Secondo» proseguì Norma in tono disperatamente serio. «Durante il rapporto il partner faccia in modo che l'eiaculazione avvenga quando il membro è introdotto in vagina a una profondità da due a cinque centimetri al massimo.»

«Bravissima!» esclamò Sasaki battendo le mani.

«In questo modo» continuò Norma in un parossismo di disappunto «quella che il dottor Kiyoshi Sasaki ha definito una pista di gara diventa più lunga e di conseguenza più sfavorevole agli spermatozoi responsabili del sesso maschile. Terzo: la signora si trattenga dall'avere un orgasmo! Gli umori prodotti durante l'orgasmo hanno un pH fortemente alcalino e rendono l'ambiente più consono agli spermatozoi dell'opposta fazione.» Norma alzò il bicchiere. «Alla salute delle donne indiane!»

«Lei è troppo cinica» la rimproverò Sasaki.

«Non direi» ribatté Norma. «A chi invece desiderasse un bel ragazzotto si consiglia di fare esattamente l'inverso, lavanda a base di lievito anziché di aceto. Penetrazione profonda invece che superficiale. Si raccomanda di raggiungere l'orgasmo! Ah, dimenticavo — bisogna interrompere l'attività sessuale fino al giorno esatto dell'ovulazione!»

Sasaki si alzò di scatto e le baciò la mano.

«Superba! Una spiegazione superba, Madame! Torniamo un attimo alle sue accuse di fantascienza. Le dirò che sta succedendo un fatto strano. Il campo nel quale lavoriamo è stato discreditato da una mole eccessiva di articoli giornalistici — mi perdoni, signora Desmond —, di romanzi e di produzioni cinematografiche fantascientifiche. Noi non siamo dei fantasticoni, degli imbroglioni o peggio ancora, come si dice in giro. No! Questa immagine è distorta e non corrisponde alla nostra vera natura. L'idea di un uomo plasmato a proprio piacimento è così affascinante che sta interessando un numero sempre maggiore di persone. Prendiamo a esempio una rivista d'informazione seria come il vostro *Spiegel*. Ha già pubblicato tre ampi servizi sulla ricerca genetica.»

«Egregio collega, devo darle atto che questo ramo della scienza è denigrato in modo ingiusto ed eccessivo. Quando invece vi appartengono scienziati autorevolissimi. Io stesso ho avuto modo di ascoltare nel 1968 l'intervento a un convegno del celebre biologo Adolf Portmann. Egli disse: ''Siamo alle porte di una nuova era che vedrà, accanto ad altri sconvolgenti progetti, la pianificazione dei caratteri umani''. No, no, signora Desmond. Devo dare ragione al dottor Sasaki. Non si tratta di fantascienza. Ma di un settore di ricerca scientifica preso di mira dai mezzi di comunicazione di massa.»

«Grazie» disse Sasaki. «Ovviamente siamo ancora agli inizi. Ma qualcosa siamo già in grado di fare.» Si sistemò di nuovo il polsino. «Da tempo siamo in grado di introdurre materiale genetico nell'ovulo con precisione chirurgica. Centinaia di ovuli provenienti da cavie animali vengono manipolate in questo modo, operando con cannule di vetro ultrasottili, dello spessore di un millesimo di millimetro. Questo tipo di sperimentazioni di tecnica genetica mirano a ottenere razze migliori — le cosiddette ''supermucche'', per esempio.»

«E qualcosa di simile potrebbe esserre effettuato anche sull'uomo?» chiese Norma.

«Da un punto di vista tecnico non c'è niente in contrario.»

«Finora gli esperimenti hanno avuto successo solo con i topi» aggiunse Barski. «E con i girini, le rane e altre specie di animali a sangue freddo. Perché si possano ottenere risultati confortanti è indispensabile operare con soggetti molto giovani.»

«Io stesso non sto affermando che si potrebbe già lavorare con successo sull'uomo. Mi sovviene un'altra citazione di James Watson, lo scopritore della doppia elica. Egli preannunciò: ''La riproduzione per mezzo di cloni, attraverso la quale potremo produrre copie identiche di un individuo da una singola cellula, senza l'intervento delle cellule sessuate, si potrà effettuare entro i prossimi vent'anni''.»

«Egregio collega,» lo contraddisse Barski «sappiamo entrambi che Watson, per quanto meritevole della eccezionale scoperta che lo ha reso celebre, si è concesso una serie di affermazioni un tantino esagerate e azzardate.»

«Esagerate... azzardate, eccessive, smodate» precisò il maniaco dei sinonimi.

«Si può sapere cosa significa esattamente il termine ''clone''?» chiese Norma. Il nastro del registratore girava lentamente.

«''Clone''» prese a dire Sasaki «è una parola derivata dal greco che significa ramo o germoglio o propaggine. Così come con una talea si può moltiplicare una pianta, con la clonazione si ottengono individui identici senza alcun rapporto sessuale e senza congiungimento fra ovulo e spermatozoo.»

«Com'è possibile?»

«Nel nucleo di ogni cellula dell'organismo sono contenute, sotto forma di cromosomi, tutte le informazioni genetiche necessarie per ottenere un altro organismo identico al primo. La clonazione si basa su questo principio. Poco fa le ho accennato al fatto che abbiamo già ottenuto dei cloni di animali a sangue freddo. Una volta messi a punto i dettagli tecnici, il procedimento di clonazione di un essere umano sarebbe pressappoco il seguente: si prelevano uno o più ovuli dall'ovaia di una donna. Si toglie il nucleo dell'ovulo, nel quale sono contenuti i cromosomi con le informazioni genetiche della donna.

Resta il tegumento della cellula. Si prende quindi il nucleo di una cellula del corpo dell'individuo che si intende clonare.»

«Perché una cellula del corpo e non del liquido seminale?»

«Perché le normali cellule contengono una doppia informazione genetica, mentre le cellule sessuate hanno solo una serie di cromosomi, 23 nell'uomo. Quando l'ovulo e la cellula seminale si fondono si ottiene una cellula embrione con 46 cromosomi, pari a quelli contenuti nelle normali cellule dell'individuo. Utilizzando una cellula normale si preleva da essa l'intero patrimonio genetico dell'individuo. Si introduce il nucleo di questa cellula nell'ovulo denucleato e si impianta l'embrione così ottenuto nell'utero di una donna. Al termine dei nove mesi di gravidanza essa partorirà l'individuo clonato. Il bambino sarà la copia identica dell'individuo dal quale è stata prelevata la cellula clone.» Sasaki guardò Norma. «La sua espressione è contrariata.»

«Può ben dirlo» disse Norma. «La donna in questo procedimento serve solo come mezzo. Il suo apporto si limita all'ovulo... no, nemmeno. Al tegumento dell'ovulo.»

«Lei esagera, cara signora» ribatté Sasaki. «Anche se io stesso devo ammettere che la clonazione rappresenta l'apice estremo di uno sviluppo costante che si è manifestato e si manifesta tuttora nell'ambito scientifico, religioso, artistico e in tutti gli altri aspetti della vita sociale. Il tentativo di rendere l'uomo immortale, attribuendo a lui soltanto come unico genitore la responsabilità della procreazione, si riallaccia alla storia del patriarcato attraverso la mitologia classica, secondo la quale Atena sarebbe stata originata dalla testa di Zeus, la mitologia cristiana, che narra il concepimento da parte della Vergine Maria del figlio di Dio, a esso identico e dunque — mi perdoni un eccesso di cinismo — frutto di una clonazione ante litteram, fino ai miti più moderni del padre della patria, del padre della scienza, il padre della rivoluzione industriale, il padre dell'era atomica. Nei popoli più primitivi e spesso anche nelle società cosiddette civilizzate l'uomo vuole avere un figlio da una compagna possibilmente vergine e immacolata. Uno studio americano che ho letto di recente riconduce questo desiderio maschile alla speranza dell'uomo di rivivere in un figlio il più possibile identico a lui. Una sorta di clonazione incosciente, non trova? Grazie al cielo ora sorride, Madame! Mi fa piacere, ovvero sono contento, soddisfatto, felice, rallegrato, tranquillizzato. Il suo sdegno è comprensibilissimo. Lei vede la donna degradata a un ruolo puramente strumentale. Certo, certo. Ma si potrebbero clonare, e ciò avverrà senz'altro, anche le donne. Perché no? Ovviamente gli scienziati concordano sul fatto che ci vorranno ancora da 20 a 30 anni per elaborare le tecniche scientifiche che potrebbero — potrebbero — consentire la clonazione. Dico bene, egregio collega?»

«Penso di sì» rispose Barski. «Il fatto è che la società dovrebbe guardarsi dal produrre un'immagine di uomo strumentalizzata e meccanicizzata all'estremo.»

«Già» fece Sasaki. «Ed è qui che volevo arrivare. Alla questione che più ci interessa. Chi è la società? La società sono i potenti, i ricchi, coloro che finanziano ogni genere di impresa solo per diventare ancora più ricchi e potenti. Pensi a Fleming e alla sua scoperta della penicillina! Avvenne nel 1928 ma per un sacco di tempo nessuno se ne curò. Nel 1942, durante la guerra, gli americani iniziarono a utilizzarla per curare le ferite riportate dai loro soldati. E all'improvviso per produrre l'antibiotico su larga scala furono messi a disposizione parecchi miliardi. La stessa cosa avvenne con la bomba atomica, che gli americani misero a punto con un enorme investimento di denaro per battere sul tempo i tedeschi — e meno male!»

«E lei da chi è finanziato?» domandò Barski.

Norma constatò che il medico polacco accusava una crescente preoccupazione. Evidentemente rimuginava sulle parole di Chargaff, sui suoi terribili moniti...

«Fingiamo che io non abbia sentito la sua domanda» rispose Sasaki. «Noi siamo colleghi. Lavoriamo entrambi per il bene dell'umanità. Non siamo criminali, vero? Le ho spiegato esattamente in cosa consistono i nostri esperimenti. Facciamo del nostro meglio per migliorare le condizioni di vita dell'uomo.» Il giapponese si toccò ancora il polsino. «Anche e soprattutto per quanto concerne il nostro programma di interventi genetici sull'ovulo. Mi darà atto che la nostra ricerca mira a conseguire risultati assolutamente positivi. Non è vero?»

«Certamente» fece Barski.

Norma disse: «Nell'edificio che non ci è permesso visitare avvengono dunque questi esperimenti che comportano una manipolazione della struttura del DNA contenuta nelle cellule dell'organismo. È vero?».

«Sì» rispose Sasaki.

«E il fatto di interrompere uno sviluppo naturale che si ripete da milioni e milioni di anni non le suscita alcuno scrupolo morale?» domandò Barski. «Mi perdoni, ma non teme con il suo intervento — mi perdoni — criminoso e arrogante di arrecare al creato danni assolutamente irreparabili?»

«Adesso la smetta, caro collega!» ribatté Sasaki, tastando nervosamente il polsino della camicia. «Il creato! Il creato! Non dimentichiamoci che non è stato Dio a creare l'umanità, ma che l'umanità stessa si è formata un'immagine di Dio. È chiaro e lampante che ciò che facciamo, studiamo e che un domani forse diventerà realtà, accade solo ed esclusivamente per il bene dell'umanità...»

«Ovvio» fece Barski amaramente.

«Per il bene dei ricchi e dei potenti!» esclamò Norma. Il registratore era sempre acceso.

«Per favore, signora, non si scaldi un'altra volta!» la ammonì Sasaki. «E a proposito di Dio mi sovviene una storiella — mi sovviene, mi torna in mente, ricordo, rammento, ritorno con il pensiero. Un rabbino cerca di spiegare ai suoi scolari il concetto dell'onnipotenza di Dio. E dice loro: ''Il Signore è così forte e potente che potrebbe creare una pietra grossa come una casa e scaraventarla a miglia e miglia di distanza. Sì,'' continua in un crescendo di entusiasmo, ''e anche un masso grande quanto una montagna sarebbe una briciola per lui''. E infine esclama con slancio: ''Dal nulla potrebbe creare una rupe così gigantesca da non poterla più sollevare''. Sconvolto dalle sue stesse parole il rabbino si domanda con un filo di voce: ''Ma che ne sarebbe allora della sua onnipotenza?''.»

5

Già, si domandò Norma, dove è finita allora la sua onnipotenza? E dov'è finita la sua misericordia se permette che al mondo si affermino uomini come Hitler, che regnino la fame e la violenza, la guerra e la miseria? Pierre e io avevamo già trovato una casa a Saint-Paul-de-Vence, una località incantevole. E avevamo già pagato la prima rata. Poi Dio ha voluto che Pierre fosse dilaniato da una bomba. Che ti succede, Dio?

Niente, si disse. Dio non esiste, tutto qui. Con espressione assorta fissò Sasaki. Il giapponese non crede di certo in Dio. Come me. Sasaki crede nella scienza. E io in che cosa posso credere? Prima avevo Pierre. Era lui il mio Dio. Il mio Dio è morto.

«Curioso questo aneddoto, vero, signora?» chiese Sasaki.

Norma si scosse dai suoi pensieri. «Sì? Ah, sì, certo. Stavo pensando ad altro, mi scusi...»

«E lei, collega, cosa ne dice?»

«Non lo trovo affatto divertente» rispose Barski.

«Lei crede in Dio?»

«Sì, io ci credo fermamente» rispose l'uomo forte dal viso aperto e gli occhi profondi.

Anche lui come Pierre, pensò Norma. E a Pierre è servita tanta fede?

«Ma anch'io stavo pensando ad altro» aggiunse Jan Barski. «Alle parole di Chargaff.»

«Di chi, scusi?»

«Di Erwin Chargaff.»

«Ah, sì.»

«L'uomo non può vivere senza segreti, scrive. Si potrebbe quasi dire che i grandi biologi lavorano alla luce dell'oscurità. Siamo stati derubati di questa fertile notte. Non abbiamo più la luna e il suo chiarore diffuso non rischiarerà mai più la macchia e il bosco. Cosa perderemo ancora?» Gli occhi di Barski fissavano il vuoto.

Cosa sta succedendo a quest'uomo da quando Gellhorn è stato ucciso, dal giorno della strage? si domandò Norma. A cosa pensa? Quanto sa? Di cosa ha paura?

«E più avanti Chargaff scrive delle parole che a parer mio toccano da vicino tutti noi scienziati. Dice: ''Se questa branca del sapere è proibita io non lo so. So di certo che il sapere può essere utilizzato in modo criminoso, come affermano tutti i codici penali''.»

«Oh» fece Sasaki. «A quanto pare Chargaff sembra dimenticare che la scienza non ha fatto che perseguire il bene dell'umanità.»

«E afferma ancora:» proseguì Barski con la voce e il volto velati di tristezza «''L'umanità non si è mai curata dei moniti e degli avvertimenti di chi sa. Perché dovrebbe — e come potrebbe — farlo proprio in questo caso?''.» Alzò gli occhi e sorrise imbarazzato. Quindi riprese: «La ringrazio molto, caro collega, per la sua franchezza e per la fiducia che ci ha accordato. Ci ha fornito un quadro molto preciso sul lavoro svolto presso la sua clinica. Ora parliamo un momento del furto messo in atto da questo Pico Garibaldi, ex dipendente della GENESIS TWO come Antonio Cavaletti, l'uomo che ha tentato di uccidere la signora Desmond. Fra i due deve esserci un legame».

«Senza dubbio» confermò Sasaki.

«Lei ne è convinto?»

«Assolutamente. Appena avessi saputo che anche costui era un ex dipendente della GENESIS TWO mi sarei messo in contatto con lei.»

«In questo caso non lo sapeva, benissimo» disse Norma. «Ma dell'attentato al professor Gellhorn era informato! E allora perché non si è rivolto al dottor Barski o direttamente alla polizia, se vedeva un legame fra le due cose?»

«Un momento, signora. Ho detto che secondo me sussiste un legame fra il furto avvenuto nella mia clinica e l'attentato compiuto a casa sua.»

«E non fra il furto alla clinica e l'uccisione di Gellhorn?» chiese Norma. Guardò Barski, il cui viso era privo di espressione.

«No, signora. Diciamo che non ho colto subito l'esistenza di un legame fra i vari avvenimenti.»

«Come sarebbe?»

«L'uccisione di Gellhorn e di tutta quell'altra gente mi ha sinceramente sconvolto e mi è sembrata assurda e immotivata, a me come a mio fratello Takahito. Solo in un secondo tempo, quando sono venuto a sapere che la stessa organizzazione aveva a che fare sia con il furto alla clinica sia con l'attentato contro di lei, ho immaginato che la relazione potesse estendersi anche agli altri gravissimi avvenimenti.»

Te la sei pensata bene, si disse Norma. Guardò Barski. La pensa esattamente come me, ne sono certa.

«E in che modo?» chiese Barski.

Sasaki era molto inquieto. «Deve sapere che noi conserviamo in cassaforte i risultati più importanti delle ricerche sui nostri futuri progetti, immagazzinati su dischetti e codificati. Se non erro voi operate nello stesso modo. Solo il professor Gellhorn e i membri del gruppo di ricerca conoscevano il codice per intervenire sul disco fisso. Anche qui solo otto persone oltre a me ne sono a conoscenza. Una di loro deve averlo rivelato a Garibaldi. Rubare il materiale senza poterlo decodificare che senso avrebbe? A qualcuno interessa moltissimo il nostro lavoro ed è pronto a tutto pur di conoscerne i risultati. Da noi non ha avuto bisogno di intervenire con la pressione perché evidentemente c'è stato un traditore. Non è stato necessario ricorrere al ricatto e successivamente all'omicidio.»

Barski disse: «Intende dire che questa gente ricattava Gellhorn perché rivelasse i risultati delle ricerche o quanto meno i codici del calcolatore?».

Sasaki annuì.

«E lo ha ucciso perché si è rifiutato di farlo?»

«Se prima avevo qualche dubbio, ora non più. E la signora Desmond avrebbe dovuto essere uccisa per impedirle di far luce su questo caso — e su chissà quanti altri casi del genere.»

«Secondo lei chi c'è dietro questa serie di attentati?» chiese Norma.

«Qualcuno a cui il nostro lavoro preme molto. Qualcuno che, se è necessario, non esita a farsi strada calpestando i cadaveri della gente.»

«Una grossa industria farmaceutica?» chiese Norma. Il registratore era sempre in funzione.

«Forse una o forse più d'una» rispose Sasaki. «Tutto è possibile — immaginabile, pensabile, probabile, verosimile, discutibile. Lo spionaggio industriale oggigiorno si estende in tutti i campi. Può darsi che ci sia qualcun altro alle spalle dell'industria farmaceutica.»

«Intende dire un governo?» chiese Barski.

«Sì. Governi, politici, potenti.»

«Mi stia a sentire, egregio collega. Ad Amburgo noi ci occupiamo della lotta contro il tumore alla mammella. Voi eseguite fecondazioni in vitro e ricerche genetiche a livello embrionale. E per questo genere di cose i politici e i governi avrebbero provocato un così grande spargimento di sangue?»

«Sì» disse Sasaki.

«Ma perché? Perché?»

«Evidentemente nell'ambito delle rispettive ricerche sia noi sia voi dobbiamo essere incappati in un risultato che per qualcuno ha un'importanza enorme.»

«E cosa potrebbe essere?»

«Questo non lo so» rispose Sasaki. «Di qualunque cosa si tratti, da me è stata rubata, almeno in parte. Da voi le cose sono andate diversamente, caro collega. Il professor Gellhorn non ha ceduto al ricatto. Non ne ha fatto parola con nessuno. Ha semplicemente rifiutato di svelare ciò che gli è stato chiesto. E loro — chiunque essi siano — l'hanno ucciso.»

«Con questo non hanno ottenuto ciò che volevano» disse Norma.

«No» replicò Sasaki. «È proprio per questo che ''loro'' — grandi aziende, partiti, fanatici, governi — insisteranno e cercheranno di scoprire il resto. Ci proveranno qui e ci proveranno da voi, ad Amburgo. E presto anche lei, collega Barski, avrà a che fare con un traditore. Qualcuno che rivelerà le fasi più salienti del vostro lavoro. E vi tradirà.» La mania dei sinonimi era più forte di lui. «Tradire, spiare, deludere, essere infedele, mancare alla parola, spezzare una promessa. Ciò significa che la vita di tutti voi, di tutti noi e naturalmente la sua, signora Desmond, sono in pericolo.»

6

«Lei crede a quell'uomo?» domandò Norma.

Avevano lasciato la clinica di Sasaki e stavano passeggiando davanti alla chiesa e al monastero di Cimiez, nel grande parco pieno di alberi di agrumi e di aiuole fiorite che si affacciava sul mare come una terrazza variopinta. La vista spaziava sul Mont Boron, sull'osservatorio del Mont Gros e infine, al di là delle case di Nizza, si perdeva nell'infinità del mare.

«Non saprei. Sarei incline a credergli. Anche se...»

«Già!» fece Norma. «Anche se... Anch'io sono piuttosto esitante. Può darsi che con le sue affermazioni e le sue accuse voglia nascondere intenzioni ben precise. Forse vuole — e che ruolo può avere suo fratello nella vicenda? — indirizzare le nostre ricerche in una determinata direzione.»

Barski si fermò. «Il furto è effettivamente avvenuto. Prima di andare da lui ho preso contatti con la polizia. Da quel giorno un uomo di nome Garibaldi, facente parte del servizio di vigilanza, è sparito. La polizia è convinta che sia stato lui a rubare il materiale. Gli esperimenti di Sasaki sono senza dubbio fantastici. Ma tutto è fantastico nel nostro campo. Scaviamo tutti nel buio. Sasaki scava a maggiore profondità. Che cosa gli hanno rubato? Senza dubbio qualcosa che ha un enorme valore e a questo punto credo proprio che anche noi abbiamo qualcosa che per ''qualcuno'' è molto importante. Anche se noi non sappiamo di che si tratta.»

«E crede davvero che uno di voi possa diventare un traditore?»

«È un pensiero orribile» disse Barski. «Siamo legati da una profonda amicizia. Se uno di noi dovesse tradire... Temo che il signor Westen abbia avuto ragione a volersi mettere subito in contatto con i suoi influenti amici di tutto il mondo. È evidente che siamo invischiati in una vicenda orribile — senza renderci conto di che cosa si tratti.» I lineamenti del volto di Barski si rilassarono. «Ha visto che parco stupendo, signora Desmond? È una delle zone più belle di Nizza. Era già stata qui a Cimiez?»

Stiamo esagerando, pensò Norma. Ma perché? Perché, Pierre?

«È già stata qui?» ripeté Barski.

«No» disse Norma. Non ce la faccio più, pensò. Pierre! Pierre! Proprio su questo sentiero, lo stesso, abbiamo passeggiato abbracciati. Era fine estate e le aiuole erano un tripudio di fiori, proprio come oggi. Ed eravamo così felici.

«Allora c'è qualcos'altro che deve vedere» disse Barski. «Le rovine di un anfiteatro romano... gli scavi non sono ancora stati completati... Le terme romane. La Villa des Arènes che ospita il museo di Matisse.»

Pierre, Pierre, aiutami!

«... e più in basso il Musée de message biblique Marc Chagall... Se non erro Chagall le piace molto, vero? Il museo ospita una raccolta di schizzi e litografie stupendi inerenti ad alcuni dei cicli biblici immortalati dal pittore...»

Norma dovette sedersi su una panchina. «Quando ha avuto occasione di vedere tutte queste cose?»

Barski si sedette accanto a lei. Abbassò la voce. «Ho dovuto visitare l'ospedale Pasteur per lavoro. In quell'occasione portai con me mia moglie, Bravka, per mostrarle questi luoghi splendidi. Visitammo anche il monastero e la chiesa. Una chiesa stupenda. Proprio in cima alla collina. Custodisce tre capolavori di maestri della scuola di Nizza.» Barski si interruppe bruscamente. «Le chiedo scusa. Ho il vizio di parlare troppo. Conoscerà di certo la Costa Azzurra.»

«Sì, un po'.»

Il parco era pieno di uccelli che cinguettavano e faceva molto caldo. Ma si stava bene lì, perché il caldo era più piacevole che altrove e l'aria più salubre che altrove.

«Conosce anche Nizza?»

«Superficialmente. Più che altro conosco l'aeroporto. Sono sempre così di fretta...» Pierre!

«Non si sente bene?» La guardò allarmato.

Con un grosso sforzo Norma si alzò. «Sto benissimo. Quando... quando è stato qui insieme a sua moglie?»

«Ricordo perfettamente che era estate, proprio come ora. Fu l'anno prima che nascesse nostra figlia... Ho forse detto qualcosa che l'ha rattristata? Perché ha cambiato umore all'improvviso?»

«Perché qui è bellissimo» rispose Norma.

«Le dispiace se... Ecco, avrei piacere di entrare un attimo in chiesa... Voi occidentali definite noi polacchi dei fanatici... un po' matti. Dei comunisti che credono in Dio... Per molti di noi questo è vero. Per altri la questione è un po' più complessa... All'inizio degli anni Ottanta la chiesa era l'unica istituzione ad avere le mani pulite. Molti perciò si rifugiarono nella chiesa per combattere contro il potere costituito e protestare contro il regime.»

«È stato con sua moglie in questa chiesa?» domandò Norma.

«Sì. Se non le garba... resterò un momento soltanto. Ognuno di noi è libero di credere a ciò che vuole, no? Ci sono delle panchine là fuori.»

Barski sparì dentro la chiesa e Norma si sedette ad aspettarlo su una panchina di marmo situata di fronte a una piccola cappella. La colonna centrale di marmo bianco reggeva una croce di san Maurizio, sulla quale erano rappresentati un serafino, la madre di Dio, santa Chiara e san Francesco d'Assisi. Le sovvennero le parole di Pierre che tanti anni prima le aveva spiegato il significato simbolico di quella rappresentazione e dell'immagine forte e violenta del serafino...

Un'immagine sgradevole, si disse Norma. Era seduta sulla stessa panchina di marmo dove si era seduta tanti anni prima insieme a lui e guardava la città e il mare avvolti da una luce morbida e soffusa. Si sentì male. Ricordò di avergli detto: «Degli angeli dall'aspetto di serpenti? Com'è possibile che delle creature di fuoco e di veleno circondino il trono di Dio?».

E Pierre le aveva risposto: «Ti amo, tesoro mio, ti amo. Sì, angeli di fuoco e di veleno... un'immagine molto attuale, non trovi?». Molto attuale, pensò. Così come il fatto che io sia seduta qui a pensare al mio grande amore che non c'è più, mentre quell'uomo polacco è inginocchiato in chiesa a pregare per la moglie, morta anche lei. Guardò il serafino scolpito sulla colonna e pensò: Vorrei essere morta anch'io. Come Pierre, come Bravka. No, non posso morire, si disse. Devo scoprire chi sono gli assassini di mio figlio. Poi potrò anche morire. Ma prima li devo trovare e consegnare alla legge. E cosa ne sarà di loro? I grandi, i ricchi, i potenti che li hanno incaricati di compiere la strage alzeranno mai le mani contro di loro? Permetteranno che vengano giudicati? Non doveva pensarci, altrimenti avrebbe perso il coraggio di continuare. E invece doveva continuare. In fondo alla panchina scorse una piccola lucertola che la fissava immobile con i suoi occhi vecchi e saggi. Tu sai come va il mondo, le disse nel pensiero. Tu sai tutto, te lo si legge negli occhi. E comprendi tutto. Per questo non parli. Taci. Sei all'ultimo scalino. Tucholsky disegnò una scala e scrisse sul primo gradino ''parlare'', sul secondo ''scrivere'' e sull'ultimo scrisse ''tacere''. Io parlo e scrivo, si disse Norma, mentre tu taci, perché sai che parlare e scrivere è inutile, vano e privo di significato. Vieni, lucertolina, vieni qui!

L'animaletto si mosse lentamente verso di lei. Norma sorrise. Era contenta di essere riuscita a instaurare un tacito dialogo con la lucertola. A un tratto, con un movimento brusco, la bestiola scivolò via dalla panchina e scomparve. Un'ombra si posò su di lei. Norma alzò gli occhi.

«Lei è molto infelice, signora» le disse un sacerdote in abito talare dal volto rubizzo. Le si fermò di fronte. Era grassoccio e portava un cappello nero. Sul petto aveva una croce d'argento. «Cosa le è capitato? Me lo racconti. Vorrei tanto poterla consolare.»

«Non sono affatto infelice» rispose Norma. Odiava in cuor suo quel prete che arrivando aveva fatto scappare la lucertola.

«E allora perché piange, signora?» le chiese il sacerdote.

«Non sto piangendo» insistette, ma sentì le lacrime rigarle le guance. Ci risiamo, pensò disperata. Ci risiamo. Prese un fazzoletto e si asciugò il viso. Ma le lacrime non si arrestavano.

«Sono un religioso, signora. Posso aiutarla?»

«No» disse lei.

«La prego, *chère Madame...*»

«Se ne vada» disse Norma. «Se ne vada!»

«Come?»

«Le ho detto di andarsene!» ripeté alzando la voce. «Sparisca! E mi lasci in pace!» Si asciugò ancora le lacrime. «Vada via per favore e la smetta di darmi noia!»

Il prete grassoccio scrollò le spalle. «Come vuole, signora. Pregherò per lei.»

«No, non voglio che lo faccia!»

«Lo farò» disse il prete allontanandosi con l'andatura lieve e molleggiata tipica delle persone obese. «Lo devo fare. È il mio mestiere. Pregherò per una signora sconosciuta...»

Norma sentì dei passi e si voltò.

Era Barski. «Cos'è successo? Perché piange?»

«Mi è andato qualcosa nell'occhio.»

«Faccia vedere.»

«No, è passato.»

«Sicura?»

Pierre, Pierre, fammi smettere di piangere! «Sicurissima.» Abbozzò un sorriso. E le lacrime cessarono. Grazie, Pierre!

Barski la guardava. Aspettò pazientemente che si asciugasse il viso e poi disse: «Lei è molto coraggiosa!».

«Ah, la smetta!»

«Dico sul serio.»

«Ora basta!»

«Credo sia meglio andarcene di qui. E subito» propose.

«Sì, ha ragione.»

La prese sottobraccio. «Venga!»

Attraversarono il piazzale della chiesa. Il selciato brillava alla luce del sole. La Citroën blu che avevano già notato davanti alla clinica del dottor Sasaki era parcheggiata in Avenue du Général Estienne.

A un tratto un ragazzino scalzo e malconcio li fermò. Aveva un'aria disperata. «Mi dai dieci franchi?» chiese a Barski.

«Perché?»

«Non lo so» disse il ragazzo. «Ma mi servono. Mi servono.»

Barski aprì il borsello. «Eccotene venti.»

«Grazie, signore» disse il ragazzino e se ne andò, serio in viso.

«Il posto è bello. Ma la vita è brutta ovunque» fece Barski. Si avvicinò alla Citroën e aprì la portiera posteriore. I due uomini della scorta trasalirono.

«Scusate se vi ho fatto spaventare» disse Barski. «Vorremmo tornare in città. Vi spiacerebbe accompagnarci?»

«Prego, salite» disse l'uomo al volante. Barski fece accomodare Norma e poi salì. L'auto si mise in moto.

«Grazie» disse Barski. «Qui abbiamo finito. Domani mattina si riparte. Cosa ne dite di cenare insieme questa sera?»

«Non so se ci è permesso» rispose l'altro agente.

«Non in albergo naturalmente» precisò Barski. «Conosco una trattoria a Beaulieu dove si mangiano frutti di mare fantastici.»

«Va bene, dottore. Molto gentile da parte sua. E grazie anche a lei, signora» disse l'agente che guidava l'auto.

Percorsero il Boulevard de Cimiez, una strada spaziosa fiancheggiata da platani altissimi. Sul muro di una casa Norma lesse delle scritte che mettevano in guardia contro il pericolo radioattivo.

L'atmosfera era tersa. La strada scendeva in forte pendenza. In mezzo alle case Norma scorse il mare. L'ultimo sole della sera lo illuminava, rendendolo simile a una distesa di piombo liquefatto. L'uomo alla guida abbassò la mascherina protettiva. Norma socchiuse gli occhi.

«Sì» disse Barski.

«Sì... cosa?»

«Sì, in quella trattoria ci sono stato con mia moglie e abbiamo mangiato insieme i frutti di mare.»

«Perché me l'ha detto?»

«Voleva chiedermelo.»

«No, affatto» rispose Norma. «Era logico che ci fosse stato insieme a lei. Quando se no?»

«Non le fa niente?»

«No. Se i frutti di mare sono davvero buoni come dice.»

Barski la guardò. «Lei...» prese a dire.

Ma Norma lo interruppe, sporgendosi a parlare al guidatore. «Sono le sei in punto. Vorrei sentire il notiziario.»

«Senz'altro, signora.» L'autista accese l'autoradio. La voce di un annunciatore disse: «Nel suo discorso davanti alle telecamere Gorbaciov ha affermato quanto segue: ''Fino alla fine dell'anno proseguiremo il nostro programma di sospensione degli esperimenti atomici. Anche senza bomba atomica al mondo ci sono armi sufficienti per distruggere tutta l'umanità. La spirale non si deve allungare, ma neutralizzare attraverso trattative...''».

L'auto imboccò una curva. Barski finì addosso a Norma.

«Mi scusi» disse ritornando al suo posto. Norma non rispose. Si era sfilata gli occhiali e guardava il mare scintillante che si apriva davanti a lei. Le vele bianche erano scomparse.

7

Trascrizione della registrazione su nastro effettuata dalla persona che risponde al nome di Norma Desmond.

Barski si era sbagliato. Pensava che il nostro aereo partisse alle 7,30 di lunedì mattina. In seguito al succedersi di numerosi atti terroristici i controlli erano stati intensificati. Perciò dovevamo arrivare all'aeroporto almeno tre quarti d'ora prima del decollo. Mi alzai prima delle 6,30. Ci eravamo messi d'accordo di fare colazione in aereo. Incontrai Barski nella hall dello Hyatt Regency. Pagammo i rispettivi conti e ci recammo all'aeroporto. È abbastanza vicino all'albergo. Barski diede la mancia all'autista. Troppo generosa. Ho l'impressione che sia sempre troppo generoso con le mance. Entrammo nel salone dell'aeroporto. Era deserto. Allo sportello della Lufthansa venimmo a sapere che il volo per Amburgo via Düsseldorf sarebbe partito alle 8,30 e non alle 7,30. Mancava un bel po' di tempo alla partenza. Conoscevo bene il salone dell'Aéroport International Côte d'Azur. Lo avevo sempre visto pieno di gente e di rumore, permeato da un clima di fretta e di tensione. A quest'ora regnava un silenzio di tomba. I negozi erano ancora chiusi. Depositammo i bagagli e con la scala mobile salimmo al primo piano, diretti al ristorante. Sulla destra, nell'angolo, c'è un bar. Una volta io e Pierre ci fermammo a bere qualcosa. Una signora addetta alle pulizie ci disse che per la colazione dovevamo salire al ristorante del piano superiore. Non c'ero mai stata e nemmeno Barski. Salimmo una scala a chiocciola e arrivammo a questo secondo ristorante. Si chiama *Le Ciel d'Azur*. Anche lì non c'era anima viva.

Ci sedemmo a un tavolo vicino alla vetrata e arrivò il cameriere, un ragazzo di pelle scurissima che indossava una divisa immacolata. Ordinammo del caffè, uova alla coque e prosciutto. Una colazione molto abbondante, perché eravamo entrambi molto affamati e dovevamo ingannare il tempo in qualche modo. Il ragazzo negro scomparve e tornò subito dopo con un vaso di roselline rosse che sistemò al centro del tavolo. Era molto gentile. Barski e io restammo soli e ci guardammo negli occhi a lungo. Io non volevo guardarlo, ma non potevo farne a meno. Non so perché. E lassù nel ristorante *Le Ciel d'Azur* regnava un silenzio universale, indescrivibile. Continuavamo a guardarci anche se non volevo. Mi sentivo stordita e al tempo stesso pervasa da una sensazione di pace infinita. Una sensazione che non avevo mai provato prima d'allora e ricordo con esattezza ciò che pensai: Forse Dio esiste davvero e questa è la Sua pace. Mi sentii alleggerita, privata di ogni oppressione. Era scomparsa la tristezza e con lei la paura e l'ansietà. Mi sembrava di essere uscita dai confini del tempo e del mondo e anche questa sensazione mi era del tutto nuova.

Guardai di fuori. Sotto di noi sostavano diversi grossi apparecchi. Ma non vidi un solo veicolo del servizio di assistenza e di rifornimento. Non scorsi anima viva. L'aria era ancora fresca e pulita, gli oggetti avevano contorni nitidi e precisi e alla luce del sole ancora basso sull'orizzonte gli aeroplani mandavano ombre gigantesche. Guardai il mare. Era calmo e liscio e i suoi colori mutavano da un minuto all'altro, assumendo tutte le gradazioni di blu e di grigio e poi di azzurro cupo e argenteo. Colori che prima di allora non avevo mai visto e non saprei neppure come definire. E anche lui vide tutto questo e non dicemmo una parola. Il silenzio continuava. Un silenzio trascendentale che non avevo mai conosciuto. E alla fine tutto si avvolse in una nube di irrealtà e mi sentii invadere da un senso di pace e insieme di profonda emozione, un'emozione del tutto nuova e sconosciuta. Pensai a sua figlia e alla passione che aveva per le favole, perché l'atmosfera in cui mi trovavo immersa — non riesco nemmeno a spiegarmi — era un'atmosfera in cui quelle favole sarebbero state possibili, un mondo in cui due persone potevano essere felici e conservare in eterno la loro sensazione di felicità.

E ci fissavamo in silenzio, rapiti da questo incantesimo. Scrivere è il mio mestiere ma non riesco a trovare le parole che possano descrivere le ore che trascorremmo al ristorante *Le*

Ciel d'Azur. Dalla morte di Pierre non mi importava più di vivere o morire. Anzi, mi ero spesso augurata di morire. Ma senza soffrire, perché il dolore mi incuteva paura. Ne avevo abbastanza della vita, del mondo, della gente e pensavo a vivere solo perché con me c'era suo figlio, il figlio di Pierre. Pierre continuava a vivere dentro di lui e grazie a nostro figlio ero riuscita a riprendermi. Quando uccisero anche mio figlio mi proposi di vivere solo per scoprire gli assassini. Per morire quando li avessi trovati. Ne avevo abbastanza del mondo. Con tutto quello che avevo passato non potevo più credere in ciò che aveva scritto Anna Frank: ''In fondo all'animo tutti gli uomini sono buoni''. Ma quella mattina, seduta di fronte a quell'uomo, provai la sensazione di essere immortale, e lui con me. E questa dimensione al di fuori del tempo e del mondo mi toccò nel profondo.

Il cameriere ci servì la colazione. Arrivò spingendo un carrello con tutto ciò che avevamo ordinato. Era molto gentile. Barski gli chiese da dove provenisse e il ragazzo rispose che arrivava da Dakar, nel Senegal, e studiava storia e filosofia all'Università di Nizza. Il clima caldo della costa lo faceva sentire nel suo ambiente.

Restammo di nuovo soli e iniziammo a mangiare. Ma se avevamo ordinato con grande appetito, ora non ci riusciva di ingoiare un solo boccone. Bevemmo solo il caffè e continuammo a guardarci, volgendo ogni tanto lo sguardo al piazzale dell'aeroporto con gli aerei che sembravano congelati — proprio così — congelati e saldati indissolubilmente al suolo. E ancora non si vedeva nessuno. E guardavamo il mare, liscio come uno specchio, che continuava a cambiare colore e là dove la mia vista sfumava la distesa d'acqua si fondeva con gli spazi del cielo, che pure si tingevano di sfumature diverse. Ho visto tante volte il mare, in molti luoghi diversi, ma quella mattina pensai: Questo mare è amico mio. E vorrei restare qui per sempre. Perché io, che per lavoro ho sempre cercato di scoprire tante cose, di fronte a questo mare saprei cosa vale la pena di sapere.

Trasalii quando Barski mi rivolse la parola. «Se salissi sulle ali dell'aurora e volassi fino al mare più lontano, anche lì la Tua mano mi troverebbe e la Tua destra...» Alzò gli occhi e disse: «È un salmo di Davide. Mi perdoni».

«Di cosa?» risposi. «Sono io che le devo chiedere scusa.»

«Lei?»

«Sì» risposi. «Ieri le ho mentito. Ero già stata a Cimiez — con Pierre Grimaud. Visitammo la chiesa e il monastero, il cimitero e il parco. E andammo anche alla Villa des Arènes e al Musée de message biblique Marc Chagall, dove ammirammo i disegni del pittore... Tutto ciò che lei vide insieme a sua moglie, anch'io l'ho visto con Pierre. E come voi anche noi ci recammo in quella chiesa e Pierre si fermò a pregare, perché credeva in Dio come lei...»

«Lo sapevo» disse Barski.

«E da chi?»

«Non posso dirglielo» rispose. «Ma lo sapevo.»

Fu tutto quello che ci dicemmo lassù al ristorante dell'aeroporto. Infine il nostro volo fu chiamato. La pista aveva iniziato ad animarsi. Barski pagò il conto e si scusò con il ragazzo negro, spiegandogli che all'improvviso avevamo perso l'appetito. Gli diede la mano e una mancia come al solito troppo generosa, augurandogli un buon proseguimento. Il cameriere ricambiò l'augurio. Quando tornammo nel salone trovammo parecchia gente in giro e tutti i negozi aperti. Ci fermammo davanti all'edicola. I titoli di testa dicevano che in seguito a un attentato al capo dello stato cileno, il generale Pinochet, la giunta militare aveva inasprito il regime dittatoriale, limitando ulteriormente la libertà di stampa.

8

Mentre si dirigevano al cancello sentirono una comunicazione urgente diffusa dagli altoparlanti. «Attenzione! Il dottor Jan Barski, prenotato sul volo 876 per Amburgo, è pregato di presentarsi allo sportello della sua compagnia aerea! C'è una telefonata urgente per lui. Attenzione! Il dottor Jan Barski...»

«Torno subito» disse, facendosi largo in mezzo alla gente. Norma lo vide parlare al telefono dallo sportello della Lufthansa. Tornò pallido in volto e provato.

«Cos'è successo?» gli domandò Norma.

La folla che riempiva il salone era agitata e frettolosa. I bambini piangevano e strillavano, mentre gli altoparlanti annunciavano il decollo o l'atterraggio di un nuovo volo.

«Tom» disse Barski, guardando Norma negli occhi. «Thomas Steinbach. Hanno chiamato in albergo, ma eravamo già usciti.»

«Cosa gli è capitato?» chiese lei.

«La ragazza del centralino ha parlato con il portiere, il quale ha detto che forse ci poteva ancora trovare all'aeroporto.»

«Mi dica di Tom!»

«Si ricorda di lui, vero? Povero Tom. Sia lui sia Petra hanno contratto l'infezione. Sono isolati dallo scorso aprile.»

«Sì, sì. Ma cosa gli è successo?»

«Ci hanno cercato per avvertirmi di tornare subito ad Amburgo. Temevano che potessi recarmi altrove.»

«Dottore!» esclamò Norma. «Si può sapere cos'è successo?»

«Ieri sera c'era ancora qualche speranza. Ma questa notte la situazione si è aggravata. Tom sta per morire» disse Barski.

Un neonato strillava.

9

La Volvo metallizzata dello scienziato polacco sfrecciò lungo il parco comunale, passò davanti alla piscina, al laghetto, al Planetario e si fermò davanti alla sbarra che bloccava l'ingresso principale della clinica Virchow. Erano quasi le due del pomeriggio e ad Amburgo faceva sempre molto caldo. La temperatura era la stessa di Nizza, ma in Costa Azzurra il clima era decisamente migliore. Tutto era diverso laggiù, si disse Norma, che sedeva accanto a Barski. Dietro di loro si fermò una Mercedes con due persone a bordo. Gli uomini della scorta che Sondersen aveva assegnato a Norma si davano il cambio di frequente.

Barski suonò il clacson insistentemente. Era molto agitato. Per tutto il tragitto dall'aeroporto alla clinica Norma aveva temuto che la sua guida spericolata potesse provocare un incidente. Dalla guardiola dietro la sbarra sbucò il portiere, lo stesso che Norma aveva conosciuto in occasione della sua prima visita all'Istituto.

«Cosa c'è, signor Lutz?» fece Barski. «Non mi riconosce più?»

«Certo che la conosco...» Il portiere, un uomo corpulento, sudava copiosamente. Il clima era davvero opprimente.

«E allora perché non ha alzato subito la sbarra?»

«La signora» disse il portiere Lutz. «La signora, ecco...»

«Vuole spiegarsi?»

«Ha il divieto di varcare il cancello.»

«Cosa?»

«È stato lei a ordinarlo» bisbigliò Norma. «Non si ricorda? Il giorno che mi buttò fuori dalla clinica.»

«Quel divieto non ha più alcun valore. D'ora in avanti la signora ha il permesso di entrare e uscire a suo piacimento dalla clinica, a qualsiasi ora del giorno e della notte.»

«Ogni tanto potreste anche disturbarvi e venirle a dire anche a noi queste cose!» protestò Lutz irritato. Alzò la sbarra. Barski premette a fondo il pedale dell'acceleratore e si diresse verso le tre grandi torri color ocra. Un inserviente in camice bianco si mise a gesticolare, indirizzandogli qualche improperio. Solo allora Barski si decise a rallentare e, superate le torri e il parcheggio, si fermò davanti alla palazzina a due piani circondata dalla fitta siepe. Spalancò la portiera e balzò fuori dall'auto. Norma lo seguì. Barski premette il campanello del videocitofono situato sulla colonnina di cemento.

Una voce maschile rispose dall'altoparlante installato sotto la cinepresa. «Buongiorno, dottore.»

«Buongiorno.»

«E la signora?»

«Viene con me.»

«Va bene.» Con un ronzìo sommesso il cancello si aprì. Norma si affrettò a seguire Barski che aveva già dischiuso la grossa porta metallica del reparto Malattie Infettive. Tre giorni fa lo avrei preso volentieri a schiaffi, si disse. Cos'è accaduto in questi tre giorni? La porta pesantissima si aprì stridendo. Barski la tenne aperta e fece passare Norma. Non l'avevo mai visto in questo stato. È completamente fuori di sé. Lo seguì lungo un corridoio buio e interminabile fino a una seconda porta metallica. Barski prese di tasca un mazzo di chiavi e aprì la porta. C'era un uomo ad aspettarlo. Un tipo piuttosto basso e tarchiato, con pochi capelli.

«Finalmente!» esclamò. Indossava il camice bianco.

«Prima non ce l'ho fatta» disse Barski. «A Düsseldorf ci hanno fatto aspettare due ore per cambiare apparecchio. E poi le solite code per ritirare il bagaglio. Dimmi di Tom!»

«Tom è morto» disse l'uomo in camice. «È morto mezz'ora dopo che ti abbiamo telefonato. Alle 7,47.»

Barski si lasciò andare esausto su una panchina. «Poveraccio» esclamò, fissando la parete.

«Mi chiamo Holsten» disse l'altro a Norma.

Barski alzò una mano: «Signora Desmond, le presento il dottor Harald Holsten».

Holsten abbozzò un inchino. Norma notò subito il suo tic nervoso. Se ne era già accorta in occasione dei funerali del professor Gellhorn che aveva visto in televisione. Un nervo faceva tremare la palpebra inferiore del dottor Harald Holsten. Un tic nervoso? O forse solo un segno di grande commozione?

Holsten si rivolse a Barski: «Sai bene come stava Tom in questo ultimo periodo. Ogni giorno peggio. In un altro momento avrebbe superato benissimo una polmonite. Ora no...».

«Puoi parlare liberamente in presenza della signora Desmond.» Barski guardò Norma e aggiunse: «Mi sembra di avere raccontato sia a lei sia al signor Westen che dall'inizio della malattia Tom si era messo a lavorare come un pazzo. Si concedeva pochissime ore di sonno. Non mangiava quasi più. Dedicava al lavoro tutte le sue forze. La polmonite l'ha stroncato». La sua voce vibrava e tradiva di nuovo l'accento del paese d'origine. «So che per Tom la morte è stata una liberazione. Non avrebbe mai più potuto uscire da questo edificio. Mai più. Tuttavia... quando si conosce una persona da tanto tempo... si è legati da un'amicizia profonda e duratura... quando si sono divise tante esperienze...» Barski si riprese. «Come ti sei comportato, Harald?»

«Prima di tutto ho avvisato i suoi genitori. Erano in vacanza a Marbella. Non sapevano che Tom era in fin di vita. Non li avevamo avvertiti proprio per non metterli in ansia prima del tempo. Ovviamente sono sconvolti. Arriveranno stasera alle 19,30 con un volo Swissair. Andremo a prenderli all'aeroporto. Non parleranno con nessuno della morte di Tom. È brava gente. Poveracci anche loro. Al telefono ho spiegato loro che è assolutamente necessario eseguire un'autopsia. Hanno acconsentito subito. Perciò li ho fatti parlare direttamente con l'amministrazione perché confermassero il loro consenso e prendessero accordi per la successiva cremazione della salma. Jacobson, primario della rianimazione, ha firmato il certificato di morte. Le solite scartoffie. Eli Kaplan mi ha aiutato a preparare tutti i documenti necessari. Dopodiché Eli ha provveduto a far trasferire il cadavere di Tom all'Istituto di Patologia chirurgica. Dove si trova tuttora.»

«Immagino che abbiate ordinato un esame necroscopico completo» disse Barski. «Con particolare attenzione alla porzione cerebrale.»

«Chiaro.»

Barski fornì a Norma una spiegazione. «Nelle feci di Tom e di sua moglie abbiamo isolato il virus responsabile della loro malattia. Ora è importante stabilire se le cellule cerebrali di Tom sono state alterate e in caso affermativo in che modo. Gli anatomopatologi preleveranno alcuni campioni di materia cerebrale. Mi scusi la crudezza di espressione, ma...»

Norma annuì. Pensava al magico silenzio del ristorante dell'aeroporto di Nizza. Un silenzio fantastico. E quel mare incantevole. Era successo soltanto due ore prima. In un altro paese...

«E Petra come l'ha presa?» chiese Barski.

«Ah, Petra» fece Holsten. «Vieni a vedere tu stesso!» Il nervo sotto la palpebra inferiore sinistra continuava a pulsare.

10

«Oh, salve Jan!» esclamò Petra sorridendo. «Mi fa piacere rivederti. Ho appena mostrato a Doris che le mie previsioni erano assolutamente esatte.»

«A che proposito, Petra?»

«Che quest'anno avremo il boom del tailleur. Mini, al ginocchio, lunghi, in tutti i modi. A scacchi o in tinta unita, aderenti oppure ampi, con le giacche comode o con piccoli boleri. Insomma, di tutto un po', ma sempre e comunque tailleur. Guarda tu stesso!» Sollevò un giornale di moda. «Un completo di maglia in stile scozzese con giacca verde e gonna nera... Di Saint Laurent. Lunghezza al ginocchio...»

Gran brutta faccenda, si disse Norma. Insieme a Barski e a Holsten aveva attraversato una porta a tenuta stagna e come loro aveva indossato i soliti indumenti protettivi. Si trovavano in un ampio locale del reparto Malattie Infettive. Petra stava dall'altra parte di una grandissima vetrata. Era una donna graziosa, bionda e minuta, molto vivace. Un sistema di interfoni permetteva la conversazione da una parte all'altra della vetrata. C'era un'altra donna davanti alla vetrata. Giovane e bella. Piangeva.

«Le presento Doris Lester» disse Barski. «È un'amica della signora Steinbach.» Doris annuì con gli occhi verdi annebbiati dalle lacrime.

«Signora Desmond!» esclamò Petra ridendo. «Quale onore! Ho letto tanti suoi articoli! Dovrebbe occuparsi anche di moda! Mi è arrivato l'ultimo numero di *Harper's Bazaar*. Sarà l'anno del tailleur! Questo per esempio...» Sfogliò la rivista e mostrò una fotografia a tutta pagina. «Completo principe di Galles in gabardine di lana. Bianco e nero con bordi in maglia nera. Gonna mini e grandi tasche. Un modello di Dior. Elegante, no? E adesso smettila di piangere, Doris! Deve scusarla, signora Desmond. Doris ha le lacrime in tasca. Piange per qualsiasi sciocchezza. È morto mio marito. E lei subito si mette a singhiozzare. E cosa ne dite di quest'altro? Seta e cachemire con collo e polsi di visone Saga. Sotto, una camicia di cotone con il collo in piedi.»

Doris era disperata. «Non è terribile? Va avanti così da quando sono arrivata. E non si preoccupa minimamente del fatto che Tom sia morto.»

«Come no, come no» ribatté Petra irritata. «Certo che mi rendo conto che mio marito è morto. Il dottor Holsten è venuto a dirmelo di persona. Era molto malato, povero Tom. E le persone malate prima o poi muoiono, no? Tutti devono morire. Nessuno vive in eterno...» Sfogliò ancora la rivista. «Anche questo secondo me è stupendo! Il nuovo stile Humphrey Bogart. Tailleur gessato, cappello, stivaletti. Il tessuto è una morbidissima flanella, credo... sì, flanella di pura lana...» Petra non stava zitta un momento. Parlava a ruota libera, con entusiasmo e accanimento.

Attraverso la vetrata Norma osservò la stanza di Petra, arredata come fosse un soggiorno. Ovunque si alzavano pile di giornali e riviste di moda. Il tavolo davanti alla finestra era coperto di schizzi e di matite. E altri schizzi erano sparsi disordinatamente sul pavimento. Nella stanza regnava un'incredibile confusione. Petra indossava una vestaglia gialla. Aveva un aspetto disastroso. Il viso aveva un colorito spento, gli occhi opachi erano cerchiati da profondi aloni scuri. E la sua voce si faceva sempre più concitata...

«Questo per me è il migliore in assoluto. Giacca di shetland pied-de-poule bianco e nero con camicia di seta nera e gonna al ginocchio di mussola di lana. Ha la griffe di Guy Laroche. Mi ricorda il look di Audrey Hepburn in *Colazione da Tiffany*. Non trova anche lei, signora Desmond? Signora Desmond!»

Norma trasalì. «Sì, come no! Audrey Hepburn» disse.

Barski intanto stava parlando a voce bassa con Doris, che non riusciva a controllarsi. Holsten si era ritirato in disparte. Assurdo, si disse Norma. Tutto questo è veramente assurdo.

Sentì Barski che diceva: «Ora non piangere più, Doris, ti prego! Non serve piangere. La morte di Tom non può suscitare alcuna commozione in questa povera donna...».

«E questo completo di vigogna grigia? Pura lana vergine! Gonna lunga e blusa in seta...»

«Non guarirà mai più? Mai più?»

«No, Doris.»

«Carino anche questo tailleur nero di Lanvin. Molto bello. Signora Desmond, lei non può immaginare quante cose abbia da fare. Uno schizzo via l'altro! Un figurino dopo l'altro! Per la mia boutique di Düsseldorf! Il direttore insiste...»

La tua boutique non esiste più, pensò Norma. E il tuo direttore è in galera.

«Non puoi farci nulla» disse Barski a Doris. «È orribile. Orribile davvero. Ma non possiamo intervenire.»

«Tailleur! Tailleur da mattina a sera. L'avevo detto io...»

«Coraggio, Doris! Sei sempre stata una ragazza in gamba!»

Ma Doris continuava a singhiozzare, mentre Petra parlava, parlava incessantemente dei suoi tailleur e la luce spettrale dei tubi al neon illuminava la stanza.

11

Mezz'ora dopo Norma sedeva davanti all'imponente scrivania nello studio del dottor Barski. Le due segretarie, la signora Vanis e la signora Woronesch, si erano meravigliate di vederla comparire all'improvviso dopo quello che era accaduto in occasione della sua prima visita all'Istituto. Barski però le aveva tranquillizzate spiegando loro che si era trattato di un equivoco e che non solo la signora Desmond poteva andare e venire dalla clinica come e quando voleva, ma per motivi di sicurezza si sarebbe stabilita all'interno dell'Istituto.

«Povera Petra» disse Barski. Era sdraiato sulla sua poltrona. Sembrava molto stanco. «Ha visto in che modo il virus interviene sulla personalità dell'individuo? Le avevo già spiegato che provoca la perdita del senso di aggressività e del giudizio. A questo si aggiunge uno spiccatissimo egocentrismo e la limitazione degli interessi vitali a un solo campo. Per Tom era la ricerca genetica, per sua moglie Petra è la moda. E questo interesse può svilupparsi a un punto tale da condurre l'individuo a uno stato di affaticamento ed esaurimento totale. Proprio quello che è successo a Tom. Possiamo solo sperare...»

«... che anche per la signora Steinbach la sofferenza finisca presto» concluse Norma.

Barski annuì. «Povera Doris. È la sua migliore amica. Forse sono riuscito a calmarla almeno un po'.»

Il telefono squillò.

Barski rispose. «Sì, Alexandra?» Rimase in ascolto. All'improvviso balzò in piedi. «Cosa?... Non è possibile... Ma... Ma chi può... È... Resta dove sei... Non muoverti... Arrivo immediatamente.»

Barski abbassò il ricevitore e fissò Norma sconcertato. «Era la mia collega Alexandra Gordon. Kaplan e Holsten hanno fatto trasferire la salma all'Istituto di Patologia perché fosse sottoposta ad autopsia...»

«Sì, e che cosa è successo?»

«Il cadavere che stanno esaminando non è quello di Tom! Alexandra è arrivata appena in tempo... L'anatomopatologo stava per iniziare l'autopsia. Ma quel morto non è Tom...»

«Vengo anch'io.»

Barski la guardò dubbioso. «Sarebbe meglio se mi aspettasse qui.»

«No, devo vedere di persona» disse Norma.

12

L'odore di disinfettante era acuto e penetrante.

Il locale ricavato nel sotterraneo aveva i muri laccati di bianco. Lungo una parete si susseguiva una serie di porte metalliche. Norma sapeva che erano le celle frigorifere nelle quali venivano depositate le salme in attesa di essere sottoposte all'esame necroscopico. Non era la prima volta che si trovava in un luogo come quello, ma l'atmosfera orribile che lo permeava le toglieva il respiro. C'erano una dozzina di tavoli metallici dai piani inclinati e scanalati. E luce al neon ovunque.

Norma era in piedi accanto a uno di quei tavoli. Con lei c'erano il dottor Barski e la dottoressa Alexandra Gordon. Sul tavolo giaceva il cadavere di un uomo sulla trentina. La pelle aveva un colore bianco tendente al blu. Dall'altra parte del tavolo c'erano il chirurgo e il suo assistente. Entrambi portavano lunghi guanti di gomma e grembiuli di plastica. Accanto all'assistente erano pronti seghe per le ossa, scalpelli e coltelli affilatissimi. Tutti fissavano il cadavere sul tavolo operatorio. Un rubinetto perdeva. Il gocciolìo rimbombava nel silenzio.

Infine Alexandra Gordon disse: «Il signor Kluge mi ha telefonato dicendomi di voler iniziare l'autopsia. Ho parlato subito con Harald, il quale mi ha detto di procedere immediatamente. Sono venuta qui. E ho visto subito che non era Tom». La dottoressa di nazionalità inglese era una ragazza alta e snella e portava i capelli castani raccolti sulla nuca.

A Beirut sono stata con Pierre all'obitorio dell'ospedale americano, pensava Norma. Ci avevano chiamato per identificare un corrispondente della CBS, Tommy Cohen, che era rimasto ucciso. Eravamo amici. Tommy era stato colpito al volto ed era irriconoscibile. Il cadavere era stato trovato in un cespuglio da una squadra di caschi blu francesi. Sapevamo che a Tommy mancavano tre dita del piede sinistro, compreso l'alluce. Aveva calpestato una mina e gli era andata bene. Se l'era cavata con un sacco di schegge conficcate un po' in tutto il corpo e con quelle tre dita in meno. Ma anche un altro avrebbe potuto avere quelle schegge e le tre dita mozze. Pierre si rammentò di aver regalato a Tommy un anello di avorio con una stellina intagliata. Lo avrebbe dovuto proteggere. Molti di noi erano superstiziosi e chi non lo era a Beirut lo diventava per forza. Io stessa avevo regalato a Pierre la catenina con il quadrifoglio. La stessa che porto al collo e che a Pierre non ha portato affatto fortuna. Così come l'anello di avorio non portò fortuna a Tommy. Servì solo a identificarne il cadavere. Ecco qual è l'unica virtù dei portafortuna: servono a riconoscere chi li porta addosso in caso di morte violenta.

«La colpa non è mia» disse il chirurgo Kluge. «Sul cartellino c'è scritto dottor Thomas Steinbach, con i dati personali e la data di morte.» Sollevò un cartoncino legato con un fil di ferro all'alluce del morto. Barski lo lesse e imprecò in polacco.

A Beirut, ricordava Norma, i medici dell'obitorio lavoravano contemporaneamente su diversi tavoli. Uno di essi fumava mentre sezionava il cadavere di una ragazza. E fra una tirata e l'altra infilava il sigaro in mezzo alle dita del piede della donna. E un assistente beveva latte da una bottiglia. A Beirut faceva molto caldo e il latte si deteriorava in fretta. All'obitorio la temperatura consentiva di conservarlo più a lungo.

Qui non era come a Beirut. Qui l'atmosfera era irrespirabile.

Sentì Barski che chiedeva: «Da dove arrivava quest'uomo?».

«Non saprei» rispose Kluge. Più che un chirurgo sembrava un lottatore professionista. «È stato condotto qui da due infermieri attraverso i corridoi sotterranei.»

«Chi erano gli infermieri?»

«Non ne ho idea. Ce ne sono talmente tanti!»

«Non le hanno detto da dove venivano?»

«Non hanno detto niente. Non parlano mai. Mi hanno consegnato i documenti e la richiesta di esame necroscopico e io ho firmato per accettazione.»

«Dov'è la richiesta?»

«Laggiù.»

Barski si avvicinò a uno dei tavoli di acciaio e prese un formulario.

«Dottor Thomas Steinbach» lesse. «È il suo.»

«Dio Santo! Per forza! Sapesse che spavento ci siamo presi quando la signora Gordon è piombata qui dicendo che non era lui.»

Una porta si aprì. Era Harald Holsten. Senza fiato.

«Alexandra! Perché mi ha cercato?» Capì subito di che si trattava. Strano, si disse Norma. Il nervo ora non gli trema. «Accidenti» esclamò Holsten. «Che cosa diavolo è successo?»

«È quello che tutti noi vorremmo tanto che tu ci spiegassi» disse Alexandra Gordon fissandolo furibonda. Ancora un po' e questi fanno a botte fra loro, pensò Norma dentro di sé. A qualcuno forse premeva che accadesse. Ma a chi?

«Io dovrei spiegarvelo? Ma che significa?» Holsten aveva alzato la voce.

«Non gridare!» lo rimproverò Barski.

«Alexandra non ha il diritto di parlarmi con quel tono» disse Holsten. «Non mi può soffrire. Comunque, dal momento che lavoriamo insieme, non ammetto che...»

«Sì, sì, sì» fece Barski. «Chiaro. In che modo il cadavere di Tom è stato portato fuori dal reparto?»

«Avvolto in alluminio e depositato in una cassa zincata. È passato attraverso le porte a tenuta stagna. Il trasporto è stato effettuato da due infermieri. Ovviamente protetti dagli speciali indumenti.»

Norma si appoggiò alla parete. Le gambe non la reggevano quasi più. Gli occhi le si chiudevano. Non ce la fai più, si diceva. Ma devi resistere! Dannazione! Devi scoprire cos'è successo. Hanno ucciso tuo figlio. Devi trovare gli assassini. E per farlo devi sopportare anche questo. Questo e altro.

«Li conoscevi?»

«Io? Ti ho detto che del trasporto si è occupato Eli. Maledizione, si può sapere che cosa avete da guardarmi in quel modo?»

«Nessuno ti sta guardando, Harald. Smettila con queste scene! Il cartellino l'hai scritto tu però — o no?»

«Sì, certo. E l'ho attaccato al dito del piede.»

«È questo?»

Holsten osservò il cartoncino attaccato al piede del morto. Ora il nervo aveva ripreso a pulsare. Norma lo notò. Evidentemente lo spasmo cessava quando Holsten era molto nervoso o spaventato. «Sì, è questo. Riconosco la mia scrittura. E adesso?»

Norma ripensò al dottor Kiyoshi Sasaki di Nizza e a ciò che aveva detto loro a proposito dei ricchi e dei potenti e del prossimo tradimento. Devo mettermi in contatto con Alvin al più presto, si disse.

«E adesso che facciamo?» chiese il dottor Kluge. Aveva un grosso collo taurino e un cranio squadrato. «Dobbiamo aprirlo oppure no? Non c'è tempo da perdere.» Con la mano indicò la fila di porte metalliche. «Sono quasi tutte piene. E chissà quanti ne arriveranno ancora oggi. Siamo soltanto in due a darci il turno. Gli altri tre sono in ferie. È la solita storia che si ripete tutte le estati. Allora?»

«Allora non se ne fa niente» rispose Barski. «Non sappiamo chi sia quest'uomo. Deve rendersi conto anche lei, collega, che si è verificato un grave incidente. Il cadavere di questo sconosciuto deve restare intatto. Lo chiuda in una cella frigorifera. Nel frattempo cercheremo di scoprire chi è.»

«Non c'è motivo di prendersela con me» disse Holsten adirato.

«E chi se la prende con te?» ribatté Barski. «Calmati, per favore! C'è un telefono qui?»

«Fuori in corridoio, in fondo a destra. C'è una porta con scritto ''Vietato l'ingresso''. Lì dentro c'è un telefono» rispose il dottor Kluge e senza interrompersi aggiunse: «Mettetelo via! Cominciamo da quel tumore all'utero!».

Barski si avviò di corsa verso il corridoio. Norma lo seguì. Alle sue spalle sentiva Holsten e la Gordon discutere animatamente fra loro. In sala medica trovarono una ragazza che armeggiava davanti al lavandino. Sotto il grembiule di plastica indossava un paio di jeans e una camicia di cotone. Stava lavando i recipienti di vetro utilizzati nei precedenti esami necroscopici. Era truccata in modo molto vistoso e aveva i capelli biondi spettinati e unti. In testa aveva la cuffia di un registratore da passeggio e ballava al ritmo della musica che lei sola sentiva. E mentre lavava beute e provette canticchiava...

«... I'm in league with satan. I am the Master's own...»

«Salve!» disse Barski ad alta voce.

«... I drink the juice of women as they lie alone...»

Finalmente si accorse che c'era gente e si tolse di malavoglia la cuffia dalle orecchie.

«Posso usare il telefono?» chiese Barski.

«Per me. Ma lei chi è?» rispose la bionda spettinata.

«Barski.» Compose il numero. Intanto anche Holsten e la Gordon entrarono nella stanza senza finestre.

«Ma dove siamo? Alla stazione centrale?» fece la ragazza. «Non si può nemmeno sentire un po' di musica in pace!»

«Silenzio!» la zittì Barski. E al telefono disse: «Pronto... Amministrazione... È Barski che parla. Devo sapere i nominativi delle persone che sono decedute dalla mezzanotte in avanti... Come?... Non avete ricevuto tutti i certificati di morte?... Allora telefonate ai vari reparti... Subito. Io aspetto in... Sì, è urgentìssimo!... Sembra che sia sparito un cadavere... Sbrigatevi!»

«È sparito un cadavere?» chiese la biondina. «Belle cose succedono da queste parti!»

«Si impicci degli affari suoi!» ribatté Barski bruscamente.

La ragazza scrollò le spalle e si rimise in testa la cuffia. Un attimo dopo riprese a dimenarsi al ritmo della musica.

«Quando si verifica un decesso» spiegò Barski a Norma «il medico deve redigere un certificato di morte. L'originale viene consegnato ai parenti, la copia resta in amministrazione. Con il certificato di morte i parenti si rivolgono all'agenzia di pompe funebri che si occupa di tutte le formalità del caso. Così come per Tom anche per questo sconosciuto deve essere stato redatto un certificato di morte.»

In quella stanza l'odore acre dei disinfettanti si mescolava a quello di un profumo da poco prezzo. La biondina se ne era messo addosso un po' troppo.

Nessuno parlava.

Trascorsi cinque minuti l'amministrazione tornò in linea. «Un momento» fece Barski e prese un blocco e una matita che si trovavano sulla scrivania. «Sì... sì... Cosa? Avete un certificato a nome del dottor Thomas Steinbach?... Come?... Deceduto alle 7,47 di questa mattina... È esatto...» Holsten e la Gordon si avvicinarono. Il nervo sotto la palpebra inferiore dell'uomo non pulsava più.

«Chi ha firmato il documento?... Il dottor Jacobson, sì... E chi ha dato disposizioni per l'autopsia?... Il professor Kallbach...»

«Sono andato io da lui» si affrettò a chiarire Holsten. «Tutte le richieste devono essere firmate da lui.»

«Li avete raccolti tutti, da tutti i reparti? Non ce ne sono altri? E le autopsie?... Sicuri?... No, no, certo che le credo. Allora tre uomini e due donne dalla mezzanotte di ieri. Quanti sono ancora qui?... Una donna e quattro uomini. All'obitorio, sì... I nomi, per favore... Il dottor Steinbach non risulta più... Capisco... con quale agenzia?... Cosa? Eugen Hess? In Uhlenhorster Weg?... L'agenzia di pompe funebri che ha curato le esequie della famiglia Gellhorn... Sì, sono stato io ad affidare l'incarico... Come?... No, sì... Certo... C'è un cadavere che deve essere sottoposto ad autopsia, ma non è il cadavere di Thomas Steinbach... Figuriamoci, era un mio collega! Il cadavere appartiene a qualcun altro... Non ne ho idea... Ho molta fretta, mi scusi! Grazie per il suo aiuto... Sì, avviate subito le indagini per scoprire come sono andate le cose... Il cadavere dello sconosciuto è stato portato all'obitorio questa mattina... Il cartellino?... A nome di Thomas Steinbach... Sì, i dati sono esatti. Ora del decesso, reparto Malattie Infettive, richiesta di autopsia. Ma il cadavere non è il suo! Non è Thomas Steinbach... La firma?... La firma della richiesta è del mio collega Holsten... Sì... Se viene a sapere qualcosa, mi telefoni immediatamente in ufficio... Grazie ancora!» Barski riappese.

«Eugen Hess!» esclamò Norma. «Uhlenhorster Weg. Ci sono già stata!»

«E adesso ci tornerà una seconda volta» disse Barski e uscì di corsa dall'ufficio. Norma lo seguì.

La biondina riprese a muoversi al ritmo della musica canticchiando:

«... *I'm gonna break out. I'm gonna drive my car! I'm gonna get up and go! I want some action...*».

13

«Santi numi! La polizia!» esclamò il signor Hess. La temperatura era piacevole nell'atrio d'ingresso dell'agenzia di pompe funebri. Gli altoparlanti nascosti diffondevano una musica lieve — Chopin, pensò Norma, come l'altra volta. Si trovava lì insieme a Barski e al commissario capo Sondersen. Prima di uscire dall'Istituto Barski gli aveva telefonato informandolo dell'accaduto.

Il commissario dall'aspetto così giovanile per la sua posizione disse: «Mi sembra che lei abbia già conosciuto la signora Desmond, signor Hess, non è vero?».

«Sì, sì... ricordo.» L'anziano signore vestito di nero, con la camicia candida e la cravatta a lutto, si chinò. Si soffregava nervosamente le mani.

«E il signore è il dottor Barski della clinica Virchow. Conosce anche lui. Siamo qui a causa di un decesso avvenuto questa notte.»

Gli occhi di Hess lampeggiarono. «Sì. Come posso esservi utile?»

«Questa mattina un suo furgone ha prelevato dalla clinica i cadaveri di un uomo e di una donna.»

«Sì, ma...»

«Vorrei conoscerne i nominativi.»

«Spiacente, signor commissario, ma non sono autorizzato a rivelarle i nomi di quelle persone.»

Sondersen insistette con estrema cordialità. «Come no, signor Hess. Questa vicenda è collegata all'attentato terroristico del 25 agosto al Circo Mondo. Si è occupato lei della sepoltura della famiglia Gellhorn.»

«Sì, è vero. Ma...»

«Sono a capo di una Commissione speciale che indaga sull'attentato. Lei è tenuto a darmi quei nomi. I nominativi esatti.»

«Mi scusi, signor commissario, ma che significa? Vuole forse insinuare...»

«No, stia tranquillo. Mi servono solo i nomi dei due cadaveri. E voglio sapere dove si trovano ora.»

«Naturalmente... Sa, commissario, io non sapevo che... la prego di seguirmi nel mio ufficio. La nostra agenzia è piuttosto grossa. E non posso ricordare i nomi di tutti i clienti.»

Hess fece strada. Nell'ufficio il colore dominante era il nero — tappeti neri, mobili neri. Su una parete era appesa una pergamena incorniciata di nero.

PERCHÉ TREMARE ATTERRITI DI FRONTE ALLA MORTE
CHE CI ASPETTA INESORABILE?
Friedrich Schiller
La Pulzella d'Orléans

E sulla parete di fronte, racchiuse in una cornice identica, si leggevano le parole:

GUIDATO DAL PENSIERO DELLA RESURREZIONE
CHE CONDUCE I DORMIENTI ALLA PERFEZIONE
IL SEPPELLITORE NEL PIETOSO SVOLGIMENTO
DEL SUO COMPITO SI ELEVA A MESSAGGERO DI CULTURA

Un vaso nero con dei crisantemi di seta bianca spiccava sulla scrivania sommersa dalle carte. La luce era soffusa e la musica di Chopin vibrava in sottofondo.

«Accomodatevi, signori!» disse Hess. Egli stesso si sedette alla scrivania e si mise a scartabellare in mezzo a tutte quelle carte. Poi si voltò e batté i tasti di un computer, ovviamente nero. Sullo schermo apparvero in verde le seguenti informazioni:

8 giugno 1986
doppio trasporto — Virchow
1. anneliese grasser, n. 7.5.1911 reg. cl. 876/86 committente konrad grasser, coniuge, grindelallee 46a - n.reg. 32114 - sepoltura - camera 14 + + +
2. ernst thubold, n. 11.2.1960 reg. cl. 1102/86 committente thea thubold, coniuge, rombergstrasse 135 - n.reg. 32115 - cremazione, ohlsdorf + + + fine + + + fine + + +

«Ecco qua» disse Hess con un po' di stanchezza nella voce. «Avete potuto leggere da voi i nominativi dei due poveri defunti che abbiamo prelevato quest'oggi dalla clinica Virchow. Finora.»

«Questa storia si fa sempre più complicata» disse Barski.

«Come mai, dottore?» Hess si soffregò le mani bianchissime.

«Perché noi...» prese a dire Barski.

Sondersen lo interruppe. «Signor Hess, in alto sullo schermo c'è scritto doppio trasporto. Di che si tratta esattamente?»

«Deve sapere che abbiamo tre furgoni, dotati tutti e tre di radiotelefono. Quando il parente di un defunto ci interpella e ci affida un incarico, una volta discusse le formalità del caso noi ci mettiamo in contatto radio con i nostri autisti e se qualcuno di essi è nelle vicinanze della clinica presso la quale si trova il defunto, addormentato nell'eterno sonno della pace e beato nella vita eterna ...»

«Sì, sì, vada avanti» disse Barski. Norma evitò di guardarlo negli occhi. Entrambi pensavano al dottor Sasaki e alla sua mania dei sinonimi. La situazione era piuttosto comica, nonostante il clima di estrema severità.

«... si reca direttamente sul posto a prelevare la salma. Amburgo è una grande città. Ci sono parecchi ospedali e solo così, con questi trasporti plurimi, riusciamo a sbrigare velocemente il lavoro. Il defunto può restare presso la clinica nella quale è avvenuto il decesso per quattro giorni soltanto. In cella frigorifera. A spese dell'ente ospedaliero. Poi deve essere portato altrove. Anche noi abbiamo delle celle. E, se la situazione lo richiede, possiamo trattenere la salma per diversi giorni. Pensi ai casi di parenti residenti all'estero, in America magari o in Asia.»

«Sì, certo» tagliò corto Sondersen senza spazientirsi. «Il marito della signora Grasser è venuto da lei questa mattina.»

«Sì, infatti. Ho parlato io stesso con lui. Aspetti un momento!» Hess pigiò un tasto dell'interfono e disse: «Signorina Beatrice, per favore mi può portare gli atti 32114 e 32115? Grazie.» Si appoggiò allo schienale e giunse le mani all'altezza della vita. «Concerto in fa minore, terzo movimento... al pianoforte Eskenazy... fantastico, no?»

Una ragazza con gli occhiali, pallida e vestita di nero, entrò silenziosamente nell'ufficio e consegnò al signor Hess due cartellette.

«Grazie, signorina» disse Hess. La ragazza si ritirò lasciandosi alle spalle una scia di sudore. Hess aprì una delle due cartellette.

«Ecco qua» disse. «Il signor Grasser è venuto poco dopo le nove. Era molto provato, ovviamente. Aveva trascorso tutta la notte al capezzale della moglie. Gli ho assicurato che ci saremmo occupati noi di tutte le formalità del caso e abbiamo preso accordi sui singoli dettagli. Eh sì... un grande amore! Ha commissionato una cassa di legno di castagno massiccio con decorazioni a forma di palma e piedi intagliati a zampe di leone... Abbiamo cinquanta modelli diversi. Abete, rovere, mogano. Acciaio per...»

«Basta!» esclamò Barski.

«Ha ragione, ha ragione!» fece Hess. «Del resto tutti noi ne abbiamo bisogno, prima o poi.»

Non tutti, si disse Norma. Pierre per esempio no. Sono sempre meno coloro che hanno bisogno di una bara.

«Ecco... Il furgone numero tre ha prelevato la povera signora Grasser alla clinica Virchow... I miei uomini hanno sbrigato tutto quello che c'era da sbrigare... documenti... sono molte le cose a cui pensare, sapete?... Il signor Grasser ha voluto le note del *Sogno d'amore* di Listz e una corona di cento rose rosse con la scritta ''Ciao, Liese'' e...»

«Basta così» disse Sondersen. «E la signora Thubold? Quando è venuta da lei?»

«Mi lasci vedere...» Hess aprì la seconda cartelletta. «Subito dopo il signor Grasser. Stavo ancora parlando con lui. Di lei si è occupato il nostro signor Schneider. Era disperata, povera donna. Il marito era molto giovane! Le vie del Signore... Ha chiesto che il corpo fosse cremato e le ceneri riposte al cimitero di Ohlsdorf... E dal momento che il furgone numero tre già si trovava alla clinica ho avvertito via radio l'autista di prelevare anche la salma del signor Thubold. Il furgone arrivava dall'ospedale di Eppendorf ma a bordo c'era ancora posto...»

«Un momento!» fece Barski. Si tolse di tasca il biglietto sul quale aveva annotato i nomi delle persone decedute alla clinica durante la notte. «Ecco qua. Ernst Thubold. Causa del decesso: infarto.»

Hess sollevò un formulario. «Confermo. Ho qui davanti a me il certificato di morte firmato dal dottor Lohotzky. E la dichiarazione degli uomini del furgone numero tre che hanno preso in consegna le spoglie mortali...»

«E queste spoglie mortali adesso dove sono?» domandò Sondersen.

«Al crematorio di Ohlsdorf.»

«Cosa? Di già?»

«La signora Thubold deve sottoporsi a un intervento chirurgico piuttosto urgente. Sia lei sia il marito avevano abbandonato la chiesa alcuni anni fa. Ha voluto che fosse recitata soltanto un'orazione funebre. Ci avvaliamo della collaborazione di oratori eccellenti, validissimi professionisti che pronunciano quotidianamente almeno tre orazioni. È un servizio molto richiesto, sa? Oggigiorno le chiese non sono più molto frequentate e sono in molti a chiedere una semplice orazione. Solo a Natale e a Pasqua...»

«Signor Hess!» Sondersen gli rivolse un'occhiata di rimprovero.

«Chiedo scusa. Il signor Schneider ha telefonato a Ohlsdorf, è annotato qua. Quando il furgone numero tre è arrivato in sede, abbiamo messo in cella la signora Grasser e ci siamo subito occupati del signor Thubold. Lo abbiamo messo in una cassa di pino. Il signor Schneider non ha nemmeno chiesto alla signora se era d'accordo sul tipo di legno. In genere per le cremazioni si scelgono le casse meno costose. Ovvio, la cassa brucia insieme alla salma. Vi pare?»

«Per favore, telefoni al crematorio di Ohlsdorf» disse Sondersen. «Voglio sapere se la cassa si trova già là.»

«Subito, signor commissario. Se solo potessi sapere cos'è successo...»

«Vorremmo tanto capirlo anche noi» lo zittì Barski. «Posso usare l'altro telefono?»

«Certamente, dottore.»

Mentre il signor Hess telefonava al cimitero di Ohlsdorf, Barski si mise in contatto con la clinica Virchow e chiese del dottor Lohotzky dell'unità coronarica. Glielo passarono subito.

Dopo essersi presentato Barski disse: «È una questione urgente, egregio collega. Questa mattina presto lei ha firmato il certificato di morte di un certo Ernst Thubold. Ricorda...? Bene. In amministrazione mi è stato detto che la salma dovrebbe trovarsi ancora all'obitorio, in una cella frigorifera. Ma ho le mie buone ragioni per dubitare che si trovi effettivamente là... Le spiegherò più tardi di che si tratta esattamente. Potrebbe mandare qualcuno a controllare?... Aspetto all'apparecchio... Sì, ci vorrà un po' di tempo... non importa...».

Sia Barski sia Hess aspettavano con il telefono in mano di ricevere le informazioni che avevano chiesto.

Il primo a parlare fu Hess. «Sì?... È lì?... Ne è sicuro?».

Sondersen balzò in piedi e gli prese di mano il telefono. Dopo aver detto il suo nome e la carica che rivestiva ordinò: «Che nessuno tocchi quella bara! Per nessun motivo! Veniamo immediatamente!».

«Crede che nella cassa ci sia il corpo di Thomas Steinbach?» chiese Norma quando il commissario ebbe riattaccato.

«Non lo credo affatto» rispose il commissario. «Ma dobbiamo scoprire chi c'è in quella bara.»

Per qualche minuto nessuno parlò. Si udivano solo le note soffuse del concerto in fa minore per pianoforte, opera 21 di Chopin.

Infine Barski disse: «Allora?... Scomparso, proprio come supponevo... Non so neppure io come possa essere successo...».

«Permette...» Sondersen gli tolse di mano il ricevitore. «Dottor Lohotzky, è il commissario capo Sondersen del presidio di polizia di Wiesbaden che parla. La prego di fare esattamente ciò che le dico. Si rechi al più presto all'Istituto di Patologia. In una cella frigorifera dovrebbe esserci la salma di un certo dottor Thomas Steinbach... Sì, Thomas Steinbach... Così c'è scritto sul cartellino, ma ritengo che possa trattarsi di Ernst Thubold... Le mando subito due uomini... Un momento, ancora una cosa, per favore! Rintracci immediatamente la signora Thubold. Deve identificare il cadavere... mi dispiace, ma è inevitabile. La ringrazio.»

Sondersen guardò Hess. «Per favore, provi anche lei a rintracciare la signora Thubold. E poi mi richiami alla sede centrale di polizia. Chieda della Commissione speciale 25 agosto. Qualcuno accompagnerà la signora Thubold alla clinica. Avvertirò gli uomini via radio.» Detto questo, Sondersen andò alla porta, seguito da Norma e dal dottor Barski.

«Per tutti i numi!» esclamò Hess giungendo le mani bianchissime. «La nostra casa lavora da 247 anni nel massimo riserbo. Vi scongiuro... non fate scoppiare uno scandalo... Sarebbe impensabile... vi prego!» Così dicendo il signor Hess rincorse i tre visitatori, ma essi erano già usciti dalla porta. Dalla vetrina Hess li vide salire su un'auto della polizia. Le portiere si chiusero. L'auto partì a sirena spiegata, con la luce blu d'emergenza accesa.

14

«... riposa come fra le braccia della madre e nessuna tempesta potrà più spaventarlo, protetto per sempre dalla mano di Dio...» La voce di una donna echeggiava nella camera ardente del crematorio. Scendendo le scale essi la udirono e sentirono le note dolci che l'accompagnavano. Norma si fermò.

«È un canto» disse Barski. «È solo un canto funebre. Non ci pensi!»

«È il *Canto per la morte di un bambino* di Mahler» disse Norma.

«Non ci pensi!» La prese per un braccio. «Andiamo!»

Scesero nello scantinato. Davanti a una delle porte dipinte di rosso Norma si sentì venir meno. Rimase in piedi solo perché Barski la sosteneva. Sondersen li aveva preceduti in gran fretta. Quando entrarono nella stanza in cui erano allineate su una serie di scaffali una quarantina di bare che attendevano di essere cremate, il commissario capo stava già parlando con gli addetti al crematorio. Con lui c'erano due membri della Commissione speciale che aveva avvisato via radio durante il tragitto.

Là sotto il caldo era più insopportabile e appiccicoso che mai. Sembrava che il calore del forno passasse anche attraverso i muri. Due operai in grembiule grigio avevano preso da uno scaffale una cassa di pino alla quale era attaccato un biglietto con il numero 2101. La stavano aprendo. Norma si avvicinò per vedere meglio.

Gli uomini sollevarono il coperchio. Nella bara c'era il corpo di un ragazzo coperto da un lenzuolo funebre di poco prezzo. Era piccolo e magro, con i capelli neri tagliati corti e un lungo naso adunco che spiccava sul volto incavato.

«Quest'uomo non è Tom Steinbach» affermò Barski e nella sua voce si sentiva un marcato accento polacco.

«Non mi aspettavo di trovarcelo» disse Sondersen.

«Sul biglietto c'è scritto che è Ernst Thubold» disse uno degli operai.

«Per forza» replicò Sondersen. «Non potrebbe essere altrimenti. Ma non è nemmeno lui.»

Un altro operaio era andato a prendere un formulario dalla scrivania. Disse: «Anche qui c'è scritto esplicitamente che...».

«Lasci perdere!» esclamò Sondersen.

«Cos'è successo?»

«Non lo sappiamo. Quando lo avreste cremato?»

L'uomo controllò sulla tabella. Anch'egli, come il suo collega, fumava.

«Questa sera verso le 10,30. C'è un posto libero.»

«Non lo brucerete. Prima dobbiamo scoprire chi è. Avete delle celle frigorifere quaggiù?»

«No, qui no. Ma dall'altra parte del cimitero sì. Ce ne sono un paio per i casi di emergenza.»

Due operai arrivarono con una nuova bara; sul cartellino era scritto il nome della salma. Luise Zager. Uno dei due canticchiava un ritornello. «Luisa, Luisa... ti porterei in chiesa...»

«Sta' zitto!» gli disse l'operaio più anziano che stava parlando con il commissario.

«Ah, va' al diavolo!» ribatté l'altro. Aiutato da un altro ragazzo sbatté la cassa su un ripiano. «Ne arrivano altri tre» disse.

«Forza, compagni, al lavoro!» ironizzò un altro, bevendo un grosso sorso di grappa dalla bottiglia. «Il lavoro nobilita!» I due tornarono di sopra.

«Le chiedo scusa...»

«Non fa niente» disse Sondersen. «Poveracci. Non si può dire che sia un bel lavoro. Per favore, faccia portare il cadavere in una cella frigorifera e ce lo lasci finché non riceverà disposizioni in merito.»

«Deve rivolgersi al direttore. Noi non possiamo ricevere ordini.»

«Come no.»

«Davvero... Signor commissario, rischiamo il licenziamento!»

«Come si chiama il direttore?»

«Norden.»

«C'è un telefono?»

«Fuori, vicino alla scala.»

«Numero?»

«323.»

Sondersen uscì. Uno degli operai accese una sigaretta e mandò fuori il fumo dal naso. «Brutta faccenda?» domandò incuriosito.

Barski annuì. Mi tiene ancora la mano, pensava Norma. Non deve farlo. O forse sì. Mi sento male. Senza di lui non potrei resistere. Lo guardò mentre fissava il cadavere dello sconosciuto.

Intanto gli altri operai del crematorio si erano avvicinati al collega che teneva in mano la bottiglia di grappa per bere insieme a lui.

«Chi ha visto *L'ispettore Derrick* ieri sera?» domandò uno di loro.

L'avevano visto tutti. E tutti, tranne uno, avevano trovato avvincente l'episodio della sera precedente.

«La scena del cimitero era una porcheria. Figuriamoci se le parole pronunciate dal sacerdote possono provare la colpevolezza dell'assassino! Sappiamo benissimo che il cimitero è la culla della menzogna!»

«Alla gente piace sentire tutte quelle stronzate» commentò un operaio corpulento che beveva della birra. «E piace coprire i morti di fiori. Da morto ti danno tanti fiori quanti non ne hai visti in vita tua. Lo si fa per paura, date retta a me!»

«Quelle che si vedono nei cimiteri sono soltanto commedie!» disse l'operaio con la bottiglia di grappa.

«Quando uno crepa, tutti fingono disperazione e ammirazione per il defunto. E invece...» aggiunse quello a cui non era piaciuto l'episodio delle fortunata serie televisiva.

«Piantatela!» li rimproverò un collega piccolo di statura.

«Ringraziate il cielo di avere un lavoro! Io sono un consulente fiscale. Disoccupato da due anni. Alfred non riesce a entrare all'università. E tu, Orje, con il tuo negozio di articoli per uomo a Berlino sei andato sul lastrico. Per un'inversione di tendenza nella moda. Tutte balle! L'unico lavoro a prova di crisi è il nostro! Non si smetterà mai di morire!»

«Ma la paga, gente!» disse Orje, quello di Berlino. «Mi hanno dato una bella fregatura. Vieni, ti diamo un sacco di quattrini! Non fatemi ridere! Che vengano qua loro a buttare le casse da morto dentro al forno!»

«Insomma, Orje, tu non sei mai contento» disse il piccoletto, dopo aver bevuto un grosso sorso. «Non possiamo proprio lamentarci del lavoro. Credimi, so quel che dico. Se penso a quello che succede dalle altre parti! A Dortmund per esempio. Hanno scoperto che mettevano due morti in ogni bara e rivendevano le altre alle pompe funebri.»

«E a Monaco allora?» fece quello della bottiglia di grappa. Dal camino usciva sempre del fumo nero e sapete perché? Perché quelli delle pompe funebri dentro alle casse mettevano tutte le cianfrusaglie che avevano in giro e non sapevano dove cacciare. Bella roba, no?»

«C'è di peggio, caro mio» disse l'operaio di Berlino. «Ho saputo che ci sono delle imprese che comprano i cadaveri dagli ospizi e dagli ospedali a suon di bigliettoni.»

Sondersen tornò e disse al più anziano degli operai: «Il direttore Norden vuole parlarle». L'uomo si recò al telefono. Ai suoi agenti il commissario ordinò di fotografare il morto e di prendere le impronte digitali. «Controllate anche la dentatura. Come al solito. Forza.» I due agenti aprirono la valigetta che si erano portati appresso con tutti gli strumenti del mestiere. Uno di loro si chinò accanto alla bara e iniziò a scattare le fotografie. L'operaio anziano fece ritorno.

«Allora?» disse Sondersen.

«Faremo tutto quello che desidera, signor Sondersen. Lei mi deve scusare, ma noi siamo soltanto dei dipendenti...»

Sondersen strinse la mano a tutti loro. «Vi ringrazio molto. E se c'è qualcosa, il direttore Norden ha il mio numero di telefono.» Guardò Norma e Barski. «Andiamo a prendere una boccata d'aria! Aspetteremo fuori di ricevere notizie dalla clinica. Lei ha una pessima cera.»

«Manca l'aria qua dentro» disse Norma.

«Già» fece Sondersen.

Qualche istante dopo i tre sedevano su una panchina fuori dal crematorio. Un corteo funebre stava uscendo dalla cappella. Accompagnava una piccola bara sorretta da quattro uomini nella tradizionale uniforme composta dalla giacca di velluto nero, camicia con il colletto inamidato, pantaloni neri al ginocchio, calze lunghe e cappello a tre punte. Altri uomini in divisa caricavano sul furgone le corone di fiori. Ce n'erano molte e c'era parecchia gente che seguiva il corteo. Il sacerdote si incamminò lungo il viale fiancheggiato da splendide azalee. Il cimitero sembrava un bellissimo parco, pieno di alberi secolari, canali, vialetti e in fondo grandi distese erbose. Di fronte al cimitero sorgeva il monumento alle vittime del nazismo. In una cornice di pietra alta sedici metri erano racchiuse quindici file di urne di marmo contenenti terra e cenere di centocinque campi di concentramento. Il monumento era stato costruito nel 1949, pensava Norma che qualche anno addietro ne aveva parlato in un suo servizio. In memoria di centocinque campi di sterminio. Ma i nazisti colpivano ancora, profanavano cimiteri e sinagoghe. Un monumento! Ma a cosa è servito? si domandò. Disse: «Signor Sondersen. Lei era certo che non avremmo trovato la salma del dottor Steinbach in quella bara perché è convinto che sia stata rubata. È così?».

«Sì.» Sondersen annuì. E sul suo volto giovane comparve ancora una volta quella strana espressione di stanchezza e disgusto. Come suo padre Sondersen era fermamente intenzionato a combattere ogni forma di malvagità e a questa lotta voleva dedicare tutta la sua vita. Ma cosa c'era di strano in lui? Cosa nascondeva quell'uomo?

«Lo supponevo anch'io» disse Barski. «Quelli che hanno ammazzato Gellhorn, la sua famiglia e anche suo figlio — le chiedo scusa, signora Desmond — lo hanno fatto preché volevano ottenere precise informazioni dal professore. Il discorso di Sasaki mi ha convinto.» Durante il tragitto dall'impresa di pompe funebri al cimitero Barski e Norma avevano riferito al commissario del loro viaggio a Nizza e degli elementi che erano riusciti a raccogliere grazie alla conversazione con il dottor Kiyoshi Sasaki. «Dobbiamo supporre che le informazioni che questa gente vuole ottenere abbiano a che fare con il virus che ha colpito Tom e Petra. Volevamo esaminare la materia cerebrale di Tom. Evidentemente lo vogliono fare anche loro. Perciò hanno trafugato il cadavere.»

«L'esame delle cellule cerebrali può effettivamente fornire indicazioni utili?» chiese Norma.

«Sì, senz'altro» rispose Barski. «Anche se da quelle informazioni non si può ricavare la struttura del DNA del virus. Ma a quella gente interessa sapere quali cellule sono state alterate e in che modo.»

«Perché?» domandò Norma.

«Questo non lo so» disse Barski. «E adesso, signor Sondersen?» Il commissario stava fissando l'auto con la quale erano arrivati al cimitero. I due agenti erano in piedi, accanto alle portiere spalancate.

«Dobbiamo scoprire a chi appartiene il cadavere che abbiamo appena visto» rispose Sondersen. «Seguiremo tutte le tracce. Dobbiamo ovviamente indagare anche su Hess, sulla sua impresa e i dipendenti che ci lavorano.»

«E ai genitori di Tom cosa diremo?» chiese Barski. Sedevano all'ombra di un castagno secolare. «Sono anziani e hanno già subìto un duro colpo. Non posso raccontare loro che il cadavere del figlio è scomparso. Né spiegare loro il perché. Mi creda, signor commissario, non posso proprio.» Guardò Sondersen in viso. «Tom era un mio carissimo amico. I suoi genitori arrivano questo pomeriggio alle 19,30. Al telefono Harald — il dottor Holsten — ha detto loro che saremmo andati insieme a prenderli all'aeroporto. Dio santissimo, cosa dirò a quei poveracci?»

«Forse potrei aggiustare le cose» disse Sondersen. «Prima devo informare Wiesbaden. Ma penso che saranno d'accordo. Potrebbe funzionare se lei non si pone scrupoli di ordine morale. Lei crede in Dio, vero?»

«Sono disposto a tutto pur di non arrecare un ulteriore motivo di disperazione a quei poveri genitori.»

«Lei suggerisce di tacere la verità ai genitori del dottor Steinbach e di bruciare le ceneri di loro figlio. Solo che non si tratterà di lui, ma di un altro!» disse Norma.

Sondersen annuì. «Ritengo che il direttore del crematorio, Norden, non avrà nulla da obiettare. Questa almeno è l'impressione che ho avuto parlandogli per telefono poco fa. Ovviamente nessuno dovrà svelare questo nostro raggiro a fin di bene. Ma...» Il commissario si interruppe. Uno degli agenti lo aveva chiamato. Sondersen corse all'auto e afferrò il ricevitore. Norma e Barski sedevano immobili sulla panchina e lo guardavano. Gli uccelli cantavano in mezzo alle fronde del vecchio castagno. Era settembre, un caldo settembre.

«Bravka è sepolta qui» disse Barski. «In fondo al cimitero.»

Norma posò una mano sulla sua. Pensava al monumento alle vittime del nazismo. C'era senz'altro un'urna con le ceneri dei poveri ebrei polacchi. Povero Barski! Poveri polacchi! Poveri tutti noi! Beata Bravka. Beato Pierre. Beato mio figlio. Beati tutti i morti che non hanno più niente a che fare con questa lurida vita.

Sondersen ritornò. Norma ritrasse subito la mano.

«Era la signora Thubold. L'hanno rintracciata a casa della sorella. Adesso si trova all'Istituto di Patologia. Ha identificato il cadavere senza alcuna ombra di dubbio.»

Sondersen alzò gli occhi e per un attimo rimase assorto nei suoi pensieri.

«Prima di parlare al telefono stava dicendo qualcosa, commissario» gli ricordò Norma. «Diceva che sarebbe possibile tacere la verità ai genitori del dottor Steinbach se tutti mantenessero il segreto. ''Ma...'' Ci vuole spiegare questo suo ''ma'', commissario?»

Sondersen si voltò verso di loro. Il suo sguardo arrivava da molto lontano.

«Ma non ne sono sicuro» disse e rivolgendosi a Barski aggiunse: «Il dottor Sasaki di Nizza è convinto di avere un traditore fra i suoi collaboratori. Ed è certo che presto anche lei, dottor Barski, avrà a che fare con una spia».

15

«Questo è tutto quello che il fratello di Tak ha raccontato a me e alla signora Desmond» disse Barski. Era seduto al grande tavolo delle riunioni nell'ampio ufficio tinteggiato di bianco. Alla sua destra sedeva Norma, alla sinistra Sondersen. Lo stesso Barski aveva insistito perché l'incontro avesse luogo anche a tarda ora. Intorno al tavolo erano riuniti tutti i membri del gruppo di ricerca, alcuni ancora in camice bianco — l'israeliano Eli Kaplan, alto e biondo, con gli occhi azzurri; il giapponese Takahito Sasaki, piccolo e minuto; l'inglese Alexandra Gordon, con i capelli tirati sulla fronte, e infine Harald Holsten, robusto e tarchiato, con pochi capelli e uno strano tic nervoso sotto l'occhio sinistro. Barski aveva riferito di essere andato a prendere i genitori di Tom all'aeroporto insieme a Holsten e di averli condotti a casa...

«Abbiamo detto loro che l'autopsia durerà ancora un giorno, dopodiché dovremo cremare immediatamente la salma, per non rischiare di diffondere l'infezione. Ho promesso loro che parteciperemo tutti al funerale. Mi hanno ringraziato e hanno ripetuto un'infinità di volte che sono immensamente grati a noi tutti per quello che abbiamo fatto per il Tom. La madre mi ha baciato. È stato il momento più difficile. Nel frattempo il signor Sondersen ha ottenuto il permesso di introdurre nell'urna le ceneri di un'altra persona. Fortunatamente!»

Speriamo che vada tutto bene, si disse Norma.

«Il fratello di Tak è convinto che all'interno della sua clinica ci sia un delatore e che presto anche noi — dopo l'integerrimo comportamento di Gellhorn — avremo a che fare con una spia» continuò Barski. «Il signor Sondersen, al quale abbiamo rivelato queste supposizioni del dottor Kiyoshi Sasaki, ha insistito perché ne mettessimo al corrente anche voi. Devo dire che, alla luce di quanto è accaduto, la convinzione del fratello di Tak mi sembra più che mai logica. E la nostra situazione è alquanto critica.»

«Altro che!» esclamò Holsten. Era stanco e nervoso. I suoi colleghi non erano stanchi come lui, ma altrettanto inquieti.

Solo Eli Kaplan se ne stava comodamente appoggiato alla sua sedia. Fumava e sembrava apparentemente tranquillo. «Secondo me quello che ha detto Kiyoshi è una cosa mostruosa.» Holsten e la Gordon gli diedero ragione. «Tak, come si permette tuo fratello di mettere il naso nei nostri affari? È convinto di avere un traditore fra i suoi collaboratori. Benissimo. Ma come osa supporre che da noi possa accadere la stessa cosa?»

«Sono molti gli elementi che lo fanno pensare» disse Barski. Norma lo guardava. Era molto serio. Guardò anche Sondersen. Il commissario fissava con estrema attenzione tutti i partecipanti alla riunione. «Qualcuno deve aver raccontato quello che stiamo facendo. Altrimenti non avrebbero potuto ricattare il professor Gellhorn!»

«E chi può dire che sia stato effettivamente ricattato?» ribatté la Gordon. «È solo una teoria del fratello di Tak. E del signor Sondersen, se non erro.»

«Io non ho formulato alcuna teoria, dottoressa. Ho solo raccolto dei frammenti di un complicato gioco a incastro. Ne mancano ancora parecchi. Devo trovarli. È il mio lavoro. E sono grato a chiunque mi voglia aiutare.»

«Aiutare!» esclamò Holsten stizzito. «Aiutare! Ma come crede che la possiamo aiutare ora che fra noi si è insinuato il dubbio di lavorare a fianco a fianco con un traditore, responsabile con altri del mostruoso bagno di sangue avvenuto al circo? D'ora in poi ci guarderemo l'un l'altro con circospezione o addirittura con sospetto. Eravamo un gruppo di amici, signor Sondersen. Non lo saremo mai più, grazie a tuo fratello, Tak.»

Norma notò che il nervo non pulsava. Segno che Holsten era molto inquieto.

«Lascia in pace mio fratello, hai capito?» disse Takahito Sasaki. «Gli ho parlato poche ora fa. E quello che dice mi sembra molto sensato.»

«Ah sì?» fece la Gordon. «I due fratelli vanno d'amore e d'accordo. Per forza!»

«Cosa vorresti dire, Alexandra?» esclamò Takahito alzandosi in piedi.

«Siediti. Non facciamo commedie!» lo richiamò Barski.

Takahito rimase in piedi. «Dannazione, voglio sapere cosa vuole insinuare!»

«Voglio dire semplicemente che hai aspettato un po' troppo per dirci che secondo te fra noi c'è un traditore!» spiegò la Gordon.

«Ve l'ho detto subito, appena ne ho parlato con mio fratello.»

«Il furto è avvenuto in primavera e sono scomparsi importantissimi risultati scientifici. Ora veniamo a sapere da Jan e dal signor Sondersen che l'autore del furto presso la clinica di tuo fratello arrivava dalla GENESIS TWO come l'uomo che ha cercato di uccidere la signora Desmond.» La Gordon non mollava.

«E allora? E allora?» Takahito batté un pugno sul tavolo. «Non sapevo che i due delinquenti appartenevano alla stessa organizzazione. Lo abbiamo scoperto soltanto adesso!»

La Gordon gli chiese: «E non hai mai pensato che potesse

esistere un collegamento fra ciò che è accaduto alla clinica di tuo fratello e quello che è capitato qui da noi?».

«No, maledizione! Qui è stata ammazzata un sacco di gente. Da mio fratello hanno rubato soltanto un paio di dischetti! In compenso qui è sparito qualcosa? No, niente! Adesso ne ho abbastanza. Ho finito poco fa di parlare con Jan. È stata una conversazione di merda. Jan è convinto che io e mio fratello siamo invischiati in una losca faccenda. È probabile che Jan — e voi tutti — pensiate che mio fratello abbia parlato di un ipotetico traditore per confondere le piste. Potrebbe essere proprio lui il traditore e denunciarne l'esistenza per coprire le sue mosse.»

«Non mi sembra una gran bella idea» commentò Kaplan. Si era tolto la pipa di bocca.

«Ti ci metti anche tu ora, Eli? Ti credevo il mio migliore amico qua dentro. È molto gentile da parte tua trattarmi così!» E all'improvviso si mise a strillare. «Forza, allora! Cosa aspettate! Ecco il colpevole della morte di tutta quella gente!» Allungò le mani verso Sondersen. «Allora, signor commissario? Dove sono le manette?» Ansimava. E aveva le lacrime agli occhi.

«Tak» disse piano Barski. «Smettila con queste scene. Chiudi la bocca e siediti una buona volta.»

«Non ci penso nemmeno!» Sasaki puntò il dito indice verso il commissario. «Voglio dirle una cosa, signor Sondersen. Quando gli americani — Dio li benedica — scagliarono la prima bomba atomica su Hiroshima, il 6 agosto del 1945, ci furono 260.000 morti e oltre 160.000 fra feriti e dispersi. I miei genitori ancora non si conoscevano. Fortunatamente non erano di Hiroshima.

«Io nacqui nel 1955. A quell'epoca la maggior parte dei feriti era già morta. Per le conseguenze di quelle assurde radiazioni. Ancora oggi gli ospedali sono pieni di gente che soffre a causa di quelle radiazioni. Vuole sapere perché ho scelto questo mestiere? Perché crescendo ho maturato il desiderio di diventare un medico, uno scienziato, e di lottare per trovare un rimedio alla leucemia, al cancro in generale e alle malattie scatenate dalla esposizione alla radioattività. Allora non sapevo che un giorno avrei avuto a che fare con il DNA e la sua manipolazione in laboratorio. E lo stesso discorso vale per mio fratello. La radioattività altera il patrimonio genetico. Mio fratello è diventato scienziato per cercare di curare le alterazioni del patrimonio genetico dell'individuo. E come me si è trovato a maneggiare questa portentosa sostanza, il DNA. Merda! Noi due vogliamo soltanto aiutare la gente! Aiutarla! E voi... voi ci incolpate di una strage che Dio solo sa come avremmo potuto commettere!»

«Ora basta» disse Sondersen. «La smetta, dottor Sasaki. E si segga!» Takahito esitava. «Immediatamente!» Il giapponese si sedette. «Credo che tutti voi — e includo anche suo fratello Kiyoshi — siate motivati nella ricerca da sentimenti altamente umanitari. Ciascuno per una sua ragione, più o meno personale. Ma a partire da oggi siete tutti sospettati. Allo stesso modo. Tutti quanti. Non è bello. Ma nemmeno i morti che abbiamo seppellito sono una bella cosa.»

«Chiedo scusa per come mi sono comportato» fece Takahito Sasaki. Ora piangeva per davvero.

Kaplan gli batté una mano sulla spalla. «Dobbiamo saperci controllare» disse. «Altrimenti ne usciremo pazzi. Procediamo con logica, esaminando i fatti uno alla volta. Cosa ha fatto ciascuno di noi dopo la morte di Tom?»

«Forse era Tom il traditore» disse la Gordon.

«Può darsi. In tal caso ha pagato caro il suo tradimento» concluse Kaplan.

«Io lo escludo» fece Holsten. «Gellhorn è stato ucciso quando Tom aveva già contratto l'infezione.»

«In linea puramente teorica Tom avrebbe potuto benissimo svelare il contenuto delle nostre ricerche quando ancora non era malato» gli rispose Kaplan. «Ma torniamo a quello che è successo dopo la sua morte. Chi c'è insieme a lui? Io e Harald. Chi telefona poco prima che muoia a Nizza per dire a Jan di rientrare subito ad Amburgo? Harald. Ci sono anch'io mentre parla al telefono. Chi si occupa del certificato di morte e della richiesta di autopsia?»

«Io» disse Holsten.

Il nervo aveva ripreso a pulsare, notò Norma.

«Ho scritto anche il cartellino e l'ho attaccato all'alluce di Tom. Poi però te ne sei occupato tu, Eli!»

Fuori, in quella limpida notte di settembre, Norma vedeva le stelle brillare. Sono tutti qui, pensava. Seduti intorno a questo tavolo. Uomini rispettabili e validissimi scienziati dediti a un lavoro di grande importanza per tutta l'umanità. E uno di loro è responsabile di tante morti, di tanto dolore. Uno di loro, anche se in modo indiretto, è colpevole della morte di mio figlio.

L'israeliano dai capelli biondi e gli occhi azzurri disse: «All-right. Redatti i documenti, Harald me li ha consegnati. Gli ho detto che avrebbe dovuto occuparsi di Petra. In rianimazione c'erano altri medici. Degli eventuali testimoni, signor Sondersen».

Il commissario annuì.

«Sono arrivati due infermieri con una cassa di alluminio. Hanno avvolto Tom in un foglio protettivo. Ho detto loro di portarlo immediatamente all'Istituto di Patologia con la richiesta di esame necroscopico. Hanno attraversato la paratia della camera sterile e sono usciti dal reparto passando per i sotterranei.»

«Li hai visti di persona?» chiese la Gordon.

«Fino alla porta stagna.»

«Chi erano gli infermieri?» chiese ancora la Gordon.

«Non lo so.» Kaplan batté la pipa sul posacenere. «Vedendoli li riconoscerei senz'altro.»

«Si chiamano Karl Albers e Charley Krohnen» precisò il commissario. «I miei agenti sono riusciti a rintracciarli e li hanno interrogati.»

«Cosa hanno scoperto?» domandò Kaplan.

«La loro deposizione coincide con la sua, dottore.»

Sondersen fissò Kaplan con un'espressione assente. «Affermano di aver portato la cassa di alluminio al reparto di Patologia passando attraverso i corridoi sotterranei.»

«Avevo ragione io.»

«Un momento!» La voce di Sondersen rimase imperturbata. «I due sostengono di aver consegnato la cassa al dottor Kluge e di aver ricevuto da lui un documento comprovante la consegna della salma, che hanno poi depositato in amministrazione. Il documento c'è. Gli agenti lo hanno controllato. Reca la firma di Kluge. Il quale nel frattempo ha confermato di averlo firmato personalmente.»

«Le ho ben detto che le cose sono andate in questo modo» insistette Kaplan, riempiendosi la pipa.

«Andiamoci piano» ribatté Sondersen. «Il cadavere che gli infermieri hanno portato fuori dal reparto Malattie Infettive — non sappiamo se anche fuori dalla camera sterile — era quello di Tom Steinbach. Il cadavere che il dottor Kluge e i suoi assistenti hanno prelevato dalla cassa di alluminio per sottoporlo a esame necroscopico non apparteneva a Tom Steinbach ma a Ernst Thubold, deceduto all'unità coronarica.»

«Lo scambio dei cadaveri è avvenuto fra la paratia stagna della camera sterile e l'Istituto di Patologia, prima che il dottor Kluge togliesse Tom — il suo cadavere — dalla cassa» concluse la Gordon.

«Può darsi» disse Sondersen.

«Ci sono altre possibilità?» chiese Norma cercando Sondersen con lo sguardo. Il commissario abbassò gli occhi. Norma cercò Barski. Anch'egli distolse lo sguardo. Ma cosa sta succedendo? si domandò Norma. A un tratto avvertì una sensazione di profonda tristezza. E inorridì afferrandone la ragione. Fino ad allora non aveva mai dubitato di Barski. E invece anche lui poteva essere colpevole. Magari non proprio il traditore, ma poteva essere comunque implicato nella vicenda. Questa possibilità andava oltre la sua immaginazione. Per questo non l'aveva nemmeno presa in considerazione. Ma quante volte proprio le ipotesi più assurde si erano rivelate veritiere? Deve essere innocente, si disse disperata. Vi prego! Ma chi posso pregare? Ho soltanto voi due e non posso chiedervi questo. Ma vi prego, aiutatemi ugualmente. Vi chiedo scusa. Fate che Barski non c'entri! Se lui è colpevole, che farò? Che farò?

«Altre possibilità?» aveva ripetuto Sondersen nel frattempo. «Sicuramente. Ci devono essere. Completamente diverse da questa. Non le conosciamo perché non sappiamo ancora chi è il traditore.»

«Io protesto» prese a dire Sasaki indignato.

Sondersen gli tolse la parola di bocca. «Silenzio! Non sappiamo ancora chi è il traditore, dicevo. Non sappiamo cos'ha fatto e come si comporterà. Perciò abbiamo convocato questa riunione notturna. Non sono stato io a seminare zizzania fra di voi. È stato uno di voi a guastare la reciproca amicizia. Dovete osteggiarlo e impedirgli di continuare su quella strada. Come? Ammetto di non poter proseguire il mio lavoro senza la vostra collaborazione. Mi serve il vostro aiuto, il vostro appoggio. Anche se lei, dottor Holsten, avrà sicuramente da obiettare.» Sondersen tacque un momento. Il silenzio era totale. «Altre possibilità» disse ancora. «Certamente. Qualcuno deve essere andato a prendere il cadavere di Ernst Thubold dalla camera funebre dell'unità coronarica. Qualcun altro deve aver trafugato il cadavere di Tom Steinbach. E altri devono avere messo a disposizione con assoluto tempismo un terzo cadavere — quello che è stato consegnato a Hess e successivamente al crematorio con il nome di Ernst Thubold. Il terzo cadavere del quale ancora non conosciamo l'identità e la provenienza.»

«Di sicuro non arriva dalla clinica» disse Alexandra Gordon. «Sono stati effettuati controlli accurati in tutti i reparti. A parte Tom Steinbach, non manca nessuno.»

«Un momento» fece Sasaki. «Perché sei scesa in Patologia? Sei stata tu a dare l'allarme. Ma cosa sei scesa a fare?»

«Me lo ha chiesto Harald.»

«È vero» confermò Holsten guardando stizzito la collega. «Dovevo occuparmi di Petra e nel frattempo erano arrivati anche Jan e la signora Desmond. Perciò le ho chiesto di andare a prendere i campioni di materia cerebrale.»

«Credevi davvero che fossero già pronti?» domandò Sasaki. «O volevi magari aspettare che segassero il cranio di Tom davanti a te? Sai benissimo che non iniziano mai dalla testa.»

«Harald mi ha pregato di assistere all'esame» rispose la Gordon inviperita. «Per verificare l'eventuale alterazione di altri organi vitali.»

«E quando hai visto che non si trattava di Tom hai chiamato immediatamente Jan» continuò Sasaki.

«Grazie a Dio mi ha chiamato» intervenne Barski. Si rivolse quindi a Sondersen. «Stia tranquillo, signor commissario. Comprendiamo benissimo la sua situazione. E faremo del nostro meglio per venirle incontro ed esserle d'aiuto.»

«Tutti tranne uno» disse Kaplan premendo il tabacco nel fornello della pipa.

«Tranne uno, certo.» Barski annuì. «Ha davanti a sé una mole di lavoro enorme, commissario. Tutti noi siamo sospettati e ovviamente anche gli infermieri. Come ha detto che si chiamano?»

«Karl Albers e Charley Krohnen.»

«In teoria si potrebbe sospettare di chiunque abbia il permesso di utilizzare i passaggi sotterranei della clinica, o sbaglio?»

«Infatti» disse Sondersen.

«Dio santissimo!» esclamò Kaplan. «Saranno almeno una cinquantina di persone!»

«Lo so» fece Sondersen. «Non si preoccupi. Controlleremo tutti quanti. E non solo qui, all'interno della clinica. Ci siamo già messi in moto. Per ora non abbiamo ottenuto alcun risultato concreto, ma siamo solo all'inizio.»

«Dispone di una squadra di agenti sufficientemente numerosa?»

«Ho chiesto un contingente supplementare, dottor Kaplan. Se deciderete di aiutarmi, riusciremo a scoprire la verità, presto o tardi.»

«Intende dire che troverà i colpevoli?» precisò Holsten.

«Esatto» disse Sondersen con voce ferma e risoluta.

Il suo volto aveva un'espressione battagliera. Sì, pensò Norma, anche questa volta il commissario era fermamente deciso a portare avanti la sua crociata contro il male.

«Non solo gli autori dello scambio di cadaveri,» proseguì Sondersen «ma i responsabili dell'attentato terroristico, diretti e indiretti.»

Che fortuna lavorare insieme a quest'uomo, si disse Norma. Lo aiuterò come posso. E insieme scopriremo chi sono gli uomini che si sono bagnati le mani con il sangue di tanta gente. E con il sangue di mio figlio.

Sasaki si rivolse a Barski. «Mi è venuta in mente una cosa. Quando Gellhorn e i suoi sono stati uccisi, hai pensato tu al funerale e ti sei rivolto all'agenzia di pompe funebri Hess. Non è vero?»

«Sì» rispose Barski. «Avevamo già lavorato con Hess. È un'impresa che lavora molto bene. Perché me lo domandi?»

«Così» fece Sasaki. «Perché adesso abbiamo di nuovo a che fare con la stessa impresa. Con tutte le agenzie di Amburgo che si occupano di funerali e di trasporti di salme dagli ospedali ci capita un'altra volta questo Hess. Una strana coincidenza, non ti pare?»

«Sputa il rospo!» esclamò Barski.

«Quale rospo?»

«Credi — o forse vuoi far credere — che io abbia le mani in pasta... che sia io il traditore?»

«Non ci penso nemmeno...» prese a dire Sasaki, ma il trillo del telefono lo interruppe.

Barski andò alla scrivania, sollevò il ricevitore e rimase in ascolto.

«Sì, è qui... Un attimo.» Si voltò a guardare Sondersen. «È uno dei suoi agenti. Ha bisogno di parlarle urgentemente.»

Sondersen si alzò e rispose. «Quando?» chiese poi. «Un momento!» Guardò Barski. «Vorrei parlare da solo» disse.

«Posso passare la linea in segreteria. Non c'è più nessuno a quest'ora. L'interruttore della luce è sulla sinistra entrando.» Il commissario di polizia andò nella stanza accanto e accese la luce. «Chiuda la porta!» gli disse Barski. «Quando la spia rossa dell'apparecchio si accende, può alzare il ricevitore.»

«Grazie.» La porta si richiuse alle sue spalle. Barski disse all'agente al telefono: «Un momento, per favore» e passò la comunicazione in segreteria. Poi rimase in silenzio.

Nessuno parlava. Nessuno si muoveva. E nessuno guardava negli occhi un collega. Un aeroplano in procinto di atterrare al vicino aeroporto di Fuhlsbüttel o appena decollato fece tremare i muri dell'edificio. Eli Kaplan appoggiò la pipa al portacenere. Sasaki si alzò e si accostò alla finestra, fissando nell'oscurità.

But only yesterday. Norma rammentò le parole di Shakespeare. Ma solo fino a ieri... Fino a ieri quegli uomini erano amici. O forse no. Non potevano essere tutti amici se fra loro c'era il traditore. Come si può scrutare nell'animo di un uomo? Leggere cosa ci sta scritto? Nessuno conosce il suo prossimo. Ognuno è solo nel buio della notte.

La porta della segreteria si aprì. Carl Sondersen tornò al suo posto. Gli occhi di tutti erano puntati su di lui.

«Thomas Steinbach è stato ritrovato» disse Sondersen con una voce priva di tono.

«Dove?»

«È tornato a Ohlsdorf, al crematorio.»

Strano, si disse Norma. Nessuno reagisce. Nessuno inorridisce. Probabilmente sono tutti scossi ma nessuno ha il coraggio di esternare i propri sentimenti.

«Come c'è arrivato?» chiese Sasaki senza allontanarsi dalla finestra.

«Non si sa» disse Sondersen.

Norma notò che il commissario osservava attentamente tutti quanti.

«Il direttore del crematorio — si chiama Norden — ha ricevuto la telefonata da un uomo del turno di notte. Mi ha cercato al commissariato e uno dei miei uomini mi ha rintracciato qui. Norden si sta recando a Ohlsdorf. Circa mezz'ora fa due operai del turno di notte sono scesi nelle cantine a prendere delle bare da bruciare. In mezzo al pavimento si sono trovati una nuova cassa con un cartellino recante il numero 2101. L'operaio che ha telefonato poi al direttore è andato a controllare sull'elenco e ha visto che il 2101 avrebbe dovuto essere in cella con l'ordine tassativo di non toccarlo.»

«Immagino che sia andato in cella a verificare che cosa fosse successo» disse Sasaki.

«Infatti. Ha cercato la cassa 2101. Non c'era. La cassa 2101 è scomparsa dalla cella frigorifera. Con il cadavere dello sconosciuto spacciato per Ernest Thubold.»

«Un momento, per favore» fece Holsten. «Poco fa mi sono dimenticato di precisare una cosa piuttosto importante. Io ho scritto un solo cartellino. A nome di Thomas Steinbach. Lo stesso che ho visto attaccato al dito del piede dell'uomo che in seguito è stato identificato come Ernst Thubold dalla moglie e dai medici dell'unità coronarica.» All'improvviso Holsten si mise a gridare. «Non ho scritto due cartellini! No! Dillo anche tu, Eli, che mi hai visto mentre lo scrivevo!»

«Certo, ti ho visto scrivere un cartellino» disse Kaplan accentuando appena l'articolo indeterminativo.

«Che significa?» sbottò Holsten. Balzò in piedi e si accostò all'israeliano, afferrandolo alle spalle. «Che significa, bastardo? Che poi ne avrei scritto un altro?»

«No» fece Kaplan.

«Cosa no?»

«Non voglio che tu mi metta le mani addosso!»

Holsten fece un passo indietro. «Allora, è questo che vuoi dire?» insistette.

«Non voglio dire un bel niente. Ho semplicemente confermato di averti visto scrivere un cartellino. Tutto qui. E adesso piantala. Il tuo atteggiamento è disgustoso.»

Holsten rimase di sasso e uno dopo l'altro guardò tutti i suoi colleghi, accusando un tremendo imbarazzo. Gli altri distolsero lo sguardo.

«Mi dispiace» disse e tornò a sedersi al suo posto.

«Suppongo che il cadavere di Tom sia stato sezionato» disse Kaplan.

«Sì» disse Sondersen. «Sono stati asportati tutti gli organi interni — cuore, fegato, reni, milza... e così via. Anche il midollo osseo... La scatola cranica è stata aperta e il cervello rimosso dalla sua sede. Il cranio non è stato riaggiustato perfettamente, ma il volto — così mi ha detto Norden — è rimasto intatto.»

«Un atto di pietà degno di nota» commentò Sasaki.

«Sciocco» lo rimbeccò Kaplan. «Hanno voluto semplicemente evitare che la polizia cercasse di scoprire l'identità di un secondo cadavere sconosciuto, tutto qui. Ho ragione, signor Sondersen?»

«Forse. Per ora non possiamo dire niente.»

«Ma come hanno fatto? Nessuno ha visto arrivare la bara con il corpo di Tom? Come hanno fatto a entrare?» domandò la Gordon.

«Faremo in modo di scoprirlo» rispose Sondersen. «Dottor Barski, dottor Holsten, devo pregarvi — purtroppo — di accompagnarmi a Ohlsdorf. Devo stabilire con assoluta certezza che si tratti effettivamente del cadavere di Tom Steinbach.»

Barski disse piano a Norma: «Tornando posso passare un momento da lei?».

«È gia tardi... Sua figlia...»

«Jeli dorme da un pezzo. Allora?»

Norma annuì.

Barski, Holsten e Sondersen lasciarono la sala di riunione senza dire altro. Poco dopo anche Eli Kaplan si alzò e se ne andò. Lo seguì Sasaki, in silenzio. E infine uscì anche Alexandra Gordon. Nessuno parlò. Nessuno guardò negli occhi l'altro. Ciascuno andò via per conto suo. *But only yesterday...*

16

«La signora Norma Desmond?»

«Sì.»

«È il centralino. La stiamo cercando da un'ora.»

«Sono arrivata cinque minuti fa.»

«C'è una telefonata per lei da Mosca. Il signor Westen vorrebbe parlarle. Le passo la comunicazione?»

«Sì, certo.» Norma, seduta davanti alla finestra della sua camera al settimo piano della torre, si alzò. Il suo viso a un tratto si illuminò di gioia.

«Cara Norma! Finalmente! Dove ti eri ficcata?» La sua voce, distante centinaia e centinaia di chilometri, suonava vicina come se Alvin fosse lì accanto a lei.

«Ah, Alvin, come sono contenta di sentirti!»

«Io pure. Mi hanno detto che sei stata a Nizza.»

«Sì, con Barski. Abbiamo...»

Westen non la lasciò parlare. «Avete trascorso delle giornate intensissime. Lo credo. Anch'io, Norma. Attualmente alloggio all'hotel Sovietskaia. Prendi nota del numero di telefono.»

Prese una busta e una penna dalla borsa.

«Prima il prefisso per Mosca e poi 250 23 42. L'hai scritto?»

«Sì.»

«Benissimo. Mi fermerò ancora un paio di giorni per incontrare dei vecchi amici. Poi partirò per New York. E infine tornerò a Berlino. È importante che a Berlino mi raggiunga anche tu. Magari con Barski. Pensi di farcela?»

«Senz'altro» rispose Norma. La pervase una dolce sensazione di calore. A casa, pensò. A casa. Non so esattamente cosa significhi sentirsi a casa. Ma quando sento la sua voce mi sembra di tornare a casa mia. «Verrò quando vuoi, Alvin.»

«Io arrivo a Berlino il 24 settembre. È un mercoledì.»

«Dove hai prenotato?»

«Al Kempinski, come al solito.»

«Devo prenotare anch'io una stanza?»

«Ci penso io da qui. Parlerò con il portiere dell'albergo, il mio vecchio amico Willi Ruof.»

«D'accordo. Barski verrà sicuramente. Allora ci vediamo a Berlino il 24?»

«Benissimo. Non devo stare in pensiero per te, vero?»

«No, Alvin!»

«Magnifico! Un momento, c'è un'altra cosa che devo dirti!» Da migliaia di chilometri di distanza le risuonò all'orecchio la gaia risata dell'amico Westen.

«Sai che sono un patito dell'opera. Di Verdi soprattutto. Ad Amburgo mi sono dimenticato di dirtelo.»

«Cosa?»

Alvin rideva contento. «Alla fine del mese all'Opera è in programma una chicca. Il 28 settembre. Domenica. Saremo già di ritorno da Berlino. In tempo per la prima de *La forza del destino*. Una rappresentazione del tutto particolare, con il libretto tedesco scritto da Werfel.»

«Franz Werfel?»

«Sì. Non sapevi che aveva scritto una versione tedesca dell'opera verdiana?»

«No.»

«Ha scritto quattro libretti, per quattro opere di Verdi. Fra il 1922 e il 1924. Per i suoi testi Verdi ha sempre utilizzato materiale estremamente drammatico. Quattro volte si è rifatto a Schiller — *Giovanna d'Arco*, *I Masnadieri*, *Luisa Miller* e il *Don Carlos* — tre volte si è riallacciato a Shakespeare — *Macbeth*, *Otello*, *Falstaff* — per due volte ha rivisitato le opere di Victor Hugo — *Ernani* e *Rigoletto*. La sua musica aveva bisogno di grandi passioni, di caratteri marcati, di situazioni drammatiche. I suoi librettisti però...»

«Senti, Alvin, ti rendi conto di quanto ti costa ogni minuto di telefonata?»

«Certo, Norma. Il fatto è che mi sento un po' solo qui a Mosca. Ho voglia di parlare con te. Grazie al cielo posso ancora permettermelo. Negheresti una piccola gioia a un uomo così vecchio?»

«Bel socialista sei! Sprechi così il tuo denaro! Dai, racconta!» gli disse Norma.

«I due librettisti di Verdi, Piave e Ghislanzoni, riuscivano a rendere solo in parte la drammaticità della musica. Non credevano nella necessità di una costruzione drammatica della vicenda e nell'approfondimento psicologico delle situazioni. Ecco perché Werfel decise di riscrivere il libretto di quattro opere verdiane. E il 28 danno la prima di una di queste opere. Dobbiamo andarci.»

«Ci andremo» rispose Norma. «E prenderemo i posti migliori. Ti conosco, compagno!»

Westen rise di nuovo. «All'Opera di Amburgo bisogna sedere in una delle prime cinque file di platea in zona centrale. Se si tratta di un concerto sinfonico, è meglio stare un po' più indietro, tra l'undicesima e la tredicesima fila. Ai balletti...»

«... prima fila, galleria di mezzo» continuò Norma. Risero entrambi. «Non posso sbagliare.»

«Meglio così» disse Alvin. «Prenota i biglietti. Un momento però. Dobbiamo dirlo anche a Barski?»

Norma esitò a rispondere.

«Ma sì, io direi di sì» disse Westen. «È un tipo simpatico, no?»

«Ah, Alvin.»

«D'accordo. Verrà anche lui. E sua figlia? Credi che sia abbastanza grande per capire un'opera?»

«Glielo domanderò.»

«Bene. Non vedo l'ora che arrivi quella sera. Non devo stare in pena per te?»

«No.»

«Domani ti richiamo — no, dopodomani. Telefonerò di sera, tardi. Almeno sarò sicuro di trovarti, no?»

«Sì.»

«E se succede qualcosa chiama tu!»

«Senz'altro.»

«Buonanotte, Norma. Ti abbraccio forte.» La conversazione si interruppe così.

Barski aveva fatto sistemare le due camere d'ospedale in modo che risultassero un po' più accoglienti e confortevoli. Norma però non era ancora riuscita a trasferire nel nuovo alloggio il suo guardaroba e il materiale che le serviva per il lavoro. Aveva con sé solo il bagaglio che aveva portato a Nizza. La valigia era appoggiata sul letto. Erano arrivati a mezzogiorno, ma le sembrava di essere ad Amburgo da un'eternità. Si accinse a disfare la valigia e a disporre le sue cose sui ripiani bianchi dell'armadio. Quando ebbe terminato mise la valigia in un angolo e si sdraiò sul letto. Rimase a lungo a guardare nel vuoto, poi aprì il cassetto del comodino e prese le foto di Pierre e di suo figlio che aveva portato da casa. Fino ad allora, a casa sua, non ne aveva sopportato la vista, ma adesso, in quella camera d'ospedale, rappresentavano per lei l'ultimo appiglio alla vita. Le guardò a lungo e le posò sul comodino.

Il bambino aveva lo stesso modo di ridere del padre. Si somigliavano tanto, pensava Norma, e sono morti tutti e due. Sono rimasta solo io. Devo resistere. Devo scoprire chi è stato ad ammazzare mio figlio. E... Tornò con il pensiero al ristorante dell'aeroporto di Nizza, al silenzio irreale, al mare che cambiava colore da un minuto all'altro. E a Barski, che le sedeva di fronte. Era accaduto quella mattina. Non voglio pensarci. O forse sì. È stata una sensazione meravigliosa, che non avevo mai provato prima d'ora. Anche per Barski, ne sono certa. Ovunque voi siate, si domandò guardando le due fotografie, sapete quello che sta succedendo? Oppure non sapete niente? Sarebbe bello se con la morte non si sapesse più nulla di sé e degli altri. No, non sarebbe affatto bello a pensarci bene. Riesco a vivere soltanto se credo che Pierre e mio figlio sono in qualche posto e mi pensano così come io penso a loro. Nello stesso modo in cui Barski pensa alla sua Bravka sperando che anche lei lo pensi: Barski è un uomo pio. Crede in Dio e nella vita eterna. Buon per lui. Ha delle sicurezze alle quali aggrapparsi. Io non credo a nulla. Al di fuori di Pierre e di mio figlio. E al fatto che essi vivono in me. Tutto ciò che avevano di buono è dentro di me. Nel profondo del mio animo. Ed è questo che si chiama ''vita eterna''. O almeno, così credo.

Si avvicinò alla grande vetrata e osservò il complesso della clinica, i parcheggi vuoti, i giardinetti, le aiuole e gli alberi. La luce accecante dei tubi al neon rischiarava la notte. Una luce fasulla, che un semplice gesto poteva spegnere da un istante all'altro. Maledizione, si disse. Com'è difficile! Com'è difficile convincersi di tutte queste cose solo per mantenere vivi coloro che si amano e che sono morti. Ma i morti sono morti, pensò. E si possono amare ugualmente. E loro? E i morti? Possono ancora amare i vivi? Lo possono davvero?

17

Arrivò dopo la mezzanotte. Norma stava guardando gli ultimi servizi del telegiornale. Sembrava molto stanco.

«Mi dispiace» disse Barski. «La cosa è andata per le lunghe. Ci sono novità?» Alzò gli occhi verso il televisore.

«C'è stato un attentato alla Corte Costituzionale di Colonia. I danni superano il milione di marchi. Si stanno facendo controlli ovunque. Pare che i terroristi abbiano intenzione di colpire impianti industriali, centrali elettriche e palazzi di giustizia.»

«Il mondo in cui viviamo migliora ogni giorno che passa.»

«Già» fece lei. «Era Tom, vero?»

«Sì. Ma le indagini continuano. Sondersen e i suoi uomini sono rimasti al crematorio. Ora non dobbiamo più mentire ai genitori di Tom.» Si sedette. «A cosa sta pensando?»

L'annunciatore del telegiornale passò alla lettura delle previsioni del tempo. Norma si alzò e spense il televisore. «Pensavo che a volte la vita è molto misericordiosa. Come in questo caso. Ha avuto pietà di due poveri vecchi. A volte la vita ha questi riguardi. Ma solo qualche volta. E mi sembra strano. Perché? Perché non è sempre uguale?»

Due profonde occhiaie appesantivano il suo sguardo. Si appoggiò allo schienale. «La riunione di poco fa è stata orribile, non trova?»

«Era necessaria.»

«Signora Desmond...»

«Sì?»

«L'ho osservata. Lei ha pensato che potrei essere anch'io il traditore. È vero?»

«Sì» disse Norma.

«Pensa che potrei mentirle?»

«Non lo so. Se lei fosse il traditore non lo ammetterebbe mai.»

«Non sono io, signora Desmond.»

«Bene» disse Norma.

«Mi crede?»

«Ha chiamato Alvin Westen. Da Mosca. Si ferma in Russia ancora qualche giorno e poi va in America. Il 24 settembre sarà di ritorno a Berlino. Lo devo raggiungere là. Pare che si tratti di una faccenda molto importante.»

«Signora Desmond, le ho domandato se mi crede.»

«E vorrebbe che a Berlino ci fosse anche lei. Potrà venire?»

«Bene, allora vuol dire di no.» Si alzò, con un fare spossato e sconsolato. «Verrò senz'altro. È stato... è stato molto bello questa mattina al ristorante di Nizza, vero?»

Norma non rispose.

Barski scorse le fotografie sul comodino di metallo. «Quanti anni aveva suo figlio?»

«Tre anni meno di Jeli.»

«Domani la aiuterò a traslocare.»

«Ce la farò benissimo da sola.»

«Tutti noi siamo disposti ad aiutarla.»

«Molte grazie.»

«Volevo chiederle un'ultima cosa... Ma in questo frangente...»

«Mi dica.»

«Glielo chiedo anche da parte di Jeli. È da tanto tempo che lo desidera. Ma è sempre capitato qualcosa a rovinare i nostri piani. Questa volta però gliel'ho promesso: domenica faremo una gita in barca sull'Alster. Io... noi saremmo contenti se venisse anche lei. È stata Jeli a proporre di invitarla...»

«Vengo volentieri» disse Norma.

«Grazie» rispose lui. «Buonanotte!» Andò alla porta e l'aprì.

«Dottore!» lo chiamò Norma.

Barski si voltò. «Sì?»

«Le credo.»

18

L'editore del quotidiano *Hamburger Allgemeine Zeitung* si chiamava Hubertus Stein. Aveva 72 anni. A 18 anni aveva iniziato a lavorare come apprendista in sala di composizione. A quell'epoca il giornale apparteneva a suo padre Thomas. L'anno prima che Hitler salisse al potere il giovane Stein portava le navette piene di piombo ai compositori. Nel 1940 fu arrestato e condannato a morte per aver commesso crimini contro il Terzo Reich. Il suo capo redattore di allora, ex commilitone di Göring, si rivolse a quest'ultimo chiedendo il suo aiuto. In uno dei suoi frequenti attacchi di vanagloria Göring, decise di mostrare all'odiato giudice chi effettivamente stringeva le redini del potere in Germania. Senza interpellare né informare lo stesso Hitler e il Ministero di Grazia e Giustizia fece rinchiudere in carcere il giudice che aveva firmato la condanna a morte di Stein e commutò quest'ultima in ergastolo. Stein fu rinchiuso nel penitenziario di Wandsbek. Tra il 24 luglio e il 3 agosto 1943 gli interventi aerei alleati presero di mira la città. I bombardamenti a tappeto distrussero più della metà degli edifici. Anche la casa editrice di Lübecker Strasse fu colpita e divorata dalle fiamme. Nel 1946 Hubertus Stein ottenne dal governo militare inglese la licenza per continuare la pubblicazione del giornale. Per parecchi anni il giovane Stein e i suoi collaboratori produssero il quotidiano in un rudere; ogni volta che le rotative entravano in funzione i muri fatiscenti minacciavano di crollare. Nel 1954 il palazzo fu ricostruito nello stile del vecchio edificio. L'ufficio di Stein si trovava all'ultimo piano, arredato con mobili antichi, lampade preziose e pannellature di mogano, perché somigliasse il più possibile all'ufficio di Stein padre. L'unica novità era il grande riquadro sottovetro appeso dietro la scrivania dell'editore. Riportava, stampate a caratteri chiari e leggibili, le quattro libertà proclamate il 6 gennaio 1941 dal presidente americano Franklin Delano Roosevelt davanti al Congresso degli Stati Uniti. Si leggeva:

> Nei giorni futuri, la sicurezza dei quali ci adoperiamo di garantire, affronteremo una realtà che non potrà prescindere da quattro fondamentali libertà dell'uomo.
> La prima di queste libertà è la libertà di parola e di espressione, che deve essere garantita in tutto il mondo.
> La seconda libertà è quella di onorare il proprio Dio, in ogni paese e in ogni società.
> La terza libertà è la libertà dall'indigenza.
> Essa comporta la stipulazione di accordi economici internazionali affinché ogni nazione garantisca alla popolazione condizioni di vita accettabili.
> La quarta libertà è la libertà dalla paura e comporta la necessità del disarmo collettivo, che ogni paese deve attuare progressivamente finché nessuno sarà più in grado di aggredire il paese vicino con la forza delle armi.

In fondo si leggevano la data e la firma del presidente.

Sotto il pannello con la proclamazione di Roosevelt sedeva, in una mattinata straordinariamente calda del settembre 1986, l'editore Hubertus Stein, un uomo snello nonostante l'età, dagli occhi chiari, il viso sottile, la fronte alta, le labbra piene e i capelli ancora scuri e folti. Stein amava vestire abiti di stile tipicamente inglese.

Di fronte a lui, sulle comode poltrone in pelle, erano sedute tre persone: Norma Desmond, Carl Sondersen e il redattore capo Günter Hanske. Erano passate da poco le 11. L'editore li aveva invitati nel suo ufficio per mostrare loro una lettera che era stata recapitata nelle prime ore del mattino al portiere di notte. Questi aveva riferito di averla ricevuta dalle mani di una ragazza che indossava un impermeabile e aveva un fazzoletto sul capo. La ragazza gli aveva consegnato la busta e si era allontanata frettolosamente, per poi salire su un'auto che l'attendeva lungo la strada. Il portiere non era in grado di descrivere i lineamenti della donna. L'aveva vista soltanto per qualche secondo e non era nemmeno riuscito a identificare il modello dell'auto sulla quale era salita.

La busta era indirizzata a Hubertus Stein. Le parole erano composte con lettere ritagliate da giornali e appiccicate sulla carta. All'interno era contenuto un messaggio, anch'esso composto con lettere di giornali, con la seguente comunicazione:

> SE IL Suo GiOrnale pubBlIcherà notiZiE sUi rEtroScenA deLL'AttEnTaTo aL CirCO mOndo diVerSe da qUeLLa che È la VersIOne UffIciAle, la Casa EdItRiCe VerrÀ faTTa SaltaRe in Aria DuranTe l'Orario Di LavOro. PerderaNNo la Vita pArecchiE PerSone. In PartiCOLaRe le IndagIni di NOrMa DeSmOnd devOnO eSSerE SospeSe e Il mateRiale RaccOlto fiNora devE esserCi conSegnATo. Per StaBilirE un Contatto PubbLicate nellE inSerzIoni di SabatO alla Rubrica *DivErse* il TesTo SeguenTe: SmaRRita BorsA ConteneNtE DoCumeNti PerSonAli — LaUta RicomPenSa A Chi La RitroVasse. Se Non LeGgeReMo l'AnnuMcio Sull'EdizIone Di SabatO pAsseRemo All'AziOne.

Sondersen aveva letto la lettera minatoria. Stein disse: «Il materiale è a sua disposizione, signor commissario».

«Grazie» rispose Sondersen. Attraversò la stanza e andò ad aprire una grossa porta di legno scuro, facendo entrare uno dei suoi agenti. Quest'ultimo sollevò lettera e busta con una pinzetta e le introdusse in un sacchetto di plastica. Tutti lo osservavano ma nessuno parlava. L'agente uscì dall'ufficio dell'editore. «È molto difficile che ci siano tracce o impronte digitali» spiegò Sondersen. «Ma vale la pena di provare comunque. Cosa intende fare, signor Stein?»

L'anziano signore, che indossava un abito principe di Galles, una camicia a righe e una cravatta sottile fermata da una spilla d'oro, si curvò sulla scrivania, aprì un'antica tabacchiera in ceramica bianca e blu e iniziò a riempire una delle numerose pipe allineate su un'elegante rastrelliera antica. «Abbiamo convocato il consiglio di fabbrica. Come tutte le grosse aziende abbiamo uno schema d'intervento da adottare in situazioni di questo tipo. Ne sarà al corrente anche lei, signor

Sondersen.» Il commissario annuì. «I dipendenti ne sono informati. Di tanto in tanto si svolgono esercitazioni che simulano situazioni di emergenza. Il consiglio di fabbrica si è dichiarato unanimemente d'accordo con la mia proposta di non cedere al ricatto. Non ho mai accettato ricatti in vita mia, né l'hanno fatto mio padre o altri membri della mia famiglia. Da quando è stato fondato il giornale abbiamo sempre pubblicato quello che ritenevamo importante e degno di nota. Esprimendo anche la nostra opinione in proposito. E abbiamo sempre separato in modo netto e distinto le notizie dai commenti. Continueremo su questa strada.»

«Signor Stein,» disse il redattore capo Hanske «lei è al corrente dell'accordo di reciproco aiuto fra la signora Desmond e il commissario Sondersen. Norma riferisce al commissario i risultati delle sue indagini e il commissario in cambio le comunica con una precedenza di dieci ore ciò che i suoi uomini scoprono. Di volta in volta decideremo cosa pubblicare e cosa invece tacere. Fermo restando che quando sarà il momento la signora Desmond scriverà un servizio approfondito sui retroscena, i moventi e i vari collegamenti dell'attentato terroristico.»

Stein accese il tabacco nella pipa. Una nuvola di fumo azzurrognolo riempì l'ufficio dell'editore.

«Ha ascoltato il nostro parere, signor Sondersen» disse Stein. «Chi ha collaborato a questo foglio non ha mai ceduto alle minacce e ai ricatti.»

«Non l'ho mai fatto nemmeno io» replicò Sondersen.

No di certo, disse Norma che per tutto il tempo lo aveva osservato attentamente. Ma perché quell'aria così stanca e depressa?

«Lei è in grado di proteggere questo edificio e soprattutto le persone che ci lavorano, ventiquattro ore su ventiquattro per un periodo di tempo indefinito, in modo da rendere pressoché impossibile ai ricattatori di mettere in atto il loro progetto criminale?» domandò Stein. «Ho detto di proposito ''pressoché'' impossibile, perché so che una protezione assoluta è impensabile.»

Sondersen rifletté un momento prima di rispondere. «Possiamo offrire un'attenta e meticolosa sorveglianza all'edificio e a tutti coloro che ci lavorano, senza però garantire la loro incolumità.» Norma notò che il volto del commissario assumeva un'espressione via via sempre più seria. «Adotteremo tutte le misure possibili» disse piegando la testa all'indietro. «Per attuare le quali dovremo inevitabilmente limitare la libera circolazione del personale all'interno dell'edificio.»

«Capisco» disse Stein. «Ma non bisogna mai cedere ai criminali. Credo che anche nel suo campo sia lo stesso, commissario, non è vero?»

«Certamente» rispose Sondersen. «Anche se a volte bisogna fingere di accettare le loro richieste.»

«Per motivi tattici.» Stein annuì. «Ma mai nella realtà.»

Seguì una pausa di silenzio. Tutti fissavano il commissario Sondersen.

«No» disse infine quest'ultimo. «Nella realtà non si deve mai cedere.»

«Se sono ancora vivo lo devo alla follia di Göring. Non ho ceduto nemmeno di fronte a Hitler» disse Stein.

«Lo so» fece Sondersen.

«È impossibile che i responsabili di questo bagno di sangue siano dei criminali peggiori di Göring e di Hitler. Non le pare?»

«Direi che è piuttosto difficile stabilirlo» rispose il capo della Commissione speciale.

«E se lo fossero non dovremmo comunque mutare atteggiamento nei loro confronti» aggiunse Stein. «Non dobbiamo dimenticare che questa gente è convinta che noi sappiamo molto di più di quanto in effetti conosciamo. Altrimenti avrebbero già eliminato da tempo un personaggio scomodo come la signora Desmond. Non trova anche lei?»

«Certo» disse Sondersen.

«Faremo sapere loro che tutte le informazioni delle quali la signora Desmond dispone, nel caso succeda qualcosa, saranno automaticamente cedute ad altri organi d'informazione che provvederanno a divulgarle. Credo che funzionerà da deterrente, lei cosa ne dice?»

«Spero che lei abbia ragione» disse Sondersen lentamente. Si alzò. Anche gli altri si alzarono. Stein porse a Sondersen la mano.

«La ringraziamo» disse. Quindi accompagnò i suoi ospiti alla porta, stringendo nella mano sinistra la sua pipa. Quando se ne furono andati, l'anziano editore tornò alla scrivania. Alzò gli occhi e rilesse, come era solito fare nei momenti difficili, sulle quattro libertà proclamate dal presidente Roosevelt: «Nei giorni futuri, la sicurezza dei quali ci...».

Hubertus Stein si rimise la pipa in bocca.

Intanto il commissario, Norma e Hanske avevano attraversato il corridoio e si erano fermati davanti agli ascensori. Il redattore capo si scusò con gli altri due e si allontanò per sbrigare altre incombenze. Norma e Sondersen rimasero soli. Non c'era nessuno nell'atrio.

«Signor Sondersen,» domandò Norma «posso sapere cosa la opprime in questo modo?»

Il commissario la guardò in silenzio. La cabina dell'ascensore scese vuota al piano terra.

«Le ho fatto una domanda, signor Sondersen.»

«Ho sentito, signora Desmond.»

«Ma non mi ha risposto.»

Anche la cabina dell'altro ascensore scese da basso.

«Perché non mi risponde, signor Sondersen?»

L'uomo dall'aspetto estremamente giovanile, del quale Norma parecchi anni prima aveva conosciuto il padre, a Norimberga, la fissò a lungo. Norma aspettava paziente. L'ascensore saliva e scendeva. Ma di lì non passava nessuno. Erano soli.

«Le piacciono i film di Woody Allen?» chiese infine Sondersen.

«Sì, molto» fece Norma. «Ma cosa...»

«Aspetti!» Sondersen sollevò le mani e le lasciò cadere sui fianchi. «In uno dei suoi film Woody Allen dice queste battute: ''Sono ebreo. Ma posso spiegarlo''. È una frase che non posso dimenticare.»

«Terribile.»

«Lei mi ha domandato cosa mi opprime.»

«Sì, certo. E...»

«C'è qualcosa che mi opprime» disse Carl Sondersen. «Ma non posso spiegarlo.»

19

«Belle queste scarpe, vero?» disse Jeli.

«Bellissime» rispose Norma.

«Sono le scarpe più belle che abbia mai avuto.»

«Sono belle davvero. Scommetto che papà te le ha comprate di nascosto e te le ha fatte trovare accanto al letto. È vero?»

La bambina rise di gioia. «Sì! Sapeva che mi piacevano moltissimo! Andando a scuola ci è capitato di passare davanti al negozio. Gliele ho fatte vedere e gli ho detto: ''Guarda, Jan, quelle scarpe blu con la linguetta bianca! Sono così belle!''. Però non gli ho mai chiesto di comprarmele. Ho solo sperato che si accorgesse che le desideravo tanto. E stamattina, quando mi sono svegliata, le ho trovate di fianco al letto! Jan era già uscito e Mila mi ha spiegato che me le ha regalate apposta per la gita sul canale. Desideravo tanto fare questa gita! Così come desideravo queste scarpe! E i miei due desideri sono stati accontentati in un sol colpo! Mi vanno benissimo. Guardi!»

La ragazzina dagli occhi e i capelli neri camminava avanti e indietro davanti a Norma.

«Non mi fanno per niente male e non premono da nessuna parte. Mila ha detto che Jan ha preso di nascosto un paio di scarpe che mi andavano bene e se le è portate appresso per non sbagliare la misura. Cresco in fretta! E in una delle scarpe ha infilato un biglietto con scritto: ''Ecco le tue scarpe per la gita sul canale. Quando saranno diventate piccole, ne prenderemo un altro paio''. Il mio papà è il più fantastico del mondo, vero?»

«Sì» rispose Norma. «È il più fantastico.»

«Peccato che abbia sempre tanto da fare e che spesso debba andare via» disse la bambina. «Mila però resta sempre qui con me. Le voglio bene. Ma non è la stessa cosa.»

«No, non è lo stesso» disse Norma.

Era una giornata di sole e sedevano all'Alsterpavillon, nei pressi dell'imbarcadero. Il canale era gremito di barche grandi e piccole, piene di gente allegra e spensierata. Norma e Jeli, che indossava un abitino blu con il collo e i polsi bianchi, stavano aspettando Barski da più di mezz'ora. Il dottore aveva pregato Norma di passare a prendere la bambina, perché doveva ancora terminare una serie di esperimenti. Norma si era recata con la sua auto in Ulmenstrasse ed era stata accolta dalla signora Krb.

«Con Jan è sempre il solito» aveva detto Jeli. «Se va bene, lo vedo alla mattina presto e alla sera, a meno che non sia già addormentata. È un papà eccezionale. Purtroppo non c'è quasi mai. I miei compagni di scuola hanno tutti un papà e una mamma e quelli che hanno i genitori separati sono ancora più fortunati.»

«E perché?» aveva chiesto Norma meravigliata.

«Perché vengono affidati. Durante le vacanze e in genere una volta alla settimana stanno con l'altro genitore. Che non vedendoli mai li coccola e li vizia moltissimo.»

«Capisco» aveva risposto Norma. «Ma in realtà non è proprio così bello, sai?»

«Io faccio quello che posso» aveva detto la signora Krb soffregandosi preoccupata il naso alquanto pronunciato e rivelando la vistosa dentatura posticcia. «Mi creda, signora cara. Per la mia Jeli faccio quello che posso. Ma non sono la sua mamma. È stato terribile che la signora abbia dovuto lasciarci così presto... Vedrai, tesoro, oggi il signore starà con te tutto il giorno, e anche la signora ti farà compagnia!»

«E lei cosa farà tutta sola, signora Krb?» aveva domandato Norma.

«Ah, qui c'è sempre parecchio da fare» aveva risposto la donna dai capelli grigi con un sorriso schietto e sincero. «Quando gioca la piccola è una furia. Rompe sempre qualcosa. E io devo cucire e rammendare. Poi mi siederò a leggere o a guardare la televisione. Sto bene per conto mio, sa?»

«Di dov'è?»

«Sono di Brinn. Mi sono sempre occupata di famiglie con bambini da curare. Finché sono stata assunta dal signor Barski e dalla sua povera moglie. Dio l'abbia in gloria. Sapesse quanto ha dovuto soffrire!» Poi, mentre Jeli si vestiva, la vecchia Mila aveva sussurrato a Norma: «Alla fine ho pregato il buon Dio di lasciarla morire e di non farla soffrire più. E grazie al cielo se ne è andata. Ma il povero signor Barski è sempre così triste. Fa di tutto per non mostrarlo ma è infelice. E io me ne accorgo». «Mi raccomando, divertitevi!» aveva esclamato poi. «Ve lo auguro di tutto cuore. Un bacione, tesoro mio. Arrivederla, signora!» Le aveva accompagnate fino all'auto ed era rimasta a guardarle partire. La piccola le aveva sorriso contenta. E la signora Krb era rimasta a casa, per conto suo.

Jeli sedeva di fronte a Norma e beveva con la cannuccia da una bottiglia di Coca-Cola. Norma aveva ordinato un tè. Erano già passate le dieci e mezza e Barski non era ancora arrivato. La gente rideva divertita e ascoltava la musica che echeggiava in mezzo agli alberi fino al canale.

«Sono così felice da quando ho saputo che verrete con me a Berlino» disse la bambina ridendo. «E non vedo l'ora di tornare da Berlino e venire all'Opera con voi!» Le mancavano due denti davanti. «Ero così emozionata quando a scuola mi hanno detto che sarei andata a Berlino e quando poi Jan mi ha promesso che sareste venuti anche voi... Gli altri bambini ci andranno insieme ai genitori. Io ne ho uno soltanto, mamma è morta. Ma se verrà anche lei sarà come avere due genitori! Come gli altri bambini!»

«La tua mamma» disse Norma «te la ricordi?»

«No, purtroppo non la ricordo quasi più. Ero così piccola. Mila dice che è in cielo adesso. Non riesco a immaginarmelo, sa? Come ci è salita? E perché ha dovuto morire? Quando lo chiedo a Mila, lei dice che è morta perché Dio le voleva così bene da volerla accanto a sé. A me sembra una gran cattiveria invece. Far morire una persona perché le si vuole bene. Non trova anche lei?»

«Hai ragione» rispose Norma. «Cos'hai scritto di preciso nella tua lettera a Reagan e Gorbaciov?»

«Ho scritto che sono una tartaruga affondata nella sabbia bollente, convinta di essere in mezzo al mare e che dovrò morire come è morta mia madre. Ma prima di morire li scongiuro entrambi di rinunciare agli armamenti.»

«Davvero hai scritto di essere una tartaruga?»

«Una testuggine marina» si corresse Jeli, sorseggiando la sua Coca.

«E come ti è venuto in mente?»

«... Bambola sei la mia stella...» cantava una voce melodiosa diffusa dagli altoparlanti.

«Ecco,» disse Jeli «ho visto un film in televisione in cui c'era una di queste tartarughe di mare. Era molto triste e lo raccontai anche a Jan. La tartaruga si vedeva solo alla fine, ma mi è rimasta impressa. Ho pianto tanto, sa? E quando è stato il momento ho detto a Jan che mi sarebbe piaciuto scrivere della tartaruga a Reagan e Gorbaciov e Jan mi ha detto che potevo farlo.»

Un signore anziano, seduto al tavolo accanto, si alzò e accennò un inchino.

«Hai una bellissima mamma, piccina» disse.

«Grazie» rispose Norma.

L'uomo sorrise e se ne andò. Jeli lo seguì con lo sguardo. «Pensava che fosse mia madre!»

«Ma cosa faceva la tartaruga?» chiese Norma.

«Se fosse davvero la mia mamma...» Jeli guardò Norma. Lo sguardo le brillava. «La tartaruga si vedeva solo alla fine del film. Vuole sapere cosa succedeva prima?»

«Sì» disse Norma. «Raccontami!»

«All'inizio si vedeva il mare. Un mare immenso» cominciò a narrare la bimba. «E sul mare galleggiavano milioni di gabbiani bianchi. Tutti morti, diceva la voce del commentatore. Il mare era praticamente bianco. Era il mare intorno a Bikini.»

«L'atollo di Bikini?»

«Cos'è un atollo?»

«Un'isoletta» rispose Norma. «A forma di anello.»

«Infatti» disse Jeli. «E il commentatore ha detto che su questo atollo tanti anni fa è stata sperimentata la bomba atomica. È vero?»

«Sì» assentì Norma. «È proprio così.»

«E da allora il mare è diventato radioattivo. E la radioattività ha ucciso tutti quei milioni di gabbiani che volavano sopra le onde. Sembrava un immenso tappeto bianco, ci crede? E poi si è vista l'isola. Una cosa terribile. Gli uccelli stavano rintanati in piccole caverne e non uscivano nemmeno di giorno. Ha mai sentito una cosa del genere?»

«No» disse Norma. «Mai.»

«A Bikini gli uccelli vivono davvero in queste cavità. Il commentatore ha detto che un tempo si rintanavano soltanto per covare. Questo accadeva prima degli esperimenti atomici. Adesso, a tanti anni di distanza, i pochi sopravvissuti escono dalle caverne solo per qualche istante perché sanno — non so come — che da qualche parte i loro progenitori sono stati uccisi dalle esplosioni. Se ci fossero stati degli uomini sarebbero morti anche loro. Ma l'isola era disabitata. Gli studiosi hanno seguito da lontano gli esperimenti, a bordo di navi ancorate al largo. Ma agli uccelli è rimasta la paura e sull'isola è rimasta la radioattività. Escono dalle caverne solo per volare al mare e pescare qualche cosa da mangiare. Pesciolini. Ma anche l'acqua è contaminata. E i pesci sono tossici. Gli uccelli che li mangiano si ammalano o impazziscono. Poi nel filmato si vedeva un'enorme distesa di uova. Deposte da uccelli marini. E il commentatore ha spiegato che tutte quelle uova erano morte e che gli uccellini non sarebbero mai nati. E questo accadeva perché anche gli uccelli marini erano contaminati dalla radioattività. Ma gli uccelli marini non lo sapevano. E volavano tutto il giorno sopra il mare, pescando pesci tossici, e la sera tornavano alla spiaggia a covare le uova morte, — li ho visti con i miei occhi — covavano le uova come se fossero vive... ma le uova erano morte. E i loro genitori non lo sapevano.»

E nemmeno lo intuivano per istinto, si disse Norma. Dio non li aiuta. Dio resta a guardare in silenzio. Ah, Pierre, tu eri così intelligente e profondo... Come hai potuto credere all'esistenza di Dio? E io? Io sono qui seduta lungo il canale in mezzo a un mucchio di gente che si diverte. C'è una bambina con me, che mi racconta dell'atollo di Bikini e degli esperimenti atomici che vi furono effettuati nel 1946. Con le cosiddette baby-bombe. Oggi esistono armi atomiche sufficienti per far saltare in aria questo mondo duemila volte di seguito. Lo sappiamo tutti, anche questa gente che sale spensierata sulle navi bianche, i ragazzi che amoreggiano e ridono, gente piccola e sconosciuta, non solo qui, ma in ogni angolo della terra. E questa bimba seduta di fronte a me ha visto com'è oggi l'atollo di Bikini e me lo racconta bevendo la Coca-Cola. Ha dieci anni. Dieci anni. Quanti anni ancora durerà questo mondo? Quanti anni avrà da vivere questa bambina?

«Gli animali che vivevano sull'isola» continuava Jeli «avevano paura di tutto. Dell'aria, della terra e dell'acqua. Ho visto pesci che vivevano sugli alberi! Si rende conto? Pesci sopra gli alberi. Si tratta di una specie che in origine poteva vivere senz'acqua per qualche minuto soltanto. Ma sono cambiati perché quando gli uomini hanno avvelenato l'isola, l'acqua, l'aria, la terra, le piante, il cibo, allora i pesci sono scappati dall'acqua avvelenata e si sono rifugiati sulla terra, ma neanche sulla terra potevano resistere e allora si sono rifugiati in cima agli alberi. Sono morti quasi tutti, ma alcuni sono riusciti a sopravvivere e i loro figli e i figli dei loro figli hanno subìto varie mutazioni e oggi possono vivere senza acqua. Ma erano orribili da vedere, non sembravano nemmeno pesci, ma rospi, con degli occhi enormi che sembravano saltar fuori dalle orbite...»

«Viva le donne, viva le belle donne...» cantava un divo del dopoguerra. Chi sceglieva i dischi o i nastri era un gran sentimentale, pensava Norma. Si sentivano solo vecchie canzoni.

Oppure era un uomo anziano. Si sta bene qui sull'Alster, si disse. Com'è possibile? Com'è possibile che il sole splenda ancora, quando gli occhi di una bimba hanno visto lo scempio dell'atollo di Bikini? Ma anche a Bikini splende il sole...

«Già» fece Jeli. «E poi si è vista la testuggine.» La bimba fissò Norma con i suoi occhioni neri. «È stato il momento più drammatico! La tartaruga è salita dal mare sulla spiaggia per deporre le uova. Per far nascere i suoi figli. Il commentatore ha spiegato che le testuggini depongono le uova nella sabbia bollente.» Un gruppo di ragazzi passò loro davanti ridendo sguaiatamente. «E questa testuggine ha deposto le uova nella sabbia dell'atollo, uno dopo l'altro. Dev'essere stata una grande sofferenza per quella povera bestia. E quando ha terminato ha coperto la cavità che aveva scavato nella sabbia e... ed è successo un fatto orribile» disse la bimba. «La tartaruga si è diretta verso il mare — queste almeno erano le sue intenzioni — ma, anziché tornare al mare in cui aveva sempre vissuto, si è spinta nella direzione opposta!»

Norma fissava ammutolita la bambina. Hai sentito, Dio? si domandò. Hai sentito?

«E questo, ha spiegato il commentatore, perché anche la tartaruga, che aveva vissuto in quel mare avvelenato, era contaminata nel cervello e nei sensi e aveva perso il... il... come si dice quando non si sa più dove andare?»

«Il senso dell'orientamento.»

«Il senso dell'orientamento, proprio così» disse Jeli.

Gli altoparlanti diffondevano le note della colonna sonora del film di Charlie Chaplin *Luci della ribalta*.

«La tartaruga ha perso il senso dell'orientamento e invece di tornare al mare si è spinta nella direzione opposta, continuando a scavare nella sabbia bollente...»

«*... your lips may be near, but where is your heart?...*» cantava una profonda voce maschile. I ragazzi ridevano divertiti.

«La bestia ansimava dalla fatica, lo si sentiva anche in televisione» disse Jeli. «E con le zampe e le pinne avanzava imperterrita dalla parte sbagliata. Mi ha fatto tanta pena. È stata ripresa di nuovo dopo una mezza giornata. Era quasi senza forze e continuava a trascinarsi sulla sabbia infuocata. E poi...» Jeli tacque.

«Poi?» chiese Norma.

«Poi è morta» disse Jeli. «Ma non è stata tanto la morte

a turbarmi. Quanto il sogno che la bestiola deve aver fatto prima di morire. Il commentatore ha spiegato che deve aver sognato di essere tornata nel mare, infatti si è messa a nuotare sulla sabbia e nuotando con le sue grosse pinne è morta, nuotando nella sabbia bollente.»

Jeli sollevò la bottiglietta di Coca-Cola.

«E hai parlato di questa tartaruga nella tua lettera a Reagan e Gorbaciov?» le domandò Norma.

«Sì» rispose Jeli. «Ho scritto loro le stesse cose che ho raccontato a lei. Immedesimandomi nella povera bestiola. Ho detto loro che dovrò morire perché non trovo più la strada per tornare al mare, poiché il mio cervello è stato leso dalle radiazioni atomiche. Li ho pregati di sospendere i loro programmi nucleari, affinché nessun'altra tartaruga debba morire come quella dell'atollo di Bikini, e non debbano morire altri animali o, peggio ancora, uomini. La tartaruga ha rivelato queste sue ultime parole a un uccello delle caverne, che le ha trascritte e le ha portate a Gorbaciov e a Reagan. E in calce alla lettera l'uccello ha aggiunto: ''Deceduta in seguito al dettato. In sua vece e con i suoi migliori auguri e saluti, un uccello dell'atollo di Bikini''.»

20

Trascrizione della registrazione su nastro effettuata dalla persona che in questo libro risponde al nome del dottor Jan Barski.

Quella domenica mattina fui trattenuto in Istituto e arrivai con notevole ritardo all'imbarcadero, dove Norma Desmond e Jeli mi aspettavano. Riuscimmo comunque a salire sulla *Rodenbek* alle 12,15. Fortunatamente avevo prenotato i biglietti; non c'erano infatti più posti liberi. Ci sedemmo a un tavolino vicino al finestrino. Jeli trovò subito degli amici insieme ai quali partì alla conquista della nave. Il capitano fu molto gentile con loro. Passammo sotto il ponte Lombard e il ponte Kennedy e imboccammo il braccio più largo del canale. Quando iniziammo a costeggiare i filari di alberi secolari di Uhlenhorst mi sedetti accanto a Norma. I sedili erano stretti e i nostri corpi si sfiorarono. Lei si scostò e io per la prima volta osservai da vicino il suo viso sottile, così bello, la pelle abbronzata, quella strana macchia nella cornea dell'occhio destro e i capelli neri cortissimi e pensai che era una donna coraggiosa, intelligente e giusta, e le piccole rughe intorno ai suoi occhi mi ricordarono gli occhi di mia moglie e le piccole rughe che si disegnavano attorno ad essi quando rideva. Non potevo fare a meno di pensare a Bravka mentre stavo seduto vicino a Norma. E sicuramente Norma pensava a Pierre. L'acqua era appena agitata. Lungo il canale si affacciavano bellissime ville, i cui giardini diegradavano dolcemente nell'acqua. E nei giardini vibravano i colori dei fiori autunnali. Mi sentivo immensamente felice e triste al tempo stesso. Triste e felice come non ero mai stato da quando Bravka era morta.

Norma mi guardò e disse: «La ringrazio di avermi invitato».

Io dissi: «Siamo noi, Jeli e io, a doverla ringraziare».

E davanti a noi scivolavano altre ville, bianche, con i balconi sostituiti da colonne e grandi finestre e scaloni di marmo che salivano all'ingresso, circondate da enormi distese di verde. Norma indossava un paio di calzoni azzurri e una camicia bianca con il collo aperto. Notai che portava una catenina d'oro con due lenti da occhiali e un quadrifoglio, un portafortuna.

«Jeli è una ragazzina dolcissima e molto seria» disse Norma. «Mi ha raccontato della lettera cha ha scritto a Reagan e Gorbaciov. Peccato che non servirà a nulla.»

«No» dissi. «Né la sua né le altre 225.000 lettere.»

La nave proseguì il suo giro turistico, tornando indietro lungo il tratto sul quale si affacciavano le magnifiche ville bianche e imboccando poi il Goldbekkanal. Passammo sotto altri ponti. Ora le case sorgevano direttamente sulle sponde della via d'acqua. I rami degli alberi sfioravano la chiglia della nostra imbarcazione. Jeli venne a sedersi con noi.

Disse: «A mamma sarebbe piaciuto».

«Sì» risposi.

«Ma adesso c'è la signora Desmond con noi» disse Jeli. «La trovo fantastica!»

«Anche tu sei fantastica» replicò Norma e accarezzò i capelli di mia figlia che la guardò seria in viso e le chiese: «Sposerà Jan?».

Arrossii imbarazzato e mi scusai con Norma, che continuando a carezzare la testolina di Jeli le rispose: «No, tesoro, non lo sposerò».

La nave virò a sinistra e imboccò un canale molto stretto. Pochi minuti dopo giungemmo al grande lago del parco. Tutt'attorno si stendevano prati pieni di fiori e di alberi frondosi. Sull'erba erano sdraiate tante coppiette di innamorati. Prendevano il sole in costume da bagno, anche se l'acqua era ormai freddina.

«Jan mi ha raccontato che lei è rimasta sola» disse Jeli.

«È vero» rispose Norma. Sentivo le altre persone che parlavano fra loro un po' in tutte le lingue. Tutti avevano qualcuno con cui stare. Anch'io avevo la mia Jeli. Solo Norma non aveva nessuno.

«Si è offesa perché le ho chiesto se sposerà Jan?»

«No» disse Norma.

«Non volevo essere sfrontata.»

«Lo so» rispose Norma e io pensai a Bravka. Ero convinto che ci fosse vicina in quel momento e avesse sentito le parole di Jeli. E poi pensai che forse era seduta accanto a me, che fosse Norma e che io fossi Pierre. La vicinanza di Norma mi confondeva la mente e la fragranza del suo profumo mi riportava indietro nel tempo. Luce e ombra filtravano attraverso le chiome degli alberi del parco e gli innamorati si scambiavano baci e carezze. Avrei posato volentieri un braccio sulle spalle di Norma, ma naturalmente non lo feci. La nave compì un giro intorno al lago e Jeli domandò: «Resterà per sempre qui?».

«No» disse Norma. «Non per sempre. Per qualche tempo ancora, poi dovrò andarmene. Sai che mestiere faccio. Tuo padre te l'avrà di certo spiegato.»

«Sì» disse Jeli. «Anche papà è sempre via. Gliel'ho detto che lo vedo così poco!»

La nave imboccò il Barmbeker Stichkanal e gli alberi erano così vicini che i loro rami strisciavano contro l'imbarcazione. Sentivamo il profumo dei fiori e dell'erba.

«Preferisce stare sola?» disse Jeli.

«No» rispose Norma.

«No?»

«No.»

«Ah» fece Jeli.

Era una conversazione dolce, pacata e per tutto il tempo pensai che a parlare fosse Bravka, perché Bravka si sarebbe espressa in quel modo, con amore, dolcezza e tranquillità. Proprio come faceva Norma. Il capitano raccontò una storiella molto divertente e la ripeté in diverse lingue. Molti ridevano ma io non avevo capito gran che e nemmeno volevo capire. Era una storia di mucche volanti.

«Peccato» disse ancora Jeli. «Lei se ne andrà e anche Jan partirà di nuovo. Ma cosa ci vuole fare? Anch'io ora devo andarmene.»

«E dove?» le chiesi.

«A fare pipì.» Jeli scomparve. La nave prese la via del ritorno. Per parecchio tempo Norma e io restammo a guardarci in silenzio. Infine le domandai: «Non vuole più tornare a vivere con un uomo, signora Desmond? Penso che sia meglio».

«Non credo che lo farò» rispose lei. «Mi chiami Norma, per favore. Io la chiamerò Jan. Signora e dottore mi sembrano appellativi esagerati, no?»

«Grazie, Norma» risposi.

«Può darsi che torni a vivere con un uomo per qualche tempo. Ma dovrò fare molta attenzione.»

«A cosa?» le chiesi.

«A non innamorarmi. L'amore è un'altra cosa. Vero?»

«È vero.»

«Ho conosciuto l'amore. È stato fantastico. E la fine è stata orribile. Non voglio provare mai più una cosa del genere, a costo di rinunciare per sempre all'amore. E per lei credo che sia lo stesso, Jan.»

«Sì» risposi. Mentivo. La *Rodenbek* navigava sull'Aussenalster. Jeli tornò da noi e ci guardò preoccupata. Poi se ne andò tutta sola vicino al parapetto. Sembrava così piccola e abbandonata.

Norma disse: «L'ho provato di persona. L'amore è una cosa orribile».

«Non saprei» feci io. Il suo profumo mi inebriava.

«All'inizio no» aggiunse. «All'inizio tutto sembra tanto bello. Ma in realtà non è così. Ha provato anche lei cosa significa soffrire. Le è rimasta la bambina. Le auguro di godere a lungo la sua felicità insieme alla piccola Jeli! Finché potrà. Potrebbe sopportare un'altra sofferenza atroce come la prima che ha vissuto? Ricominciare da capo quando le ferite non sono ancora risanate del tutto?»

«No» dissi. «Ha ragione.»

«Vede» fece Norma. «Non si può più amare. E anche potendo, non lo si vorrebbe più. L'amore porta alla disgrazia. Sempre. Presto o tardi.»

«Allora cosa dobbiamo desiderare?» chiesi.

«L'indifferenza» rispose lei. «Ho riflettuto a lungo su questo problema. L'indifferenza è l'unica cosa che ci resta. Non dobbiamo legarci più a nulla. Per non rischiare di soffrire.»

«Ma che vita è allora?»

«Una vita miserevole forse» disse Norma. «Ma visto che siamo così sfortunati e la poca felicità dura per poco tempo preferisco rinunciare definitivamente all'amore. Una gioia così effimera si paga a caro prezzo.»

Sull'Aussenalster vedemmo tante vele bianche — come quella sera dal balcone dell'appartamento di Alvin Westen all'hotel Atlantic e come sul mare di fronte a Nizza.

«Sembra di essere in Costa Azzurra» disse Norma indicando i triangoli bianchi.

«Sì» risposi. «È vero.» Jeli, appoggiata al parapetto, ci voltava le spalle. Non voleva disturbarci. Non l'avevo mai sentita parlare in quel modo.

Dopo una lunga pausa di silenzio Norma disse: «Lei è triste».

«Sì» dissi. «E anche lei.»

«Lo sono sempre» fece Norma. «Non dobbiamo approfondire a nessun costo il nostro rapporto. Sarebbe una catastrofe.»

«Se diventasse amore?» chiesi.

«Sì, sarebbe comunque un disastro. Lei non sarebbe in grado di sopportarlo e io tanto meno. Ciascuno di noi ha i suoi morti a cui pensare. Mi creda, l'unico modo per sopravvivere è quello di non amare.»

Guardammo l'acqua dai riflessi argentei, mentre la nave tornava all'imbarcadero passando sotto ai ponti. Lungo le sponde vedemmo degli orti coltivati con cura e dei tratti incolti. Non c'erano case e non c'era gente. Pensavo a Bravka e sapevo che Norma pensava a Pierre e al bambino e che aveva ragione a non voler più amare. Aveva ragione. Su tutto. Il mondo era miserevole e altrettanto miserevole era la nostra vita. Ma a volte sembrava fantastica. Come in quel momento. Sì, in quel momento mi sembrava di vivere in un'altra dimensione. La gita sul canale durò due ore. Due ore di sogno.

Jeli tornò vicino a noi. «Ho avuto un'idea» disse.

«Di che si tratta?» le chiesi.

«Di queste scarpe magnifiche che mi hai regalato» spiegò.

«Sì, ma...»

«Chiamerò Jan la destra» disse Jeli «e Norma la sinistra.»

«A proposito... puoi darmi del tu se ti fa piacere» la incoraggiò lei.

«Ah, benissimo» rispose la bambina. «E le metterò sempre se Mila mi darà il permesso. E con queste scarpe d'ora in poi vi porterò sempre con me.»

21

Jens Kander, redattore del telegiornale, disse: «Questo fine settimana sono stato a Düsseldorf. Ho assistito alla prima di un nuovo spettacolo di Lore Lorentz. È un'attrice meravigliosa. I testi di questo lavoro sono di Martin Morlock. Uno spettacolo bellissimo, che mi ha fatto venire la pelle d'oca. Si narra nel Talmud che quando nasce un bambino un angelo scende dal cielo e gli sfiora le labbra. Da quel gesto si originano le due pieghe d'espressione ai lati della bocca. Mi stai a sentire?».

«Ma sì, Jens» rispose Norma. Sedeva sul divano di finta pelle nera nel suo ufficio alla redazione del *Welt im Bild*. Jens Kander aveva un aspetto ancora più pallido e provato della volta precedente. Chissà perché le aveva telefonato dicendo di avere delle notizie molto importanti per poi dilungarsi a parlare di quello spettacolo di cabaret? Evidentemente Jens se la passava male. «E allora?» chiese Norma.

«Con quel gesto l'angelo cancella la verità dalla mente del bambino, dice la Lorentz. Nel momento della nascita ogni creatura conosce la verità sul mondo e su se stessa. Ma l'angelo le sfiora le labbra e cancella il suo sapere, che altrimenti le renderebbe insopportabile la vita. Credimi, è un pensiero profondo che mi ha sconvolto. E non finisce qui. In scena la Lorentz finge di essere una creatura appena nata, intorno alla quale volteggia un angelo. Cerca di mandarlo via. ''*Fly homeward, angel!* Vattene via, angelo!'' gli dice. ''Siamo stufi di sentire favole e abbiamo poco tempo da perdere. Dai, dai, facciamo a meno di te. Vattene. Su, da bravo... No... Da quella parte... ecco...'' Davvero ti interessa?»

«Ma certo» rispose Norma. Cosa devo dire? pensò fra sé. Accidenti, come se la passa male il povero Jens. Ma lo invitò a continuare il racconto.

«Ma l'angelo non le dà tregua. Lei non lo vuole. Perché nel frattempo è riuscita a mettere a fuoco un paio di cosucce a proposito di questo mondo.»

La porta si spalancò. Un uomo grasso e pelato apparve sulla soglia e si mise a strillare innervosito: «Lo fai tu Wallmann, Cristo santo?».

«No.»

«Roba da matti» protestò il grassone. «Qualcuno lo deve ben fare. Ci sono tre operatori sul posto!»

La porta si richiuse.

«Di che si tratta?» domandò Norma

«Wallmann ha annunciato pubblicamente che la radioattività negli alimenti è scesa notevolmente rispetto ai giorni successivi alla sciagura di Chernobil, salvo poche eccezioni.»

«E allora?»

«Non ci crede nessuno. La verdura marcisce nei depositi. E anche noi siamo ben combinati qua dentro! Non si sa mai cosa fanno gli altri! Dov'ero arrivato?»

«Alle cose che ha scoperto sul mondo in cui viviamo.»

«Sì, giusto.» Il volto di Kander assunse un'espressione rapita. «Ho scoperto cos'è la forza trainante di questo mondo, dice la Lorentz. In un primo tempo credeva che fosse la sciocchezza. Ma la sciocchezza non spinge in avanti le cose, al contrario, le frena. Allora, dice la Lorentz, sarà l'invidia, o la paura, l'odio o l'avidità. Ma sono tutte cose marginali. L'amore non è di certo. All'amore non crede più nemmeno il signor Wojtyla. L'amore non produce alcun effetto. È una faccenda privata. Bella, importante, ma priva di consistenza, dice la Lorentz. La vera forza trainante di questo mondo, la potenza occulta che dirige ogni cosa è...»

«Su!» fece Norma. «Dimmi!»

«A questo punto dello spettacolo il pubblico ha reagito esattamente come te. Ma la Lorentz ha lasciato tutti con il fiato sospeso. Non ha rivelato cosa sia questa verità.»

«Perché?»

«Ecco... L'attrice ha portato le mani al volto e ha detto: ''Vuoi dire che l'angelo mi ha fatto davvero dimenticare... Cosa stavo dicendo? Non ricordo più nulla...''. Capisci, Norma? L'angelo è riuscito a sfiorarle le labbra e a cancellarle la memoria... E se fosse davvero così, che l'uomo dimentica tutto ciò che sa? Questo spiegherebbe perché io non so chi sono. E perché mentono tutti coloro che affermano di conoscere se stessi.»

Ci risiamo con la sua mania, si disse Norma. La consapevolezza di se stessi. Cos'è l'uomo? Perché è fatto così? Quanti modi trova la gente per diventare infelice!

«Non trovi anche tu» continuò il giovane alto e magro «che sarebbe una spiegazione plausibile ai dubbi che ci assillano sulla ragione della nostra esistenza?»

«Sicuramente, Jens» rispose Norma. Non me la sento di contraddirlo, disse fra sé.

«Solo così siamo in grado di sopportare i nostri giorni» proseguì lui. «Perché dimentichiamo anche quel poco di verità che l'angelo ci ha lasciato nella memoria. E non riusciamo a costruire alcun sapere. No, nulla.»

«Può darsi che sia così» disse Norma. Aveva la sensazione che molta gente fosse vicina alla verità dell'esistenza. Lei stessa si sentiva sulla strada per arrivarci.

«Ecco,» fece l'uomo dietro la scrivania «io mi domando per quale motivo siamo al mondo. Perché tutto questo soffrire se non riusciamo a migliorarci, a diventare più buoni, più onesti e gentili? Perché? Perché?»

«Ah, Jens. Non lo so nemmeno io» disse lei. «Ma possibile che tu non riesca a pensare ad altro? Non riesci a smetterla?»

«No» rispose Jens con aria depressa. «No, non riesco.»

«Ti stai distruggendo, non capisci?» disse Norma. «È pazzesco. Lascia perdere. Sappiamo tutti quanti che questo mondo è uno schifo. Ma non puoi fare niente per cambiarlo. Né tu né io. Nessuno.»

«Ma dobbiamo provarci, Norma!» insistette lui. «Altrimenti per quale ragione saremmo al mondo?»

«Non lo so, per Dio!» Norma si spaventò dell'enfasi con cui si era espressa. «Scusami, Jens. Non ce l'ho con te. E hai senz'altro ragione.» Ognuno, pensava dentro di sé, ha le sue fissazioni. Jens vuol sapere chi è, vuol cambiare il mondo, renderlo migliore. Io voglio scoprire chi è stato ad ammazzare mio figlio. Possibile che Jens, che per tanti anni ha fatto il mio stesso mestiere e ha avuto a che fare con il fanatismo e la brutalità del mondo, sia ancora così ingenuo e sognatore? Disse: «Ora però devi smetterla, Jens. Non devi più tormentarti. Non ha senso arrovellarsi il cervello».

Kander tacque a lungo. Teneva la testa china. «Scusami» disse infine. «Sono assurdo. Lo so.»

«Sei un amico» gli disse Norma. «E mi preoccupo per te. Ora, per favore, dimmi perché mi hai telefonato.»

Kander si alzò e prese a camminare su e giù per l'ufficio. «Sai bene anche tu che tutto il materiale relativo al funerale del professor Gellhorn e della sua famiglia è sparito dagli archivi.»

Norma alzò gli occhi.

«Da allora abbiamo spesso qui la polizia. È venuto un paio di volte anche un capoccione, un certo Sondersen. Immagino che tu lo conosca.»

«Sì. Gliene ho parlato io.»

«Come pensavo. Comunque non sono riusciti a scoprire nulla.»

«Lo so.»

«E adesso vengo a sapere che a Parigi è successa la stessa cosa.»

Norma socchiuse gli occhi neri. «Cos'è accaduto a Parigi?»

«Sono stati rubati dei filmati alle due principali emittenti televisive, *Première Chaîne* e *Tele 2*. Noi dell'ambiente televisivo ci conosciamo tutti e ho un amico, Alain Perier, che lavora a *Première Chaîne* e svolge pressappoco le mie mansioni. Mi ha telefonato ieri sera, a casa. Raccontandomi del furto. Che è avvenuto fra l'altro anche a *Tele 2*.»

«Cosa è stato rubato?»

«I filmati del telegiornale.»

«Questo l'avevo capito. Ma a proposito di quali notizie?»

«Conosci l'azienda EUROGEN?»

«Sì.» Norma si alzò. Il mio cervello funziona ancora, pensò fra sé. L'EUROGEN è l'azienda francese di cui Barski mi ha parlato. Presso la quale lavora un certo Patrick Renaud, l'uomo al quale Tom Steinbach, già affetto dalla grave infezione virale, voleva riferire i risultati delle ricerche condotte dal gruppo di Gellhorn. «Cos'è successo all'EUROGEN?» domandò.

«Dev'esserci stato un gran pasticcio. Hanno occultato la cosa per parecchi mesi, finché qualcuno ha piantato una grana. E non hanno potuto evitare di rendere pubblica la cosa, indicendo una conferenza stampa e convocando una commissione di esperti per chiarire l'accaduto. Sono intervenuti moltissimi giornalisti che hanno formulato domande delicate e scottanti. L'evento è stato ripreso dagli operatori di *Première Chaîne e di Tele 2*. Ma il materiale è scomparso. Presso entrambe le emittenti. I quotidiani domenicali francesi riportavano già la notizia. E oggi non parlano che di questo, ha detto Alain. Non hai letto?»

«E quando? Appena sono arrivata in redazione mi hanno detto di venire subito da te.»

«Già. Allora è meglio che tu dia un'occhiata al *Figaro*, a *Le Matin* e agli altri quotidiani. Dicono che il governo è intervenuto per soffocare la notizia, sottraendo il materiale filmato eccetera eccetera.»

«Dio santo, ma si può sapere cos'è successo all'EUROGEN?»

«I laboratori dell'azienda si trovano all'interno dell'Hôpital De Gaulle. Nonostante la cortina di silenzio si è venuto a sapere che cinque scienziati della EUROGEN, impegnati nella ricerca sulla ricombinazione del DNA, si sono gravemente ammalati. Tre sono già morti. Gli altri due moriranno presto.»

«Ammalati di cosa?»

«Di una forma finora sconosciuta di cancro» rispose Jans Kander.

22

Sul tavolo di Barski erano sparsi diversi quotidiani francesi. I titoli dicevano:

> MISTERIOSI AVVENIMENTI ALL'HÔPITAL DE GAULLE: SONO CINQUE LE VITTIME DELLA MANIPOLAZIONE GENETICA? CANCRO ALL'HÔPITAL DE GAULLE. CASUALITÀ O ERRORE? "UN ERRORE DI MANIPOLAZIONE HA CAUSATO LA MORTE DEI CINQUE SCIENZIATI" AFFERMANO I SINDACATI. COSA VUOLE NASCONDERE IL GOVERNO? COSA SUCCEDE VERAMENTE NEI LABORATORI DELLA EUROGEN?

Erano circa le 13. Norma, Barski e Sondersen, che Norma aveva pregato di presentarsi all'Istituto, avevano appena terminato di leggere gli articoli sui quotidiani e si guardavano in silenzio.

«Signor Sondersen,» chiese infine Norma «lei era al corrente di questi casi di morte e malattia?»

«No» rispose il commissario con la voce velata di collera e tristezza.

«E non sapeva neppure che il materiale filmato relativo alla conferenza stampa era sparito dagli archivi delle due emittenti televisive francesi, esattamente come era successo alla sede del *Welt im Bild* in occasione dei funerali del professor Gellhorn?» Norma aveva alzato la voce.

«No.»

«Mi sembra molto strano» continuò Norma con asprezza. «Credevo che in casi come questo lei fosse in contatto con i suoi colleghi stranieri.»

«Lo credevo anch'io» disse Sondersen avvicinandosi alla finestra.

«Che significa?» chiese Barski.

Sondersen volgeva loro le spalle. Non rispose.

«Signor Sondersen!» lo chiamò forte Norma.

«Sì.»

«Il dottor Barski le ha rivolto una domanda.»

Con le spalle rivolte ai suoi interlocutori il commissario di polizia disse: «Ovviamente mi tengono informato. A quanto pare però non completamente. Ecco...» aggiunse voltandosi e alzando la voce.

«Ecco cosa» lo interruppe Norma. Mi spiace, pensava dentro di sé, ma sono costretta a usare questo tono. Se vuoi che ti aiuti, devi aiutarmi anche tu. Oppure lasciamo perdere e mi metto a lavorare da sola, come ho sempre fatto.

«Io... io...»

«Insomma!» fece Norma. Devo essere brutale. Non c'è alternativa.

«È stata lei, signora Desmond, a chiedermi un giorno cos'avevo di strano addosso.»

«Sì, è vero. E lei mi ha risposto che non poteva spiegarmelo.»

«Infatti non posso.»

«Ma non bisogna forse combattere il male, con tutte le forze e senza mai demordere?»

«È quello che faccio» rispose Sondersen. Teneva i pugni stretti. «È quello che faccio sempre.»

«Ma non mi può rivelare la ragione della sua oppressione» lo incalzò Norma.

«Norma, per favore...»

«No, Jan. È arrivato il momento di parlarne!» Guardò Sondersen. «Se lei non può spiegarmelo glielo dirò io. A Parigi il governo interviene sulla vicenda e fa sparire i filmati. All'inizio delle indagini lei ha ricevuto precise disposizioni da parte del nostro governo su ciò che può fare e ciò che non deve fare, sul campo in cui deve indagare e sulle cose che invece deve lasciar perdere. È così, signor Sondersen! Mi occupo da troppo tempo di queste faccende per non capirlo!»

Sondersen tacque.

«Non c'è bisogno che risponda. È chiaro. I governi dei due paesi sono in stretto contatto fra loro. Suppongo che parecchi governi si diano man forte quando si tratta di questo genere di cose. Il fatto è che lo stato francese non ha agito con troppa astuzia. Il governo di Bonn è stato molto più cauto. E ha dato meno nell'occhio. Forse perché ha potuto contare su un uomo come lei. Un uomo di parola, signor Sondersen. Che merita tutta la fiducia di un governo.» Volevo mandarti su tutte le furie ma non ci sono riuscita, si disse Norma fra sé. Nemmeno l'ultima frase ti ha smosso. Dev'essere una gran brutta storia! «Lei gode di tutta la mia simpatia» continuò. «Povero signor Sondersen! E ha intenzione di essere ancora leale nei confronti del governo, vero?» Più brutale di così non posso essere.

Sondersen la guardava. Il suo volto era privo di espressione.

«Molto bene. Allora mi stia bene a sentire! Ho avuto occasione di manifestarle la mia stima per la sua voglia di combattere... No, mi lasci finire. Lei è un combattente. E non ho cambiato la mia opinione sul suo conto. Anzi, direi che la stimo più di prima. Ma io non ho ricevuto alcun genere di impedimenti da Bonn! E non mi lascerei comunque limitare nelle mie azioni. Ho più libertà di lei, come vede. Fino a quando non mi uccideranno farò di tutto per scoprire cosa si nasconde dietro all'attentato terroristico nel quale mio figlio ha perso la vita. Perciò, dal momento che fra noi abbiamo chiarito qual è la sua posizione, le prometto che d'ora in avanti farò io quello che lei non può fare o non ha il permesso di fare. Glielo prometto anche a nome del dottor Barski. Vero, Jan?»

Barski annuì.

«Le cito una celebre frase di Max Planck: ''La verità non vince mai. Ma si spengono i suoi avversari''. Noi non possiamo aspettare che i nostri nemici muoiano. Passerebbe troppo tempo. Non possiamo aspettare che la verità vinca. Ma possiamo portarla alla luce! E trovare i colpevoli. Non so se riusciremo a portarli davanti a una corte. Ma il male ha un nome e un indirizzo. E io li scoprirò, dannazione!»

«Questo l'ha già detto» replicò Sondersen e annuì.

«Ah...»

Bussarono. La signora Vanis, la più anziana delle due segretarie di Barski, apparve sulla soglia. Aveva un'aria afflitta. «Chiedo scusa» disse la signora. «C'è un signore di là che vuole parlare con lei, dottore. Gli ho detto che è occupato ma non vuole andarsene. Dice...» In quel momento l'anziana segretaria fu spinta da parte. Un uomo alto e robusto con un grembiule grigio le passò di fianco ed entrò nella stanza. Parlava tedesco con un forte accento francese. «Se ne vada! E chiuda la porta!»

La signora Vanis guardò Barski indignata.

«Vada pure» disse Barski. La signora Vanis sparì. La porta si richiuse. «E lei chi è?» domandò Barski. Lo sconosciuto, dalla struttura fisica di un lottatore, con spalle possenti, testa quadrata e naso ben pronunciato, rispose: «Il mio nome non ha importanza. È lei il dottor Barski?».

«Sì.»

«Può dimostrarlo?»

«Cosa?»

«Ha con sé un documento che provi la sua identità? Patente, carta d'identità...»

«Prima mi dica chi è lei!»

«No» disse il colosso. «Mi provi di essere davvero il dottor Barski, se vuole che le consegni la lettera del suo amico Patrick Renaud.»

«Un momento.» Sondersen fece un passo avanti. «Sono un funzionario di polizia. Mi chiamo...»

«Non mi interessa un fico secco» disse lo sconosciuto. «Le interessa la lettera, dottore? Allora mi mostri un documento.»

Barski prese la patente da una tasca della giacca e la porse al gigante. Questi la esaminò attentamente, confrontò la foto con il volto di Barski e annuì. «Tutto a posto. Ecco.» Consegnò a Barski il documento insieme a una lettera. «Signora, signori...» Prima che uno dei tre potesse fermarlo, lo sconosciuto si dileguò.

Barski aprì la busta. E lesse ad alta voce: «Parigi, 14 settembre 1986. La persona che ti ha consegnato questa lettera è un amico del quale mi fido ciecamente. Non ho potuto spedirtela. Né posso telefonarti, data la situazione. Ma ho bisogno di parlarti. Riceverai la lettera domani, lunedì. Ti prego di recarti insieme alla signora Desmond al più tardi martedì sera, 16 settembre, all'hotel Römerbad di Badenweiler. Mi metterò in contatto con voi. Puoi facilmente immaginare di cosa si tratta. Il tuo amico Patrick. P.S. Per favore, distruggi immediatamente la lettera dopo averla letta». Barski lasciò cadere il foglio sulla scrivania.

Sondersen disse: «Chieda subito al portiere come ha fatto quell'uomo a entrare. I miei uomini fuori dall'ingresso dovrebbero riconoscerlo».

Barski telefonò al portiere. Gli descrisse lo sconosciuto. «Sì...» disse. «Era lui... Cosa?... Servizio di recapito medicinali urgenti. E per dove?... Preparati ematici per la chirurgia. Stia attento quando esce... Cosa? È già andato? Ma è impossibile. Come ha fatto a... No, no, tutto a posto. Grazie.» Riappese. «Se n'è andato. Il portiere non ha preso nota della targa. E adesso?»

Sondersen disse scandendo le parole: «Ora bruci la lettera del suo amico, dottore. E si prepari a partire con la signora Desmond per Badenweiler».

«Ma perché proprio Badenweiler?» chiese Norma.

«La madre di Patrick sta a Colmar, dall'altra parte del Reno. Può darsi che Patrick sia da lei.»

«Vi darò una scorta. Che si occuperà anche del signor Renaud, naturalmente» disse Sondersen. «Vi garantisco la massima sorveglianza. Altrimenti scoppierebbe uno scandalo. Andrà tutto bene. State tranquilli.»

«Grazie» disse Norma. «Lei è una persona in gamba. L'ho sempre saputo.»

«Grazie» disse Barski.

«Al diavolo!» si schernì il commissario Sondersen.

23

«A sud della Foresta Nera sorge la piccola località termale di Badenweiler» leggeva Norma su un dépliant illustrato. Sedeva insieme a Barski nel salone color miele dell'hotel Römerbad. «È una piccola oasi di pace che riproduce in miniatura le bellezze di altri luoghi celebri come Baden Baden. Un'oasi di silenzio e di tranquillità. Dai sentieri che attraversano il bosco si vedono la Svizzera e l'Alsazia... Ho rizzato qui la mia tenda.» Norma abbassò il dépliant. «Sono parole di René Schickele. Egli visse a Badenweiler dal 1920 al 1932. Quindi fu costretto a emigrare per sfuggire ai nazisti. Si trasferì nel sud della Francia, nel ''regno della luce'', come egli stesso lo definì.» Norma tacque.

Barski la guardò. «Ci siamo stati anche noi, insieme» disse.

Norma annuì. «Schickele morì nel 1940. A Nizza. Proprio a Nizza, è scritto qui. In seguito la salma è stata trasferita a Badenweiler, il paese che amava. La sua tomba si trova nel cimitero del villaggio di Lipburg, alla periferia del paese. Maledetti nazisti, hanno perseguitato e ucciso gli uomini migliori che avevamo. E non solo gli ebrei!»

«Ah,» fece Barski «cara Norma... E cosa dovremmo dire noi polacchi? Bisogna saper perdonare. Non dimenticare, ma perdonare. Altrimenti come si potrebbe continuare a vivere?»

«Lei ha ragione» disse Norma. «Ma io non ci riesco.»

«Imparerà anche lei» rispose Barski. «Dovrà imparare. Io stesso ho dovuto farlo. E l'aiuterò se vuole.»

«D'accordo.» Norma sorrise. Barski posò una mano sulla sua. «Le va di fare una passeggiata? È ancora presto per l'appuntamento con Patrick.»

Si alzarono e uscirono dall'albergo. Erano passate da poco le tre del pomeriggio di martedì 16 settembre 1986. Da Amburgo si erano recati a Stoccarda in aereo. Barski aveva quindi noleggiato un'automobile con la quale avevano raggiunto la località termale percorrendo prima un tratto dell'autostrada per Basilea e poi una strada statale.

«Che bella campagna» aveva detto Barski. Il paesino termale con le sue vecchie case e l'albergo erano piaciuti moltissimo a entrambi. Il Römerbad era un grosso edificio dalla facciata immacolata che custodiva una collezione di oggetti meravigliosi: mobili antichi e moderni, quadri e soprammobili preziosi. Le camere erano arredate con gusto, come del resto tutti gli ambienti dell'albergo che, come aveva spiegato loro il portiere, apparteneva alla stessa famiglia sin dalla fondazione. Norma e Barski avevano apprezzato in modo particolare l'arredo della hall, basato sui toni del giallo e del marrone, e le ricche composizioni floreali che rallegravano ogni angolo.

Si misero a passeggiare nel grande parco dell'albergo. Passarono davanti alla piscina, intorno alla quale sedevano numerosi ospiti, videro i campi da tennis e le altre strutture sportive a disposizione dei clienti dell'albergo e si fermarono a leggere il cartello appeso sul cancello del parco giochi per i bambini sul quale era scritto: ''L'ingresso agli adulti è consentito solo se accompagnati da un bambino''. Continuarono a camminare in silenzio. Fra sé Norma pensava: Com'è bello questo mondo, com'è bello, nonostante tutto.

Tornarono in albergo e si sedettero a bere una tazza di tè nel salone azzurro. Da fuori giungevano le grida entusiaste dei bambini e il rimbombo delle palle da tennis. Si respirava un'atmosfera di pace. Una pace infinita. A volte con Pierre aveva provato una sensazione simile. In un angolo o in un altro del mondo. Era una sensazione fuggevole. Ma intensa. E all'improvviso tutto, il silenzio, la pace, la bellezza dell'albergo e del paesaggio le sembrarono irreali, assolutamente irreali, ma non se ne sentì turbata. Al contrario, era felice e un po' stordita. Guardò Barski, che stava leggendo, e lui le indicò una vignetta che mostrava due bellissimi panda che si fissavano preoccupati mentre uno diceva all'altro: ''Ti sembra che questo mondo faccia per noi?''.

Barski sfogliò delle altre riviste e poi, all'improvviso, disse: «La Francia ha deciso di limitare l'ingresso nel paese degli stranieri non appartenenti ai paesi della Comunità e alla Svizzera».

«In seguito agli attentati terroristici di Parigi?» chiese Norma.

«Sì, perché i terroristi non si servono mai di documenti falsificati» rispose Barski.

24

In quell'albergo i clienti si cambiavano d'abito per la cena.

Norma indossò un paio di pantaloni di seta nera con una giacca rossa. Barski scelse l'abito blu scuro. Dopo cena tornarono nella hall, un ampio salone di forma circolare, dove li attendeva un'impiegata dell'accettazione.

«Dottor Barski, un signore ha lasciato questa lettera per lei poco fa.»

Gli porse una busta.
«Dove si trova?»
«Se n'è andato subito. Ha detto di avere molta fretta.»
«Grazie» disse Barski. Si sedette insieme a Norma in un angolo, sotto una lampada a stelo, e aprì la busta. Quindi lesse a voce bassa quello che c'era scritto: «Caro Jan, un amico ti consegnerà questa lettera. Domani, mercoledì, vieni con la signora Desmond al monastero di Santo Stefano di Breisach alle 10,30. Da Badenweiler ci vuole una mezz'ora circa. Il tuo amico Patrick. P.S. Distruggi immediatamente la lettera!».
«Ci ha dato appuntamento in una chiesa?»
«È probabile che lo ritenga un luogo sicuro» disse Barski. Accese con un fiammifero un angolo della lettera e la fece bruciare sopra un portacenere.
«Conosco la strada per Breisach» disse Norma.
«E io conosco il monastero» fece Barski.
«Quando c'è stato?»
«Mai» rispose Barski.
«Ma...»
Barski si alzò. «Venga» disse. «Sono quasi le dieci, ma fuori si sta ancora bene. E fra pochi minuti si alzerà la luna.» Uscirono nel parco. Le panchine erano ancora affollate di ospiti. Norma e Barski si diressero verso un prato deserto. Erano soli. Della luna si scorgeva solo un alone lattiginoso sulla linea dell'orizzonte.
Riesco ad afferrare l'infinita piccolezza del mondo nella vastità dell'universo? si domandò Norma quando la luna si alzò nel cielo. Riesco a capire quanto sia indifferente e vacuo ciò che sulla terra accade al confronto della maestosità del cosmo? No, non posso capirlo. Non posso. È una dimensione irreale. Assolutamente irreale. Come è irreale il fatto che io mi trovi qui, su questo prato. Qui a Badenweiler. Accanto a quest'uomo. Un uomo che mi dice di conoscere una chiesa dove non è mai stato. Ed è irreale questo profumo di pino. Un sogno? No, non è un sogno. Ma come mai provo ripetutamente queste sensazioni di irrealtà?
«Vede» le disse Barski «ora la luna è alta nel cielo.»
Erano le 22,04 precise. Norma guardò con gesto meccanico l'orologio. Sì, la luna è sorta, pensò. Ma il resto? L'universo, l'infinito? Disse: «È un miracolo sorprendente. Voglio di-

re che è incredibile la puntualità con cui questi eventi si ripetono ogni giorno».

«Alcuni miracoli della natura sono prevedibili» rispose Barski. «Il miracolo dell'uomo purtroppo non lo è.»

25

Quel giorno tirava un vento fortissimo e il cielo era in parte coperto da grossi nuvoloni che si spostavano velocemente. Si diressero a Breisach. Barski guidava con tranquillità e sicurezza.

«Lei è già stato da queste parti» disse Norma.

«No, davvero» rispose Barski.

La strada costeggiava colline coltivate a vite. Dai filari pendevano i grappoli maturi. Più avanti si stendevano grandi distese coltivate e boschi fittissimi, dalle sfumature verdi scure. In lontananza Norma scorse il profilo di una catena montuosa.

«Breisach» prese a dire Barski all'improvviso, sorridendo assente «è una città sorta come Colmar o Basilea, Strasburgo o Friburgo, attorno a un monastero. Dopo la ritirata dei colti i romani costruirono una fortezza sulla collina, il *Mons Brisiacus*. Guardi che meraviglia... quando una nuvoletta oscura il sole i colori del paesaggio cambiano da un momento all'altro. È magnifico, vero?»

«Bellissimo» disse Norma.

«Verso la fine della seconda guerra mondiale la città fu duramente colpita dai bombardamenti. Quattro quinti degli edifici furono ridotti a un ammasso di macerie e il monastero medievale fu gravemente danneggiato.»

Norma aveva abbassato il finestrino dell'auto. L'aria fresca le colpiva il viso. Pensava stordita: È come a Nizza, quel mattino al ristorante dell'aeroporto, è proprio come quel giorno — sento quella stessa pace interiore, quel silenzio profondo nel cuore, questa strana sensazione di fiducia.

Sulla destra, al lato della strada, si alzavano ancora colline coltivate a vite mentre sulla sinistra pascolava un grosso gregge di pecore. Un cagnetto nero correva avanti e indietro intorno alle bestie.

«Il monastero è una testimonianza concreta della sua storia» continuò Barski sfoggiando un aperto sorriso. «Le fondazioni romaniche, la ristrutturazione gotica, le finiture in stile tardo gotico. Fra le opere in esso custodite le più celebri sono l'altare maggiore e il *Giudizio universale* di Martin Schongauer. La sua famosa Madonna si trova a Colmar, nella chiesa dei frati domenicani...» Barski superò una colonna di automezzi militari francesi. I soldati seduti sotto ai teloni si sbracciarono per salutare Norma, la quale ricambiò il saluto e guardò Barski come se non l'avesse mai visto prima di allora. Non le aveva mai parlato in quel modo, non aveva mai sorriso così.

«Insomma! Ora mi dica la verità!» lo pregò. «Come fa a sapere tutte queste cose senza esserci mai stato?»

«Li saluti ancora! Non aspettano altro. A tutti fa piacere vedere una bella donna!» Norma salutò con la mano e i soldati seduti sul camion si sbracciarono ridendo e lei pensava: Strano che mi senta così felice. Dove ho letto queste parole? ''Io non so chi sono. Non so da dove vengo. Non so dove sto andando. È strano che mi senta così felice.'' Sono parole di Angelus Silesius. Anche a me sembra strano sentirmi tanto felice. Ma non è proprio una sensazione di felicità. Sembra piuttosto un senso di... di liberazione, pensò meravigliata e ancora una volta guardò Barski come se fosse uno sconosciuto.

«Le ho già detto che noi polacchi siamo un po' matti» disse lui. «Siamo rossi e religiosi. Da quando ero un ragazzo ho sempre avuto una grande passione per chiese, monasteri e conventi e per l'arte religiosa. In genere si tratta di opere grandiose, alle quali gli artisti hanno dedicato gran parte della loro vita. Per esempio l'uomo che si faceva chiamare Mathis Gothardt Nithardt Grünewald, autore del polittico Isenheim. La sua opera si trova a Colmar, poco distante da qui, nel museo di Unterlinden...»

Come sorride, si disse Norma fra sé. Anch'egli sembra una figura di un antico quadro, tanto è calato e immedesimato in queste forme d'arte. Lo osservò stupita. Il mio mestiere insegna a conoscere la gente. Pensavo di essermi creata un'immagine completa e verosimile di quest'uomo. E invece no. Accanto a me oggi c'è un'altra persona, della quale non conosco nulla. Quello che credevo di conoscere era solo un aspetto della sua personalità.

«Ho dovuto studiare su libri ed enciclopedie tutto ciò che riguarda i capolavori dell'arte religiosa, perché da noi non c'era quasi nulla da vedere. Ho speso tutto ciò che i miei genitori mi hanno lasciato — sono morti entrambi in tempo di guerra — per acquistare libri preziosi e antichi con incisioni d'arte. Purtroppo ho dovuto lasciare tutto in Polonia... Viti! Guardi quella collina! La gente di queste parti vive della produzione di vino... Sì, lo devo ammettere. La mia era una mania. So tutto delle chiese e dei monasteri che sorgono in Germania, in Francia, Italia, Spagna e in tutta Europa, senza esserci mai stato. Non sono stato nemmeno a Breisach, ma posso dirle con la massima precisione quello che vedremo all'interno del monastero. Sono un po' pazzo, no?»

«Un pochino sì» disse Norma.

«Ricorda di quando le parlai del monastero di Saint-Pons a Cimiez?» disse Barski. «Allora lei era assorta nei suoi pensieri.»

Attraversarono un incrocio. Come si può pensare di conoscere a fondo un'altra persona? si domandava Norma. Cosa so io di Barski? Niente. Proprio niente...

Si sentì sopraffare da quella sensazione di stordimento, di irrealtà, rapita dalle parole di un uomo del quale non conosceva il carattere e la personalità, dalla luce morbida, dal tepore dell'aria. Sentiva Barski che parlava, ma non afferrava il significato di ciò che diceva...

«Martin Schongauer, celeberrimo pittore e incisore... apprezzato dai contemporanei... il suo *Giudizio universale* con le immagini di profeti e patriarchi del Vecchio Testamento... il risveglio al suono delle trombe... la resurrezione dei morti... le immagini dell'inferno... il caos del mondo... contorni bui e confusi... fiamme crepitanti... armi terrificanti...» I dannati, pensava Norma stordita. «... Lamenti... Grida... Mostruosità... la parete meridionale... la soavità del cielo... cammini di saggezza... i beati in Paradiso... angeli che suonano e cantano... e l'altare maggiore... legno di tiglio... lavorato come una sottile filigrana... Intagli di fiori e di foglie... L'incoronazione della Vergine Maria nella parte centrale... frutto della genialità dell'intagliatore... H.L. sono le sue iniziali... un segreto che si trascina da secoli... Chi era H.L.... Nessuno lo sa... Eccoci.»

Norma trasalì.

Erano arrivati a Breisach. Passarono davanti alla chiesa evangelica, all'ufficio postale, al mercato con la fontana e alle case ricostruite dopo la guerra, bianche, marroni e color ocra. Il monastero si stagliava alto verso il cielo. La strada che lo collegava al paese saliva erta sulla collina. Attraversarono un portone. Poi un altro. Barski continuava a parlare, ma Norma coglieva solo qualche frase monca e qualche parola slegata.

«... Fra il 1939 e il 1940 la maggior parte delle opere furono messe in salvo... Alla fine della guerra... l'inasprirsi dei bombardamenti sul territorio del Reno... fu la totale rovina... un enorme ammasso di macerie... Furono raccolti parecchi soldi... Giunsero aiuti da tutti i paesi...»

La strada saliva rapidissima, descrivendo un'ampia curva. Il Reno brillava giù nella pianura.

«... e il 15 settembre 1945 le due campane della torre settentrionale ripresero a suonare... la restaurazione si protrasse fino al 1966... ma oggi sono necessarie ulteriori opere di ristrutturazione...»

Norma si accorse che l'auto si era fermata. Continuava a fissare Barski.

«Cosa c'è?» chiese lui.

«Niente» disse Norma.

Appena scese dall'auto il vento, che soffiava violento in cima alla collina, la investì così forte da farla barcollare. Barski le posò un braccio sulle spalle.

«Le pietre degli elefanti!» esclamò Norma all'improvviso sorridendo.

«Cosa?»

«Lo diceva sempre mio figlio» gli spiegò. «Una volta lo portai con me in Africa. Il capitano ci invitò nella cabina di pilotaggio dell'aereo. Viaggiando di frequente ho conosciuto parecchi piloti. Pierre e io ci sedemmo in cabina. Sotto di noi c'era un branco di elefanti che correva. Il pilota si abbassò e gli elefanti, spaventati dall'ombra scura dell'aereo, scapparono velocissimi. Pierre ne rimase impressionato e da quel giorno, non so perché, chiamò queste grandi pietre che formano i muri delle chiese le pietre degli elefanti.» Norma sfiorò uno dei grossi blocchi di pietra. Il monastero gettava la sua ombra sulla piazza. C'erano solo un paio di auto posteggiate. E non si vedeva anima viva.

Quando entrarono nel monastero Norma trattenne il fiato, colpita dalla vista di ciò che Barski le aveva descritto durante il tragitto. Vide l'altare maggiore, intagliato in un blocco di legno chiaro. Le colonne si alzavano fino alla volta e i trafori simili alla filigrana si ripetevano mirabilmente fino a terra. Non le era mai capitato di provare una simile ammirazione di fronte a un'opera d'arte. Vide Barski inginocchiarsi e disegnarsi sul petto un segno di croce. Pensò: Ieri non ho provato nulla quando ho visto sorgere la luna. Perché? Solo perché il cosmo è inafferrabile? Perché l'uomo soltanto, e ciò che egli fa, nel bene come nel male, è capace di scuoterci, indignarci, entusiasmarci? Questa chiesa è senz'altro una delle opere più grandi e meravigliose che l'uomo ha saputo creare. Con la fede. Non con l'ideologia. Mi piacerebbe credere in Dio. Essere come Barski. Lui ha la fede. E all'improvviso questa sua fede mi ha toccato, questo modo di apprezzare la bellezza che nasce dalla fede. L'universo non è stato capace di smuovere il mio cuore, ma lo ha fatto quest'uomo, del quale fino a oggi non sapevo nulla. E lui cosa sa di me? Ciascuno di noi non è forse un microcosmo, un piccolo universo infinito?

Nella navata centrale intravide alcuni visitatori. Non molti. Norma e Barski avanzarono lentamente osservando le alte vetrate dipinte.

«Ssst» Barski si fermò. «Patrick!» disse.

«Dove?»

«Laggiù, in quella nicchia» sussurrò. «Venga!»

26

«Ciao, Patrick» disse piano Barski. Porse la mano all'amico seduto nella nicchia buia. Patrick Renaud aveva 28 anni al massimo ed era un ragazzo in piena forma, allenato e robusto come uno sportivo professionista. Aveva gambe lunghissime, capelli scuri e occhi azzurri; la pelle del volto era leggermente olivastra e le labbra piene e carnose.

Non male, disse Norma fra sé quando Barski glielo presentò.

Renaud disse: «La ringrazio di essere venuta, signora. Jan ha bisogno di lei. E ora anche noi». Parlava abbastanza bene il tedesco, con un accento piuttosto marcato. «È successo un pasticcio enorme.»

Parlavano a voce bassa, quasi sussurrando. Nel silenzio

echeggiavano i passi dei visitatori che, da soli o a due a due, attraversavano la navata della chiesa. Da un grosso rosone intagliato nella parete di fronte all'altare maggiore un fascio di luce si riversava nell'oscurità della chiesa.

Renaud continuò: «Ho una settimana di ferie. Sono venuto a trovare mia madre a Colmar. Ma ho preferito incontrarvi qui perché può darsi che qualcuno mi segua».

«Chi è questo ''qualcuno''?» domandò Barski.

«Magari lo sapessi!» esclamò Renaud. «Uomini del governo, credo. In casi come questo si servono di reparti speciali. Che non guardano in faccia a nessuno.»

Norma e Barski si scambiarono un'occhiata. «Cos'hai detto?» chiese Barski.

La luce di un flash balenò nella penombra. Qualcuno stava fotografando l'altare. «Ho detto che quella è gente che non guarda in faccia nessuno.»

«No, prima.»

«Prima? Che il governo si serve di reparti speciali. Perché?»

Barski disse: «Perché in seguito all'attentato alla signora Desmond anche da noi si è ventilata l'esistenza di questi reparti».

«Be', io sono sicurissimo che tutti i paesi abbiano questo tipo di unità» disse Renaud. «Il mio telefono è sotto controllo da mesi, e da mesi mi controllano la posta e c'è qualcuno che mi segue, ovunque io vada. È così da quando la notizia si è diffusa. Del resto era ora che si sapesse!»

«Anche noi siamo protetti giorno e notte da una scorta di poliziotti» disse Barski. «E anche da noi è successo un pasticcio. Un ricercatore è morto e un'altra persona è gravemente malata. Nessuno ne è al corrente. Abbiamo informato solo la MULTIGEN e il professor Lauterbach.»

«Chi è?»

«Il primario della clinica Virchow.» Barski alzò le spalle. «Naturalmente la polizia sa tutto. Dopo l'attentato al professor Gellhorn abbiamo dovuto riferire ogni cosa al commissario che conduce le indagini — si chiama Sondersen. Perciò non prendertela tanto con il tuo governo. Da noi è esattamente lo stesso. Norma collabora con Sondersen, perché ha bisogno di lui. E viceversa. Evidentemente quello che è successo da voi ha per qualcuno un'importanza enorme. Come ciò che è accaduto ad Amburgo, ed è costato la vita al nostro amico Tom.»

«Povero Tom» disse Renaud. «Dio mio, se penso a quanto ci siamo divertiti l'ultima volta che è venuto a trovarmi a Parigi!»

«Credimi, Patrick, la morte è stata una liberazione per lui. Ora chi soffre è Petra. La conosci, vero?»

«Sì.»

«Non si sa quanto vivrà ancora — se la sua si può chiamare vita. Cinque ricercatori della EUROGEN si sono ammalati di cancro. Tre sono già morti. E i filmati di *Première Chaîne* e di *Tele 2* sulla conferenza stampa sono spariti dagli archivi. Anche da noi è scomparso un video. La stampa non ne ha avuto notizia. Evidentemente ci deve essere un collegamento. Del resto ci occupiamo dello stesso settore di ricerca. I virus per combattere il cancro.»

«Esatto. Voi però siete un gruppo unico, mentre noi della EUROGEN siamo diversi gruppi, impegnati in diversi progetti di ricerca. E ci occupiamo fra l'altro dei virus contro il cancro. Da quando la notizia è trapelata l'atmosfera è diventata irrespirabile. Ve lo giuro, non si può più andare avanti così! Ci si scruta l'uno con l'altro. Non si sa se altri ricercatori si ammaleranno. Ognuno di noi diffida dell'altro. I due laboratori in cui si svolgevano le ricerche sui virus contro il cancro sono stati chiusi — la settimana scorsa. Negli ultimi dieci anni ci hanno lavorato 200 persone. Attualmente siamo in 61 — in preda al panico. E per giunta abbiamo la sensazione di essere stati sfruttati per realizzare scopi diversi e certamente malvagi — come credo capiti a voi. Probabilmente questi scopi sono stati raggiunti da persone che rappresentano uno stato o da ambienti molto vicini allo stato e protetti dallo stato stesso. Come da voi.»

«Come da noi» disse Barski. «Ma si può sapere cos'avete scoperto?»

«È questo il punto, *merde*!» esclamò Renaud. «Non lo sappiamo. Alla conferenza stampa ha preso parte anche il professor Robert Cajolle — tu lo conosci, Jan — il presidente del consiglio di amministrazione della EUROGEN.»

Barski annuì. «È venuto ai funerali di Gellhorn. L'ho visto proprio alla fine.»

«Nel corso della conferenza stampa Cajolle ha affermato che esiste una nuova sostanza, ma nessuno è riuscito a identificarla...»

«Una nuova sostanza?» ripeterono all'unisono Barski e Norma.

«Sì, una sostanza che non lascia tracce. Voi almeno siete riusciti a identificare il virus che ha colpito il povero Tom. Ne avete distinto il DNA e sapete cosa provoca nell'uomo. Noi non abbiamo scoperto niente. Niente.»

Un gruppo di turisti americani, donne e uomini piuttosto anziani, era entrato nel monastero. Indossavano abiti dai colori sgargianti e la guida che li accompagnava parlava a voce molto alta. Molti di loro scattavano una fotografia dopo l'altra. E i lampi dei flash balenavano nell'oscurità.

A vederli si direbbe che sono stanchi morti, disse Norma fra sé. Poveracci, risparmiano per tutta la vita quanto basta per venire in Europa. Attraversano l'Atlantico e, giunti a Parigi oppure a Francoforte, salgono tutti quanti sopra un pullman. E si parte. Ogni giorno cambiano meta. Colazione alle sei del mattino. Alle sette si riparte. Vanno avanti così per intere settimane. Alcuni si ammalano durante il viaggio e, se qualcuno muore in un paese straniero e la salma deve tornare nel continente d'origine, si scatenano i soliti pasticci burocratici.

«Ora dovrebbero darci dei nuovi locali» continuò Renaud. «A Saint-Sulpice-de-Favières, una località a sud di Parigi. Noi non sapevamo nulla. È stata una lettera a far luce sulla vicenda. Ho qui la fotocopia.» Patrick Renaud tolse due fogli di carta da una busta. «L'ha scritta Eugène Dellanoy del Centro Nazionale delle Ricerche al direttore della EUROGEN.»

«... Signora Camberland! Cosa fa lì seduta! Non si dorme in chiesa! Forza, in piedi! Ci fa sempre disperare, la signora Camberland!» sbottò l'accompagnatore turistico. E gli altri continuavano a scattare foto. I flash lampeggiavano nella penombra...

«Chi ti ha dato la copia della lettera?» domandò Barski spiegando i fogli.

«Me la intendo con la segretaria di Cajolle. Me l'ha fatta avere lei. Legga anche lei, signora Desmond!»

Norma si scostò per vedere meglio.

Eugène Dellanoy *Parigi, 10 agosto 1986*

Al presidente del Consiglio di Amministrazione
dell'azienda EUROGEN
Professor Robert Cajolle
Hôpital De Gaulle
25 Rue Paul Vaillant
750015 Paris

Stimatissimo Presidente,
poco più di un mese fa, il 7 luglio 1986, alla signorina Josephine Breton, collaboratrice presso il laboratorio di ricerca sul DNA gestito dalla vostra azienda all'Hôpital De Gaulle, fu riscontrata una forma fino ad allora sconosciuta di cancro osseo. Ieri, 9 agosto, la signorina Breton è deceduta.
Prima di morire la signorina Breton, una mia cara amica, mi ha pregato di indagare sul fatto che la sua malattia possa essere stata indotta dall'attività professionale nei laboratori di cui sopra. Una possibilità verosimile, dal momento che prima della signorina Breton altre quattro persone che lavoravano nello stesso laboratorio o in quello adiacente si sono ammalate di forme sconosciute di cancro.
A questo proposito riportiamo le seguenti informazioni:
1) Jean-Louis Medicin, 30 anni, impiegato presso il Laboratorio N° 1 della EUROGEN, l'11 marzo 1986 apprende dai medici curanti di essere affetto da una forma sconosciuta di cancro osseo. È deceduto l'11 luglio 1986.
2) Freddy Naftary, 35 anni, impiegato presso il Laboratorio N° 2 della EUROGEN, il 2 maggio 1986 viene informato dai medici di soffrire di una forma sconosciuta di cancro osseo. È morto il 21 luglio 1986.
3) Josephine Breton, 50 anni, impiegata presso il Laboratorio N° 1 della EUROGEN, apprende di essere malata di cancro il 7 luglio 1986. Come ho già detto, è morta il 9 agosto 1986.

«... e in questa vetrata vedete l'attraversamento del Mar Rosso e l'ingresso a Gerico!» declamava a gran voce la guida americana. «Laggiù: Sansone vince i leoni. Il tempio e, accanto ad esso, il re Davide con Salomone e i profeti. Signora

Camberland, si dia un contegno! Così non potrà mai conoscere l'Europa!...»

4) Isabelle Roux, 37 anni, impiegata presso il Laboratorio N° 1 della EUROGEN, il 31 luglio 1986 riceve la notizia di soffrire di una forma atipica di cancro osseo.
5) Maurice Clair, 32 anni, ha saputo il 2 agosto 1986 di essere stato colpito da questo cancro, una nuova forma di sarcoma osseo. Lavorava presso il Laboratorio N° 2 della EUROGEN.
Abbiamo preso in considerazione l'eventualità che i casi di cancro riscontrati ai cinque collaboratori della EUROGEN impiegati presso i Laboratori N° 1 e N° 2 siano del tutto casuali e non vi sia alcuna connessione con le condizioni ambientali di lavoro, ma siamo arrivati alla conclusione che la frequenza con la quale i casi si sono verificati in un così breve lasso di tempo e il rapido decorso della malattia debbano essere senz'altro attribuiti all'attività professionale delle suddette persone nei laboratori dell'azienda. I fatti descritti e le relative conclusioni, dei quali io ritengo lei sia già stato informato, mi autorizzano a pregarla insistentemente di convocare, e al più presto, una commissione d'inchiesta composta da persone non solo competenti ma estranee agli interessi dell'azienda.
Con la massima stima

Eugène Dellanoy

«In risposta a questa lettera» spiegò loro Patrick Renaud «il presidente dell'ente ospedaliero e il presidente del consiglio di amministrazione della EUROGEN hanno indetto a distanza di oltre un mese la conferenza stampa presso l'auditorio dell'ospedale. Ci hanno messo un mese! Noi siamo stati informati ufficiosamente. Immaginatevi lo spavento! Non sapevamo di cosa erano morti i tre colleghi. In un primo tempo i certificati di morte erano stati falsificati.»

Norma scosse la testa.

«Sì, è la verità» ripeté Renaud indignato. «E di quei due poveri cristi ammalati di cancro sapevamo solo che erano a casa in malattia. Sapevamo soltanto che Josephine prima di morire prendeva un indennizzo di invalidità professionale. Ora abbiamo saputo dai nostri due colleghi ammalati che anche loro ricevono una pensione di invalidità. L'ente assicurativo dell'azienda ha definito il cancro di cui soffrono una malattia professionale. Questo significa che se qualcuno si ammala di cancro è colpa del lavoro che svolge! Capite che cosa vuol dire? Ognuno di noi non fa che domandarsi se è già ammalato o quando si ammalerà. La povera Josephine ha patito le pene dell'inferno nei pochi giorni in cui è stata malata. E lo stesso gli altri due. Anche a noi toccherà di soffrire così tanto prima di morire? Cos'è successo? Cos'è questa dannata ''sostanza sconosciuta'' della quale si vaneggia? Cos'è successo nei Laboratori N°1 e N°2? Si può sapere a cosa diavolo stiamo lavorando?»

«... la quarta e la quinta vetrata illustrano scene della Nuova Alleanza, la rivelazione di Gesù ai sapienti, il Battesimo sul fiume Giordano e le nozze di Cana...»

«Ebbene, i due responsabili hanno fatto passare più di quattro settimane da quando hanno ricevuto la lettera di Dellanoy prima di indire la famosa conferenza stampa, il 13 settembre. Sabato scorso. Nell'occasione è stata convocata anche la speciale commissione di esperti indipendenti. Hanno preso parte alla conferenza stampa un sacco di fotografi accreditati presso le più grandi agenzie internazionali e anche privati. E le due squadre di operatori televisivi della redazione dei notiziari di *Première Chaîne* e di *Tele 2*. Dapprima Cajolle ha fatto una relazione melensa sulla assoluta integrità dell'azienda e sulla necessità di chiarire qualsiasi dubbio relativo ai pericoli rappresentati dall'ambiente professionale. Un discorso retorico e falso! I due dirigenti non si sono mossi di un millimetro dalle loro posizioni. Non hanno messo le mani avanti, per carità, ma hanno smentito qualsiasi responsabilità in proposito all'accaduto. Alla EUROGEN è tutto a posto. E anche all'Hôspital De Gaulle. Si sappia comunque che un fancese su quattro muore di cancro — hanno detto — e che l'evento registrato in laboratorio rientra abbondantemente nei limiti della statistica. Al fatto che tutti e cinque si siano ammalati negli ultimi due o tre mesi — e non nell'arco di una decina d'anni! — sottolineato ripetutamente dai giornalisti presenti in sala, i dirigenti hanno risposto con un'alzata di spalle.»

«... la discesa dello Spirito Santo, la fondazione della Chiesa cristiana e infine la quinta vetrata, la finestra di Santo Stefano: il servizio sacerdotale, la predica di Santo Stefano, la sua lapidazione e l'ascesa al cielo...»

«Ma non è finita qui» diceva Patrick Renaud. «Il capo della EUROGEN ha ricordato che negli ultimi quindici anni quattro Capi di Stato sono morti di cancro: Pompidou, Boumedienne, Chou En-lai e lo Scià di Persia. Senza contare Reagan che ha subito diversi interventi per l'asportazione di tumori. Perciò tutto rientra nella normalità. Domanda: Perché l'ente assicurativo corrisponde un indennizzo ai malati? Risposta: Chiedetelo all'ente assicurativo. Che faccia di bronzo! E comunque secondo loro è tutta una montatura dei comunisti. Come mai? Perché Josephine Breton in passato ha fatto parte del Partito Comunista francese. Roba da matti, ve lo assicuro. Quando si è saputo che il materiale televisivo era scomparso e quando la domenica la notizia è stata divulgata dai giornali, mi sono incontrato con Félix. Félix Lorand, un mio amico che lavora a *Tele 2* come cameraman. Era furibondo! Ci siamo trovati al nostro solito bistrot in Rue Danton, vicino all'ospedale, e Félix a un certo punto mi ha detto...»

«Può darsi che vogliano evitare che la gente veda la faccia di qualcuno che ha partecipato alla conferenza» disse Félix Lorand.

«Chi per esempio?» gli domandò Patrick Renaud.

Sedevano vicino alla finestra del locale. La piccola Rue Danton era deserta. Era quasi sera e le luci della strada erano già accese.

«Una persona che qualcuno fra i milioni di telespettatori del telegiornale potrebbe riconoscere. Cosa che non deve invece succedere. Per nessun motivo.»

«Può darsi» disse Renaud. Aveva ordinato un vermouth. Il suo amico un Pernod.

«Dio onnipotente!» esclamò all'improvviso. I medici, i tassisti e le puttane che stavano al banco si voltarono a guardarlo.

«Parla piano» gli disse il cameraman. «Cosa c'è?»

«Mi è venuta in mente una cosa. Abbiamo un collega americano. Un biochimico. Lavora al laboratorio N°1. Un tipo in gamba. Si chiama Jack Cronyn. C'era anche lui alla conferenza stampa. Abbiamo dovuto partecipare tutti, per ordini superiori. Cronyn ha circa quarant'anni. Lavora da dieci all'EUROGEN. Strano però...»

«Cosa?» Il cameraman di *Tele 2* fece un cenno al barista.

«Gaston, un altro per favore. Allora, cosa c'è di strano?» ripeté rivolto all'amico.

«Non aveva amici. Non fra di noi. E dire che siamo molto legati, una vera banda! Non è mai venuto alle feste. E la sera se ne andava via sempre da solo. Non l'ho mai visto con una ragazza.»

«Omosessuale?»

«Nemmeno con un ragazzo.»

«Magari gli andava di star solo.»

Il barista portò un altro bicchiere e una caraffa piena d'acqua. Due giovani puttane, una bionda e una mora, si avvicinarono al tavolino.

«Ehi, dolcezze» disse la bionda. «Vi andrebbe un giro?»

«Ci dispiace» rispose educatamente Félix Lorand. «Abbiamo da fare. Magari un'altra volta. Senza offesa!»

«E chi si offende?» fece la bionda. «Domandare è lecito, no? Vieni, Claudine, andiamo un po' a spasso.» Ancheggiando vistosamente uscirono dal locale.

«Ma c'è un'altra cosa che mi incuriosisce a proposito di questo Jack Cronyn» disse Patrick Renaud a bassa voce. «È venuto alla conferenza. Ma ha fatto sapere che si sarebbe assentato dal lavoro per tutta la settimana. Per un forte attacco di diarrea.»

«Otto giorni di diarrea programmata?» chiese Lorand. «Un sacco di merda!»

«Già, ecco perché mi è venuto in mente Cronyn quando hai detto che forse c'era qualcuno che non doveva essere visto.»

Lorand si animò all'improvviso. «Sai dove abita il diarroico?»

«No. Ma possiamo chiedere in ospedale.»

Qualche minuto dopo il portiere dell'Hôpital De Gaulle dava loro l'indirizzo esatto: 16, Rue Lournel.

Corsero all'auto del cameraman e cercarono la strada sulla piantina di Parigi.

«Nel 15° Arrondissement» disse Félix Lorand. «È un bel pezzo da qui.»

«Forza» fece Renaud. «Andiamoci subito! Mal che vada fingeremo di essere andati a trovare un amico.»

«D'accordo. Ho con me una macchina fotografica. Se è necessario possiamo scattare qualche foto al tuo amico e cercare di scoprire se c'entra davvero oppure no. A meno che non ci sia niente di vero.»

Mezz'ora dopo la Peugeot di Lorand si fermò davanti a un grosso edificio nella silenziosa Rue de Lournel. Suonarono in portineria. La custode dello stabile, una donna colta, stava seguendo una trasmissione letteraria in televisione. Era visibilmente irritata.

«Ci scusi, signora, vorremmo soltanto sapere dove abita il dottor Cronyn» disse Félix.

La custode infilò in tasca la banconota da cinquanta franchi e rispose in tono un po' più amichevole. «Al quarto piano, la porta a sinistra. Ma non è in casa.»

«Che significa?»

«È partito. Ieri. Mi ha detto che andava in vacanza dalle parti di Tolone. Mi ha lasciato un indirizzo. Tornerà fra tre settimane. Ha lasciato le chiavi a un amico che si è presentato con una sua lettera. Si fermerà in casa sua per due o tre giorni.»

Renaud e Lorand si guardarono in faccia. Félix aveva in mano la cinepresa.

«Adesso è di sopra?» chiese Renaud.

«Credo. Prendete l'ascensore. E scusatemi tanto, ma voglio vedere la trasmissione. Chi avrebbe mai detto che la Duras avrebbe avuto ancora tanto successo? Ha ottant'anni, sapete? Eh, già, tutti si invecchia prima o poi. E la vita dello scrittore dev'essere molto solitaria...» La porta si richiuse alle sue spalle.

«Andiamo!» esclamò Lorand.

Salirono fino al quarto piano con il vecchio ascensore cigolante. Sul pianerottolo si affacciavano le porte di due appartamenti. Sulla targhetta della porta di destra era scritto MENET, su quella di sinistra CRONYN. Lorand mise in funzione la cinepresa. Poi fece un cenno all'amico. Renaud suonò il campanello. Un attimo prima si erano sentiti dei passi dietro la porta. Ora tutto taceva. Renaud suonò un'altra volta. E una terza.

Infine una voce maschile rispose: «Chi è?».

«Un telegramma per il dottor Cronyn» esclamò Renaud.

«Lo infili sotto la porta» rispose la voce.

«Spiacente. Deve firmare la ricevuta, signore.»

«Un attimo!» La voce si era alzata di tono. Si udirono altri passi. E il rumore metallico del chiavistello. La porta si aprì.

Un uomo si parò davanti ai due amici. Teneva una pistola in pugno. Dietro di lui Patrick e Félix scorsero l'interno dell'appartamento. Videro alcuni mobili scaraventati per terra, i cassetti di una scrivania ribaltati e il contenuto sparso sul pavimento. Nel momento in cui l'uomo alzò il volto, la cinepresa di Lorand lo inquadrò. La porta si richiuse di scatto.

«Chi era?»

«Non ne ho idea.»

«Resta qui» disse Lorand. «Scendo in portineria a chiamare la polizia.»

«Bel coraggio. E io? Quello ha una pistola!»

«Va bene. Vieni anche tu. Chiederemo alla custode di chiudere il portone per non farlo uscire.»

Scesero di corsa le scale e suonarono di nuovo il campanello della portineria. Questa volta la custode andò su tutte le furie. «*Merde!*» esclamò. «Adesso cosa volete?»

I due uomini si infilarono nella stanza. Il televisore, sul quale era raggomitolata una grossa gatta rossiccia, era sintonizzato sulla trasmissione culturale preferita dalla donna. Félix Lorand corse al telefono e sollevò il ricevitore per chiamare la polizia, mentre Renaud si rivolse alla custode, una signora grassa e anziana che somigliava parecchio alla sua gatta. Aveva i capelli rossicci e indossava una vestaglia color marrone bruciato.

«Chiuda immediatamente il portone, signora!»

«Perché?»

«Nell'appartamento del dottor Cronyn c'è un uomo che non deve lasciare lo stabile, per nessun motivo.»

«Perché no?»

«Mi creda, signora.»

«Non vedo perché dovrei. Si può sapere chi siete?»

«Senta, signora. Quell'uomo è armato. È pericoloso!»

«Cosa? L'amico del signor Cronyn, una persona così carina e gentile? Non mi faccia ridere!»

«Pronto? Polizia?» Lorand urlava al microfono. «Venite subito in Rue de Lournel al numero 16! Un uomo armato ha svaligiato un appartamento. Può mettersi a sparare da un momento all'altro.»

«Chi parla?» chiese una voce d'uomo.

«Sono Félix Lorand. Cameraman di *Tele 2*.»

«Dove si trova?»

«In portineria. La custode non vuole chiudere il portone. Ho insistito perché lo facesse, ma non sono riuscito a convincerla.»

«Me la passi.»

«Un momento.» Lorand strillò: «Signora! La polizia! Venga al telefono!».

«Roba da pazzi.» La vecchia custode si mosse ciabattando e prese il telefono in mano. «Sì?» Restò un momento in ascolto. «Va bene» disse poi. «Come volete. Ma stia tranquillo che ne parlerò al suo capo. È un'indecenza! A quest'ora di notte! Quell'uomo è una persona per bene. Non farebbe del male a una... Sì, sì, va bene. Chiudo il portone.» Lasciò cadere il ricevitore. «Canaglie!» disse furibonda. «Luride canaglie!» Prese la chiave dallo scaffale e uscì a chiudere il portone. Senza smettere di brontolare. Quindi tornò in portineria. I due la seguirono.

«Adesso basta, però! Non voglio che entriate.»

«Spiacente, signora, ma noi veniamo con lei.» Lorand la spinse da parte ed entrò. Renaud lo seguì. «Crede che abbiamo intenzione di stare qua in mezzo ad aspettarlo? Non siamo così stanchi della vita, sa?»

«Villani! Staremo a vedere quando arriveranno i poliziotti! Siete delle canaglie!»

«Le chiediamo scusa, signora.»

«Potete andare... sapete anche voi dove!»

«Le ho domandato scusa, signora.»

«Basta. Sono stufa. Fate quello che volete.» La custode si sedette in poltrona. La grossa gatta le balzò in grembo. Alla televisione un signore di bell'aspetto stava presentando al pubblico un libro sulla insensatezza dell'amore, della vita e della morte.

«È Milan Kundera» disse Lorand.

«Chi?» chiese Renaud.

«Milan Kundera. Ho filmato una sua intervista. È un cecoslovacco che vive da parecchi anni a Parigi.»

«Al diavolo il cecoslovacco! Quel tizio di sopra può piombare qui da un momento all'altro e stenderci tutti e tre!»

«State zitti!» esclamò la custode fuori di sé. «Kundera è un bravissimo scrittore. Sta presentando il suo nuovo libro. È dall'inizio della trasmissione che aspetto di vederlo!»

«È davvero in gamba» commentò Lorand.

«Sarà bravo quanto vuoi ma io me la sto facendo addosso dalla fifa. Se quello scende...»

Ma il tizio non scese al piano terra. Cinque minuti dopo si udirono le sirene della polizia. Due auto si fermarono davanti allo stabile. La custode andò ad aprire il portone imprecando come una pazza e i poliziotti, su indicazione di Lorand, salirono al quarto piano. Due di loro rimasero di guardia sulle scale e gli altri due bussarono alla porta dell'appartamento. Nessuno rispose. Gli agenti gridarono alla portiera di dare loro le chiavi di scorta.

L'anziana signora si mise a piangere dalla rabbia. «Voi mi rovinate la vita. Io vado dal primo ministro in persona. Dove credete di essere? A Chicago?»

Nel frattempo un poliziotto aprì la porta. L'altro agente lo copriva tenendo il mitra spianato. Una precauzione del tutto inutile. Nell'appartamento non c'era nessuno. L'uomo era sparito. Non fu difficile stabilire come. Era salito sul tetto e saltando sui tetti delle case vicine si era messo in salvo...

«Non ha lasciato tracce» raccontava Patrick Renaud nella chiesa di Santo Stefano a Breisach. «Ci fu un interrogatorio lunghissimo e snervante al quale prese parte un capoccione della polizia. Ci trattò come due delinquenti.»

«Impronte digitali? Altri indizi?» chiese Barski.

«Niente di niente. Così ci hanno detto. La mia amica Mimi mi ha procurato le fotocopie del materiale relativo a Cronyn e Félix ha fatto sviluppare una fotografia dello sconosciuto. Forse queste cose possono bastarle, signora Desmond, per avviare un'indagine.» Prese dalla busta dei fogli. «Ecco. Questi sono i dati relativi a Cronyn e questa è la foto dell'uomo armato.»

«... la serpe getta acqua nel fiume che porta il popolo di Dio al compimento della Sua volontà» echeggiava la voce della guida americana.

Norma osservò la fotografia che Renaud le aveva dato. Guardò a lungo il volto pallido dell'uomo con gli occhiali montati a giorno. «Questo è Horst Langfrost» disse.

27

«Chi è?»

«Una persona che anche in Germania appare e scompare ripetutamente» spiegò Barski e riferì all'amico Renaud tutto ciò che sapeva a proposito del signor Langfrost.

«Accidenti» disse Patrick Renaud. «Ve l'ho detto che si tratta di una faccenda maledettamente grossa. Dev'esserci sotto qualcosa di importantissimo. Altrimenti non avrebbero rubato il materiale filmato da tre emittenti televisive.»

«Aspetta un momento» fece Barski. «Questo tale che si fa chiamare Horst Langfrost era per caso alla conferenza stampa?»

«No. L'uomo che ho visto in casa di Cronyn non c'era. Non l'avevo mai visto prima di allora.»

«Pensavo che il filmato del telegiornale tedesco fosse scomparso proprio a causa della presenza di Langfrost. Ma in questo caso non ci sarebbe stata ragione di rubare i filmati di Parigi. Perché Langfrost alla conferenza stampa non c'era. Forse il tuo collega Cronyn aveva bisogno di essere protetto. Anch'egli è sparito.»

«Tutto è possibile» disse Norma. «Mi viene in mente adesso che nel corso del filmato dei funerali di Gellhorn c'è stata una breve interruzione video. Per qualche secondo lo schermo si è oscurato. Non mi ricordo bene a che punto. Può darsi che si sia trattato di un guasto tecnico, oppure di un'interruzione voluta.»

«Crede che il materiale che le ho fornito possa servire a qualcosa?»

«Senz'altro» rispose Norma. «Le devo dire però che ho stipulato un'accordo con il capo della Commissione speciale d'inchiesta. Ci aiutiamo a vicenda. È un tipo in gamba, vero Jan?»

«Puoi stare tranquillo, Patrick.»

«Glielo dico, signor Renaud, perché dovrò consegnare al signor Sondersen tutto il materiale che lei mi ha dato. È un uomo estremamente valido. E gli racconterò la sua storia, esattamente come lei l'ha riferita a me.»

«Magnifico. La ringrazio. Chi esce per primo?»

«Tu!» disse Barski. «Sono sicuro che hai le spalle coperte. Il commissario ci ha affidato una scorta e ci ha garantito che in occasione del nostro incontro i suoi uomini avrebbero protetto anche te. Forza, vai! Noi aspetteremo una ventina di minuti. Poi prenderemo i bagagli in albergo e torneremo ad Amburgo.»

Renaud annuì. «Se hai bisogno di me sappi che per un paio di giorni mi fermerò a Colmar da mia madre. Ecco l'indirizzo. Poi tornerò a Parigi. Ma non telefonare! Restiamo in contatto direttamente oppure tramite persone di fiducia, come questa volta. Arrivederci!» Patrick Renaud si allontanò dalla nicchia buia e si avviò verso l'uscita.

«Ciao, Patrick» disse Barski piano. E a Norma chiese di dargli la busta. «La infilerò sotto la camicia.»

«... e qui potete vedere il risveglio di Naim, la figlia... Signora Camberland! Si è seduta un'altra volta! Torni subito nel gruppo! Lei non fa che disturbare la visita...»

Barski e Norma uscirono dalla chiesa. Lentamente fecero un giro attorno all'edificio. Non c'era anima viva. Norma si fermò davanti al parapetto di pietra. Barski le si accostò. La tiepida brezza si era trasformata in vento impetuoso. Grandi nuvole bianche solcavano il cielo che mutava colore da un istante all'altro. Le loro ombre correvano sulle case di Breisach, addossate l'una all'altra, giù nella valle, sopra i vigneti, il Reno, i campi e i boschi, i villaggi, le valli e i ruscelli.

Quando mai mi è capitato di vedere un panorama così nitido ed esteso, si chiese Norma fra sé. «Che bello!» esclamò.

Barski annuì e le cinse le spalle.

Ombra e sole. Che tinte fantastiche. Perché non posso fare a meno di pensare a Nizza, all'aeroporto, al ristorante e alla pace infinita del silenzio? Mi sembra di sentire ancora quella sensazione di calma interiore. Come quella mattina. Per Jan questa è la pace di Dio.

Si incamminarono, chinando la testa per resistere all'impeto del vento. Jan le teneva un braccio sulle spalle. Il vento li faceva vacillare, spingendoli l'uno contro l'altra. E il sole e l'ombra si alternavano a ritmo rapidissimo. Due uomini li seguivano inosservati a qualche centinaio di metri di distanza.

Si fermarono davanti a una nicchia sul muro esterno della chiesa. Una lapide di pietra dietro l'inferriata diceva:

IN MEMORIA DEI CADUTI
E DELLA QUASI TOTALE DISTRUZIONE DELLA
CITTÀ DI BREISACH NEL 1945.
DAL DOLORE DELLA SUA GENTE
È SORTA LA VOLONTÀ DI UNA EUROPA UNITA
QUALE CONTRIBUTO ALLA PACE.

Già, si disse Norma. Il 1945. Quante volte ho sentito dire dalla gente che gli anni dell'immediato dopoguerra sono stati i migliori della loro vita. Alvin non fa che parlare di quegli anni — anni di fame, di macerie, di freddo e di miseria —

anni di grande speranza. Allora tutti speravano, speravano ardentemente nel domani. Il terrore nazista era finito. Lo credevano veramente. Ed erano riusciti a sopravvivere. La gente che oggi ne parla era giovane allora. Ed era convinta che fosse giunta l'ora del riscatto, il momento di costruire un mondo nuovo, più bello e più giusto, un mondo senza miseria né paura, un mondo di pace. Furono anni meravigliosi, dice Alvin. Perché tutti erano poveri e tutti erano ricchi allo stesso modo — ricchi di buona volontà. Come coloro che ricostruirono dalle macerie il monastero di Breisach.

«Venti minuti sono passati» le urlò Barski all'orecchio. «Possiamo andare!»

Norma annuì. Anche oggi la gente anela alla pace, pensava dirigendosi accanto a Barski verso l'automobile. Ovunque. In ogni parte del mondo. Ma non ha il potere di imporla. Io ho conosciuto i depositari del potere. E ancora una volta mi ritrovo ad avere a che fare con loro.

28

Una ragazzina domandò cortesemente: «Vorrei tanto sapere per quale ragione le armi atomiche sono così importanti da continuare a costruirne nonostante il pericolo che comportano. Dite di volere la pace ma nel frattempo costruite armi sempre più pericolose!».

Un'altra bambina disse: «Tutti gli uomini che vivono nel mondo sono in un certo senso fratelli e sorelle. Io non capisco perché si fidano così poco l'uno dell'altro. Ed è per questo, perché non hanno fiducia nel prossimo, che continuano a costruire armi».

Circa duecento bambini e bambine sedevano all'interno della Chiesa del Ricordo di Berlino. Di fronte a loro sedevano alcuni adulti: cinque uomini e una donna. I genitori stavano in piedi lungo le pareti della chiesa.

L'edificio ottagonale, progettato dall'architetto Eiermann, sorge accanto alle rovine dell'antica chiesa dedicata all'imperatore Guglielmo. Quelle rovine, che nessuno ha voluto rimuovere, sono il simbolo della guerra e dei suoi orrori. All'interno della nuova chiesa spicca l'altare dorato, illuminato dai riflettori, sul quale ardono dodici grosse candele. Un grande crocifisso in oro è appeso davanti a una parete composta da piccoli vetri di colore blu scuro, che nell'effetto d'insieme sembrano una grande inferriata. Sulla parete opposta si trova il coro, con l'organo al quale si accede salendo alcuni gradini. La chiesa in quell'occasione era illuminata a giorno. I cineoperatori del telegiornale tedesco riprendevano l'avvenimento.

Jeli, che indossava un abitino blu, esclamò: «Ma se proprio si devono possedere armi, perché averne così tante? È sufficiente distruggere un paese una sola volta e non cento volte! Con quei soldi si potrebbe aiutare chi soffre!».

I suoi giovani compagni applaudirono calorosamente.

Un signore piuttosto magro, Robert Hansen della Commissione per la difesa di Bonn, le rispose sorridendo: «Oggi nel mondo esistono 50.000 testate nucleari e devo darti atto che sono decisamente troppe. Perciò in tutte le conferenze che hanno per tema la pace, a Ginevra come a Vienna e a Stoccolma, stiamo facendo di tutto per ridurre questo numero. E anche questo è un problema di fiducia. Possiamo fidarci del fatto che gli uomini che hanno costruito un muro, a qualche passo di distanza da qui, abbiano davvero intenzione di lasciarci vivere in pace? Se lo credessi fermamente non avrei bisogno di armi».

Insieme a Barski e ad Alvin Westen Norma era appoggiata a una delle otto pareti della chiesa. Stava registrando la discussione. Indossava un paio di pantaloni bianchi e una giacca di lino. Westen era elegante e impeccabile come sempre: abito chiaro con camicia e cravatta perfettamente intonate, iniziali ricamate sulla camicia e gemelli ai polsi ricavati da antiche monete d'oro. Barski indossava un blazer. Erano le 11,20 del 25 settembre 1986, un giovedì. Si erano incontrati all'hotel Kempinski. Per Jeli era stato il battesimo del volo ed era molto emozionata.

Un ragazzino seduto in fondo esclamò: «Perché la gente non si rende conto una volta per tutte che è ora di finirla? Perché tutti vogliono solo la guerra?».

Molti bambini applaudirono.

L'unica donna della Commissione, una senatrice di nome Wilma Klarer, dall'aria stizzosa e dai modi tutt'altro che gentili, rispose: «Perché purtroppo molto spesso l'uomo, pur sapendo qual è il bene, compie il male. Voi stessi l'avrete... Io stessa l'ho sperimentato di persona. Ecco perché in politica la fiducia non basta, ci vuole anche la sicurezza».

Moltissime mani si alzarono. Altrettanti bambini chiedevano la parola. Una ragazzina con gli occhiali disse: «Poco fa è stato detto che al mondo esistono almeno 50.000 testate nucleari. Mi sembra una cifra esorbitante!».

Di nuovo i compagni applaudirono.

Il signor Hansen della Commissione per la difesa di Bonn le chiese sorridendo: «Credi che se non ci fossero le bombe gli uomini si comporterebbero meglio fra di loro?».

«Sì! Sì! Sì!» risposero in coro i bambini.

Il signor Hansen li smentì. Sempre con il sorriso sulle labbra, però. «No, ragazzi. Succederebbe esattamente il contrario.»

«Oh! Oh!» Un coro di disappunto si levò dalla platea.

«Scusate, bambini,» esclamò il signor Hansen di Bonn «ma la pace può esistere solo se gli uomini mutano atteggiamento...»

«È inaudito» commentò Westen.

«... se diventano diversi» disse sorridendo il signor Hansen. «Solo così si può avere la pace. E non eliminando le armi che già ci sono. Bisogna intervenire sul comportamento politico dell'uomo, aprire i confini. Chi vuole la pace deve aprire i confini del paese e non costruire muri.»

Il professor Werner Keller, un fisico di Monaco dai capelli e la barba grigi, osservò il sorridente signor Hansen di Bonn e scrollò sconcertato la testa. I bambini conoscevano il nome del signore con la barba. Gli adulti che partecipavano alla conferenza si erano presentati loro a uno a uno.

«E se per esempio una ragazza viene colpita dalle radiazioni» chiese una bambina piuttosto grande «e un domani mette al mondo un figlio senza un braccio o una gamba?»

La disgrazia avvenuta a Chernobil era ancora viva nel ricordo.

Rispose il dottor Paul Schäfer, pediatra a Francoforte: «Sì, indubbiamente può succedere che una ragazza colpita da radiazioni partorisca bambini menomati fisicamente, come può succedere che una donna contaminata in stato di gravidanza dia alla luce un bambino malformato oppure sano in apparenza ma portatore di una forma incurabile di leucemia».

Il pastore Wilhelm Korn di Berlino disse: «Mi piacerebbe sapere se voi ragazzi avete veramente paura o se questa paura la respirate nell'ambiente in cui vivete. Ricordo i miei genitori. Quando ci rifugiavamo in cantina per sfuggire ai bombardamenti avremmo dovuto avere paura. Ma i miei genitori mi dicevano: Finché sei con noi sei al sicuro. E io vi auguro di provare la stessa sensazione che ho provato allora, di sentire qualcuno vicino a voi che vi faccia sentire al sicuro. E vorrei tanto che questo qualcuno fosse Gesù Cristo».

«Io» fece una bimba molto piccola «ho paura di Reagan e di Gorbaciov e di tutta quell'altra gente.»

«Io no» replicò la senatrice.

«Oh! Oh!» esclamarono in coro i bambini. Si alzarono grida di protesta e si sentì anche qualche risata.

«Nemmeno io ho paura» disse il pastore Korn. «Non possono farci nulla contro la volontà di Dio.»

Un uomo dai capelli bianchi, il professor Peter Kant, psicanalista all'Università di Monaco, disse: «Posso rispondere a quest'ultima domanda? Nell'ultima guerra ho combattuto sul fronte russo. Prima dell'assalto, avevo appena compiuto 19 anni, prima dell'assalto il cappellano dell'esercito veniva da noi soldati per darci conforto e infonderci coraggio. Portava una grossa croce d'argento sul petto e diceva che dovevamo combattere e vincere i russi senza Dio per sua volontà e per la volontà di suo figlio Gesù Cristo. E allora questa affermazione mi sembrava orribile, il fatto di dover uccidere milioni di uomini, milioni di russi nel nome di Dio e di Cristo. E a quelle campagne hanno partecipato tutti, i vostri padri e i vostri nonni. Se oggi siamo ancora qui dobbiamo ringraziare il fatto che la bomba atomica allora non esisteva».

Il pastore lanciò uno sguardo furente allo psicanalista, mentre il signore di Bonn sorrideva e i genitori dei bambini restavano immobili, i volti dipinti di tristezza, impotenza e collera.

Un ragazzino piuttosto grassoccio si rivolse al signor Hansen: «Vorrei porle una piccola domanda. Ha mai preso parte a una manifestazione pacifista?».

Il signore di Bonn rispose sorridendo: «Il più importante movimento pacifista, che non si limita alle dimostrazioni ma agisce concretamente, è il nostro stimato esercito».

«Ooooohhhhh!» esclamarono i bambini. Si levarono grida di sdegno.

Il signore di Bonn continuò sorridendo imperturbato: «Che garantisce la pace in un clima di libertà».

I bambini protestarono.

«Ma certo» esclamò sorridendo il signor Hansen. «La signora Klarer,» e si volse a guardare la senatrice seduta accanto a lui «la signora Klarer e io conosciamo meglio di chiunque altro si trovi in questa chiesa il signor Kohl. Egli pensa giorno e notte solo ed esclusivamente alla pace.»

I bambini si fecero inquieti. Alla luce dei riflettori danzavano nuvole di granelli di polvere. Le telecamere riprendevano silenziosamente le fasi della conferenza. Le pareti della chiesa erano tappezzate con le lettere che i bambini avevano indirizzato a Reagan e Gorbaciov, pregandoli di sospendere la corsa agli armamenti. Il rumore del traffico arrivava anche in chiesa.

Un ragazzino esclamò: «Sì, ma l'esercito è nato per fare la guerra!».

«No,» lo contraddisse sorridendo il signor Hansen «l'esercito è fatto per combattere la guerra. Perché la gente conservi la sua libertà. Se fossimo disarmati non saremmo di certo qui a conversare amenamente fra noi.»

«Amenamente» commentò Westen a bassa voce.

«Ma c'è sempre qualcuno che fa scoccare la scintilla!» disse una bambina.

«Noi no» disse il signore di Bonn scuotendo la testa. «Un regime democratico non scatena mai una guerra.»

«D'accordo» fece una bimba vestita di giallo «ma se qualcuno inizia una guerra anche i paesi democratici si buttano a combattere.»

«Dovete scusarmi, bambini,» insistette il signor Hansen «ma se si combatte è soltanto per garantire la libertà del popolo.»

«Sarà anche solo per difesa» ribatté una bambina con i capelli neri cortissimi «ma è sempre guerra. Se qualcuno ci invade e noi dobbiamo difenderci, scoppia la guerra e il risultato non cambia. La guerra è sempre la guerra!»

Il fisico Keller con la barba e i capelli bianchi disse: «Ho paura che la prossima guerra scoppierà anche se nessuno lo vuole, come risultato di questa continua gara a chi possiede più armi. Possiamo convincerci quanto vogliamo che la nostra è una democrazia, che il cancelliere o il presidente agiscono in nome del popolo — ma chi ci garantisce che il sistema reggerà, che prima o poi non scoppierà loro fra le mani? È questa la mia paura. E voi bambini avete ragione a insistere perché si smetta di costruire armi. E non costruire più armi non significa restare disarmati».

Il signore di Bonn cessò per un momento di sorridere e lo fissò incollerito.

«Si parla sempre di disarmo. Abbiamo 25.000 testate nucleari in Occidente. Non mi sembra che si possa parlare di disarmo. Ma direi che è un limite massimo che non dobbiamo superare e che ci dobbiamo impegnare a mantenere anche a lungo termine!»

I bambini batterono forte le mani. Ed esclamarono ad alta voce: «Bravo! Bravo!».

La senatrice Klarer, astiosa e dura come sempre, ribatté: «Voglio tornare per un momento a una domanda rivolta in precedenza da uno di voi. Cosa si può fare? Crescerete anche voi. E quando sarete grandi entrerete a far parte di un partito e potrete esprimere la vostra opinione. Mi sembra una cosa molto importante».

Il fisico e lo psicanalista guardarono con aria quasi sconsolata l'esile membro del Senato; il pastore annuì soddisfatto mentre il signor Hansen di Bonn sorrideva imperterrito. In quel momento un uomo afferrò Westen alle spalle, lo gettò a terra e si buttò sopra di lui. Barski buttò Norma sul pavimento e la coprì, mentre echeggiarono i primi colpi di mitra. Le pallottole si conficcarono nel muro proprio nel punto in cui qualche istante prima si trovavano Norma, Barski e Westen. Caddero dei calcinacci.

«Tutti a terra!» gridò un uomo sdraiato accanto a Westen. «Nessuno si muova!» Un altro, nascosto dietro una sporgenza, iniziò a far fuoco su una suora alta e vestita di nero che stringeva un mitra fra le mani e sparava all'impazzata salendo di corsa i gradini del coro. La suora aveva tenuto l'arma nascosta sotto l'ampia tonaca. Aveva il viso coperto in parte dalle tradizionali fasce bianche e una grossa croce d'oro sul petto.

I bambini strillavano sconvolti. Si erano buttati a terra, come i loro genitori e le personalità pubbliche che partecipavano alla conferenza. Una dozzina di uomini, che fino a quel momento nessuno aveva notato, si scagliò all'inseguimento della suora. Anch'essi con il mitra in pugno. Scavalcarono la gente sdraiata a terra, muovendosi a zig-zag, e fallirono tutti quanti il bersaglio. Un grosso pannello di vetro sul quale era scritto DIO È AMORE rovinò a terra. E i bambini strillavano, strillavano. I cameramen della televisione si erano messi al riparo tranne uno, che era rimasto in piedi per riprendere la scena. Norma aveva tolto dalla tracolla la macchina fotografica e continuava a scattare.

«Jan!» strillava Jeli sconvolta. «Jan! Jan!»

«Non muoverti!» le urlò suo padre. «Non muoverti, Jeli!»

Una pallottola colpì la falsa suora all'altezza del femore, proprio mentre si apprestava a uscire dalla chiesa. Finì a terra contro una colonna, ma si rialzò prontamente e tornò a sparare con furia selvaggia all'interno della chiesa. Gli inseguitori si lanciarono verso di lei. Ma la suora uscì dalla chiesa camminando a ritroso, facendo fuoco per proteggersi dagli agenti. Si udì il rombo di un motore e lo stridìo di pneumatici. Un'auto l'aspettava fuori per metterla in salvo.

Poi scese il silenzio.

29

«Ho avuto tanta paura» diceva Jeli con la voce angosciata e affannosa. «Tanta paura... Ora non più... No, perché siete qui con me... Resterete con me, vero?»

«Sì» le rispose Barski.

«E Norma?»

«Anch'io» disse lei.

«Per sempre?»

«Sì» disse Norma.

Era trascorsa un'ora dalla sparatoria. La suora era riuscita a fuggire — salendo a bordo di una Porsche che l'attendeva davanti all'uscita della chiesa. L'auto era dotata di un'antenna radio. In seguito i poliziotti del servizio di guardia testimoniarono di averla notata e di averla scambiata per un'auto della polizia giudiziaria, credendo che alla guida ci fosse un loro collega della Commissione speciale. La Porsche era targata Wiesbaden e l'uomo che la guidava aveva mostrato al posto di controllo la patente e i documenti appartenenti a un agente della polizia federale di Wiesbaden, di nome Willbrand. Di lui fu data in seguito una completa e precisa descrizione.

Appena la suora salì, questo Willbrand mise in moto la Porsche e partì a tutto gas imboccando il Kurfürstendamm in direzione Halensee. Due auto della polizia e due pattuglie radioequipaggiate la seguirono per tutta la città finché nel distretto di Neukölln la persero definitivamente di vista.

Alcuni minuti dopo la sparatoria arrivarono le prime ambulanze, i mezzi di soccorso e altre auto della polizia cariche di agenti. Miracolosamente nessuno era rimasto ferito. Parecchi bambini e qualche adulto avevano subito un grave shock. Quattro uomini, tre donne e dodici bambini furono ricoverati in ospedale, altri ricevettero le cure del caso dai medici del pronto soccorso sopraggiunti sul luogo dell'attentato. Anche a Jeli fu praticata un'iniezione calmante. Piangeva. Barski l'aveva presa in braccio e si era seduto per terra, parlandole dolcemente all'orecchio.

Nel frattempo gli agenti di polizia al comando del commissario capo Olaf Tomkin avevano iniziato a catalogare i presenti, raccogliendone dati anagrafici e deposizioni, e a setacciare la chiesa alla ricerca di tracce o addirittura di eventuali complici della suora. Poteva sembrare un'operazione inutile ma non lo era. Il commissario Tomkin aveva ragione: se la suora aveva dei complici oltre al palo che l'aspettava in auto, essi si trovavano ancora all'interno della chiesa ed era questa perciò la prima cosa sulla quale indagare.

Gli agenti che formavano la scorta di Barski, Norma e Westen, si adoperarono perché essi potessero abbandonare la chiesa al più presto. Decisero la linea operativa insieme al commissario Tomkin. In qualsiasi momento infatti avrebbe potuto verificarsi un nuovo attentato. La chiesa era piena zeppa e il pericolo era enorme.

«Dove siete alloggiati?» chiese il commissario capo a Westen. Sapeva ovviamente con chi stava parlando e il motivo per cui i tre individui erano protetti da una scorta di polizia.

«Al Kempinski» rispose Westen. Si era tolto la polvere dal vestito, tornando elegante e impeccabile come sempre.

«Ho appena parlato al telefono commissario Sondersen» disse Tomkin. «Verrà subito a Berlino. Purtroppo dovrà aspettare il primo volo di linea. La Repubblica Democratica Tedesca non concede permessi per voli privati, nemmeno in casi speciali come questo. Va bene, gli agenti vi accompagneranno in albergo. Ma non dovete lasciare il Kempinski finché il commissario Sondersen non vi autorizzerà.»

Circondati dalle loro guardie del corpo e da altri agenti Norma, Barski, Jeli e Westen si diressero insieme a Tomkin al portone della chiesa, davanti al quale si era già ammassata una notevole folla di curiosi che rendeva difficoltoso l'accesso alle auto della polizia e alle ambulanze. Nella confusione delle voci si alzarono nuove grida. Gli agenti di polizia avevano stretto un doppio cordone attorno alla chiesa. Due uomini cercavano di aprirsi un varco.

«Signor Ministro!» gridò uno dei due. Era un tipo alto e robusto. L'altro, che portava una borsa da medico, era più snello.

«Ma quello è il portiere del Kempinski!» esclamò il commissario Tomkin stupito.

«Sì, il signor Ruof» disse Westen.

«E l'altro è il dottor Thuma» aggiunse Norma. «Lo conosco.»

«Cosa volete?» chiese loro Tomkin.

«Portare via di qui il signor ministro e i suoi amici!» strillò Ruof. «Ho portato con me un medico. Ho telefonato appena ho saputo della sparatoria.»

«Il dottor Thuma mi ha curato una volta che ho sofferto di coliche mentre mi trovavo al Kempinski» disse Norma. «È un ottimo medico.»

«Allora, cosa vogliamo fare?» domandò bruscamente un agente di polizia. Guardò Tomkin infuriato. «Dobbiamo aspettare che ci sparino addosso dal tetto di una casa?»

Tomkin permise al portiere e al medico di passare attraverso il cordone di protezione. Barski teneva Jeli in braccio. Il dottor Thuma la visitò rapidamente e la consolò. «Stai bene!» le disse. «Ora però dobbiamo andarcene da qui!» aggiunse rivolgendosi a Tomkin.

«A condizione che nessuno abbandoni il Kempinski fino a quando...»

«Sì, sì, sì!» fece spazientito uno degli agenti messi a disposizione dei tre da Sondersen. «Forza, andiamo! C'è un'auto blindata che ci aspetta. Il signor Ruof e il dottor Thuma ci seguiranno con un'altra auto.»

Qualche istante dopo le auto si misero in marcia, facendosi largo tra la folla per imboccare il Kurfürstendamm, dirette al Kempinski. Giunti a destinazione, gli agenti della scorta balzarono fuori dalle auto con i mitra spianati, pronti a far fuoco. I civili corsero in albergo. Il robusto portiere teneva la piccola Jeli fra le braccia. Attraversò la hall e la portò fino in camera di Barski, dove la sdraiò sul letto. Lo seguirono anche gli altri, tranne Westen che si ritirò nel suo appartamento, accompagnato dalle guardie del corpo.

«Io resto in albergo» disse Ruof.

«Non ha senso» gli rispose il dottor Thuma. «Alle due lei termina il servizio. Sono qui io. Lei può tornare a casa.»

«Assolutamente no» insistette Ruof, un ragazzone originario della Baviera. Norma lo conosceva da parecchi anni. Era sempre gentile e disponibile e l'aveva già aiutata in molte occasioni. Lo prese da parte e gli parlò sottovoce.

«Senta, ho con me due pellicole da mandare ad Amburgo al più presto. Sono foto che ho scattato in chiesa. Quando parte il primo aereo?»

Ruof diede un'occhiata all'orologio. «Alle 13,50. Un volo Pan Am. È quasi l'una adesso. Le dia pure a me, signora Desmond.» Senza farsi notare le infilò in tasca. «Manderò subito un collega all'aeroporto. Si fidi di me.»

«Come al solito, certo. Grazie, signor Ruof. Ci sarà qualcuno della redazione a ritirare le pellicole all'aeroporto di Fuhlsbüttel.»

Norma si sedette davanti al telefono e compose il numero del giornale. Il dottor Thuma e Barski si stavano occupando della bambina. Quando le rispose una centralinista della sede del giornale Norma disse il suo nome e chiese di parlare con il redattore capo Günter Hanske. Gli fornì un resoconto chiaro e succinto dell'accaduto e terminò il suo racconto dicendo: «... nella chiesa non c'erano fotografi, Günter. Sono riuscita a fare due rullini. Partono da qui con il volo Pan American delle 13,50. Informati sull'ora di arrivo ad Amburgo e manda qualcuno a ritirarli!».

«D'accordo. E la televisione?»

«C'era una squadra che ha filmato l'intera sparatoria. Il materiale arriverà al *Welt im Bild*. Non possiamo farci niente. Ma domattina saremo i soli a uscire con un servizio fotografico.»

«E il testo?»

«Senti, qui può succedere qualcosa da un momento all'altro. Stanno dando la caccia alla suora. È ferita. Sta arrivando Sondersen. Non so cosa permetterà di rivelare pubblicamente. Della sparatoria si parlerà sicuramente. C'erano almeno duecento persone nella chiesa. Non ho tempo di scrivere un testo. Detterò direttamente per telefono. Ci penserà qualcuno a redigere il servizio. Appena ci sono novità ti richiamo.»

«Va bene.»

«Oggi c'è quell'appuntamento combinato da Westen. Con quel tizio importante. Non posso mancare.»

«Chiaro.»
«Mandami Joe, Franziska e Jimmy! Falli venire al Kempinski.»
«Faccio in modo che partano immediatamente.»
«Se non mi trovano in albergo aspetteranno che mi faccia viva per telefono. Sondersen mi ha garantito un vantaggio di dieci ore sugli altri operatori. Saremo comunque i primi. Passami l'agenzia di stampa, per favore...» Subito dopo Norma prese a dettare con voce sicura e fluente un resoconto dell'accaduto. Quindi ringraziò la stenografa, riappese il ricevitore e tornò dagli altri.
Jeli parlava a bassa voce. Era quasi assopita.
«Le mie scarpe... dove sono le mie scarpe?»
«Eccole, Jeli» le disse Barski, chino su di lei.
«Mettile su quella sedia. Voglio averle qui, vicino a me. Sai bene perché.»
Barski posò le scarpe bianche e blu sulla sedia e spinse quest'ultima accanto al letto. Poi prese il telefono e compose il suo numero di Amburgo.
Mila era agitatissima. «Per tutti i numi, signore! Ma è proprio sicuro che la piccola stia bene?»
«Sì, Mila. Non ci sono stati feriti, grazie al cielo. Ma abbiamo parecchio da fare. E ci vuole qualcuno che le stia vicino. Per favore, prenda il primo aereo per Berlino. E ci raggiunga qui all'hotel Kempinski.»
«Ah, Santa Madre di Dio, che spavento! Certo che vengo! Subito! Ci sarà ben un aereo, no? Ma le raccomando, signore, non la lasci sola finché arrivo!»
«Stia tranquilla, Mila. Ci sono io con lei.» Barski riappese.
Il dottor Thuma stava parlando con Norma. «Ma cos'è stato? Un attentato al ministro?»
«Probabile.»
«Perché?»
Norma lo fissò senza rispondere.
«Non me lo può dire.» Il medico nicchiò. «Brutta faccenda, vero?»
«Già» fece Norma.
«Una brutta faccenda...» ripeté la piccola Jeli con un filo di voce.
Barski si avvicinò al letto.
Il medico accarezzò la fronte della bimba. «Fra poco dor-

mirai. Non avere paura. Va tutto bene.» Si alzò. «Nemmeno lei deve preoccuparsi, signor Barski.» Gli porse un biglietto da visita. «Se ci fosse bisogno, abito qui vicino e verrò immediatamente da lei. Se fossi fuori, dica pure a mia moglie. Mi avvertirà via radio. Glielo dico solo per tranquillizzarla. Vedrà, non ce ne sarà bisogno.»

«Grazie, dottore. Grazie.»

«Si figuri» rispose il dottor Thuma, anch'egli bavarese a giudicare dall'accento. Salutò Jeli e Norma, che sedeva al capezzale della bimba. Barski lo accompagnò all'ascensore.

«Che cosa orribile» disse Jeli mezzo addormentata.

«Che cosa?» domandò Norma.

«Il fatto che abbiano sparato. Avevo ancora tante cose da dire. Per esempio come il mondo potrebbe rinunciare alla guerra...» La testa le scivolò sul cuscino.

Barski tornò e si sedette dall'altra parte del letto. «Criminali» disse. «Con tutti quei bambini. Se qualcuno fosse rimasto ferito...»

«È già successo altre volte.»

«Le chiedo scusa...»

«Volevo solo dire che abbiamo a che fare con degli assassini senza scrupoli. E io sono una cretina. Tanta gente raccolta in un ambiente così ristretto. La soluzione ottimale per un attentato. Avrei dovuto saperlo.»

«Ci sono degli uomini di guardia davanti alle porte delle nostre stanze. Si danno il cambio ogni tre ore. Per ora ci è andata bene.»

«Sì» disse Norma. «Siamo stati fortunati.» Loro sono stati fortunati, lui e Jeli e tutti gli altri bambini. Ma io? No, non devi pensare queste cose. C'è Alvin con te. Fra qualche ora ne saprai di più. Verrai a sapere qualcosa di molto importante che ti aiuterà a trovare gli assassini di tuo figlio.

Smisero di parlare. Sedevano ai due lati del letto e nella stanza regnava il silenzio. Di tanto in tanto si udiva il rombo di un aereo.

A un tratto Norma infilò una mano nella scollatura della camicia e aprì il fermaglio della catenella d'oro alla quale era appeso il portafortuna che aveva donato a Pierre a Beirut e che portava al collo da tanti anni. Prese il quadrifoglio con le due lenti cerchiate d'oro e lo porse a Barski, reggendolo sopra la testa della piccola Jeli.

«Tenga» gli disse. «È per lei.»

«Ma non posso... È un portafortuna... il suo portafortuna.»

«Glielo regalo» disse guardandolo. All'improvviso i suoi occhi apparvero infinitamente grandi e la piccola macchia di pigmentazione gli parve uno scoglio. «Lo prenda! Bisogna sempre accettare ciò che può portare fortuna — forse. Io le auguro di avere fortuna. A lei e a Jeli.»

Barski si mise la catenella al collo, chiuse il fermaglio e la lasciò scivolare sotto la camicia, senza staccare gli occhi da Norma.

«Lei è molto gentile, Norma» le disse.

«Una brutta faccenda...» diceva Jeli nel sonno.

Norma distolse lo sguardo da Barski. Perché l'ho fatto? si domandò. Perché? Non lo so, ma adesso mi sento bene e sono contenta di avere agito così.

«Se solo gli uomini...» mormorava Jeli.

Barski posò una mano sulla mano di Norma. Lei la ritrasse.

Un altro aereo passò sopra l'albergo, rompendo il silenzio del primo pomeriggio. Non si guardavano più e non parlarono per parecchio tempo. Verso le tre e mezza bussarono alla porta. Barski andò ad aprire. Era Mila. Aveva indossato il suo vestito più bello e un vecchio cappellino fuori moda e si precipitò al capezzale della piccola Jeli, esclamando senza fiato: «Tesoro mio! È arrivata la tua Mila! La tua Mila che ha pregato per tutto il viaggio. Ringraziando il buon Dio, non ti è successo niente... E neanche al signore... E alla signora... Che spavento! Ma è andata bene, grazie al cielo, e adesso la Mila è qui con te! E quei disgraziati, quelle carogne... Dio Onnipotente li punirà, sì, li punirà per quello che hanno fatto».

30

Il commissario capo Sondersen disse: «Uno dei miei uomini ha colpito la suora all'altezza del femore destro. Nel breve tratto di strada fra la chiesa e l'auto del suo complice ha perso un mare di sangue. In macchina ne avrà perso dell'altro. Abbiamo dato l'allarme a tutti gli ospedali e ai sanitari operanti in città, ai posti di controllo, alla stazione centrale e ai due aeroporti. Ma in un caso come questo ci sono sicuramente dei medici pronti a intervenire e operare, se necessario, senza farlo sapere. E non se ne andrà di certo da Berlino. È troppo furba per rischiare. Se ne starà qui tranquilla». Il commissario si trovava nell'appartamento dell'ex ministro Alvin Westen. Di fronte a lui sedevano Barski e Norma. Aveva con sé il suo apparecchio radio. L'altoparlante diffondeva messaggi e chiamate. Gli agenti si chiamavano l'un l'altro comunicandosi le rispettive posizioni. Era in corso la caccia all'uomo.

«E con voi che facciamo?» chiese Sondersen, preoccupato, guardando i suoi interlocutori.

«Sarà sufficiente che continuiate a proteggerci come avete fatto finora» disse Alvin Westen. Si era cambiato d'abito. Fuori il caldo era insopportabile, mentre in albergo la temperatura era piuttosto fresca.

«Non basta invece» disse Sondersen. «So che avete intenzione di lasciare l'albergo.»

«Sì. Dobbiamo vedere un amico. Alle sei.»

«Mi stia a sentire!» esclamò Sondersen. «So benissimo chi è il suo amico, dove abita e cosa fa.»

«Chi glielo ha detto? Le mie guardie del corpo non fanno parte della sua squadra. E non parlano mai.»

«Infatti» rispose Sondersen. «Ho dovuto farla pedinare. Non perché dubiti di lei. Il fatto è che devo cercare di esplorare tutte le vie possibili e immaginabili. Il suo amico si chiama Lars Bellmann, ha 42 anni. Svedese. È uno studioso della guerra e dei problemi a essa inerenti. Il suo istituto di ricerca si trova a Stoccolma, ma Bellmann risiede da più di un anno qui a Berlino. Sta svolgendo uno studio. Abita nell'appartamento di un funzionario del consolato svedese a Berlino. Indirizzo: Dahlem, Im Dol 234. È stato lui ad accompagnarla nella sua visita a importanti personalità americane e sovietiche. Devo fare dei nomi?»

«Non è il caso» disse Westen. «Complimenti!»

«Grazie. Perché non gli telefona e gli chiede di venire qui in albergo?»

«Non verrebbe.»

«Per quale motivo?»

«Perché è in pericolo. Esattamente come me. Siamo alla pari, signor Sondersen.»

«Non direi. Ho buone notizie per lei, signor ministro. I miei uomini sorvegliano il signor Bellmann dal suo rientro a

Berlino. Non sono un genio, lo ammetto, ma nemmeno un cretino.»

«E chi l'ha mai detto?» Westen scrollò la testa. «Mi sembra invece che lei sia assolutamente illogico.»

«Perché?»

«Bellmann è sorvegliato. E anche noi lo siamo. Non ci lascia andare da lui. E propone invece che sia lui a venire da noi. Significa forse che secondo lei la vita di Bellmann conta meno della nostra?»

Sondersen ribatté bruscamente: «Adesso basta! Voi non uscirete di qui!».

«Mi creda, signor Sondersen, non voglio proprio procurarle altre difficoltà» disse Westen. «Mi pare che ne abbia già abbastanza.»

«Chi l'ha detto?»

Westen guardò Norma.

«Cosa?» fece Sondersen. «Cosa le ha detto?»

«Che... non ha vita facile, signor commissario. L'ho sempre immaginato del resto. Fin da principio, quando le chiesi se in Germania esistevano reparti speciali. Lei mi rispose che no, non ne esistevano e che se fossero esistiti non l'avrebbe comunque ammesso. Credo di essere in procinto di risolvere le sue difficoltà.»

«Impossibile» disse Sondersen. «Nessuno può riuscirci, nemmeno lei, signor Westen.»

«Chi lo dice?» fece Westen.

L'altoparlante della ricetrasmittente diffondeva voci concitate di poliziotti.

«Ancora nessuna traccia della suora?» chiese Barski.

Sondersen scosse il capo. «Quella ha amicizie e mandanti assai potenti, esattamente come il dottor Jack Cronyn, sparito da Parigi senza lasciare tracce. A proposito grazie ancora per la sua fruttuosa collaborazione, signora Desmond.»

«Ha scoperto qualcosa?» chiese Norma.

Sondersen annuì. «Sì. Fortunatamente posso ancora contare sull'aiuto di qualche amico. Questa mattina presto si è scoperto che Jack Cronyn si chiama in realtà Eugene Lawrence e ha lavorato dal 1970 al 1975 in un Istituto di ricerca del governo americano nel deserto del Nevada.»

«Che tipo di ricerca?»

«Sulla manipolazione del DNA» rispose Sondersen. «Cronyn possedeva ancora un passaporto intestato con il suo vero nome. Subito dopo la conferenza stampa all'Hôpital De Gaulle è partito per Rio e si è dileguato.»

«E l'altro uomo? Quell'Horst Langfrost? Le ho dato una sua fotografia. Le è servita a qualcosa?» domandò Norma.

«Purtroppo no» rispose Sondersen.

«Ancora non ha scoperto chi è e per chi lavora?»

«No. E per quanto riguarda Lawrence non deve parlarne al giornale. Scriva invece che non sappiamo ancora nulla. In questo modo potrà esserci d'aiuto.»

Norma annuì. «Va bene. Ho trasmesso un resoconto della sparatoria in chiesa. E ho spedito ad Amburgo le fotografie che sono riuscita a scattare. Qualcosa in contrario?»

«Ne hanno già parlato alla radio. E ne parleranno questa sera al telegiornale.» Sondersen guardò Westen. «Torniamo a lei, signor ministro. Lei non si recherà da Lars Bellmann. Non mi costringa a prendere provvedimenti drastici.»

«Signor Sondersen,» gli disse Westen «io ci andrò. Con la signora Desmond e il dottor Barski. Dobbiamo andarci. Dobbiamo definitivamente entrare in questa vicenda.»

«Dannazione, perché dovete immischiarvi in una faccenda così pericolosa?»

«Il pastore Niemöller, un mio caro amico, mi disse un giorno: ''Quando i nazisti andarono a prendere i comunisti, io non mi immischiai. Non ero un comunista. Quando vennero a prendere i socialisti non mi immischiai. I socialisti non contavano niente per me. Quando vennero a prendere gli ebrei, io restai fuori, perché non ero ebreo. E quando vennero a prendere me non c'era più nessuno che potesse immischiarsi''. Mi disse proprio così. E non ho mai scordato le sue parole. Perciò ho deciso di...»

Il telefono squillò.

Westen rispose. «Sì» disse. «È qui. Un momento.» Si rivolse a Norma. «È per te.»

«Chi è?»

«Rispondi e lo saprai.»

Norma prese il ricevitore. «Pronto? Sono Norma Desmond.»

La voce metallica e distorta che già conosceva le penetrò all'orecchio. «Buongiorno, signora Desmond.»

«Come fa a sapere che...»

«Noi sappiamo tutto, signora Desmond.» La voce era priva di modulazione, sempre uguale, come se fosse la registrazione di un calcolatore elettronico. «Lei si trova dal signor Westen in compagnia del dottor Barski e del commissario capo Sondersen. Quest'oggi ha un appuntamento con un amico del signor Westen. Un appuntamento concordato da parecchio tempo. Sicuramente il signor Sondersen — dopo quanto è accaduto in chiesa — non vuole che ci andiate. È logico. È corretto da parte sua. La persona con la quale il signor Westen vuole mettere in contatto lei e il dottor Barski si chiama Lars Bellmann. È uno svedese di 42 anni e lavora presso un Istituto di ricerca di Stoccolma, ma si trova da circa un anno a Berlino per svolgere uno studio particolare. È uno dei più brillanti studiosi in materia di guerre e conflitti che ci siano al mondo. Chieda al signor Westen se è vero.»

Gli uomini si erano avvicinati a Norma. «Chi è?» domandò Sondersen.

«L'uomo dalla voce distorta» rispose Norma.

«Cosa vuole?» chiese Westen.

«Devo chiederti se è vero che Lars Bellmann è uno dei più brillanti studiosi di guerra del mondo.»

«Fa' parlare me» disse Westen.

«Cerchi di intrattenerlo più a lungo che può» bisbigliò Sondersen. «Tenteremo di scoprire da dove chiama.» Il commissario corse all'altro telefono in camera da letto.

Norma disse al telefono: «Le passo il signor Westen».

«No, non lo faccia» le intimò la voce metallica. «Parlerò più tardi con il signor Westen. Quando avrò terminato con lei. E parlerò anche con il signor Sondersen. Le avrà chiesto di prolungare il colloquio per permettergli di scoprire da dove arriva la telefonata. Ebbene, gli dica che non lo scoprirà mai. Saprà direttamente da me quello che deve sapere.»

Westen cercò di togliere il ricevitore dalle mani di Norma. Lei scosse la testa.

«Il signor Lars Bellmann» disse la voce «dimora a Dahlem, Im Dol 234.»

Sondersen tornò dalla stanza accanto.

«È esatto» disse Norma.

«Come vede so tutto. E sappiamo anche di cosa hanno discusso ultimamente il signor Westen e il signor Bellmann.»

«Ora capisco perché avete cercato di ucciderlo poco fa, nella Chiesa del Ricordo» fece Norma.

«Non siamo stati noi» disse la voce. «E non avrebbe dovuto morire solo il signor Westen.»

«Chi altro?»

«Lei, il signor Westen e il dottor Barski. Ormai dovrebbe aver capito di avere a che fare con due gruppi distinti che operano in concorrenza ma vogliono la stessa identica cosa.»

«Si può sapere cosa?»

«Lo saprà molto presto, signora Desmond. Molto presto.»

«Cosa dice?» chiese Sondersen impaziente.

«Dica al signor Sondersen di avere pazienza e di lasciarmi finire» continuò la voce. «Gli spiegherò tutto poi. E lo stesso dicasi per il signor Westen. Le spiace avvertirli ad alta voce, in modo che io possa sentire?»

Norma riferì le parole dello sconosciuto in modo che questi, all'altro capo del telefono, potesse sentirle.

«Grazie» fece la voce. «Avreste dovuto essere uccisi tutti e tre. E anche il signor Bellmann. Agendo in questo modo i nostri concorrenti — che purtroppo non sono altro che un pugno di fanatici — credevano di impedire che altri venissero a conoscenza di ciò di cui il signor Bellmann e il signor Westen avevano discusso. Noi sappiamo invece che di tutto ciò che il signor Westen ha appreso a Washington e Mosca è stato redatto un documento minuzioso e preciso, che è stato inviato a Stoccolma e depositato in cassaforte. Se gli accadesse qualcosa, il documento verrebbe dato alla stampa. Il signor Bellmann si è procurato un'assicurazione sulla vita valida quanto la sua, signora Desmond. Neppure a lui deve accadere un incidente. Noi stessi abbiamo cercato di farlo capire ai nostri concorrenti — come del resto in seguito all'attentato ai suoi danni, signora Desmond. Ma è brutto avere a che fare con dei fanatici.»

Il telefono nell'altra stanza si mise a squillare.

«Suona il telefono» disse la voce. «Sono gli uomini di Sondersen. Gli diranno che non riescono a intercettare la telefonata.»

Sondersen aveva già riappeso. E infatti scuoteva il capo rassegnato.

«Le stavo dicendo» continuò la voce metallica «che i nostri concorrenti hanno capito di aver agito sconsideratamente. Non cerchiamo di farci pubblicità. Ma giunti a questo punto ci sembra opportuno che lei riceva più ampie spiegazioni in merito a questa vicenda. Non intendo dire che debba conoscerne ogni particolare, ma sicuramente è bene che ne sia informata più dettagliatamente. Le richieste avanzate nei confronti del professor Gellhorn sono tuttora valide. E creeranno sicuramente altri problemi. Ma andiamo per gradi. Mi stia a sentire, a nome di entrambe le fazioni coinvolte in questa vicenda le dichiaro — e lo ripeterò fra poco anche al signor Westen e al signor Sondersen — che potete recarvi tranquillamente dal signor Bellmann. Non vi accadrà nulla. Non possiamo sempre aggiustare i pasticci che combinano i nostri concorrenti, perciò abbiamo deciso di statuire un esempio. La suora che ha sparato su di voi all'interno della chiesa è stata colpita da una delle vostre guardie del corpo all'altezza del femore. Questo lo sapevate, vero?»

«Sì, certo.»

«Non sapevate invece che quella suora era ovviamente un uomo. Il signor Sondersen manderà una pattuglia in Lassenstrasse al N° 11. Troverà una Mercedes 220 rossa. I suoi uomini devono aprire il bagagliaio. Troveranno la suora. Con un proiettile calibro 7,65 sparato da una Walther PP alla tempia. È questo l'esempio che abbiamo dovuto statuire. Un esempio e anche una» una risatina distorta «testimonianza della nostra buona volontà. E adesso mi passi il signor Sondersen, signora Desmond. Buongiorno.»

Norma passò il ricevitore al commissario.

Sondersen ascoltò in silenzio ciò che la voce gli diceva, pronunciando di tanto in tanto un ''sì'' oppure un ''subito''. Infine passò il ricevitore a Westen. Chiamò tre auto per radio. «Dirigetevi in Lassenstrasse al N° 11, nel Grünewald. Troverete una Mercedes 220 rossa targata B-MC 3765. Non toccatela e avvertitemi immediatamente!»

Intanto Westen era stato a sentire lo sconosciuto. Infine riappese e si sedette.

Sondersen domandò: «È tutto vero quello che ha detto?».

«Sì.» Westen annuì. «Mi ha fatto persino i nomi delle persone che Bellmann e io abbiamo visto a Washington e a Mosca. È un professionista. Non c'è che dire. Del resto solo un professionista avrebbe potuto occuparsi di un caso come questo. Sono tutti professionisti. Da una parte come dall'altra. Signor Sondersen, oggi farà un grosso passo avanti nelle sue indagini. Grazie all'accordo stipulato con la signora Desmond.

Questa sera, quando saprà del nostro colloquio con Lars Bellmann, comprenderà molte cose che le appaiono ancora oscure. Signor Sondersen, io la scongiuro di lasciarci andare! Bellmann ne sa molto più di me e ha tempo di vederci solo oggi. Domani si recherà a Pechino, proprio in relazione a questa vicenda. Ed è impossibile aspettare che rientri dalla Cina. Dobbiamo vederlo subito.» Westen aveva alzato la voce e respirava con affanno.

Norma lo fissò. Non l'aveva mai visto così inquieto. Anche Barski e Sondersen erano stupiti.

«Ma è davvero una questione così mostruosa?» chiese il commissario capo.

«La più orribile e mostruosa che abbia mai conosciuto.» Westen si riprese.

«Di che si tratta?» chiese Sondersen.

«Del futuro del mondo. Dell'immediato futuro» disse Westen a bassa voce. «È per questo che dobbiamo occuparcene. Che ci dobbiamo immischiare. Anche se le speranze di ottenere qualcosa sono minime. Ma è nostro dovere mantenere vivo questo barlume di speranza. Dobbiamo lottare per questa speranza. E chi può farlo meglio di Norma, con la forza dei suoi articoli, del dottor Barski, che è implicato direttamente nella questione e che presto dovrà prendere una decisione importantissima, e di me, che forse — forse — posso convincere alcuni amici a occuparsi della faccenda? E anche lei deve lottare, anche lei, signor commissario!»

«Le sue parole sono apocalittiche» disse Sondersen.

«Ma siamo all'apocalisse. Siamo molto più vicini alla fine di quanto crediamo» rispose l'anziano ministro.

31

Lo guardavano tutti.

Il telefono riprese a squillare.

Rispose Westen. «Un momento» disse. E rivolto a Norma aggiunse: «Sono i tuoi colleghi. Arrivano adesso da Amburgo».

Norma prese il ricevitore. «Salve, Franziska!» esclamò. «Avete fatto in fretta! Per favore, aspettate giù nella hall. Non so ancora con precisione cosa si fa. Vi avverto quando... No, non potete salire... Abbiate un po' di pazienza... Grazie.» Riappese.

Un attimo dopo una voce maschile diede via radio la seguente comunicazione: «Signor commissario, abbiamo trovato la macchina. Colore, modello e targa corrispondono ai dati che ci ha fornito».

«Bloccate l'accesso alla strada! Chiamate una squadra del pronto intervento! Per motivi di sicurezza evacuate gli abitanti delle case vicine al punto in cui è posteggiata l'auto. Potrebbe trattarsi di una trappola. Può esserci una bomba nel bagagliaio. Oppure un morto.»

«Un morto?»

«Il cecchino della Chiesa del Ricordo; la suora, per intenderci. Può darsi. Ma è meglio non correre rischi. Chiamate gli artificieri. Se non ci sono segni della presenza di un ordigno, apriranno il bagagliaio. Ma con prudenza. Comunque arrivo subito da voi.» Sondersen afferrò l'apparecchio radio e si alzò. «Mi date la parola che non uscirete da questa stanza? Se lo farete ci penseranno i miei uomini là fuori a fermarvi!»

«L'appuntamento con il signor Bellmann!» gli rammentò Westen.

«Gli telefoni. E gli racconti cos'è successo.»

«Va bene» disse Westen. «Se nel bagagliaio troverete davvero l'autore della sparatoria, ci lascerete andare da Bellmann?»

«A determinate condizioni. Ora devo andare al Grünewald. Appena so qualcosa mi farò sentire.» Andò alla porta.

«Un attimo!» Norma era balzata in piedi. «Ci sono dei giornalisti da basso. E un fotografo. Possono seguirla?»

«No. Mi dispiace.»

«Se c'è un morto nel bagagliaio della Mercedes, dovrà renderlo noto nel giro di qualche ora al massimo. Io ho la precedenza, si ricordi! La prego, signor Sondersen!»

Il commissario esitò un momento. «Va bene» disse poi. «Un giornalista e un fotografo.»

«Grazie» fece Norma. «Hanno preso un'auto a nolo. La seguiranno.»

«D'accordo. Ma solo fino al posto di blocco. Non voglio scherzi! Scatteranno le foto a distanza. E lei deve promettermi di riferire ad Amburgo solo ciò che io le dirò.»

«Parola d'onore.»

«A presto.» La porta si richiuse alle spalle del commissario.

Norma corse al telefono e chiese al centralino di passarle uno dei tre giornalisti che attendevano nella hall. Pochi istanti dopo sentì una voce d'uomo. «Pronto! Sono Jimmy.»

«Jimmy, il commissario Sondersen sta scendendo adesso con l'ascensore — lo conosci, vero? Tu e Franziska — voi due soli — potete seguirlo al Grünewald. In Lassenstrasse. Puoi scattare solo dal posto di blocco. E Franziska dovrà riferire ad Amburgo solo ciò che Sondersen le dice.»

«Va bene, Norma. Ecco che arriva. Ciao. Sta uscendo.»

La linea fu interrotta.

Norma si sedette accanto a Barski. Dopo qualche tempo disse: «Sono bestie. Bestie feroci».

«Chi?» domandò Westen.

«Tutti» disse Norma. «Quelli che hanno sparato nel circo e quello di oggi, in chiesa. Gente senza morale. Senza scrupoli. Senza un briciolo di compassione per dei poveri innocenti. Dei bambini, Alvin! Dei bambini!»

Il suo anziano amico taceva e fissava il tappeto. Infine disse con un filo di voce: «La bestia più feroce conosce il sentimento della pietà. Io non so cosa sia e non sono un animale».

«Chi l'ha detto?»

«Riccardo III. Shakespeare» rispose Westen. «E la situazione purtroppo è assai peggiore di quanto tu creda, Norma. Presto te ne accorgerai. Le persone con le quali abbiamo a che fare non sono bestie, sono uomini. Uomini, Norma! È questo l'aspetto più terrificante della faccenda.»

Per quasi mezz'ora nel salotto dell'appartamento di Westen regnò il silenzio. Poi squillò il telefono. Ancora una volta fu Westen a rispondere.

«Sono Sondersen. Nel bagagliaio c'era davvero il cadavere dell'uomo della sparatoria. Con un proiettile nella tempia. Indossava ancora l'abito da suora.»

«Allora?»

«Allora andate pure da Lars Bellmann. Con l'auto blindata. E tornerete in albergo sempre con quella. I miei uomini setacceranno il quartiere di Im Dol per garantirvi la massima sicurezza. La signora Desmond, in osservanza ai nostri accordi, questa sera mi fornirà un completo resoconto.»

32

«Per presentarvi il problema a livello generale» prese a dire Lars Bellmann «ecco cosa affermano sensatamente gli americani: ''I russi? Cosa dovremmo avere contro di loro? Sono uomini come noi. Uomini particolarmente amabili. Profondi. Letterati. Ricchi di un forte senso di ospitalità. Quante imprese hanno fatto insieme a noi! Attaccarli? Al diavolo con queste illazioni! Non ne abbiamo alcuna intenzione! Per nessuna ragione al mondo. Sono amici, che hanno combattuto insieme a noi contro le armate di Hitler. Non vogliamo assalire nessuno. Vogliamo soltanto la pace. Ovvero... naturalmente è necessario che i russi abbandonino le loro velleità aggressive nei nostri confronti. È una condizione essenziale. E i russi, purtroppo, non lo fanno. Al contrario, continuano a costruire armi e a produrre missili come forsennati. Noncuranti del fatto che il capitalismo e la democrazia americana sono le uniche verità inconfutabili e che l'America è la potenza numero uno al mondo. Ma i russi non vogliono ammetterlo. È una situazione disperata. E a noi non resta che correre ai ripari, armandoci come loro e più di loro. Dobbiamo farlo, per non soccombere alle loro stupide pretese''. Questo è ciò che affermano gli americani. E i russi a loro volta sostengono: ''Gli americani? Abbiamo forse qualcosa contro di loro? Chi l'ha detto? È un'idiozia! Non abbiamo niente contro gli americani. Al contrario. Ci piace la loro gente. Uomini come noi. Amichevoli. Disponibili. Generosi e onesti. Hanno un solo difetto: non vogliono rinunciare alle loro velleità di aggressione nei nostri confronti. Riempiono di armi i loro arsenali e continuano a costruirne. Se solo accantonassero il loro odio per il socialismo, l'unica e vera arma che può dominare il mondo! E invece no. Non lo fanno. È assurdo. E in una situazione simile, a noi non resta che armarci come loro. E stipare di armi i nostri arsenali. Più di quanto fanno gli americani. Dobbiamo agire così. Per non soccombere alla loro incapacità di comprendere la nostra superiorità. Abbiamo subìto l'invasione della Germania nazista. La nostra terra, fino agli Urali, è stata trasformata in un deserto, popolato da venti milioni di morti. Anche un bambino capirebbe che abbiamo paura di subire una nuova invasione. E tutto sarebbe risolto se gli americani si decidessero ad ammettere che abbiamo ragione e siamo quanto meno al loro livello, invece di sostenere l'assoluta supremazia sul mondo''.»

Lars Bellmann era un uomo sulla quarantina, con i capelli biondi arruffati. Fumava come un turco. Spesso si accendeva una sigaretta con il mozzicone di quella che aveva appena terminato. Parlava velocemente. Il suo tedesco era privo di inflessioni straniere.

La via Im Dol era molto lunga. Si snodava da Clayallee fino a Podbielskiallee. La casa in cui Bellmann risiedeva si trovava all'interno di un parco pieno di alberi secolari e cespugli e aiuole ancora fiorite. Lars Bellmann aveva ricevuto i suoi ospiti in biblioteca. Le pareti del locale erano tappezzate di libri. In un angolo di muro era appesa una litografia di Braque: quattro uccelli bianchi su fondo blu. Le poltrone erano rivestite di pelle in tinta naturale. Sul tavolino c'erano un thermos con del tè freddo, tazze, zuccheriera e una scatola di biscotti. Gli uccelli cantavano sui rami degli alberi. Fuori nel parco era quasi buio. Alcuni agenti in borghese passeggiavano in giardino, altri sorvegliavano la strada e altri ancora attendevano eventuali sviluppi a bordo di auto di serie.

Giunti al numero 234 di Im Dol, Alvin Westen aveva presentato lo svedese ai suoi amici. «È il più quotato esperto in fatto di guerra che ci sia al mondo. Conosce i depositari del potere a Oriente e a Occidente. Ed è stimato da entrambi. È stato lui ad accompagnarmi da tante personalità e con altre persone ha parlato direttamente. Ci dirà la verità sulla situazione mondiale del momento. E allora capirete cosa è accaduto in sostanza all'Istituto di Amburgo e cosa accadrà in futuro. Cosa ci aspetta. Ho fissato questo appuntamento con te, Norma, da parecchie settimane. È stato un bene, perché domani il signor Bellmann partirà per Pechino. E, credetemi, non c'è nessuno che meglio di lui...»

Bellmann aveva protestato con forza: «Non è vero! Ho avuto la fortuna di avere per maestro il signor Westen. E le persone che abbiamo visto sono amici suoi. Io ne ho contattate solo un paio, al di fuori della cerchia dei suoi conoscenti, che ritenevo effettivamente quotate per valutare la situazione attuale. E quanto mi accingo a raccontarvi è soltanto un riassunto di ciò che hanno detto uomini politici e personalità militari, esperti di sicurezza e ideologi di partito di Washington e di Mosca, con voce quasi unanime...».

Si erano accomodati in biblioteca. Con fare estremamente ospitale Bellmann aveva versato il tè freddo nelle tazze di fine porcellana giapponese, rovesciandone anche un po' sul tavolino. Norma aveva acceso il registratore, dopo averne chiesta l'autorizzazione a Bellmann.

Lo svedese raccontava: «Ebbene, sostanzialmente nessuna delle due potenze vuole la guerra. Al contrario, la temono entrambe, perché sanno che un conflitto atomico sarebbe la fine del mondo. Ma, pur avendo il terrore del conflitto nucleare, entrambe diffidano enormemente l'una dell'altra. E sulla base di questa reciproca diffidenza si articola la politica di entrambe le parti. Ecco cosa dicono gli americani: ''Attenzione, i russi hanno obiettivi diversi dai nostri. Vogliono la rivoluzione universale. E la supremazia sul mondo. Noi non crediamo che rifiutino la guerra. Possono attaccare da un momento all'altro''. È la paura che li fa pensare in questo modo. La paura. E la diffidenza. Che sono alla radice di ogni male».

Bellmann, infervorato nel discorso, ansimava un poco. Norma lo fissava affascinata. «''E allora'' continua il politico americano ''per impedire ai russi di annientarci dobbiamo stare all'erta e arricchire i nostri arsenali.'' E questa politica comporta ovviamente la minaccia di una nuova guerra.»

«Chiaro» commentò Barski.

«Già. Ma ora sentiamo cosa dice un politico sovietico.» Bellmann prese un'altra sigaretta. Aveva le punte delle dita ingiallite dalla nicotina. «''Molto bene'' dice il russo. ''Questi americani sono pazzamente fissati di dover dominare il mondo con la loro democrazia e la Coca-Cola. Credono di essere i poliziotti della terra. I buoni. E l'Unione Sovietica il paese dei cattivi. Non è quello che continua a dire il presidente Reagan? E come possiamo credere loro quando affermano di non volere la guerra? Non fanno che costruire nuove armi e riempire i loro arsenali. Questo significa che vogliono assalirci, possibilmente per primi. E per la cara Madonna nera di Novgorod noi non vogliamo che questo accada. Ma in una situazione simile siamo obbligati a proseguire questa corsa agli armamenti. Per essere pronti a reagire. Per impedire loro questa mossa. O meglio ancora: per essere pronti a colpire per primi quando dovessimo notare che gli americani sono intenzionati ad attaccarci.'' E naturalmente questa politica accresce ancor di più il pericolo di un nuovo conflitto. Non è vero?» Bellmann indossava giacca e pantaloni di lino bianco, camicia blu e mocassini sfoderati ai piedi. «Tutto chiaro per adesso?»

Norma annuì.

Bellmann distorse il viso in una smorfia. «E questo è ciò che pensano tanto gli americani quanto i russi. Colpire per primi? Impossibile! Non possiamo farlo. Non dobbiamo farlo. Al diavolo la morale, ma se dovessimo colpire finiremmo all'altro mondo come loro. Sarebbe la fine di tutto. La fine di tutti i nostri sogni, dei nostri progetti e delle nostre ambizioni. Hm. Hm. Hm. Che si fa allora? Proviamo a convivere in pace e armonia. Non si riesce? No, non si può riuscire. Perché se stiamo pacifici e tranquilli gli altri pensano: Ecco, quelli fingono di essere tranquilli e pacifici perché stanno meditando un'aggressione! E allora ci attaccherebbero immediatamente. E noi dovremmo replicare senza posa. Ma non vogliamo che ciò accada. Un momento! Un momento! Se così non va cercheremo di far capire loro, mantenendo la nostra aggressività, che non abbiamo paura e non ci faremo sottomettere. Così funziona? No, maledizione, nemmeno così! Se ci comportassimo in questo modo loro direbbero: Oh, finalmente quei bastardi si presentano con la loro vera faccia! Allarme generale! Dobbiamo diventare anche noi più aggressivi e provare loro che non ci fanno paura.» Belmann accese l'ennesima sigaretta, parlava a ritmo sostenuto. «Nemmeno così si può convivere. Niente da fare. Qualsiasi passo i due compiano si rivela inevitabilmente sbagliato. E conduce immancabilmente alla catastrofe. Paura! Diffidenza! Ma entrambe le parti si sono rese conto che così non possono andare avanti per molto. Magari per cinque anni. Dieci. Per trent'anni? Chissà, forse. Cinquant'anni? Molto improbabile. Ogni giorno ognuna delle due potenze costruisce nuove armi. E ogni giorno il pericolo di una nuova guerra, che nessuno vuole, aumenta inesorabilmente. Una guerra che scaturisce come conseguenza di una situazione politica esasperata. Quando una delle due parti dirà: ''Adesso basta! Di missili ne possediamo a sufficienza! Dobbiamo essere i primi a colpire, altrimenti lo faranno gli altri fra cinque minuti''. E tante più sono le armi, tanto più grosso è il pericolo.» Il volto di Bellmann si contrasse di nuovo in un orribile ghigno.

Norma non lo resse. «La cosa la rallegra tanto, signor Bellmann?» gli chiese.

«Affatto» rispose lo svedese e automaticamente il ghigno

si disegnò ancora una volta sulle sue labbra. «Sono profondamente disperato, cara signora. Non vedo speranza, non vedo via d'uscita. No, non c'è proprio niente da fare.»

Forse è un tic, si disse Norma. Un ghigno che nasce dalla sua incapacità di ridere e sorridere di questo dannato mondo.

Fuori, nei viali del parco secolare, gli uomini di Sondersen sorvegliavano la situazione.

33

Westen si era alzato e aveva versato dell'altro tè ghiacciato.

Il registratore era sempre acceso...

«Ebbene, i politici e i militari di entrambe le potenze non sono degli assassini a priori» continuò lo svedese. «Non sono distruttori né criminali. Mi deve credere, signora Desmond. Il signor Westen mi ha riferito la sua visione catastrofica del mondo.»

«Di che si tratta?» chiese Barski.

«Ecco» spiegò Norma. «Dopo tutto quello che mi è successo un giorno ho confidato al signor Westen che, se potessi dire la mia, prenderei almeno 10.000 politici e militari e li metterei al muro, tutti in fila.» Digrignò i denti. Santo cielo, si disse allarmata, quest'uomo mi ha contagiato con il suo tic.

«Comunque» proseguì Bellmann «i politici e i militari di ciascuna delle due potenze sono assolutamente concordi nell'affermare che la spirale atomica, se non sarà arrestata in tempo, porterà inevitabilmente alla catastrofe. Di conseguenza questi signori hanno pensato... Voi cosa credete che abbiano pensato?»

«Dobbiamo uscire da questa spirale» rispose Norma.

«Esatto! È proprio questo che si sono detti. Dobbiamo uscirne. Ma come?» Ancora quel ghigno. «Russi e americani hanno già provato a vivere pacificamente gli uni accanto agli altri. A coesistere. Ha funzionato? Purtroppo no. Perché non ha funzionato? Perché gli americani non hanno mai capito cosa i russi non potevano assolutamente accettare e i russi non hanno mai afferrato a cosa gli americani non potevano rinunciare. Nessuno dei due blocchi è riuscito a calarsi nella realtà dell'altro e a comprenderne le esigenze. Entrambe le potenze sono convinte di sapere esattamente cos'ha in mente l'altra e a cosa non cederà mai. E ciò sulla base di supposizioni errate, deviate e stupide. È per questo che anche le conversazioni al vertice non portano mai ad alcun risultato ragionevole.» Bellmann ghignò di nuovo. «Questi signori riescono ad afferrare soltanto un concetto: dobbiamo uscire dalla spirale atomica. Ma come possiamo uscire dal confronto? La coesistenza non funziona, abbiamo già provato. Dunque non può esserci pace. E dal confronto si esce vinti o vincitori. La sconfitta è inaccettabile. Perciò dobbiamo vincere! E cosa ci serve per vincere?»

«Nuovi, diversi sistemi offensivi» disse Norma.

«Esatto! Nuovi sistemi offensivi!»

«Lo scudo stellare, per esempio» disse Barski.

«Per esempio» ripeté Bellmann ancora con quel ghigno sul volto.

«Lo scudo stellare» riprese a dire Bellmann qualche istante dopo, accendendosi ancora una sigaretta «è un concetto reso assai popolare dalla diffusione della cinematografia fantascientifica. Comprensibile anche ai bambini sotto i sei anni di età. La guerra avviene nello spazio. In realtà è un concetto assurdo. Perché se si accetta la validità della teoria dello scudo stellare bisogna rivoluzionare l'impostazione del sistema difensivo. Ma fino a quando non si sa se lo scudo stellare può funzionare oppure no nessun presidente americano e nessun consiglio direttivo sovietico potranno rinunciare a proseguire lo sviluppo degli attuali sistemi bellici, accettandone gli enormi rischi per la popolazione. Per il momento il reciproco terrore funge da valvola di sicurezza antiatomica. Ma la speranza che lo scudo stellare possa funzionare e interrompere questo circolo vizioso di reciproca interdipendenza, rendendo possibile un ''sistema autonomo'' di sicurezza, fa perdere terreno a una politica di cooperazione fondata sul mutuo terrore e, peggio ancora, alla politica del controllo degli armamenti e del disarmo globale. In parole povere significa che il controllo degli arsenali e il disarmo saranno le prime vittime dello scudo stellare. Ma l'aspetto più grave di questa invenzione strategica è che non se ne può testare l'efficacia. Resta sempre e comunque una percentuale di incertezza. Se l'avversario avesse sviluppato dei mezzi atti a paralizzare anche solo in parte l'efficacia dello scudo? Se per esempio bombardasse lo spazio con migliaia di missili inefficaci per poi colpire a fondo con ordigni reali, l'ombrello difensivo sarebbe in grado di respingerli tutti quanti? Alcuni lo trapasserebbero di certo. E allora cosa si può fare? Costruire armi più efficaci. Ma bisogna innanzi tutto sapere come sono fatte queste armi. E per sapere com'è fatto lo scudo stellare bisogna scatenare un conflitto. Solo così si può sapere se il sistema può effettivamente garantire la sicurezza.» Il solito ghigno. «Ma si può rinunciare a una politica difensiva efficace come quella del mutuo terrore quando il 5% dei missili attualmente esistenti sono pari a 500 testate nucleari e con l'adozione dello scudo stellare e della conseguente folle corsa al riarmo il loro numero è destinato a crescere vertiginosamente? Lei cosa ne pensa, dottore?»

«No, non si può, una volta adottato lo scudo stellare.»

«Infatti. Chi sceglie lo scudo stellare non solo come sistema difensivo, ma costruisce nuovi missili a scopo offensivo, si cala in una realtà politica che lo obbliga a tener conto della possibilità di un attacco di sorpresa. E viceversa: chi non esclude la possibilità dell'attacco di sorpresa deve dire sì allo scudo spaziale. Scudo spaziale e attacco di sorpresa sono fratelli gemelli. E l'eventuale adozione dello scudo spaziale da parte americana verrebbe intesa dai sovietici come una manovra offensiva.»

«Questo significa che i russi sarebbero costretti ad adottare anch'essi lo scudo spaziale e a servirsi di tutti i sistemi bellici di cui dispongono per sventare un attacco contro di loro» disse Westen.

«Esatto!» esclamò Bellmann. «E a queste condizioni un attacco sovietico sarebbe così probabile da mettere in serio allarme il presidente americano. Il concetto sostanziale che se ne deduce è che lo scudo stellare porta a uno sconvolgimento della logica del terrore, che finora aveva garantito pace e sicurezza mondiali. Sì allo scudo spaziale significa sì al riarmo, folle e illimitato. Una corsa al riarmo per la ''vittoria finale''!»

«Il mio paese e altre nazioni portano ancora oggi i segni dell'ultima ambizione a una ''vittoria finale''» commentò Barski.

«Se anche si riuscisse a creare un mondo in cui le due parti possedessero armi spaziali esclusivamente difensive e ordigni di terra, mare e aria pure difensivi,» continuò Bellmann «il susseguirsi di notizie allarmistiche sui nuovi sistemi difensivi sviluppati dal nemico o soltanto abbozzati a livello teorico basterebbe a terrorizzare la popolazione e i responsabili del sistema e a scatenare una rinnovata corsa al riarmo. Ne risulta che chi accetta la politica dello scudo spaziale deve accettare una politica di riarmo totale e illimitato. Un riarmo che si protrarrà per anni e anni, nell'ottica di un'offensiva bellica definitiva. Chi invece vuole evitare un conflitto deve fare in modo che nessuna delle due potenze si trovi in situazioni tali da dover scatenare un'offensiva. Rifiutare lo scudo spaziale significherebbe insistere nella politica del terrore, costringendo la popolazione al ruolo di inconsapevoli ostaggi esposti al massimo rischio. E con ciò la guerra non potrebbe essere comunque evitata, ma solamente posticipata. Non si tratta dunque di stabilire se è meglio il sistema dello scudo spaziale piuttosto che la politica del reciproco terrore come garanzia di sicurezza mondiale, ma di due sistemi comunque deleteri e mortali.» Lars Bellmann si produsse in un ghigno mostruoso.

34

Fuori nel parco gli uomini di Sondersen vigilavano attentamente.

«Comunque,» disse ancora lo svedese, tirando una boccata dalla sigaretta che aveva appena acceso «entrambe le parti hanno dichiarato assurdo il sistema dello scudo spaziale.»

«Ma Reagan non sembra intenzionato ad accantonare l'idea!» commentò Norma.

«È vero. Reagan insiste per l'adozione dello scudo» disse Bellmann. «Ma non voglio analizzare i motivi che lo inducono ad agire in questo modo.»

«La dipendenza dall'industria» disse Barski.

«Ben detto! Ma Reagan ha intorno a sé parecchie persone che osteggiano i suoi progetti di Star Wars. 750 fra i più noti scienziati americani hanno dichiarato che saboteranno la ricerca sullo scudo spaziale.»

«Alla luce di quanto avete sentito vi apparirà naturale il fatto che i militari e i politici dai quali l'amico Lars mi ha condotto» si intromise Westen «ci hanno presentato altre possibilità di confronto. Se ne è parlato sia a Washington sia a Mosca.»

«Ed è apparso un nome nuovo, anzi due» si corresse lo svedese. «Si è parlato di Soft War.»

«Soft War?» ripeté Barski.

«Sì» disse Bellmann. «Soft War. Da non confondere con Software, ossia con il termine che indica il materiale di programmazione dei calcolatori elettronici. Soft War. Guerra morbida. Guerra dolce. Guerra sottile. Entrambe le parti sperano di ottenere la vittoria per mezzo delle armi biologiche. Da utilizzare in una guerra che non comporterà la distruzione di case, uomini e città. Sferrata con un'arma che preclude all'avversario qualsiasi possibilità di difesa. Un'arma morbida e sottile per una guerra incruenta e morbida. Un'arma che porrà fine alle guerre perché colui che la possiederà per primo sarà per sempre il vincitore, il dominatore del mondo.» Il solito ghigno. «Lei sta impallidendo, dottor Barski. E chi più di lei avrebbe diritto di impallidire? Perché è proprio sul suo terreno, il terreno della manipolazione genetica, che si sta cercando quest'arma. Si cercano virus e si cercano metodi per mutare il comportamento dell'uomo a propria discrezione.»

«È per questo che sono stati sottratti importanti documenti alla clinica del dottor Kiyoshi Sasaki di Nizza?» domandò Norma.

«Sicuramente.»

Westen intervenne: «E il caso della EUROGEN? Questo dottor Jack Cronyn, che in realtà si chiama Eugène Lawrence e che, come abbiamo saputo da Sondersen, ha lavorato per anni in un laboratorio del governo americano nel deserto del Nevada, è scomparso subito dopo la conferenza stampa di Parigi. Non c'è dubbio che era lui il traditore all'interno del gruppo di ricerca del quale fa parte Patrick Renaud. Cronyn-Lawrence ha tenuto costantemente informati i suoi datori di lavoro sui progressi effettuati nei laboratori parigini nell'ambito della ricerca sul cancro. E ha naturalmente riferito dell'incidente occorso con la nuova sostanza. Un incidente sul lavoro. Anche da voi, dottor Barski, si è verificato un simile incidente. E anche da voi, dottor Barski, c'è sicuramente un traditore che, dopo l'attentato al professor Gellhorn, rivela ciò che accade all'Istituto».

«Sasaki a Nizza, l'EUROGEN a Parigi, voi ad Amburgo» continuò Bellmann. «Era assolutamente necessario che vi informassi sui progetti delle due superpotenze. Ed è altrettanto necessario che per il momento e fino a nuovo ordine tutto ciò che avete sentito resti segreto. Con questo intendo dire che l'opinione pubblica non deve saperne nulla. Sta a lei, dottor Barski, decidere se metterne al corrente uno o tutti i suoi collaboratori. E sta a lei, signora Desmond, e al signor Westen decidere se è il caso di coinvolgere anche il commissario Sondersen. A parer mio è necessario che Sondersen sappia. Solo così può comprendere per quale motivo il suo operato è costantemente soggetto a limitazioni e pressioni. E lei, dottor Barski, è interessato da vicino, in qualità di successore del professor Gellhorn.»

«Significa che il professor Gellhorn è stato ucciso perché si è rifiutato di fornire importanti rivelazioni sul virus erroneamente prodotto nel nostro laboratorio?» chiese Barski.

«Ne sono convinto» disse lo svedese. «Vede, la ricerca di un'arma per la Soft War si estende a livello mondiale ed è iniziata quando i politici hanno avvertito la necessità di dover uscire al più presto dalla spirale atomica, dunque cinque o sei anni fa. È trascorso molto tempo senza alcun risultato. Ma il calcolo delle probabilità e la logica stessa provano che prima o poi qualcuno in qualche angolo del mondo scoprirà un altro virus dalle caratteristiche ottimali. E poi un altro. E un altro ancora. Non sarete per molto i soli a fornire a una delle superpotenze il mezzo per ottenere la totale e definitiva supremazia mondiale. Ma sfortunatamente lei e il suo gruppo di lavoro siete stati i primi a isolare questo virus. Perciò vi trovate al centro dell'attenzione, e tutti gli atti di terrorismo e i ricatti si riversano su di voi.» Bellmann produsse ancora una volta il suo ghigno satanico. «Perché quello che avete isolato è un virus sicuramente efficace per la Soft War. Stando a quanto ho sentito provoca la perdita dell'aggressività e chi ne fosse contagiato non oserebbe ribellarsi alla volontà altrui! Perdita della capacità di formulare una propria opinione — coloro che contraessero l'infezione accetterebbero in modo acritico il pensiero altrui! In parole povere: se Gorbaciov fosse contagiato dal virus lotterebbe per gli interessi di Wall Street, dell'American Way of Life e della democrazia, mentre Reagan nelle stesse condizioni si schiererebbe nelle file del partito rivoluzionario per l'unione dei proletari di tutto il mondo. Il virus conserva l'esercizio della memoria prossima e remota, cancellando le emozioni del ricordo. E lascia intatte sia l'intelligenza sia la capacità di lavorare. E ancora: il virus concentra l'interesse dell'individuo su un determinato campo. Sapreste inventare un'arma migliore? E adesso capite in che situazione vi trovate?»

Barski annuì.

«È tutto chiaro?»

«Sì, signor Bellmann.»

«Mi sembra così... così assente. A cosa sta pensando?»

«Al biochimico Erwin Chargaff» disse Barski. «E a quello che ha scritto.»

«Ho letto i suoi libri» disse Bellmann. «A cosa si riferisce in particolare, dottore?»

«A questa frase: ''Nessun'altra attività spirituale'' scrive Chargaff ''possiede aspetti contrastanti come la scienza che indaga la natura. L'arte, la poesia, la musica, non esercitano alcun potere. Ed è impossibile abusarne o sfruttarle per un proprio tornaconto personale. Se una sinfonia potesse diventare un'arma il Pentagono avrebbe da tempo sovvenzionato la ricerca musicale''.»

«Be', questa guerra morbida non è proprio un assassinio» commentò Bellmann.

«È peggio di un assassinio.»

«Lei ha ragione» disse Bellmann. Tirò una boccata dalla sigaretta e ancora una volta il suo viso si trasformò in una maschera di profonda e cupa disperazione.

Libro Terzo

1

Sandra era morta.

L'avevano trovata in mezzo ai cespugli alcune persone che passeggiavano nel parco di Klein Flottbek, un sobborgo sull'Elba. Il corpo era deturpato da 48 coltellate. Sandra aveva 10 anni. I suoi uccisori si chiamavano Klaus e Peter. Klaus aveva 11 anni, Peter 14. Il pomeriggio del 27 settembre furono interrogati dalla polizia criminale. Avevano parlato a scuola di ciò che avevano fatto. Confessarono subito dopo l'arresto.

«Volevamo vedere come si fa a morire» disse Klaus.

«Far fuori una ragazza» aggiunse Peter «è una cosa che desideravamo fare da tempo.»

Nello stesso momento l'avvenente giapponese Takahito Sasaki diceva: «Vi ho pregato di riunirvi qui da Jan, perché devo dirvi qualcosa. Devo parlarvi subito. Oggi stesso».

Era seduto a un grande tavolo nel bianco ufficio di Barski al quattordicesimo piano di una delle torri della clinica Virchow. Harald Holsten, Alexandra Gordon, Eli Kaplan, Barski e Norma erano seduti intorno a lui. Gli ultimi due erano tornati da Berlino con un volo del mattino insieme a Jeli, la vecchia Mila e Westen. Norma si sentiva sfinita. La sera precedente aveva informato il commissario capo, alla presenza di Westen e Barski, del suo colloquio con Bellmann. Avevano subito deciso di non rendere partecipe il gruppo di Amburgo di queste dichiarazioni, poiché erano convinti che ci fosse tra loro un traditore. Sondersen era taciturno. Cosa farà, pensò Norma, ora che sa? Faceva fatica a concentrarsi. I suoi pensieri tornavano continuamente a Berlino. Anche in quell'istante, per un paio di secondi. Si possono pensare molte cose in un paio di secondi.

Sondersen la guardò. «Signora Desmond, lei immagina quello che farò.»

«Sì.»

Si trovavano nel salone dell'appartamento di Westen al Kempinski.

«Non so ancora» disse Sondersen. «Devo telefonare a Wiesbaden. Da una delle nostre auto. Lì gli apparecchi sono muniti di vibratori e la telefonata non può essere intercettata. Mi scusi, per favore.» Uscì.

Barski fissò nel vuoto.

«Probabilmente i popoli hanno continuamente combattuto per diventare il numero uno» disse. «I giganteschi progetti dei potenti sono cresciuti a dismisura. Nel nostro secolo illuminato si è riusciti per la prima volta a sterminare interi popoli. I turchi lo hanno fatto con gli armeni. Non bastava! Anche i nazisti volevano provare le loro capacità — con un effetto di gran lunga superiore — con l'annientamento di ebrei, zingari, eccetera. Anche questo non era sufficiente. Io credo che in futuro il tentativo di eliminare popolazioni assai più vaste andrà sicuramente in porto. D'altra parte si deve pensare che l'incapacità degli uomini di vivere insieme pacificamente diventa ogni giorno un problema più grave a causa del rapido incremento demografico. È inevitabile. L'annientamento di 100, 500 milioni sarebbe solo un'impresa da pasticcioni, una goccia su un sasso bollente. No, non basta sterminare le persone con le bombe atomiche, all'idrogeno, agli elettroni e ai neutroni! L'obiettivo non è più sterminare gli uomini, no, ma cambiarli mediante un virus! E questo forse coincide finalmente con l'antico e nobile sogno dell'Homo Sapiens: essere il numero uno. Homo Sapiens... significa uomo saggio...!»

Barski si alzò improvvisamente. «Vorrei dare un'occhiata a Jeli» esclamò.

«Naturalmente» disse Westen. «Vada pure, dottore!» Rimasto solo con Norma le si sedette accanto sul divano. «Abraham Lincoln aveva torto» disse.

«Cosa intendi dire, Alvin?»

«Bene» aggiunse l'anziano signore. «Lincoln ha detto: ''Si possono prendere in giro tutti per un periodo di tempo e alcuni per un periodo maggiore, ma non per sempre''. Magnifica frase. Però non corrisponde alla realtà. Si possono prendere per il naso tutti e sempre.» Annuì assorto. Norma appoggiò un braccio sulla sua spalla. Rimasero seduti a lungo in silenzio.

Tornò Barski. «Dorme» disse sorridendo. «Anche Mila dormiva. Si è svegliata quando ho bussato. Dice che Jeli ha mangiato pochissimo ed era così stordita che non ha mai chiesto di me. Il dottor Thuma è stato qui, senza che nessuno l'avesse chiamato. Voleva solo assicurarsi che tutto fosse in ordine. Ci sono molte brave persone.»

«Oh, sì,» esclamò Westen «e nessuno di loro può fare qualcosa!»

Un momento dopo tornò Sondersen.

«Allora?» chiese Norma.

«Allora» disse Sondersen «ho spiegato la situazione. È scoraggiante. Abbiamo scoperto che le impronte digitali della nostra finta suora non sono registrate. Nessuna indicazione su di lei. Forse riusciremo a scoprire chi è, ma non credo. Chiunque l'abbia mandata si è dimostrato maledettamente furbo. Non solo lui. La controparte era ancora più furba. Per questo della suora non c'è la minima traccia. Tra due ore il portavoce del BKA dirà — niente paura signora Desmond, è troppo tardi per l'edizione del mattino — dirà solo questo: nessuna traccia. Nessun movente evidente. Nessuna rivendicazione. Nessun volantino di gruppi terroristici. Il BKA sospetta che ci sia una relazione tra i numerosi atti di terrorismo degli ultimi mesi, per i quali è stata adottata una nuova strategia: non più, come in passato, l'uccisione di politici, giudici ed esponenti dell'economia, ma la diffusione del terrore e della paura attuata colpendo ricercatori, esperti, persone cioè quasi sconosciute. Lo speaker ammetterà che questa nuova tattica è apparentemente efficace e che per ora non sappiamo come affrontarla. Non siamo in grado di proteggere tutti. Non sappiamo dove avverrà il prossimo atto criminoso e contro chi sarà. Questo basta a spiegare il nostro silenzio. E naturalmente la nostra preghiera ai cittadini di aiutarci. Il portavoce farà una precisa descrizione dell'automobile, tipo e numero di targa. Dove è stata rubata l'auto? Chi l'ha vista? Il solito metodo con il quale non si ottiene nulla.»

«Ma loro sanno perfettamente che noi siamo al corrente del movente dell'attentato» replicò Norma.

«Naturalmente,» continuò Sondersen «ma potremo dirlo apertamente senza suscitare panico? Quindi la prego di trasmettere al suo giornale la nostra versione. Se lo farà ora, avrà la notizia in anteprima. E se avremo fortuna, potrà scrivere in seguito la verità.»

«Non penserà sul serio che saremo fortunati!» disse Westen.

«Naturalmente no» soggiunse Sondersen. «Una stupida promessa da parte mia. La signora Desmond non potrà mai scrivere su questo, a meno che non abbia intenzione di suicidarsi.»

«Non ne sono tanto sicura» disse Norma.

«Di che cosa?»

«Di non poter scrivere di questa storia, ammesso che ciò non intralci il suo lavoro, signor Sondersen. Fino ad ora ho scritto di tutto — e sono ancora viva.»

«Non ha mai parlato di una faccenda del genere» precisò Sondersen. «Non di un fatto di queste dimensioni.»

«Proprio per questo lo voglio fare» ribatté Norma.

«Il suo è un caso senza speranza» concluse Sondersen. «Comunque il nostro patto continua. Io la terrò informata di tutto e lei farà lo stesso con me. Una cosa è certa: questa storia è destinata a inasprirsi. Farò tutto quello che posso, perché lei sia ancora più protetta.»

Si rivolse a Barski: «Questo naturalmente vale anche per sua figlia, dottore».

«Domani devo partire per Bonn» annunciò Westen.

«E io per Wiesbaden.» L'uomo del BKA si piegò in avanti e si prese il capo tra le mani.

«Lei è sfinito,» disse Westen «sfinito, confuso e disperato.»

Sondersen si rialzò. «Perché dovrei esserlo?» ribatté. «Sono scattante, riposato e assolutamente certo che faremo luce su questi delitti ed eviteremo il peggio.»

Nessuno parlò.

«Bene,» disse Sondersen «era solo un tentativo di rincuorarvi. Ma voi non volete essere rincuorati.»

Nella stanza di Barski era accesa una luce al neon. Fuori era ormai buio. La pioggia batteva sui vetri. I lampi si susseguivano ininterrottamente e i tuoni rimbombavano. Su Amburgo si era abbattuto un temporale particolarmente intenso. Già durante il volo minacciose nuvole nere erano apparse in lontanza. Al loro arrivo Norma e Barski erano stati tempestati di domande. Si erano limitati a dire ciò che era apparso sull'*Hamburger Allgemeine*, cioè la versione del portavoce del BKA.

«Perché siete andati a Berlino?» chiese Holsten.

«Per accompagnare Jeli all'incontro dei bambini presso la Chiesa del Ricordo, te l'ho già detto» rispose Barski.

«E Westen?»

«Si trovava per caso a Berlino, così è venuto con noi.»

«Dobbiamo crederti?» domandò Holsten.

«Non mi credi?»

«Oh sì,» disse Holsten «naturalmente. Naturalmente ti crediamo. Tutti. A tutto.»

«Senti un po' Harald, credi che stiamo mentendo? Lo credi davvero? Qualcuno di voi lo crede? Forza! Lo voglio sapere!»

«Adesso calmati, Jan» disse Eli Kaplan. «Naturalmente vi crediamo. Quello sciocco di Harald fa sempre commenti cretini. Su Tak, comincia! Perché ci hai riuniti qui?» Kaplan riaccese il tabacco nella pipa.

«C'è la signora Desmond con noi» esordì Sasaki, sistemandosi gli occhiali. «Jan ha detto che è una di noi e che possiamo parlare tranquillamente in sua presenza, perché è una persona affidabile e non racconterà nulla di ciò che sentirà qua dentro.»

«Proprio così, Tak» disse Barski.

«Devo uscire?» chiese Norma.

«No, resti pure» continuò Barski. «Garantirò io per lei. Mi sembra che basti. Dopotutto sono ancora il capo dell'équipe.»

Il giapponese sembrò improvvisamente imbarazzato.

«Cos'hai combinato?»

«Bene, prima me ne libero meglio è» continuò Sasaki. «Dai ad Alexandra un cognac. Sai che ha paura dei temporali.»

L'inglese, con i capelli rigorosamente pettinati dietro la nuca, sedeva pallida e nervosa. Sussultava a ogni lampo e a ogni tuono. Il temporale era proprio sopra di loro. Barski prese una bottiglia di Remy Martin dall'armadio a muro e un bicchiere che riempì a metà.

«Bevi» disse ad Alexandra.

«Grazie» fece lei afferrando il bicchiere. «È veramente umiliante» disse. «Ma cosa posso farci? Ogni volta mi spavento da morire. Dammene un altro... Oh, così va meglio.»

«Su Tak!» esclamò Barski.

«Ecco,» disse Tak «da quando il povero Tom si è ammalato stiamo cercando un vaccino contro quel maledetto virus.»

Si rivolse a Norma: «Lavoriamo secondo un piano prestabilito, ognuno nel proprio campo».

Norma annuì.

«Solo che io non ho lavorato secondo questo piano,» continuò il giapponese «intendo dire, non solo. Ho lavorato secondo il nostro programma e secondo il piano metodico di Tom.»

Un lampo abbagliò il locale. Subito seguì il tuono. Fu come se fosse esplosa una bomba. Alexandra si passò la mano sulla fronte.

«Tom è morto» s'intromise Kaplan. «Che sciocchezze dici?»

«Non sono sciocchezze» ribatté il giapponese. «Tom ha lavorato fino alla morte, no? E precisamente sviluppando questo programma metodico. Mi trovavo spesso al reparto Malattie Infettive. Parlavo spesso, a volte per ore, con Tom attraverso l'interfono. Insomma, noi tutti siamo andati a trovare Tom, perché non si sentisse emarginato. In passato egli aveva collaborato spesso con me. Ebbene, abbiamo continuato a farlo anche nel reparto Malattie Infettive. Posso dirvi solo questo: quello che ha scoperto, il programma al quale ha lavorato è semplicemente fantastico, è geniale.»

«E tu hai seguito questo programma?» chiese Holsten.

«Sì.»

«Senza farne parola? Senza dire niente nemmeno a Jan?»

«Sì.»

«Perché, maledizione?»

«Questa è una domanda stupida, Harald» lo interruppe Alexandra. La sua aggressività verso Holsten le faceva persino dimenticare la paura del temporale. «Perché il programma metodico del povero Tom era migliore di quello che seguivamo noi. Perché Tak sperava, in questo modo, di trovare da solo il vaccino.»

«Non mi sembra il modo più corretto di operare quando si fa parte di un'équipe» disse Holsten. Il nervo sotto il suo occhio sinistro guizza di nuovo, pensò Norma.

«Ah, Harald!» esclamò il giovane israeliano sorridendo.

«Cosa, cosa, cosa — ah, Harald?»

«Se tu avessi scoperto qualcosa seguendo il programma di Tom, non ne avresti approfittato?»

«Che insolenza!» urlò Holsten. «Certo che no! Siamo un'équipe. Lavoriamo insieme. Se abbiamo successo, il successo è di tutti.»

«Sciocchezze» replicò Kaplan. «Ognuno vuole essere il migliore. Ognuno ha questa ambizione. In tutto il mondo. Non credi, Jan?»

I lampi e i tuoni si susseguivano continuamente e la pioggia cadeva incessante, ma piano piano il cielo diventava più chiaro. Il temporale si stava spostando. Parlano troppo forte, pensò Norma. Si beccano. No, questa non è un'équipe. Forse un tempo lo era. Prima che sapessero che tra loro c'è un traditore. Da quel momento è finita la collaborazione.

Barski prese la parola: «Io penso che dovremmo lasciare parlare Tak. Dunque hai lavorato sulle idee di Tom».

«Sì, secondo le sue idee. E secondo i suoi appunti. Li ho sterilizzati nella camera di decontaminazione, li ho trafugati, fotocopiati e riportati al loro posto. Quando è morto, ho fatto lo stesso con tutto quello che mi mancava. Oltre a questo ho assolto anche il programma concordato. Jan ha i miei appunti.»

«E l'altro programma? Quello di Tom?» chiese Holsten. «Anche quello è registrato sul computer?»

Barski si rivolse a Norma: «Come le ho già spiegato tempo fa, ciascuno di noi ha a disposizione sul posto di lavoro un terminale, sul quale inserisce i dati, le formule e i risultati delle sue ricerche. Le informazioni vengono automaticamente codificate nel computer centrale, che le memorizza su un dischetto fisso. Solo chi conosce il codice può decifrare le informazioni. Per chiunque altro questa memorizzazione non ha senso. Per precauzione è stata fatta una copia su un dischetto, depositata in una cassetta di sicurezza presso una banca, in caso dovesse succedere una catastrofe».

Norma annuì.

«Ho chiesto dove sono i tuoi risultati e i dati che riguardano il vaccino» chiese Holsten ostinato. «Li hai introdotti nel cervello elettronico?»

«No» rispose il giapponese.

«Allora sono ancora su un dischetto nel tuo terminale, Tak?» domandò Harald.

«Sì.»

«Dov'è?»

«L'ho con me. Non l'ho più modificato da quando lavoro al progetto di Tom.» I sottili occhi di Takahito brillavano. «Credo di averlo trovato.»

«Hai trovato il vaccino?» Kaplan si tolse la pipa di bocca.

«Sì, Eli. Per lo meno credo. In ogni caso Susi, Coco, Annabelle e Rosi e tante altre cavie alle quali l'ho iniettato sono immuni. Assolutamente immuni. Lo posso provare al cento per cento. L'ho testato con ogni metodo conosciuto. Nessuna di loro è cambiata. Le altre del gruppo, a cui non è stato iniettato il siero, manifestano i tipici sintomi: Mickey e Jill e Marlene, Magdalena — insomma tutte.»

«Non è possibile!» disse Holsten senza fiato.

Il giapponese alzò le spalle. «Venite da me! Guardatele!»

Kaplan si alzò e si inchinò.

«Cosa significa, Eli?» chiese il giapponese.

«Mi inchino davanti a te, imbecille» ribatté Kaplan. «Complimenti, bravo!»

«Marlene, Jill, Susi, Coco e Rosi... chi sono?» chiese Norma.

«Cavie» rispose Barski. «Abbiamo molte cavie in laboratorio. Topi e porcellini d'India. Durante una festa, in cui eravamo tutti ubriachi, assegnammo loro un nome e le distinguemmo con dei segni di riconoscimento sulla schiena. Sei sicuro che sugli animali il vaccino funzioni al cento per cento?»

«Al cento per cento, Jan!» Sasaki era talmente eccitato che balbettava. «A-a-assolutamente al cento per cento. Ma è stato Tom a scoprirlo. Non io. Ci è arrivato Tom, da solo. Io ho solo messo in pratica le sue teorie. È Tom che ha trovato la soluzione.»

Ora parlavano tutti insieme. La pioggia era diminuita e il cielo si era fatto più chiaro.

Conoscono il virus, pensò Norma. E a quanto pare ora conoscono anche l'antidoto. Sono finiti. Ma al di fuori di Jan non lo sa nessuno. E non sanno nemmeno che mezzo mondo è finito, non solo loro. No, pensò, ho sbagliato di nuovo. Uno di loro lo sa. Proprio così. Ma chi?

2

Barski si alzò. Spense la luce al neon e chiese: «Hai già raccolto tutti i dati relativi alla tua scoperta, Tak?».

«Sì, ho aspettato di avere tutto il materiale. Ieri ho avuto gli ultimi esiti. E ho voluto parlarvene subito. Aspettavo solo che ci fossi anche tu, Jan.»

«Andiamo subito a vedere» disse Barski.

Non lasciava intravedere il suo stato d'animo, pensava Norma. Continuava a parlare e a comportarsi come sempre. Il traditore non può leggergli nei pensieri. Il traditore non sa ciò che Jan sa, che io so, che Westen e Sondersen sanno. O no? Oh Dio, pensò Norma, noi non sappiamo ciò che il traditore sa. Nessuno lo può sapere. Tutto è possibile.

«Complimenti, Tak!» Barski diede la mano al giapponese. Rise. E gli batté la mano sulle spalle. «È stupendo! Complimenti!»

«Il merito è di Tom» replicò Sasaki. «Solo di Tom.»

Tom è morto, pensò Norma. Beato lui. Un altro che ha avuto fortuna. Solo i morti hanno fortuna. I morti sono fortunati e il mondo va in malora. No, si disse, non va in malora il mondo, ma chi ci vive.

«Naturalmente,» continuò Barski «un esperimento su cavie resta sempre e solo un esperimento.»

«Ovvio» rispose Sasaki. Si sentiva rincuorato dal momento che la sua rivelazione era stata accolta di buon grado dai colleghi, che non gli avevano mosso alcun rimprovero. «So che gli esperimenti su animali non contano molto. E non solo per l'opinione pubblica. Perciò vorrei sperimentare il vaccino su di me» disse.

Tutti lo fissarono. «Non guardatemi in questo modo» continuò. «Sono arrivato fin qui. Voglio andare fino in fondo. Non potete impedirmelo. Per favore! Ricoveratemi al reparto Malattie Infettive, iniettatemi il vaccino e lasciate che mi infetti. D'accordo?»

Nessuno rispose. «D'accordo?» ripeté in tono implorante.

«Non possiamo, Tak» disse l'israeliano.

C'è ancora una speranza, pensò Norma.

«Perché no?» chiese Sasaki. «Perché no, maledizione? Quanti esperimenti del genere sono già stati fatti in questo Istituto? E quanti grandi della medicina ne hanno fatti di persona?»

«Ma tu non lo farai!» disse Kaplan. «Dovessi ucciderti!»

C'è ancora una speranza, pensò Norma. Speranza?

«È la mia vita» proseguì Sasaki. «È la mia salute. Non me lo puoi impedire, altrimenti sparirò e continuerò altrove i miei esperimenti, dove non potrete trovarmi.»

Un fanatico, pensò Norma. O pensa all'onore? Alla fama? Cosa conta per questi ricercatori? I ricercatori devono scoprire. E fare tutto ciò che possono per la scienza. Ambizione? Pressione? Dovere? Quando Otto Hahn nel 1938 scoprì la fissione dell'atomo e capì quali ripercussioni avrebbe avuto il suo lavoro deve aver pensato: Dio non voleva tutto ciò! Ma Hahn aveva interpellato Dio? Dio gli aveva detto che non voleva?

«Jan,» disse Kaplan «di' qualcosa! Convinci questo pazzo a desistere!»

«Impossibile» commentò Holsten.

Perché Holsten parla così? pensò Norma.

Nel frattempo Alexandra Gordon s'intromise nella discussione: «Ho una proposta! Mettiamo la decisione ai voti. Tu, Tak, ti atterrai al risultato della maggioranza».

«Io non mi sottometto a niente e a nessuno» ribatté Sasaki. «O mi aiutate e mi lasciate fare questo esperimento qui in Istituto, oppure lo faccio di nascosto. Le possibilità sono queste. A meno che tu voglia davvero uccidermi, Eli.»

Non può essere lui il traditore, pensò Norma. Perché no? Forse è proprio lui. Un fanatico che per tradire rischia la vita. Pensa a Beirut, disse tra sé. Pensa al terrorismo internazionale. Tradimento o slealtà? E che differenza fa? Non sono forse cose legate fra loro? Basta pensare al Nicaragua. All'Irlanda. L'Afghanistan. Al Pakistan. Allo Sri Lanka. Alla Giordania. A tutto questo mondo maledetto da Dio. Guardò Barski. Il polacco si schiarì due volte la voce prima di riuscire a parlare: «Metteremo ai voti la questione, Tak. E tu ti atterrai al volere della maggioranza».

È l'ultimo tentativo, pensò Norma.

Sasaki ammutolì.

«Allora?» chiese Barski. Sasaki taceva.

«Maledizione, parla!» urlò Alexandra.

«Va bene» rispose Sasaki. «Vada per la votazione. Naturalmente voterò anch'io. La signora Desmond no. Mi scusi, signora, non è per scortesia nei suoi confronti. Ma credo che solo i componenti dell'équipe abbiano diritto di votare. Penso che siano tutti d'accordo con me. Capisce, vero?»

«Sì,» rispose Norma «capisco benissimo.»

«Grazie. E c'è un'altra cosa. La questione non deve creare sensi di colpa. Perciò il voto rimarrà segreto, intesi?»

«Intesi» disse Holsten.

Perché l'ha detto così in fretta? pensò Norma. Il nervo rimaneva immobile.

«E voi?» domandò Sasaki. Ora si stava innervosendo.
«Per me va bene» rispose Alexandra.
«Eli?»
«Perché dobbiamo votare, se lo farai in ogni caso?» chiese Kaplan. «Perché improvvisamente vuoi che si voti?»
«Perché non sono un eroe» disse l'avvenente giapponese, aggiunstandosi gli occhiali. «Perché me la faccio sotto al solo pensiero di dovermi infettare contro il vostro parere — altrove, e non saprei nemmeno dove. Io... mi sento sicuro, se siete con me. Qui in clinica sono protetto. Ognuno di voi sarà qui per me. E farà tutto il possibile se dovesse andare male. Ma non andrà male! Ho il vaccino. Vedrete!»
«Però hai paura» disse Kaplan.
«Certo» replicò Sasaki. «Ma io... io mi sento più tranquillo sapendo di poter fare qui l'esperimento e con la vostra assistenza.»
«Ma sì,» disse Kaplan «se ti fa piacere votiamo.»
«Grazie Eli. E tu, Jan?»
«La penso come Eli» rispose Barski. «Non possiamo impedirti di fare ciò che vuoi. Hai la formula della sostanza. Perciò è meglio che tu lo faccia qui.»
Sasaki aveva già preso un foglietto e lo stava dividendo. «Bene» disse. «Ognuno ne prenda un pezzettino e scriva in stampatello ''sì'' o ''no''. La signora Desmond raccoglierà i vostri voti nel suo foulard. Siamo in cinque. La votazione non può concludersi in parità.»

3

La legge di Murphy. Io credo alla legge di Murphy. Dice: se c'è una minima probabilità che una cosa vada male, andrà male certamente. Era alla finestra, teneva in mano il suo foulard e osservava ognuno di loro avvicinarsi e introdurre il foglietto piegato nel fazzoletto. Nessuno la guardava. L'ultimo sole della sera faceva capolino dai nuvoloni del temporale. Se non credessi alla legge di Murphy dovrei sperare che la maggioranza sia contraria all'esperimento. Così forse Sasaki, intimorito, non oserebbe sottoporsi all'esperimento. Ma se non avesse paura e lo facesse, il vaccino potrebbe non funzionare ed egli si ammalerebbe come Tom. Che pensieri orribili! Ma è sempre meglio che un solo uomo si infetti e subisca gravi alterazioni piuttosto che la popolazione di mezzo mondo. Sì, credo alla legge di Murphy. E so che se questo virus non sarà utilizzabile per una guerra morbida, ne cercheranno un altro. Non la finiranno mai. E se non lo troveranno, si accontenteranno di una guerra atomica. Lars Bellmann ha detto che lo spauracchio di una guerra atomica funzionerà ancora per dieci, venti anni al massimo, non di più. Ma la pace durerà davvero? Jeli, i bambini di oggi riusciranno a nascere? E poi? Anche Jan e io saremo ancora vivi quando la pace finirà? Ma è proprio vero che voglio vivere altri venti o trent'anni? Sì, per Jan. No, non devo cedere ai sentimentalismi. Però Jan mi piace. Tante persone piacciono ad altre persone. Ho amato Pierre. Pierre è morto e io sono ancora viva. Si supera tutto e si continua a vivere. Ma può succedere anche l'inverso. Jan mi piace, ma potrei morire, così non saprei più nulla e non mi importerebbe più di niente. E forse sarebbe meglio così, perché se dovessimo vivere e amarci andremmo sicuramente incontro a sofferenze e sfortuna. Capita sempre così.

Sasaki la distolse dai suoi pensieri. «Per favore, signora Desmond, apra il foulard!» le chiese. Quindi si apprestò ad aprire i foglietti. Un sorriso gli illuminò il viso. «Lo sapevo!» urlò. «Lo sapevo!»

Ci manca solo che si metta a ballare, disse Norma fra sé.

«Quattro sì e un no!» Sasaki la guardò sorridendo. «Quattro sì!»

Gli altri lo fissavano immobili.

«Posso sottopormi all'esperimento qui in clinica! Grazie! Grazie!» urlò Sasaki. «Oh, guardate! Guardate!» Indicò la finestra. Il temporale si era spostato e le nubi verdi e viola erano ormai lontane. Un enorme arcobaleno, così vicino che sembrava di poterlo toccare, splendeva nella luce della sera.

«Ci porterà fortuna. Ci porterà fortuna» esclamò Sasaki. Mah, pensò Norma. La legge di Murphy...

4

«... e gli saltarono al collo e lo baciarono, lo portarono al palazzo e lo vestirono con gli abiti più belli. Gli misero la corona sul capo e posero lo scettro nelle sue mani ed egli regnò nella città sul fiume e ne fu signore» Barski leggeva, seduto accanto al letto della sua bambina. In mano teneva il volume con i racconti di Oscar Wilde. La sua voce era debole. Norma era seduta in un angolo buio della stanza. «Il figlio delle stelle portò a tutti giustizia e grazia. Scacciò il mago cattivo, mandò al taglialegna e a sua moglie ricchi doni e ai loro bambini donò la gloria. E non permise che alcuno usasse crudeltà agli uccelli e agli armenti, ma predicò l'amore, la bontà e il perdono, diede pane ai poveri e vestì gli ignudi e nel paese regnarono gioia e abbondanza. Ma il figlio delle stelle non regnò a lungo, poiché grande era stata la sua pena e difficile il suo compito. Morì dopo tre anni. E colui che gli successe regnò malamente.»

Barski posò il libro. Jeli era zitta e immobile. Sul suo volto splendeva un sorriso.

«Dorme» mormorò Barski.

«Sì, è già un po' che dorme» disse Norma.

Barski si alzò, baciò dolcemente la bimba sulla fronte, le infilò un braccino sotto le coperte e le rimboccò. Si muoveva con delicatezza e attenzione. Anche Norma si era alzata. Vide Barski che disegnava un segno di croce sulla fronte di Jeli e lo precedette nello studio. Barski spense la luce della cameretta e chiuse la porta.

«Più tardi la riaprirò» spiegò. «La mia camera è di fronte alla sua. Lascio sempre socchiuse le due porte, per sentire subito se Jeli ha bisogno di me o se fa un brutto sogno e parla nel sonno. E lascio tutta la notte una lucina accesa nella sua stanza.»

«Ha letto molto bene» disse Norma. «Con tanto amore...»

«Voglio molto bene a Jeli. È tutto ciò che ho.»

«Anch'io lasciavo sempre aperta la porta della camera di mio figlio, quando era con me» seguitò Norma. «E gli leggevo sempre le favole; spesso si addormentava così.»

Si era seduta in una poltrona vicino alla scrivania. Barski le si sedette vicino.

«Quante favole...» disse Norma. «Ero sempre in viaggio e Pierre rimaneva in collegio, da solo. E quando ero con lui cercavo ovviamente di dargli tutto l'amore possibile.»

«Logico» replicò Barski. Fissava il dipinto a olio che raffigurava sua moglie con la camicia lilla aperta sul collo e le alte case grigie sullo sfondo.

Norma disse: «Deve scusarmi, Jan, se mi sono autoinvitata. Ho sentito che era la serata libera di Mila e che sarebbe andata a far visita a dei conoscenti cecoslovacchi. Quando ho capito che lei non voleva lasciare sola Jeli, ho creduto...».

«Per favore!» la interruppe Barski. «Sono molto... molto contento di poter stare con lei... e credo di aver trovato un libro che la interesserà parecchio.»

«Anch'io le ho portato un libro.»

«A me?»

Norma annuì e gli porse un grosso pacco. Barski tolse subito la carta.

«Oh» fece emozionato. Era un volume illustrato sul monastero di Santo Stefano di Breisach. «Che idea stupenda...»

«Lei stesso mi ha confidato di aver dovuto abbandonare tutti i suoi bei libri in Polonia.»

Gli venne spontaneo abbracciarla. «Grazie! Grazie!»

«Sono io che devo ringraziarla» si affrettò a rispondere Norma. «Da domani la situazione precipiterà: Sondersen e Alvin torneranno da Wiesbaden e da Bonn. Qualunque cosa succeda io ne farò un articolo. Non ho paura. Di nessuno. Ho perso mio figlio. Giuro che scriverò un articolo, dovessero uccidermi non una, ma tre volte. No, non smetterò di scrivere, mi creda Jan!»

«Le credo» disse lui. «Ho imparato a conoscerla in questi giorni.»

«Quando scriverò questa storia, però, dovrò spiegare ai lettori qualcosa sul DNA, possibilmente in modo semplice e non troppo scientifico. Perciò le sarò grata se vorrà aiutarmi.»

Si trovava a casa di Barski da tre ore. Non appena Sasaki si era ritirato in una camera del reparto Malattie Infettive e Barski gli aveva iniettato il vaccino — avrebbero aspettato tre giorni prima di esporre Sasaki al contagio —, il polacco e Norma si erano recati al presidio di polizia, per mettersi in contatto con Sondersen, che si trovava a Wiesbaden. Barski aveva informato il commissario capo degli ultimi sviluppi dell'autoesperimento di Sasaki, che aveva suscitato dapprima un aspro commento e in seguito una risata amara di Sondersen. Poi erano tornati nella tranquilla Ulmenstrasse e Barski aveva giocato una partita a scacchi con sua figlia, mentre Norma preparava il piatto preferito di Jeli, il piatto preferito da tutti i bimbi: patate fritte e cotoletta. Avevano cenato insieme, poi Jeli aveva fatto il bagno, insistendo perché entrambi fossero presenti. Norma e Jan avevano asciugato la bimba e Barski aveva letto la seconda parte del racconto del *Figlio delle stelle*. Norma era tornata con la memoria al passato, aveva pensato al suo bambino, a suo padre, alla linea verde a Beirut, alla notte all'hotel Commodore, all'alba a Nizza e alla pace infinita nel ristorante dell'aeroporto, ai clowns con i loro mitra al circo, ai morti sulle gradinate, al monastero di Breisach, a tante cose e tanti avvenimenti.

Le giunse all'orecchio la voce di Barski: «... l'ho cercato mentre lei era in cucina. Guardi qui, Norma».

Norma si alzò e gli andò vicino. Sulla scrivania c'era un libro sottile con una copertina bianca e tanti disegni colorati. Lesse: *Il biokit. Viaggio nella biologia molecolare. Testo e illustrazioni di Jöel de Rosnay*.

Barski si alzò. «Prego. Si sieda!» Si chinò su di lei. «È il testo che fa al caso suo» disse. «L'intera storia del DNA in immagini.» Lo sfogliò. «Una specie di fumetto a base scientifica. È quanto di meglio ho trovato. Guardi...» Indicò l'immagine di un omino verde e rotondo dall'aspetto simpatico e furbo. La vignetta diceva: «Ciao! Sono Protix! Una proteina semplice. Ti farò da guida durante il viaggio nel mondo infinitamente piccolo del microcosmo». Barski disse: «Comincia così. Sono sicuro che la casa editrice le permetterà di utilizzare testi e illustrazioni. L'editore è una persona molto a modo; lo conosco di persona...».

Il braccio di Barski premeva contro il suo. Norma avrebbe voluto spostarsi, ma non lo fece.

«Ora, il genere umano sarebbe scomparso da tempo se non ci fossero stati rapporti di comunicazione, di contatto e collaborazione fra i singoli individui — più verosimilmente non sarebbe neppure esistito.» Barski le mostrò un'illustrazione. «Anche l'organismo vivente è una comunità, un insieme di cellule strettamente legate tra loro, che si scambiano informazioni... E la stessa cellula è un insieme di molecole.»

Norma lo guardò. Le sorrideva con quel suo sorriso timido. Per un momento nessuno parlò. Poi Barski si schiarì la voce e mostrò altre vignette. «Vorrei che si facesse un'idea delle proporzioni: per vedere una proteina grande come la vediamo sul libro — ha il diametro di un centimetro — dovremmo ingrandirla col microscopio elettronico un milione di volte. Ha dei capelli stupendi.»

«No» disse Norma.
«Sono davvero splendidi.»
«Per favore, no» continuò Norma.
«Va bene» disse Barski e tossì di nuovo.
Lo faceva sempre più spesso. Era molto nervoso. Anche Norma era nervosa. Mai come quella sera erano stati così vicini.
«Se dovessimo ingrandire il suo corpo, cara Norma, un milione di volte, lei diventerebbe alta circa 1700 chilometri. In pratica come la distanza che separa Atene da Francoforte.»
«È davvero molto chiaro» disse Norma.
«Trova anche lei? I suoi capelli hanno un profumo inebriante...»
«Non dica così, Jan!» ribatté Norma.
«Perché no?» domandò lui. «Perché no, Norma?»
«Lo sa il perché. Ne abbiamo già parlato domenica, una settimana fa, sulla nave. Non può essersene scordato.»
«Infatti...» ammise Barski. «Mai?»
«Cosa, mai?»
«Non potrò mai parlarle così? Mai?»
«Mai» ribadì lei; si sentì debole e spossata come se avesse avuto la febbre. «No, mai» insistette, pensando a quanto erano belle le sue mani. Non pensarci! si disse, e ad alta voce soggiunse: «Possiamo continuare?».
Bussarono alla porta. Sulla soglia socchiusa comparve Mila.
«Buonasera, signore. I miei rispetti, signora Desmond. Volevo avvertire che sono rientrata.»
«Bene Mila. È stata una bella serata?»
«Sì. Sa com'è con noialtri di paese. C'è sempre qualcosa su cui spettegolare. Vado a dormire. Buonanotte. E che Dio vi protegga.»
«Buonanotte, Mila» disse Barski.
«Buonanotte, signora Krb» soggiunse Norma.
La porta si chiuse.
«Bene, continuiamo» fece Barski. «Stavamo parlando di proteine. Praticamente sono le pietre di costruzione di una cellula. Ma a loro volta derivano da altre pietre, per la precisione sempre le stesse. Queste ultime sono gli amminoacidi. Dal 1946 Erwin Chargaff si è occupato proprio di questi amminoacidi.» Mostrò un'illustrazione. «Le diverse proteine si differenziano fra loro a seconda del modo in cui si legano gli amminoacidi, dei quali attualmente ne conosciamo venti.» Si schiarì di nuo-

vo la voce. «Le spiegavo poco fa che il genere umano sarebbe morto da tempo senza legami e scambi. Tra le popolazioni l'informazione viene trasmessa mediante le parole e le frasi di una lingua parlata e scritta. Ma stia bene a sentire. Anche le cellule trasmettono informazioni, informazioni biologiche. In pratica, la vita stessa è uno scambio di informazioni. Nel nostro caso l'informazione è la sequenza che gli amminoacidi devono rispettare per fabbricare una determinata proteina. I venti amminoacidi sono una sorta di alfabeto per mezzo del quale vengono scritte le varie informazioni, il codice con il quale esse vengono trasmesse. Questo codice viene memorizzato e trasmesso dagli acidi nucleici. Cerchi di ricordare la conversazione sulla terrazza della suite del signor Westen all'Atlantic, quando parlammo dell'acido desossiribonucleico. Non sopporto più il profumo dei suoi capelli!»

«Si accenda una sigaretta, allora!»

«Non voglio fumare. Voglio inebriarmi del profumo dei suoi capelli!» Mise una mano sulla sua.

Lei la ritirò bruscamente. «Per favore, Jan! Non stiamo recitando una commedia!»

«No» disse lui. «No, non è una commedia.»

Norma si alzò. «Basta!» gridò. «Una volta per tutte. Le ho detto che non voglio!» Si stava innervosendo sempre di più. Ma fra sé pensava: Perché mi agito tanto? Era bello sentire la sua mano sulla mia. No, si disse. Devi resistere. Non va. Non va. E aggiunse: «Oltretutto è di cattivo gusto».

«Perché di cattivo gusto?» Jan la fissava.

Norma resse a fatica il suo sguardo. Devo resistere, si disse. Non posso perdere il controllo e cedere ai sentimenti. Ne ho abbastanza dei sentimenti. «E me lo chiede?» Il suo tono era brusco. «Dopo tutto ciò che è successo? Dopo quanto è successo a Berlino sappiamo di che si tratta. Se il vaccino di Sasaki rende veramente immuni dal virus, la catastrofe è completa. Non crederà che gli americani o i russi tarderanno a saperlo? Non importa da che parte sta il traditore che si cela in mezzo a voi. Questi idiotissimi servizi segreti funzionano talmente bene che basta un solo informatore. Ciò che egli riferisce a una delle due parti, nel giro di poche ore si viene a sapere anche dall'altra. Devo essere io a spiegarglielo?»

«No, Norma.»

«Bene!» Lo guardava come se fosse il suo peggior nemico e

pensava... Vorrei abbracciarti, vorrei tanto abbracciarti! «Bene! E cosa succederà quando entrambe le parti cercheranno di ottenere tutte le informazioni possibili sul virus e sul vaccino, attivando nuove pressioni e nuovi atti di terrorismo? Cosa succederà nella sua clinica? Non riuscirà mai, mai e poi mai, a tenere nascoste le vostre scoperte! Il professor Gellhorn ha provato a resistere. Lo hanno ucciso. Lui e la sua famiglia — non importa chi è stato. E se lei cercherà di mantenere il segreto, uccideranno anche lei. Sa Dio chi altri ancora. Alla fine una delle due parti avrà l'arma giusta nelle mani. E poi? E poi, Jan?»

«Lo so» disse Jan e la sua voce tradiva un velo di tristezza e di disperata preghiera. «Tutto questo porterà inevitabilmente alla catastrofe. Non si può impedire. Mi permetta di ricordarle le parole di Lars Bellmann. Abbiamo avuto la sfortuna di trovare un virus adatto alla guerra morbida. Secondo le regole del calcolo delle probabilità, qualcun altro troverà un virus simile al nostro. Non abbiamo il monopolio. Certo, in questo momento possediamo il mezzo per comandare il mondo. Presto ci saranno mezzi simili, forse anche più idonei. Non si può tornare indietro, pensi a Chargaff! È per questo che anch'io ho votato a favore dell'autoesperimento di Sasaki. Perché so che agirà con tutte le precauzioni del caso e perché preferisco che lo faccia qui, sotto controllo, che da qualche altra parte, solo e senza aiuto. È l'unico motivo. La guerra morbida è programmata. Ci sarà. Nessuno può cambiare il corso degli eventi, mi sembra evidente!»

«Se è tanto evidente come fa a venirmi a dire che... i miei capelli...» Constatò amaramente che non era capace di formulare la frase tutta intera.

«Posso farlo» disse Barski. «Proprio ora.»

«Lei è pazzo!»

«Sono del tutto normale. Penso solo con più lucidità di lei. Io la desidero. Lei vuole me. Lo so. Lo vedo. Nei suoi occhi. Lei non vuole affatto sbranarmi come vorrebbe dare a intendere. So benissimo che non è questo che vuole. Deve succedere adesso. Sono pazzo a desiderare di starle vicino come solo un uomo e una donna possono stare, almeno per il poco tempo che ci rimane? Non è la cosa più naturale del mondo? Norma, io amo...»

«No!» strillò lei. «Le proibisco di continuare!»

«La bimba!» esclamò Barski. «Sveglierà la bambina.»

Norma abbassò il tono di voce. «Sono sconvolta... la paura... lei... ma ciò che resta più importante per me è scrivere questa storia.»

«Ah, la smetta!»

«No, non ho intenzione di smetterla. Non la smetterò mai, finché sarò viva! E anche se non c'è speranza. Ecco perché voglio scrivere in fretta, molto in fretta. E perché voglio sapere da lei tante cose. Ho già cominciato a scrivere la verità. E la stamperemo. Per diffonderla in tutto il mondo...»

«Non servirà a niente!» la interruppe lui.

«Non dica così! Certi giornalisti hanno ottenuto risultati sorprendenti! Scriverò la mia storia!»

«Nessuno gliela stamperà! Nessuno! Nemmeno il suo giornale!»

«Il mio giornale lo farà.»

«No, il signor Stein non potrà pubblicarla!»

«Ma studieremo per bene il da farsi. Nessuno saprà che scriverò tutto. Stamperemo un numero speciale con l'intera storia in una sola puntata. E sarà troppo tardi per fermarci. La mia storia uscirà!» Mandò un profondo respiro e non riuscì a dire altro.

Barski disse: «Non ho intenzione di smorzare il suo entusiasmo». Avvicinò la poltrona e le appoggiò per un attimo la mano sulla spalla. «Proseguiamo con le nostre spiegazioni. E prometto di non parlarle d'altro.»

«Prosegua» lo incoraggiò Norma. «Prosegua, Jan.»

5

«Il DNA,» diceva Barski «come certamente ricorda, è presente nel nucleo di ogni cellula; trasmette l'informazione genetica. Durante la mitosi — processo in cui le cellule si dividono — si verifica la trasmissione delle informazioni. Non molto tempo fa, all'Atlantic, le ho accennato alla struttura tridimensionale del DNA, la doppia elica, per la scoperta della quale Crick e Watson ricevettero il premio Nobel.» Cercò di non sfiorarle il braccio. «Ora sa quando avviene la trasmissione dell'informazione genetica: nel momento in cui le due molecole di DNA si uniscono.» Indicò le illustrazioni che seguivano.

«È meraviglioso» disse Norma.

«La molecola di DNA non è altro che un programma di informazione di piccolissima dimensione. Questo programma deriva da quattro pietre portanti, quattro basi azotate che si è soliti abbreviare così: T, G, C e A. Così, per esempio, il codice racchiuso nel DNA per l'ormone della crescita è: TTC CCA ACT ATA CCA CTA TCT ecc. Il programma responsabile dell'epatite B necessita di una combinazione di 3182 di queste basi. Il patrimonio genetico deriva di solito da 1000 di queste basi. L'intera struttura genetica umana conta circa 3 miliardi di lettere. Guardi!» Mostrandole una figura le sfiorò il braccio. «Scusi!» E si affrettò a leggere la didascalia dell'illustrazione. «Tre miliardi di lettere nel codice genetico corrispondono a 1000 libri di cinque centimetri di spessore. Impilati, essi raggiungono un'altezza di 50 metri, l'altezza di una casa di venti piani.»

«Per un solo uomo?» chiese Norma.

«Sì, solo per un uomo» rispose Barski. «Sempre queste quattro lettere messe in modo diverso. Per ogni uomo in modo differente. E così pure per ogni animale. Per ogni pianta. E per ogni virus.»

«Fantastico!» esclamò Norma.

«Sì, è fantastico. Eppure, pensi al nostro alfabeto. Ha 26 lettere. E con queste 26 lettere possiamo scrivere tutto, tutto quanto ci salta in mente: poesie, ricette, articoli, libri di ogni genere, dalla Bibbia al *Mein Kampf*.

«È un paragone azzeccato» commentò Norma. «Avrei un'altra domanda però...»

Il telefono squillò. Barski andò a rispondere. «Hanni! Cosa c'è?» sospirò. «Oh Cristo! Quando?» Restò un momento a sentire. «No... no... no... Hanni! Calmati! Per favore, calmati! Non riesco a capire, se continui a piangere in quel modo...!»

Norma si era alzata.

Barski cercava di tranquillizzare la donna all'altro capo del telefono. Era fuori di sé, al punto che non riusciva a capire una parola. Alla fine gridò: «Non muoverti dal Pronto Soccorso! Vengo subito!».

Appese il ricevitore. «Ci mancava solo questa.»

«Chi era?»

«Hanni Holsten. Suo marito deve essere operato e teme per la sua vita. Un timore del tutto giustificato.»

«Ma oggi pomeriggio stava benissimo!»

«Un'ora fa ha cominciato ad accusare dolori atroci. La moglie ha chiamato un medico. Non potendo fare una diagnosi, il medico ha ordinato il ricovero immediato alla clinica Virchow, dove è stata fatta una diagnosi precisa. Tutt'altro che tranquillizzante. Aneurisma dell'aorta, l'arteria principale. Pronto a scoppiare ogni secondo. Perciò lo devono subito operare. Venga! Deve tornare anche lei in Istituto. Corro a salutare Mila.»

6

«Non ne posso più!» strillava un medico ben piazzato. «Butto all'aria tutto! Che porcheria è questa? Maledizione, cosa succede? Mai che venga la stessa infermiera. Sempre una nuova. E naturalmente nessuna sa che cosa ha il paziente. Certe donne festeggiano il loro ciclo. E quando sono indisposte se ne stanno a casa quattro giorni.»

All'accettazione un'infermiera molto carina disse dietro il vetro: «Si deve rivolgere alla caporeparto. Non ha senso stare qui a urlare».

«Non ha senso? Senta un po', come si permette di parlarmi così? Dove ha imparato le buone maniere? A Dachau?»

Quando Barski e Norma varcarono precipitosamente il corridoio dell'accettazione, la ragazza si stava dando il rossetto. Il medico lanciò l'ennesima imprecazione e se ne andò. Un grosso orologio elettronico indicava l'ora. Era l'1,14 del mattino. L'infermiera si guardava in uno specchietto.

«Ehi!» disse Barski ad alta voce. «Il dottor Harald Holsten è stato ricoverato circa due ore fa. Aneurisma dell'aorta. Deve essere operato. Mi sa dire dove?»

«Lei è un parente?»

«No.»

«Mi scusi, ma non posso darle alcuna informazione.»

«Oh sì» continuò Barski. «Sì che può, infermiera. E velocemente. Se non mi dice entro tre secondi dove viene operato il dottor Holsten, le giuro che domani non sarà più qui a lavorare!»

La ragazza lo guardò spaventata. «Dottor Barski! Non avevo... non sapevo...»

«Due secondi.»

L'infermiera si mise a scartabellare fra le cartelle. «Ecco. Quinto piano. Sezione D.OP 54.»

«Venga!» Barski afferrò la mano di Norma e la trascinò all'ascensore.

«Mi spiace davvero, dottor Barski.» L'infermiera dell'accettazione si era alzata. Da fuori proveniva l'urlo lancinante di una sirena. Arrivò l'ambulanza. Arrivò anche l'ascensore. Barski salì con Norma al quinto piano. Regnava un silenzio assoluto. Nei corridoi non c'era nessuno. Erano accese solo le lucine dell'illuminazione notturna. Alcune righe disegnate sul pavimento conducevano alle varie sezioni. Seguendo la riga blu Barski e Norma arrivarono alla sezione D. Sulla porta stazionavano due uomini. Barski non esitò a pensare che fossero agenti inviati da Sondersen.

«Buonasera, dottore» disse uno dei due. «Buonasera, signora Desmond.»

«Sera. Siete...»

«Sì» rispose l'altro, che aveva con sé una ricetrasmittente. «Ci occupiamo anche qui della incolumità del dottor Holsten.»

Sopra la porta della sala operatoria numero 54 era accesa una luce rossa. Una scritta luminosa intimava: È SEVERAMENTE VIETATO ENTRARE.

«Venga Norma!» Barski si era già avviato. «Ci deve essere una sala d'attesa...» La trovò. Due infermiere del turno di notte e un giovane medico in pantaloni e T-shirt bianchi stavano comodamente seduti e bevevano caffè parlando sottovoce. La radio era accesa. Edith Piaf cantava: *No je ne regrette rien*....

«Jan!» Il giovane dottore balzò in piedi.

«Ciao Klaus». Barski fece le presentazioni: «Il dottor Klaus Goldschmied, la signora Norma Desmond».

«Molto piacere» disse Goldschmied. «Ti aspettavo. Sono in servizio da 20 ore ormai. Brava la Piaf, eh? Dall'una in poi sul terzo canale fanno sentire solo vecchi dischi. Frank Sinatra, la Dietrich, Doris Day. *Sentimental journey*...

«Dov'è Hanni?» domandò Barski. E rivolto a Norma: «Klaus e io ci conosciamo da anni».

«E io naturalmente conosco lei da anni» disse Goldschmied a Norma.

«Ma dov'è Hanni?»

«Non è qui.» Goldschmied li fece accomodare nel suo studiolo. Una scrivania. Un armadio. Qualche sedia. Una brandina con un cuscino e una coperta di lana. Da basso suonava un'altra sirena.

«Sedetevi!» Goldschmied prese posto sulla sedia dietro la scrivania. Aveva gli occhi cerchiati e il viso pallido. Scosse la testa e disse: «Hanni è nel reparto di psichiatria. Ha avuto un collasso nervoso. Urlava. Abbiamo chiamato un collega che le ha fatto un'iniezione. Tanto da poterla trasportare. La terranno lì per un bel po'! È un matrimonio riuscito?».

«Molto.»

«Merda.»

«Chi ha visitato Harald? Tu?»

«Sì. Tomografia assiale computerizzata eccetera eccetera. Sono riuscito a individuare il punto esatto. Ancora una mez-z'oretta e sarebbe scoppiato. Lo opera Harnack. Ottimo chirurgo.»

«Lo so.»

«Nella confusione che si è creata nessuno ha notato che Hanni era presente. Due idioti si sono messi a parlare delle speranze di sopravvivenza di Harald. Lei li ha sentiti. È stato lì che ha incominciato a urlare. Poveracci. Cose che capitano a chi si vuole bene.»

«Possibilità?»

«Scarse, purtroppo» disse Goldschmied. «Per ora è collegato all'apparecchio di respirazione artificiale. È stato ricoverato in stato di shock. All'inizio dell'operazione sono insorte delle aritmie cardiache. L'aneurisma è nel posto peggiore. Harnack dovrà operare una ricostruzione dell'arteria. È specializzato in questo genere di interventi. Speriamo che anche questa volta riesca...»

«Maledizione» esclamò Barski. «Oh, maledizione.»

«Come gli è insorto l'aneurisma?» chiese Norma.

«Non si può sapere» rispose Goldschmied. «Può capitare a ognuno di noi. In qualsiasi momento. A lei, a Jan, a me. In ogni caso bisogna operare tempestivamente. Se l'aneurisma dell'arteria principale scoppia, è finita. Per questo bisogna agire con urgenza. Si asporta l'aneurisma...»

«Intende dire che lo si taglia via?» chiese Norma.

«Sì. Molti chirurghi cuciono i due monconi aperti» intervenne Barski. «Harnack si rifiuta di farlo. Rifiuta anche le protesi in sintetico. Il rischio del rigetto è troppo alto. Preleva una sezione venosa dagli arti inferiori del paziente e con questa sutura i monconi. Così non c'è pericolo di rigetto. È una grossa operazione. Tre ore.»

«Anche quattro, se la situazione, come in questo caso presenta, delle complicazioni» precisò Golschmied. «Cos'è successo a Harald?»

«Perché?»

«Quell'uomo è sfinito. Totalmente privo di forze. Ed è proprio questo il peggio. Come mai è conciato tanto male, Jan?»

«Nessuno di noi se la passa particolarmente bene dal giorno dell'attentato terroristico. Non siamo in forma e ci reggiamo a forza di nervi. Ma di ciò che dici tu, che fosse completamente esaurito, non ne sapevo nulla.»

Che Holsten abbia un peso sull'anima? si chiese Norma. Ha forse paura di tradirsi? È lui la spia? E se è veramente lui, adesso cosa succederà?

«Era assurdo aspettare» seguitò Goldschmied. «Se ce la farà, verrà ricoverato nel reparto Terapia Intensiva. In ogni caso, non gli si potrà parlare. E nemmeno Hanni è in grado di ricevere visite.»

«Io resto di là in Istituto» disse Barski. «Conosco Hanni e Harald da tanto tempo! Dormirò là. La signora Desmond alloggia in Istituto già da un po', perché...»

«Lo so. La cosa migliore è che cerchiate di dormire. Io rimango in servizio fino alle otto. Se Harald non dovesse farcela, ti chiamerò subito. Mi perdoni, signora Desmond. Forse sono stato un po' brusco, ma si diventa cinici facendo questo mestiere.» Goldschmied si alzò. «Vi accompagno all'ascensore» disse. Echeggiò un'altra sirena. L'ululato si fece sempre più forte e poi smise di colpo.

Erano arrivati all'ascensore. Stavano entrando nella cabina, quando una delle due infermiere con le quali Goldschmied aveva bevuto il caffè fece loro segno di fermarsi.

«Dottore! Al Pronto Soccorso. Un altro ricovero!»

«Okay, okay» disse Goldschmied. «Scendo con voi.»

Entrarono nella cabina. Barski schiacciò il pulsante del piano terra.

«Brutta notte» disse.

«Macché» gli rispose il giovane medico in servizio da venti ore, appoggiandosi a una parete. «Oggi è stata una giornata di calma.»

Quando l'ascensore si fermò e le porte si aprirono, sentirono all'altoparlante la voce di una ragazza: «Dottor Goldschmied! Dottor Goldschmied! Il dottor Goldschmied è pregato di recarsi con urgenza al Pronto Soccorso...».

«Devo scendere» disse il medico. «Arrivederci!»

«Mi chiami se...?»

«Certo.» Goldschmied era già corso via.

Barski e Norma attraversarono lentamente il selciato tra le palazzine della clinica, illuminato a giorno dalle lampade al neon. Faceva ancora molto caldo.

«Quante stelle» mormorò Barski.

Norma taceva.

«Davvero tante.»

«Speriamo che ce la faccia» disse Norma.

«Sì» sussurrò Barski. «Speriamo.»

«Jan?»

«Sì?»

«Niente.»

«Capisco» disse Barski.

«Davvero?»

«Davvero» La prese per mano. Continuarono a camminare lentamente. «Hai mai visto tante stelle come questa sera?»

7

«Come sta il dottor Holsten?» chiese il commissario capo Sondersen.

«Male» rispose Barski. «È in rianimazione. Non mi ha riconosciuto.»

«Ce la farà?» chiese Alvin Westen.

Barski alzò le spalle.

«C'è sempre qualcuno di noi con lui.»

«E sua moglie?» chiese Sondersen.

«Sono stato anche da lei. Le hanno dato dei sedativi così forti che dormirà per un bel po'.»

Erano le dieci del mattino del 27 settembre 1986, un sabato. Sondersen aveva chiamato Barski pregandolo di raggiungerlo con Norma al presidio di polizia. Ci sarebbe stato anche Westen. Dovevano raccontare loro le ultime novità e il commissariato era il luogo più indicato per farlo. Gli uffici della Commissione speciale si trovavano al sedicesimo piano.

C'era poca gente in giro. Era sabato. Barski e Norma sfilarono davanti ai diversi uffici. Le porte di vetro smerigliato avevano telai di alluminio scuro. Sul vetro di una porta era appiccicato un foglio di carta sul quale qualcuno aveva scritto con un pennarello verde: COMMISSIONE SPECIALE CIRCO MONDO.

Entrarono. Un impiegato in maniche di camicia batteva con due dita i tasti di una macchina per scrivere. Alzò gli occhi. «Sì?»

«Sono il dottor Barski e questa è la signora Desmond. Il commissario Sondersen ci sta aspettando.»

L'uomo si alzò e aprì una porta.

«I signori che aspettava sono arrivati, signor Sondersen» annunciò.

Il commissario andò ad accoglierli. Aveva un pessimo aspetto. Ma si sforzò di sorridere.

«Mi fa piacere che siate arrivati. Il signor Westen è già qui. Prego...» Li precedette in una grossa stanza dall'arredo sobrio e spartano. Un paio di scaffalature. Una scrivania. In un angolo, accanto alla finestra, un tavolo rotondo con quattro sedie e una sdraio di linea moderna, rivestite di stoffa blu. Sul davanzale una pianta verde in pessimo stato. Le tapparelle erano abbassate per schermare i raggi violenti del sole.

Westen si alzò. «Norma carissima!» La abbracciò. Indossava un abito blu di tessuto leggerissimo, una camicia azzurra e una cravatta blu scurissima. Era impeccabile ed elegantissimo come sempre. Si accomodarono attorno al tavolo. Sondersen e Westen si informarono immediatamente sullo stato di salute del dottor Holsten. Sul tavolo era appoggiato un quotidiano del mattino.

DIBATTITO PARLAMENTARE
SULLA SICUREZZA DELLE CENTRALI ATOMICHE

«Cosa c'è di nuovo?» chiese Norma.

«Ieri in Parlamento si è discusso sulla sicurezza della centrale atomica di Cattenom» rispose Westen.

«E cos'hanno deliberato?»

«Che l'impianto offre adeguate garanzie; pertanto può entrare in funzione.»

«Magnifico!» esclamò Norma.

«Fossero solo questi i problemi! Ci sono i rifiuti radioatti-

vi. E il tasso di radioattività dell'aria, che permane al di sopra dei livelli di normalità. Ma si è già smesso di parlarne. L'argomento di massima attualità oggi è l'AIDS. Quando i generi alimentari sono contaminati. La terra è guastata dalle radiazioni, dalle abnormi percentuali di cesio. Ma l'industria atomica non può fermarsi. È stato scoperto il cosiddetto buco nell'ozono. Il Mare del Nord è inquinato. I fiumi muoiono. I pesci muoiono e muoiono gli uccelli. E allora? Dove sta scritto che i pesci debbano vivere nell'acqua? Mi sembra un'inutile commedia questa ricerca dell'arma imbattibile per attuare una guerra morbida. Quando nel giro di pochi anni andremo in rovina con le nostre mani!»

Norma afferrò la sua borsa a tracolla, ma Sondersen la fermò. «Niente registrazioni, se non le spiace.»

Lei scosse le spalle.

«Tempo fa, dottor Barski, prima di fare la sua conoscenza, raccolsi informazioni presso alcuni conoscenti di Bonn» seguitò Westen. «Si parlava appena di questa faccenda. E allora mi fu detto che la signora Desmond avrebbe fatto meglio a non impicciarsene. Ricordi, vero, mia cara?»

Norma annuì.

«Bene. Ora questo conoscente mi ha rivelato altre cose. Logicamente non posso farvi il suo nome. E nel frattempo a Wiesbaden il signor Sondersen è venuto a conoscenza di alcuni elementi interessanti. Per concludere, soltanto noi quattro dobbiamo occuparci della questione. Specie alla luce delle rivelazioni di Lars Bellmann. Chi comincia, signor Sondersen? Inizia lei oppure io?»

«Cominci pure lei» disse il capo della Commissione speciale.

Alvin Westen accavallò le gambe. «Ecco... ho incontrato questo conoscente a casa sua, alla periferia di Bonn. Ho creduto opportuno riferirgli quanto io e Bellmann avevamo scoperto. Per qualche tempo il mio amico rimase zitto e poi mi disse: ''È inutile mentirti, Alvin...''.»

«È inutile mentirti, Alvin» disse il suo amico. «Ormai non serve più. È esatto. Dobbiamo uscire dalla spirale atomica.»

«Chi?»

«Noi. Noi tutti quanti, si intende. Noi facciamo parte della NATO. Ma i paesi membri del Patto di Varsavia si trovano nella stessa identica situazione. I generali e i più lungimiranti esperti di difesa di entrambe le parti sono fermamente convinti che sia necessario uscire dalla spirale atomica, dal meccanismo della corsa agli armamenti e che si debba trovare un'arma alternativa. Ma sono ancora in molti a credere nel proseguimento dell'attuale politica di riarmo.»

Westen annuì. «Le tue parole mi fanno pensare alla cosiddetta ''Soluzione-zero''. La NATO ne parla da parecchio tempo. Soluzione-zero significa che l'Occidente toglie dal nostro paese i missili a media gittata, purché l'Unione Sovietica faccia lo stesso. La NATO ha formulato questa proposta nella segreta speranza che l'Unione Sovietica non l'accogliesse. Chissà mai che ora i russi non l'accettino? Comunque i politici tedeschi hanno immediatamente levato un grido di protesta. Non potete smantellare i missili a media gittata! Se lo fate, l'equilibrio si spezza e i russi, che sono vicini ai nostri confini, possono aggredirci servendosi di altri mezzi.»

«Esatto» confermò l'amico. «E gli americani hanno tranquillizzato i tedeschi assicurando loro che in caso di attuazione della Soluzione-zero i missili a media gittata sarebbero stati tolti dalle basi fisse e installati su basi navali e sottomarine.» Sulle sue labbra si disegnò un ghigno.

«Mi ricordi Bellmann» disse Westen.

«Perché?»

«Anche a te è congelato il sorriso.»

«Sarà. Questi strateghi e le loro strategie sono a dir poco pazzeschi! A parer loro il terrore atomico è l'unica garanzia, l'unica via giusta da perseguire. Perciò bisogna continuare a costruire armi. Avanti, avanti, avanti! Per conservare l'equilibrio del terrore! Un equilibrio che ci ha regalato quarant'anni di pace. Un risultato senza uguali nella storia d'Europa. Già. Ma questi strateghi non sanno che i vertici delle due potenze hanno da tempo deciso di optare per la guerra morbida. Nessuno ne parla. E in effetti siamo ben pochi a saperlo.»

«Tu ne sei al corrente.»

«Sì, e so anche che sei stato insieme a Bellmann a Mosca e a Washington.»

«Ma non hai potuto impedircelo.»

«Avremmo potuto far precipitare l'aereo sul quale viaggiavate» rispose cinico l'amico. «Ma non sarebbe servito. Bellmann ha lasciato da tempo una testimonianza scritta su ciò che sa a proposito della guerra morbida. Da rendere pubblica in caso di morte violenta o accidentale...»

«Mi astengo dal fornirvi qualsiasi descrizione, anche la più superficiale, del mio amico di Bonn» diceva Alvin Westen nell'ufficio del commissario Sondersen al presidio di polizia di Amburgo. «Se si dovesse scoprire che è stato lui a rivelarmi queste cose, il mio amico finirebbe in prigione. Alla televisione i volti di questi informatori vengono resi irriconoscibili con delle strisce nere e le loro voci distorte. In linea teorica sono obbligato a fare lo stesso. Quindi non vi dirò nulla su di lui, sulla data e il luogo del nostro incontro. Quella che vi sto fornendo non è una ricostruzione romanzesca di un colloquio, ma una questione di vita o di morte. Allora risposi al mio amico: ''Dunque gli americani si sentono in diritto di continuare a garantire la sicurezza del popolo tedesco e degli altri membri della NATO per mezzo delle armi atomiche e delle strategie nucleari, esplorando nel frattempo tutti i campi della scienza alla ricerca dell'arma ideale per condurre la guerra morbida''. Non è così?»

«Proprio così» rispose l'amico di Alvin Westen.

«E suppongo che oltre cortina sia lo stesso. I russi si arrogano lo stesso diritto» seguitò Westen.

«Esatto.»

«Specialmente per quanto riguarda il territorio tedesco. Sul quale avevano combattuto da alleati la Germania nazista» continuò Westen. «Abbiamo voluto e perso la guerra più sanguinosa della storia. Gli americani considerano la Repubblica Federale tedesca un loro territorio d'occupazione, all'interno del quale sono liberi di agire a loro piacimento. E nello stesso modo i sovietici considerano la Repubblica Democratica tedesca. Le due potenze non si fanno scrupoli di alcun genere riguardo alle due Germanie. E perché dovrebbero? Non esiste un trattato di pace e a breve scadenza non ne sarà stipulato uno. In entrambi i paesi vigono tuttora i resti del diritto d'occupazione. In parole povere: siamo due Stati vigilati da truppe di occupazione. La NATO, il Patto di Varsavia, alleanze fraterne, interventi di protezione — magnifico! Ma solo finché noi e la Repubblica Democratica tedesca facciamo ciò che le grandi potenze vogliono. Finché obblighiamo le nostre terre ad adeguarsi alle loro volontà. Al diavolo i diritti del popolo! Chi se ne frega! E hanno ragione a comportarsi così. Dopo tutto quello che abbiamo fatto, i russi e gli americani non potrebbero far altro che sorridere se a noi o ai tedeschi di Berlino dovesse saltare in mente di agire da stato autonomo e sovrano. No, non saremo mai completamente liberi e indipendenti dall'influenza russa e americana.»

«Quello che dici è giusto. Ma non ha senso discuterne. Perché dal 1949 a oggi tutti i governi di Bonn sono stati d'accordo con la politica di alleanza con l'America. E i capi di governo della Repubblica Democratica hanno sempre assecondato la politica di Mosca. E le due potenze ci hanno da sempre considerato gli alleati più sicuri sui quali contare nell'eventualità di un intervento di aggress... — chiedo scusa, volevo dire di difesa. Da un punto di vista militare le due Germanie sono acerrime nemiche. E sono assolutamente d'accordo con la politica militare attuata dalle due potenze.»

«Chiaro» disse Westen. «E dal 1949 nessuno dei due Stati ha voluto un trattato di pace. Un trattato di pace, se mai ne dovesse essere redatto uno, sancirebbe la separazione definitiva delle due Germanie. E metterebbe fine alla retorica della ''Germania unita e indivisibile'' che determina il nostro modo di fare politica. Già, perché gli americani lasciano parlare liberamente i nostri uomini politici. Ma vorrei proprio vedere cosa succederebbe se un giorno un governo tedesco dicesse basta. Basta! Non saremo uno stato sovrano ma pretendiamo che ve ne andiate dal nostro territorio con i vostri razzi e i missili Cruise e le vostre maledettissime armi chimiche e i vostri soldati. E usciamo dalla NATO o dal Patto di Varsavia. Allora sì che le cose cambierebbero!»

«Sì» gli rispose l'amico. «Ma le tue, Alvin, sono mere elucubrazioni. In realtà siamo assolutamente contenti di ciò che le potenze vogliono e pretendono da noi. All'interno delle loro alleanze difensive ci sentiamo al sicuro. Pensa a quanto abbiamo detto poc'anzi. Appena si accenna a una politica di disarmo scoppia una reazione di protesta. E per quanto riguarda la ricerca di un'arma per la guerra morbida, russi e americani sono ovviamente liberi di agire come meglio credono. Ovunque. In tutto il mondo. In qualsiasi paese. Hai visto cos'è successo a Parigi dopo l'incidente occorso all'EUROGEN. È intervenuto il governo. Facendo sparire i filmati. Il governo sta al gioco. Esattamente come il nostro governo. È solo che da noi, data la situazione, è tutto molto più facile. Siamo costretti a subire. A subire lo spionaggio delle grandi potenze, la presenza di fantomatici ricercatori e persino gli attentati terroristici come quello accaduto al Circo Mondo di Amburgo. Non abbiamo il diritto di protestare. E non vogliamo nemmeno farlo. Perché i nostri politici, i pezzi più grossi che sono al corrente di tutto e credono nella necessità di uscire dalla spirale atomica per passare alla guerra morbida, ebbene, i nostri capi hanno un solo, ardente desiderio: che gli americani scoprano per primi l'arma fatidica. E lo stesso avviene al di là del Muro. I tedeschi orientali sperano che siano i sovietici a impossessarsi per primi dell'arma del futuro, per non essere schiacciati dal nemico.»

«Che lurido gioco!» commentò Westen.

«Puoi ben dirlo» fece l'amico. «Ma è così. In tutto il mondo. Il mondo della scienza è controllato rigorosamente. In ogni ramo ci sono agenti e spie infiltrati fra i ricercatori. È in atto una nuova corsa agli armamenti — una corsa per la conquista di una nuova arma. Chi la troverà per primo conquisterà la supremazia sul mondo intero. E a quanto pare gli scienziati di Amburgo sembrerebbero maledettamente vicini a questa nuova arma.»

«Lo sono» precisò Alvin. «Disgraziatamente — e per puro caso — hanno scoperto un virus assolutamente indicato per la guerra morbida. Come ti ho già detto, uno di loro sta sperimentando su di sé il vaccino. Sono già stati condotti parecchi esperimenti su cavie di laboratorio. Se l'esperimento funziona, il gioco è fatto.»

«Già.» L'amico annuì. «E dal momento che ne va della supremazia sul mondo entrambe le potenze agiscono con pari brutalità. Basti pensare all'attentato di Amburgo e alle vittime che ha causato.»

«Hai un'idea di chi l'abbia organizzato?» chiese Westen. «Dimmi la verità! I russi o gli americani?»

«Non ne ho la minima idea! Credimi! Possono essere stati tanto gli uni quanto gli altri. Con la stessa probabilità. E lo stesso vale per quanto è successo alla clinica del dottor Sasaki a Nizza, per l'attentato a Norma Desmond e per l'altro atto terroristico nella Chiesa del Ricordo. Chi è il misterioro personaggio che di tanto in tanto si fa vivo per telefono e sembra al corrente di tutto? Può trattarsi di un americano come di un russo. Oppure può intervenire una volta l'uno e una volta l'altro. Chi lo sa? Ma non si deve rivelare nulla. Altrimenti scoppierebbe uno scandalo di portata mondiale.»

«Sono perfettamente d'accordo con te» replicò Westen. «Ciascuno spera che la potenza dalla quale dipende scopra per prima la nuova arma. Non ha importanza chi sia il responsabile degli atti terroristici e degli assassinî che sono stati perpetrati e di quelli che avverranno in futuro. Ma ho l'impressione che nel nostro paese ci sia qualcuno a cui tutte queste vittime e l'atmosfera di terrore non vanno a genio.»

«Sì, è così» ammise l'amico. «Io sono uno di questi. E sono in tanti a pensarla come me.»

«Allora non è così assurdo pensare all'intervento di reparti speciali, così come si fa in altri paesi. O sbaglio?»

«Non sbagli affatto» rispose l'amico. «Ma se dovesse venirlo a sapere qualcun altro oltre al dottor Barski e alla signora Desmond, che ormai sono direttamente implicati nella vicenda, per voi sarebbe finita. Senza contare che nessuno di noi ammetterebbe mai l'esistenza di queste unità speciali.»

«Lo so» replicò Westen. «Me lo disse il commissario Sondersen tempo fa, quando gli domandai se da noi esistevano o meno i reparti speciali. Mi rispose di non saperne nulla. Ma disse anche che, se ne fosse stato a conoscenza, non ne avrebbe ammesso l'esistenza.»

«Sondersen era sicuramente al corrente. Non di quello che i reparti speciali eseguono, ma del fatto che esistono e ostacolano il proseguimento delle sue indagini. E questa cosa lo turba. Le autorità di Wiesbaden gli forniranno adeguati chiarimenti, esattamente come sto facendo io ora con te. Le massime autorità giudiziarie si sono rese conto dell'impossibilità di identificare i responsabili dell'attentato di Amburgo. A meno che si possa imputare alla nazione russa e alla nazione americana il reato di assassinio... Le autorità sanno che della vicenda si stanno occupando i reparti speciali, che tanto disturbano Sondersen, fanatico com'è della giustizia. E nonostante tutti i chiarimenti che otterrà non smetterà di preoccuparsi.»

«Ma si può sapere che cosa fanno in pratica queste unità?»

L'amico di Westen rise amaramente.

«Cosa c'è di tanto divertente?» fece Westen.

«Lo sa Dio» disse l'altro. «I membri delle unità speciali hanno un compito totalmente perverso e schizoide da compiere, che alla luce dei fatti risulta comunque l'unica soluzione logica e possibile.»

«E cioè?»

«Essi devono:» spiegò l'amico «a) evitare con ogni mezzo possibile che i sovietici si impadroniscano per primi della nuova arma, il virus, e fare in modo che finisca nelle mani degli americani; b) procurare in qualsiasi modo possibile e immaginabile che il confronto non provochi altre vittime. E infine hanno l'incarico di evitare che si diffonda il panico. Insomma, devono aiutare gli americani, ostacolare i russi, salvare vite innocenti e impedire il dilagare della paura.»

«E come possono fare tutto ciò?»

«Affari loro. Non vorrei essere un membro di queste unità. Sono tutti volontari. Volontari e professionisti. I migliori in circolazione.»

«E per quale motivo lo fanno?» chiese Westen. «Non credo che siano animati da grossi ideali, fede nella giustizia, nella libertà e così via.»

«Proprio no» confermò l'amico. «Di tutte queste cose non importa loro un accidente. Credono a ben altro. Ho avuto occasione di parlare con uno di questi professionisti poco prima che entrasse in missione. Mi ha detto: ''Sono tutti criminali. Tutti gli uomini che governano il mondo con i loro maledetti sistemi di potere. Sono dei luridi porci, che sfruttano le guerre per arricchirsi. E si servono di gente come noi per cavarsi d'impiccio, continuando a blaterare di pace, libertà e giustizia. Tramano ai danni dell'umanità. Non c'è sistema che operi nell'interesse del popolo!''. Mica male, non ti pare?»

«Già.»

«E credono in qualcosa d'altro. Qualcosa di molto, molto importante. Per cui sono pronti a rischiare la vita.»

«Il denaro» rispose Westen.

«Il denaro» ripeté il suo amico. «Il denaro.»

«La situazione è questa» concluse l'anziano Westen, rivolgendosi a Barski e a Norma. Si trovavano nell'ufficio del commissario Sondersen al presidio di polizia. Tacque un momento e poi aggiunse: «E a questo proposito è necessario ricordare in che modo il nostro paese è finito in questa situazione. Devo accusare me stesso, la mia generazione. Molti di noi hanno lottato contro i nazisti. Ma non è bastato. Affatto. Tutto il male che è stato fatto a nome nostro, e che non siamo stati capaci di impedire, continua a esercitare un influsso nefasto e giustifica la grave situazione del nostro paese. Solo ora ce ne accorgiamo. E in futuro — il pensiero mi fa inorridire — ce ne accorgeremo sempre più. Perché nessuno, nessuno al mondo riuscirà mai a dimenticare l'orrore di quanto è stato fatto, a scordare tutti quei morti — sei milioni di ebrei trucidati e sessanta milioni di caduti, di cui venti milioni fra le file dei russi...». Westen prese fiato. «Non credo in Dio. Ma credo in una giustizia suprema — una giustizia superiore e definitiva. E credo che questa giustizia non abbia ancora pareggiato il conto con noi. Stiamo iniziando ora a scontare le nostre colpe.»

Norma si rivolse a Sondersen: «Ricorda cosa le domandai quel giorno, vicino all'ufficio del mio editore?».

«Me ne ricordo perfettamente, signora Desmond. Mi chiese come mai ero così oppresso.»

«E lei mi rispose di non potermelo spiegare.»

«Non potevo farlo. Immagino che abbia capito di che si trattava alla luce di quanto il signor Westen le ha raccontato.»

«E grazie ai chiarimenti ottenuti a Wiesbaden, non si sente un tantino sollevato?» gli chiese Norma.

L'uomo che viveva nella speranza di vincere il male e celebrare il trionfo della giustizia e della verità rispose: «Mi sento ancora molto oppresso, ma non come prima. Quanto meno da qualche istante a questa parte».

«Non capisco...»

«Da quando il signor Westen ha parlato della nostra colpa e della necessità di pareggiare i conti con la giustizia» disse Sondersen. «Le parole che ho sentito mi hanno indotto a riflettere. Certo, la mia generazione non è direttamente responsabile di ciò che è accaduto e delle conseguenze che ha comportato. Ma tutti, anche i figli dei nostri figli, dovranno ricordare ciò che è stato perché non si debba ripetere mai più. Dobbiamo riflettere, tutti quanti. E pensare che se esiste un neonazismo, se esistono sul nostro paese basi militari sovietiche e americane e se la politica mondiale dal 1945 a oggi è stata così catastrofica, dobbiamo ringraziare il Führer. Mi ha fatto molto piacere ascoltarla, signor Westen.»

«Ero certo che la pensasse come me.»

«Ora mi rendo conto che è stato necessario limitare le mie indagini sugli attentati terroristici. Non c'era altra soluzione. Chissà cosa riusciremo a scoprire. Possiamo soltanto provare a compiere il nostro dovere, perché la giustizia abbia la meglio. Ma il signor Westen mi ha fatto capire che il nostro operato è subordinato a ciò che lui definisce la giustizia suprema. La ringrazio, signor Westen. Mi è stato di enorme aiuto.»

«Lasci perdere!» esclamò Alvin Westen.

«No, mi sento in dovere di ringraziarla» continuò Sondersen «perché ora posso svolgere il mio lavoro senza più collera, senza rabbia né oppressione. Le cose devono stare in questo modo. E ora che lo so mi sento sollevato.»

Per qualche tempo regnò il silenzio.

«Cosa fanno di particolare gli agenti della squadra speciale? Può farmi un esempio?» chiese infine Norma.

«Un piccolo esempio, certamente» disse Sondersen e prese una fotografia dal cassetto. «Ha mai visto questa donna?» Era una ragazza dai capelli castani, gli occhi grandi e gli zigomi alti. Era carina, ma troppo truccata. Il vestito che indossava aveva due spacchi alti fino ai fianchi.

«È la donna di quella sera» disse prontamente Norma.

«Quella che si è seduta nella mia automobile» soggiunse Barski.

«La puttana che vi ha fermato e se ne è andata solo quando ha visto arrivare i miei uomini.» Sondersen annuì. «Solo che non è una puttana. E non è scappata via per paura della polizia.»

«Chi le ha dato quella foto?» domandò Norma.

«L'ha scattata uno dei miei agenti. Vede, sembra sul punto di fuggire.»

«Infatti è scappata e uno dei suoi uomini l'ha seguita, solo che non è riuscito ad acciuffarla» disse Norma. «Ci ha raccontato che è sparita in una casa. Non è riuscito a fermarla.»

«Non ha potuto» specificò Sondersen.

«Perché no?» chiese Barski.

«Perché quella donna è un agente dei reparti speciali» spiegò Sondersen. Prese un accendino e bruciò la fotografia sopra al portacenere. Con la punta della matita mescolò scrupolosamente la cenere. «Quando l'avete vista portava la parrucca ed era molto truccata. Ora non sareste in grado di riconoscerla. È per questo che ho potuto mostrarvi la sua foto. In quella occasione, dottor Barski, lei si lamentò del ritardo con cui le guardie di sicurezza erano intervenute. L'hanno fatto di proposito, dottore.»

«Perché?»

«Non potevano disturbare questa donna mentre stava lavorando.»

«Cosa stava facendo?» chiese Norma.

«Le ha salvato la vita» rispose il commissario Sondersen.

8

«*Cosa?*»

«Anch'io l'ho saputo solo ora. A Wiesbaden. E questo è solo un esempio del loro operato. Gli agenti speciali svolgono missioni particolarmente difficili.»

«Perché dice che quella donna mi ha salvato la vita?»

«Ricorda quella sera, quando si recò all'Atlantic con il dottor Barski? La sera in cui lui le raccontò ciò che era accaduto all'Istituto?»

«Certo che me ne ricordo.»

«Portava una borsa come quella che ha oggi. Dentro c'erano un registratore e la macchina fotografica.»

«Sì, e allora?»

«Ha lasciato tutto nell'auto, al parcheggio dell'albergo.»

«Sì, io stesso avevo pregato la signora Desmond di non registrare il nostro colloquio» intervenne Barski.

«Capisco» fece Sondersen rivolgendosi a tutti loro. «Sappiate che io stesso ho appreso soltanto ieri le cose che sto per dirvi e che già vi ho detto. Ebbene, qualcuno deve aver saputo di cosa avrebbe parlato Barski e deve avere informato tempestivamente una delle due parti.»

«Chi l'ha detto?»

«Un momento, dottore! Un momento! Un delatore c'è stato, dal momento che è stato ordinato di eliminare la signora Desmond non appena fosse uscita dall'albergo.»

«Effettivamente» si intromise Norma «quando arrivai a casa e mi misi a letto ricevetti una telefonata minatoria e subito dopo quel tale — Antonio Cavaletti della GENESIS TWO — mi sparò addosso. Mi avrebbe fatto fuori di certo se a sua volta non fosse stato ucciso da quell'Horst Langfrost, che lavora con ogni probabilità per la parte avversa.»

Sondersen scosse il capo.

«Cavaletti le ha sparato perché il primo tentativo di ucciderla era fallito. Grazie al cielo è fallito anche il secondo. Faccia attenzione. L'auto con i due uomini della scorta del dottor Barski è rimasta davanti all'albergo per tutto il tempo che voi siete stati dal signor Westen. Ricorda se il parcheggio era affollato?»

«Sì, parecchio. Abbiamo fatto fatica a trovare un posto» rispose Barski.

«I miei agenti non sono riusciti a posteggiare l'auto e si sono fermati davanti all'ingresso dell'albergo. Forse per colpa della distanza o per loro imperizia non hanno visto che un uomo — o una donna — si è avvicinato alla Volvo del dottor Barski, ha aperto la portiera e ha sostituito la cassetta contenuta nella borsa della signora Desmond.»

«Per quale motivo?»

«Per ucciderla non appena il dottor Barski si fosse allonanato. Il dottor Barski, così come i suoi collaboratori, è un personaggio importantissimo e non deve essere eliminato per nessun motivo. È infatti in grado di fornire informazioni utilissime sul virus, e allo stato attuale anche sul vaccino.»

«Volevano eliminarmi perché sapevano che durante la conversazione con Alvin e il dottor Barski avrei scoperto tutto?» chiese Norma. «Perché non potessi parlarne con altri?»

Sondersen annuì. «Anche il signor Westen avrebbe saputo tutto quanto. Ma il suo amico è protetto dalle guardie del corpo, e non avrebbero avuto modo di avvicinarsi a lui. O con molte difficoltà — a Berlino ci sono quasi riusciti. Quella notte, signora Desmond, lei viaggiava ancora senza scorta. E l'occasione è stata colta al volo!»

«Allora questa gente deve aver saputo di cosa abbiamo parlato in albergo!»

«Gliel'ho detto» ribadì Sondersen. «E io stesso mi domando come possa questo sconosciuto, che le ha già telefonato tre volte — l'uomo dalla voce distorta — come possa, dicevo, essere sempre informato su ciò che facciamo, sui luoghi dove ci incontriamo. Non si è mai posta questa domanda?»

«Ha ragione» disse Norma. «Ma chi può essere?»

«Per il momento non siamo in grado di scoprirlo» replicò Sondersen. «Comunque una persona ha sostituito la cassetta riposta nella sua borsa. Nella confusione del parcheggio i miei uomini non se ne sono accorti. Ma un agente dei reparti speciali deve aver notato qualcosa. Via radio è stato impartito agli agenti l'ordine cifrato di tenersi in disparte e lasciare via libera agli uomini dei reparti speciali. Il messaggio cifrato è giunto poco dopo che lei e il dottor Barski eravate usciti dall'albergo. Il signor Westen era sceso a salutarvi.»

Quest'ultimo annuì.

«Il dottor Barski accompagnò la signora Desmond a casa, in Parkstrasse. A un certo punto un'auto lo superò.»

«È vero. Me la presi a morte con quel disgraziato» disse Norma.

«Quel disgraziato era una donna» precisò Sondersen. «La stessa donna che avete visto sulla fotografia che ho bruciato poco fa. La donna che vi ha fermato e si è introdotta nella sua auto fingendosi una sgualdrina. Quando ha cercato di baciarla, dottor Barski, lei l'ha spinta sul sedile posteriore. Cadendo la donna ha rovesciato la borsa della signora Desmond. Quindi ha cercato di rimettere a posto tutto quanto, mentre lei, dottor Barski, tentava di buttarla fuori dall'abitacolo.»

«È vero!» esclamò Norma.

«Senza farsi notare la donna ha sostituito di nuovo la cassetta del registratore.»

«E perché?»

«La cassetta sostituita al parcheggio dell'albergo conteneva dell'esplosivo» spiegò Sondersen. «L'ordigno sarebbe stato innescato a distanza non appena la signora Desmond fosse rimasta sola. La donna delle squadre speciali ha sventato l'attentato. Perciò è apparso sulla scena Antonio Cavaletti, l'uomo della GENESIS TWO, con il compito di ucciderla» seguitò Sondersen. In seguito al fallimento dell'attentato la signora Desmond ha avuto l'idea geniale di procurarsi una sorta di assicurazione sulla vita, rivelando al misterioso interlocutore telefonico di aver registrato tutto ciò che sa nell'eventualità di un ulteriore attentato.»

«Per un soffio non sono riusciti a farmi fuori» disse Norma.

«Già, per un soffio» ripeté Sondersen. «E se non fosse stato per la destrezza e l'abilità della sgualdrina da marciapiede, che in realtà non era affatto una sgualdrina, lei non sarebbe qui con noi...»

9

Alvaro si presenta all'amata.

Quale segno del suo rispetto e delle sue cavalleresche intenzioni getta la spada e la pistola. Un colpo parte e colpisce a morte l'anziano marchese che, morendo, maledice la figlia. Alvaro, disperato, afferra Leonora. Insieme fuggono...

Con le guance arrossate e gli occhi lampeggianti Jeli sedeva tra Norma e suo padre. Si era chiuso il sipario sul primo atto de *La forza del destino*. Alla destra di Norma sedeva Alvin Westen. Era la sera del 28 settembre 1986 e al Teatro dell'Opera di Amburgo era in scena una prima. Westen e Barski indossavano lo smoking, Norma un abito da sera verde e la piccola un vestito di velluto rosso bordato dai ricami dorati. Alle loro spalle prendevano posto gli uomini di Sondersen, anch'essi in smoking. Era stata Norma ad acquistare i biglietti, per la prima fila di platea, come le aveva suggerito Westen. E la mattina della prima lo stesso Westen aveva spiegato a Jeli la trama dell'opera, affinché la bambina potesse seguirne lo svolgimento.

«Sai, l'opera è ambientata in Spagna e in Italia intorno al 1750. C'è un padre con una bella figlia che si chiama Leonora. Il padre è il marchese di Calatrava e...»

«Come hai detto che si chiama?»

«Marchese di Calatrava.»

«Che strano!»

«Cosa? Il nome ''Calatrava''?»

«No, il fatto che non abbia un nome di battesimo come tutti.»

«In passato chi portava un titolo nobiliare non faceva uso del nome proprio.»

«Ah» disse Jeli. «E poi?»

«Sua figlia Leonora si è innamorata del meticcio Alvaro.»

«Ci risiamo» disse Jeli. «Cos'è un meticcio, signor Westen?»

«Un meticcio è un individuo di razza impura.»

«Che significa?»

«È un uomo i cui genitori e antenati provengono da razze diverse. In questo caso è il figlio di un bianco e di una indiana. O di una indiana e di un bianco...»

Razza impura... pensò Westen fra sé. Potrei raccontarti tante cose, piccola. Durante il nazismo per esempio c'erano ebrei impuri. Di primo e di secondo grado. A seconda se un genitore era ''ariano'' e l'altro ebreo o mezzo ebreo. Se il padre era di origine ''ariana'' e la madre ebrea, la purezza del padre, fino agli ultimi anni di guerra, bastava a salvare l'intera famiglia. Se invece era la madre ''ariana'' e il padre ebreo, tutti i membri della famiglia erano spacciati. Per il padre non c'era più scampo se non fuggiva per tempo, e anche per la famiglia non c'era niente da fare. Il Führer aveva deciso di eliminare definitivamente la razza ebrea solo dopo la vittoria finale, poiché molti personaggi delle alte sfere militari, economiche e intellettuali, la cui presenza al vertice era insostituibile, erano di razza impura.

Westen riprese il filo del discorso: «Il padre di Leonora dichiara che non permetterà mai che la sua bella figlia sposi questo Alvaro...».

«Il meticcio?» domandò Jeli.

«... sì, il meticcio. E sai cosa decidono di fare i due innamorati?»

«Scappare» rispose Jeli.

«Giusto! Leonora dà la buonanotte a suo padre — o meglio — gliela canta.»

«Perché?»

«Perché... si usa così nelle opere liriche. Ti sto raccontando la trama, perché difficilmente riuscirai a capire tutto ciò che dicono.»

«Grazie. È buffo però.»

«Cosa?»

«Che nell'opera la gente canti. Nella realtà nessuno canta. Provi a pensare se tutti parlassero cantando.» Jeli scoppiò a ridere. Poi ammutolì. «Mi scusi. Non volevo essere maleducata, signor Westen.»

«No, hai ragione. Ma vedi, un'opera lirica non è la realtà. Ma un'opera d'arte.» Dio, che conversazione! «Non sei mai stata a teatro?»

«No, mai. Capisce perché sono così agitata? È un'emozione simile a quella che ho provato quando ho volato per la prima volta. Allora, Leonora dà la buonanotte a suo padre...»

«Poi, col cuore gonfio di tristezza, si prepara ad abbandonare tutte le cose che ha amato.»

«Canta sempre?»

«Sì. E posa una candela accesa sul davanzale della finestra.»

«Il segnale.» Jeli annuì

«Sì, il segnale. Alvaro arriva, ma Leonora lo prega di attendere ancora un giorno.»

«Perché?» chiese Jeli. «Perché gli fa credere di essere pronta a fuggire con lui, sistemando la candela alla finestra, e poi gli dice che vuole aspettare un giorno?»

«Perché...» prese a dire Westen pensando — Verdi non ha proprio avuto fortuna con il testo di Piave. Drammaturgicamente e psicologicamente discutibile. Lo capisce persino una bimba di dieci anni. È significativo che Werfel abbia sentito la necessità di riscrivere il libretto.

Westen aveva ripreso il racconto, narrando gli intrighi e gli intrecci, la disperazione e la morte, tutte cose che rendono la vita degna di essere vissuta. E Jeli lo aveva ascoltato attentamente rivolgendogli tante altre domande.

Ora, tra suo padre e Norma, nella prima fila della platea del Teatro dell'Opera, la piccola si morsicava il labbro inferiore per celare l'emozione. Sapeva che Alvaro, dopo le molte avventure già cantate, si era unito alle truppe ispano-italiane a Roma. Per la sua audacia era stato promosso capitano. Le circostanze lo avevano indotto a credere che Leonora fosse morta. Disperato, malediceva il destino, mentre la luce della luna cominciava a illuminare la scena. Alvaro si sedette sopra una pietra. La luce della luna divenne forte, la musica crebbe d'intensità. L'artista cantò: «La vita è solo un sogno dell'inferno. Tutto è inutile e vano. Leonora! Mia amata! Sei morta. Ah! L'amore mi tormenta. Combatto contro il freddo e l'oblio! Non posso...».

Affascinata, Jeli osservò Norma e poi suo padre. Afferrò le loro mani e le strinse. Norma sorrise e annuì. Suo padre fece lo stesso. Jeli tornò a guardare il palcoscenico. E Norma e Barski si fissarono a lungo sopra la testa della bambina.

«La vita è un inferno all'infelice» diceva il libretto di Piave.

Werfel l'aveva tradotto più liberamente: «La vita è solo un sogno dell'inferno».

10

«Sono terribilmente indaffarata» diceva Petra Steinbach. «Non so più dove sbattere la testa. Ci sono le nuove pellicce e la collezione per la primavera '87. Scrivo, scrivo e telefono. Non ho mai avuto tanto da fare in vita mia.»

La giovane donna dai capelli biondi e i grandi occhi azzurri indossava un abito blu molto elegante. Era truccata con cura e aveva un aspetto fresco e sano, nonostante il gran lavoro di cui si lamentava.

Norma era stata con Kaplan e Alexandra Gordon da Sasaki, al reparto Malattie Infettive. Avevano discusso dell'inopportunità di effettuare esperimenti di laboratorio su animali, un tema che Sasaki aveva già proposto in precedenza. L'utilizzo di cavie era a parer suo da evitare, e non solo in relazione ai commenti della pubblica opinione.

«Lei che è una giornalista, signora Desmond,» aveva detto Holsten «saprà cosa pensa la gente riguardo a questi esperimenti, non è vero?»

«E come...» aveva risposto Norma.

«Conoscerà di certo» aveva continuato Holsten «le reazioni all'adozione di tecniche di vivisezione. Indignazione! Disappunto! Poveri animali innocenti! Quali e quante torture devono sopportare! E le immagini crudeli. Quando i russi e gli americani hanno aperto i campi di concentramento si sono viste immagini ben peggiori! E come ha reagito l'opinione pubblica alla vivisezione di sei milioni di ebrei? In Austria c'è stata quasi una crisi di governo per venti scimmie e un ministro ha rischiato di perdere il posto. ''Brutale massacro di animali innocenti per la fabbricazione di un nuovo cosmetico''».

«Non puoi paragonare delle scimmie agli ebrei» aveva ribattuto il giapponese. «Allora dove li mettiamo i 260.000 morti di Hiroshima? Erano nemici degli americani, perciò era legittimo annientarli con la bomba atomica. Bambini, neonati, vecchi, donne. Ma anche questo non si può paragonare alle scimmie. Non sono cinico, signora Desmond, e soprattutto non me la prendo con lei né con i suoi colleghi. È solo una questione di praticità. Le bestie sono mille volte più reattive degli uomini.»

«Smettila!» gli aveva detto Kaplan. «Non si dovrebbero uccidere né torturare tanto gli uomini quanto gli animali. Ma tu e io, gli scienziati, così come i generali e i politici di tutto il mondo, possiamo dimostrare che non funziona, che non si può fare a meno di torturare e uccidere. Gli uomini come gli animali...»

Ora Norma era rimasta sola con Petra Steinbach. Le separava la grande vetrata dalla quale si vedeva la camera della paziente. Dall'ultima visita che Norma le aveva fatto erano cambiate molte cose. Sul grande tavolo vicino alla finestra, stracarico di riviste di moda, era sistemata una macchina per scrivere. Sul pavimento erano impilate altre riviste. In un angolo c'era una macchina per cucire.

«Ha un bellissimo aspetto, signora Steinbach» esclamò Norma che indossava il camice verde di protezione, la cuffia di plastica, le soprascarpe e una mascherina sulla bocca. Barski le aveva detto che Takahito Sasaki si sarebbe iniettato il virus proprio quel giorno, la mattina di lunedì 29 settembre 1986 alle 11. E Norma aveva insistito per assistere all'esperimento. Era arrivata in anticipo, Barski non c'era ancora e Sasaki voleva aspettarlo. Così aveva pensato di ingannare l'attesa andando a trovare Petra Steinbach. Era stupita della vivacità e della spensieratezza della donna.

«Il suo abito» disse Norma «è proprio bello.»

«L'ho fatto io.» Petra rise. «Sono sarta. Diplomata alla scuola superiore di sartoria.» Si girò su se stessa. «Direi che è venuto proprio bene.» La conversazione avveniva per mezzo di un sistema di interfoni. «Il colore che mi sta meglio è il blu, ma adoro anche il rosso. Sto terminando un vestito rosso. Glielo mostrerò quando sarà finito.» Petra abbassò la voce. «Nessuno deve sapere che ho rubato il modello a Yves St. Laurent.» Rise come un bimbo felice. «Quando l'ho visto su *Vogue* me ne sono subito innamorata. L'ho copiato, ma non lo dica a nessuno!»

«No, stia tranquilla!» le garantì Norma. «Posso farle qualche fotografia?»

«Ma certo!»

Mentre scattava le foto Norma pensava... Devo fotografare anche Takahito Sasaki. Ho bisogno di tutte le foto possibili. Di tutti gli interessati. Ho sempre agito così in vita mia,per tutti gli avvenimenti, in tutti i luoghi che ho visitato. Non ho fatto altro che fotografare in tutto il mondo. Assassini, vittime, incendi, violenze, torture, sevizie, ubriachi e storpi, moribondi e malati senza speranza, morti di fame, giovani e vecchi e brandelli di uomini. Braccia, gambe, teste. La mano di un bambino. Giocava con un orsacchiotto di peluche quando fu colpito da una bomba. La mano fu tutto ciò che trovammo di lui. Una mano così piccola... e con tre dita soltanto. La foto ha fatto il giro del mondo. Ho fotografato anche uomini interessanti, felici, sorridenti, mentre ballavano, si divertivano, cantavano. Ho fotografato di tutto. Sono una macchina fotografica. Sono un macchina per scrivere. Ora sto fotografando una donna che sorride, una giovane apparentemente felice ma affetta da un morbo incurabile che nessuno può guarire.

«Un'altra di profilo» le disse. «Così va benissimo, grazie.» Aveva fatto di tutto per estraniarsi dalla vicenda, per non provare sentimenti di alcun genere, commiserazione, comprensione, partecipazione. Ma si sentiva prossima al crollo. Non è la prima volta, pensò, appoggiandosi alla parete e respirando pesantemente. Prima o poi i nervi cedono.

«Non si sente bene?» Petra la fissò preoccupata.

«Sto benissimo.» Fatti forza, disse tra sé. Pensa a Pierre. Diceva: Quando scatti una foto, devi essere glaciale, devi trasformarti nella macchina. Altrimenti le foto riescono male. Devi immortalare la morte, la miseria, la malvagità, la guerra, l'alba e la fame, mostrare la condizione umana. E lo stesso devi fare con la penna. Senza manifestare indignazione o disappunto. Devi riferire dei fatti. Frasi brevi, parole chiare, se possibile senza aggettivi. Il mondo è malvagio e a te spetta descriverlo. Sei una giornalista. Pensa a Hemingway, il giornalista migliore e più preciso che sia mai esistito. Sei una giornalista che si chiama Norma Desmond. Se ciò che vedi e che senti ti sconvolge, se devi piangere perché non ne puoi più, sfogati con qualcuno di cui hai fiducia. Qualcuno che sappia tenere un segreto. I tuoi sentimenti premono soprattutto a chi ha bisogno di te. O del quale tu hai bisogno. Ognuno ha bisogno di un altro. Nessuno ce la fa da solo. Bisogna essere in due, due che si comportano in questo modo, che si possono dire tutto ciò che è importante per loro.

«Le nuove pellicce hanno una linea sportiva, ampia e comoda» le disse Petra. Mostrò a Norma le fotografie di una rivista molto voluminosa. «Ho già preso visione delle nuove collezioni» spiegò. «Le anteprime. Così riesco a scrivere per tempo i miei articoli. Deve sapere che il mio lavoro è richiestissimo. I miei articoli vengono pubblicati in Germania, Austria e Svizzera. Corredati da schizzi illustrativi. Se aspetta un momento, gliene mostro alcuni.» Petra si allontanò di scatto e tornò sorridente reggendo fra le mani alcuni grandi fogli.

«Sono magnifici» esclamò Norma. «Ecco, li regga bene in alto. Non così... sì, ecco... ora va bene.» Ritrasse ancora la donna che sorrideva fiera dei suoi disegni. «Complimenti» le disse. «Sa anche disegnare?»

«Le ho già detto che ho frequentato un istituto specializzato. Ho imparato tutto ciò che serve per lavorare nel mondo della moda. Tom avrebbe preferito che facessi la casalinga. Ma ora che è morto sono più che mai convinta di avere operato la giusta scelta. L'ha detto anche Tak.»

«Tak?»

«Il dottor Sasaki. Viene spesso a trovarmi, mi è stato di grande aiuto. Senza di lui non avrei potuto sistemarmi in questa stanza.» Rise. «È strano, vero? Non posso uscire. Non potrò più uscire. Ma anche Tom ce l'ha fatta a lavorare qui. E ha lavorato bene. Pare che abbia scoperto qualcosa di speciale.»

«Ne ho sentito parlare anch'io.»

«È stato proprio fortunato a completare il suo lavoro prima di morire! Era proprio dotato! Lo dicevano tutti! Vuole che le mostri altri disegni?»

«No, grazie. Può parlarmi del suo lavoro?»

«Ho un'amica in questo campo. Disegna per alcune riviste italiane. Vive a Roma. Si chiama Eva Sylt.»

«E l'altra sua amica, che era qui la volta scorsa? Quella graziosa signora dai capelli rossi e gli occhi verdi?»

«Intende dire Doris?» disse Petra. «Non viene più a trovarmi. Mi rendeva incredibilmente nervosa, non faceva che piagnucolare. Sempre. Anche quando c'era altra gente. Dio santo, perché piangi sempre? le ho chiesto. Mi ha risposto che si disperava per me. Per quello che mi era capitato. Che sciocca! È una brava ragazza, ma talmente isterica! Vuole essere sempre al centro dell'attenzione. E poi non fa che piagnucolare. Le ho chiesto cosa mi sarebbe capitato di così tanto grave e mi ha risposto che Tom è morto e io sono chiusa qua dentro. Sì, ha detto proprio così. È vero, Tom è morto. Siamo stati bene insieme. Molte persone stanno bene insieme. Ma prima o poi uno dei due muore. E successivamente muore anche l'altro. Se non si muore insieme, uno dei due è costretto a restare solo per qualche tempo. Non le sembra naturale?»

«Certo» disse Norma.

«La cosa migliore sarebbe, come ha detto qualcuno, non essere mai nati.» Petra rise.

Su, ridi anche, si disse Norma e scattale una foto mentre ride.

«No, ho detto a Doris di non venire più. Chiamo spesso Evi a Roma. Si immagini le bollette! Ma Tak ha fatto in modo che sia la clinica a sostenere tutte le spese. In fondo non sono qui a divertirmi! Anche il povero Tom. Siamo venuti qui perché ci siamo resi conto di rappresentare un pericolo per la società. Cose che capitano. Però almeno le bollette devono pagarle loro, no?»

Lasciala dire! pensò Norma. Lasciala dire!

«Dicevo... sì, Evi ha inviato i miei disegni ad alcune riviste di moda. Sono piaciuti molto. Tak ed Evi hanno spiegato agli editori che posso lavorare qui, naturalmente senza specificare la ragione di questa clausura. Tak ha detto che ho la poliomielite — una storia commovente. I lettori si commuovono facilmente, non sono come i redattori! Tak ha avuto proprio un'idea geniale!» Petra rise di nuovo e Norma non poté fare a meno di ricordare il ghigno agghiacciante di Lars Bellmann.

«Lei lo sa meglio di me, signora Desmond! Bambini, bestiole affamate, povera gente, sono tutte cose che fanno breccia nel cuore dei lettori. Donne giovani come me, schiacciate da un destino inesorabile, che vivono eroicamente la loro vita. Tanto meglio se sono capaci di fare qualcosa. Come me. Insomma, ho parecchio da fare. A dire la verità, quando c'era anche Tom, stavamo un po' troppo stretti qua dentro. Negli ultimi tempi la sua presenza mi innervosiva. No, non ha capito male. Se Tom fosse vissuto ancora a lungo, avrei avuto dei problemi con il lavoro. E sarebbe stato un vero peccato, non le pare?» Petra parlava in modo concitato, euforico. «Qui sono tutti molto carini con me. Mi aiutano. Naturalmente non posso far giungere all'esterno i miei articoli e i disegni. Comunico per telefono e via telefax. L'editore dispone di un terminale collegato con quello della clinica. Il personale si occupa della trasmissione dei dati. Spesso è lo stesso Tak a lavorare sul computer. E da quando sono qui ho triplicato la mia produttività. Niente male, no?»

«Oh... sì» fece Norma. «E il suo negozio di Düsseldorf? Che fine ha fatto?»

«Ah, il negozio!» Petra fece un cenno di diniego. «L'ho venduto. Con tutto quello che c'era dentro. Ovviamente non ha fruttato il milione di marchi che mi serviva per coprire i debiti contratti dal gestore. Ma ho venduto anche l'appartamento, compreso l'arredo. E sono riuscita a racimolare l'intera cifra. Anzi, mi è avanzato qualcosa.» Petra sorrise compiaciuta. «Tak ha detto che è stata un'ottima decisione. Così non ho più preoccupazioni. Del resto l'appartamento non mi servirà più. Tom è morto e anch'io dovrò morire qua dentro. Cosa me ne faccio di un appartamento? Insomma, Tak non si è espresso proprio così, ma il senso di ciò che ha detto era questo. E dal momento che è stato lui a dirmelo, non ho esitato a farlo.» Petra fissò Norma con occhi raggianti. Dal momento che è stato lui a dirmlo, non ho esitato a farlo. Un'arma davvero eccezionale per combattere una guerra morbida, pensò Norma fra sé.

«Sono proprio felice di dover restare qui per sempre» continuò Petra. «Qui sono tranquilla, posso lavorare, scrivere, fare ciò che mi piace e guadagnare anche molto denaro. Non ho problemi. Non devo cucinare, fare la spesa e rigovernare. Tutti sono gentili con me. Se voglio un giornale, me lo portano. Ho la televisione e il videoregistratore. Tak mi porta le cassette. Insomma, non sono mai stata così felice in vita mia. Lo dicevo proprio ieri a Tak.» Tak è un egoista, pensò Norma. È uno scienziato scrupolosissimo. Petra è la sua cavia. Ne aveva due, ma una è morta. Sta cercando di scoprire a tutti i costi come agisce il virus: Petra glielo sta mostrando. Così come Tom gli ha fornito gli elementi fondamentali per la sintesi del vaccino.

«Sarei terrorizzata se sapessi di dover uscire di qui» continuò Petra. Tipico esempio di soppressione degli stimoli, come lo chiamano gli psicologi. La stessa cosa capita ai carcerati che stanno per essere rilasciati dopo un lungo periodo di prigione. Sono felici in carcere, molto felici. Non soffrono per la mancanza di libertà. Coltivano molti hobby, dipingono, lavorano il legno. Vivono in compagnia di un topo o di un canarino come se si trattasse di un essere umano. Tutti abbiamo bisogno di un'altra persona. E coloro che stanno per essere rilasciati temono la libertà, il mondo all'esterno del carcere.

«Sicuro» seguitò Petra. «Sono stata felice anche prima, con Tom. Però c'erano sempre problemi, bisticci. Ma ora Tom è morto e io sono felice qui, con Tak che si prende cura di me e mi garantisce che non potrei stare meglio.»

11

Norma arrivò in ritardo.

Quando giunse nel corridoio sul quale si affacciava la camera del dottor Takahito Sasaki vide Barski. Stava davanti al vetro della stanza e, come lei, indossava il camice protettivo.

«Mi dispiace Jan, ho parlato a lungo con Petra.»
«Tak è già andato.»
Norma guardò nella camera. «Andato dove?»
«Si sta infettando.»
«Cosa?»
«Si è procurato un'enorme quantità di virus per mezzo dei suoi esperimenti sulle cavie. Il virus è in forma di vapore. Deve sapere che il virus è stato identificato e isolato in alcune parti del corpo di Tom. Quindi è stato immesso in terreno di coltura in modo da ottenere delle soluzioni liquide sulle quali operare la ricerca del vaccino. Tak ha mescolato alle soluzioni un propellente, ottenendo un prodotto volatile, che si diffonde come un deodorante in confezione spray. Tre giorni, fa quando Tak è venuto qui, ha portato con sé una bomboletta di prodotto e l'ha chiusa nell'armadietto del laboratorio. Ora la prenderà, infilerà la testa in una camera di decompressione e respirerà tutto il contenuto della bomboletta. È il metodo migliore per infettarsi. Ci vorrà solo qualche minuto.»
Barski ammutolì. Si allontanò dalla vetrata e si appoggiò alla parete. Il suo volto era teso.
Norma lo osservò attentamente. So cosa pensa, disse tra sé. Penso anch'io la stessa cosa. Cosa deve augurare a Tak, cosa deve augurarsi? Cosa deve sperare? Che il vaccino funzioni, renda Tak immune e si annulli la pericolosità del virus?
Barski non si muoveva. Guardava fisso nella stanza vuota.
Mi ha raccontato che lo conosce da molti anni, pensava Norma. Hanno lavorato a lungo insieme. Insieme hanno riso, imprecato e trascorso notti insonni in laboratorio. Deve sperare e pregare che il vaccino funzioni e Tak guarisca? E cosa succederà se Tak guarisce? Continuava a fissare Barski.
Lui se ne accorse. «Sì?»
«Mi chiedo cosa stia pensando, Jan.»
«E lei, a cosa pensa?»
«Alla stessa cosa» disse Norma.
Barski non rispose.
Sì, disse Norma tra sé. E se Tak guarisce? I suoi colleghi si congratuleranno con lui, gli batteranno le mani sulle spalle e saranno soddisfatti. In particolare uno di loro: il traditore. E se fosse proprio Tak il delatore? Chiunque sia non esiterà a informare i suoi mandanti, così come ha fatto finora. Se Tak

non contrae l'infezione e dimostra l'efficacia del vaccino, avremo l'arma adatta alla guerra morbida.

Norma si appoggiò alla parete accanto a Barski. Non lo osservava più.

E cosa succederà se il vaccino non funziona? Tak si ammalerà come Tom e non uscirà più dalla clinica. Come Petra. Subirà la stessa soppressione degli stimoli vitali. E penserà di essere felice. Subirà la stessa evoluzione degli ergastolani. Api operaie. Senza nostalgia, senza tristezza né aggressività. Con esigenze umane molto limitate. Maledizione, bisogna trovare un vaccino! E vaccinare tutti quanti. È un miracolo che nessuno oltre a Tom e sua moglie si sia ancora ammalato. E nonostante le misure di sicurezza adottate potrebbe capitare a ognuno di noi, anche a me. La scoperta del vaccino permetterà alle superpotenze di innescare una guerra morbida alterando il patrimonio genetico di mezza umanità per potersene servire liberamente. Un'umanità condannata all'eterna felicità, racchiusa in celle invisibili.

Notò che Barski la stava osservando, ma non batté ciglio.

Si può solo sperare nel minore dei mali. Il minore dei mali è che il vaccino non funzioni, che nessuno riesca mai a trovarlo, che non solo Tak, ma a poco a poco tutti noi, contraiamo l'infezione. Forse anche altra gente. Ma non mezzo mondo. Piano! pensò. E Jan pensava la stessa cosa. Chi può decidere quale sia la sventura minore? Si può pensare una cosa del genere? Jan può pregare e implorare perché una cosa simile avvenga? Può mercanteggiare con il suo Dio perché un uomo guarisca o si ammali? Di che cosa ha parlato Bellmann a Berlino? Di due strade che conducevano alla stessa trappola mortale. Senza guardare Barski, Norma cercò il suo braccio e lo strinse forte. Tutti hanno bisogno di qualcuno al quale appoggiarsi. Tutti.

«Ehi, voi due, ciao!» disse Sasaki.

Norma guardò attraverso il vetro. Il piccolo giapponese era tornato nella stanza. Si soffregava le mani. «Bene, me lo sono respirato proprio tutto!»

«Tocca ferro!» disse Barski, sforzandosi di sorridere.

Povero diavolo, pensò Norma. Maledizione, siamo tutti poveri diavoli in questo mondo di merda! I grandi e i potenti — pensò — che siano maledetti in eterno.

«E prega Dio che vada tutto bene!» esclamò Barski.

«Speriamo che ci metta una buona parola» disse Takahito Sasaki. «Non dimenticare che i miei topi sono rimasti assolutamente immuni. Ormai è fatta. Metti pure in fresco lo champagne.»

«Vacci piano!» fece Barski.

Sasaki tamburellò sul tavolo. «Passi nel pomeriggio?» chiese Tak.

«Senz'altro. Voglio vedere come sta Harald. Se succede qualcosa, telefonami.»

«D'accordo. Arrivederci e coraggio!» Si salutarono. Poi Barski e Norma si incamminarono lungo il corridoio.

A un tratto Barski si fermò.

«Sì?»

«Mi è venuto in mente un film che ho visto tempo fa» disse. «La storia di un ragazzino molto sveglio — forse troppo — che capita in mezzo al sistema di cervelli elettronici che coordina la difesa americana. Il computer, che regola e memorizza le varianti e le azioni di un'ipotetica guerra atomica, propone al ragazzo di giocare con lui — come se si trattasse di una partita a scacchi — a Risiko. Il ragazzo accetta e avvia il gioco. Senza fare nulla. E inconsciamente innesca un conflitto atomico. Dopo un inizio del tutto pacifico in cui il gioco si trasforma a poco a poco in una vera e propria guerra. Il gioco degenera. Per fortuna il conflitto reale viene evitato all'ultimo istante. Il computer analizza la situazione finale. Il mondo è distrutto. Non ci sono vincitori. E conclude così: ''L'unica possibilità di vincere il gioco è quella di non giocare''.»

12

«Ho preferito usare la massima prudenza, tanto che ho evitato di incontrarti giù al bar» disse Alvin Westen. Sedeva insieme a Norma nel salone del suo appartamento al secondo piano dell'hotel Atlantic. Erano le tre del pomeriggio. Da qualche settimana era scoppiata l'afa, interrotta solo saltuariamente da qualche temporale. L'appartamento di Westen era piuttosto fresco.

«Al telefono mi hai detto solo di venire subito.»

«Credo che il tuo apparecchio sia sotto controllo.»

«Non c'è dubbio» disse Norma. «Chissà chi ci controlla? Questo è il loro vantaggio. Sono venuta via subito dall'Istituto.» Indossava un vestito a fondo bianco con una fantasia a forti tinte.

«Stammi bene a sentire, Norma!» disse Westen. «Durante il viaggio compiuto insieme a Bellmann mi sono fermato a Washington, dove ho conosciuto un biochimico, il dottor Henry Milland, un uomo eccezionale. Famoso in tutto il mondo. Una figura piuttosto tragica. Occupava un posto di prestigio all'Istituto di genetica all'Università di Cambridge. Ha circa 65 anni, molto alto, ben piazzato, molto inglese. Cinque anni fa ha perso moglie e figlia in un incidente stradale. Ha smesso di lavorare e conduce una vita molto ritirata. Possiede una casa a Guernsey. Sulla costa meridionale, direttamente sul mare, vicino al porticciolo di Bon Repos. Mi ha lasciato il suo biglietto da visita. Ogni tanto vola a Londra o visita i vecchi colleghi in America e in Francia. È un uomo da Nobel. Ed è infinitamente triste. L'uomo più triste che abbia mai incontrato. Gli ho spiegato per quale motivo Bellmann e io ci trovavamo in viaggio. Milland la pensa esattamente come Lars — non c'è speranza. Mi ha assicurato che se dovesse intuire una soluzione, si ubriacherebbe per una settimana. Al ritmo di due bottiglie di Chivas Regal al giorno. La cantina della sua villa di Guernsey è molto ben fornita. E mi ha promesso di invitarmi a dividere con lui i festeggiamenti. Due bottiglie ciascuno. Per una settimana intera. Gli ho detto che non disdegnerei l'invito. E guarda un po' cosa ho ricevuto oggi a mezzogiorno!» Le porse una busta.

Norma lesse la lettera, battuta a macchina:

Angels Wing, 27 settembre 1986

Caro signor Westen,
Credo sia giunto il momento di bere un po' di whisky. Suggerirei di cominciare da mercoledì 1° ottobre. C'è un volo quotidiano da Francoforte. Parte alle 13,25 e arriva a Guernsey alle 15,20. Verrei volentieri a prenderla, ma ho la lombaggine. Prenda un taxi, non abito lontano. L'aspetto per un brindisi.
Con i migliori saluti

Henry Milland

Norma posò la busta. La voce le tremava quando chiese: «Significa che ha trovato una via d'uscita?».

«Sì» rispose l'anziano Westen. «Potrebbe darsi, Norma.»

13

Nello stesso istante Barski diceva: «Ho parlato col tuo medico, Hanni. Sei ancora piuttosto debole e non hai molta forza nelle gambe, ma a parer suo faresti bene a passeggiare un po' per stimolare la circolazione. Passeremo dal sotterraneo e andremo a trovare Harald».

Hanni Holsten, una donna sui 35 anni, sedeva vicino al letto in una stanzetta privata del reparto psichiatrico. Era carina. Capelli castani, occhi scuri, labbra piene e sensuali, e una figura proporzionata. Hanni rideva spesso e volentieri, aveva la pelle chiara e liscia e sembrava più giovane di quello che era. Ora, in vestaglia e pantofole, a piedi nudi, dimostrava 70 anni. Era spettinata, aveva gli occhi spenti con due profonde occhiaie scure che le solcavano il viso. La pelle era giallastra e le guance incavate.

«Non ce la farò mai!» disse Hanni.

«Certo che ce la farai! Con la sedia a rotelle scenderemo al sotterraneo e saliremo poi al reparto di Harald. Vuoi vederlo, no?»

«Oh, sì. Se mi dici che sta così male... che si può solo pregare che ce la faccia... devo vederlo.»

«Infatti. Ti accompagnerò io.»

«Ma sono così in disordine...»

«Non importa, Hanni. Ci sono cose più urgenti. Vorresti forse fare un salto dal parrucchiere?»

Pensava: il medico con cui ho parlato prima di venire da Hanni mi ha detto che è ancora sotto l'effetto dei sedativi e che è meglio così, perché vede la realtà attraverso un velo. È bene che veda il marito in queste condizioni. Ed è il momento giusto di dirle la verità sul suo stato. Se Harald dovesse morire, sarà preparata e non subirà un altro grave shock.

«Su, muoviti, Hanni!» la esortò Barski.

«Sei un vero amico, Jan!»

«Oh, smettila!»

«Esci un momento, per favore» disse Hanni. «Solo un attimo. Vorrei almeno rinfrescarmi.»

Barski uscì nel corridoio. Dopo pochi minuti arrivò lei, con un turbante di seta intorno alla testa. Aveva cercato di ravvivare le labbra esangui. Ma non era riuscita a tenere ferma la mano e il rossetto era uscito dal contorno delle labbra.

«Stai benissimo» mentì Barski. «Aspetta un attimo!» Prese un fazzoletto e le tolse le sbavature di rossetto. «Ora sei perfetta. Che profumo ti sei messa?»

«Me lo ha regalato Harald. Woman pure di Jil Sander.» Le labbra cominciarono a tremarle. «Mi porta sempre qualcosa, lo sai, un mazzo di fiori, del profumo o dei libri. Giovedì mi ha regalato un flacone di profumo e il giorno dopo...» Scoppiò a piangere.

«No» la consolò Barski. «Non piangere, Hanni! Per favore non piangere!» Le asciugò le lacrime con il fazzoletto. Stavano così bene insieme, pensava. Era una gioia vederli. È sempre così, Norma ha ragione. Quando c'è amore, quando due sono felici insieme, puoi scommettere che uno dei due si ammala o muore.

«Ecco» fece. «Così va bene. Sei molto forte. Ti sai controllare. Harald ti vuole così. Andiamo. Piano piano. Abbiamo tutto il tempo che vogliamo...»

Nel labirinto dei corridoi sotterranei faceva fresco. Attraversarono diversi passaggi dai quali si accedeva alle cliniche specialistiche, ai laboratori, agli uffici amministrativi. C'erano infermieri che spingevano barelle sulle quali giacevano ammalati, dottori che correvano, dottoresse e infermiere. Alla luce artificiale sembravano tutti malati. E i veri malati sembravano morti.

Hanni era stanca di camminare. Di tanto in tanto doveva fermarsi a riposare. Non parlava. Solo una volta chiese: «Perché Harald? Perché proprio lui?».

Perché proprio Bravka? pensava Barski. Oh Cristo! disse tra sé, smettila! Smettila di pensare a lei. Proprio ora che stai cercando di distrarre la tua mente. «Non lo so, Hanni» rispose. «Nessuno lo sa.» Non disse altro — Basta così! Non rivelarle che suo marito ha ancora qualche speranza. Un medico in gamba, quello del reparto di Psichiatria! Hanni è ancora sotto l'effetto dei sedativi. Se ad Harald succederà qualcosa, Hanni non subirà un altro shock. Proprio in gamba. Merda, pensò Barski.

Quando imboccarono il corridoio sul quale si affacciava il reparto di Terapia Intensiva di Chirurgia, la donna gli si appoggiò pesantemente al braccio. Giunsero davanti a una porta bianca, chiusa. Barski suonò il campanello. Alla parete vicino alla porta erano appesi una dozzina di camici bianchi. E in una vasca di plastica altrettante paia di scarpe bianche galleggiavano in una soluzione sterile. Un cartello appeso sulla porta invitava a far uso dei camici e delle scarpe bianche. L'INGRESSO È CONSENTITO SOLO CON L'AUTORIZZAZIONE DEL MEDICO CURANTE. VIETATO L'INGRESSO AI BAMBINI.

«Aspetta, Hanni!»

Prese un camice dall'attaccapanni e l'aiutò a indossarlo. Il camice era chiuso sul davanti e allacciato sulla schiena con due fettucce. La aiutò anche a infilarsi le scarpe. Poi ne calzò un paio e prese un camice anche per sé. Una giovane asiatica dalla pelle bronzea e gli occhi a mandorla aprì la porta.

«Buongiorno, infermiera. Questa è la signora Holsten. Io sono il dottor Barski. Ho telefonato per annunciare la nostra visita. Ho parlato con il professor Harnack.»

«Sì, ci ha avvertito.» L'infermiera non parlava molto bene il tedesco. Entrarono in un'ampia anticamera. C'erano sedie e tavoli. Due uomini in camice bianco fecero un cenno di saluto. Barski li conosceva. Erano due agenti che Sondersen aveva stanziato all'Istituto. Arrivò un'altra infermiera, più anziana e grassoccia. «Allora?»

«È tutto a posto, Agathe» disse uno dei due. «Conosciamo il dottor Barski e la signora Holsten.»

Dall'anticamera si dipartiva un corridoio con una fila di porte. Al centro era installato un nucleo di controllo, che sembrava la torre di un aeroporto. Tre infermiere seguivano sui monitor le informazioni sul funzionamento degli organi vitali dei degenti, fornite da linee a punta o sinusoidali verdi e da lunghe serie di dati. I malati erano ricoverati nelle diverse stanze, circondati da macchine lampeggianti e collegati ad esse per mezzo di sonde e cavi fissati al petto, alla bocca o alle braccia, oppure nascosti sotto le coperte.

La vista di queste macchine fece un terribile effetto ad Hanni, che non era mai stata in un reparto di terapia intensiva. La donna si accasciò su una sedia. «È spaventoso!» esclamò.

«Harald non viene perso di vista un secondo. Se qualcosa

non va, arriva subito un medico. Siediti un momento. Riposati.»

«Oh Dio!» mormorò Hanni. «Oh Dio!»

Senza fare alcun rumore le infermiere si spostavano qua e là, sparivano dietro le porte, per poi ricomparire. Le tre ragazze nella cabina di vetro erano sempre concentrate sui loro monitor e sui pazienti inchiodati ai loro letti.

Una delle porte si aprì. Entrò Eli Kaplan, in camice bianco e scarpe sterili come tutti. Appena vide Barski gli si avvicinò e fece per dirgli qualcosa. Barski scosse il capo e indicò Hanni con il mento. Kaplan la salutò, ma lei sembrò non vederlo.

In fondo al corridoio le infermiere avevano allestito una specie di salottino. C'erano delle sedie e un tavolo e un paio di piante verdi. Quattro ragazze stavano bevendo una tazza di caffè. Chiacchieravano. Ogni tanto una di loro rideva sommessamente.

Kaplan prese Barski da parte e gli disse sottovoce: «Accompagna Hanni da Harald e riportala subito in Psichiatria! Poi torna immediatamente qui!».

«È successo qualcosa?»

«Sì.»

«Cosa?»

«Dobbiamo sbrigarci.»

«Su, dimmi di che si tratta.»

«No, prima devi portare via Hanni. Muoviti. Ti aspetto.»

L'infermiera nel salottino ridacchiava ancora.

Barski si rivolse ad Hanni. «Su, ora vieni, mia cara!»

Varcò insieme a lei la soglia della camera numero tre. Era una stanza a cinque letti, tre dei quali erano occupati. Uno dei tre ricoverati si lamentava incessantemente. Un'infermiera controllava le apparecchiature. Accanto, il secondo paziente giaceva immobile, respirava artificialmente. Quando vide suo marito, Hanni trasalì.

Harald Holsten giaceva nudo nel letto. Al torace dell'uomo erano fissati diversi elettrodi e aveva un ago da fleboclisi infilato nel polso. Altri strumenti e apparecchiature erano sistemati di fianco al letto e sopra la sua testa. Era pallido e magro in volto. Dal naso partiva un tubicino collegato a un bocchettone metallico alla parete, dal quale si diramavano altri cavi. A un tratto Hanni cadde tra le braccia di Barski. Jan la sorresse e la adagiò su una sedia.

«Harald!» singhiozzò la donna. «Harald!»

Suo marito non aprì gli occhi. Sembrava che non la sentisse.

«Harald!»

«È troppo ripido» disse all'improvviso Holsten. «Siete matti! E in cerchio poi!» I fili colorati applicati alle varie parti del corpo di Harald confluivano in un quadro sopra il letto.

«Harald, tesoro, sono io.» Hanni si curvò su di lui.

«Chi sa quello che fa» seguitò Holsten. Il nervo sotto l'occhio sinistro guizzava. «Si metterà male. Perché proprio fragole? No, non ne voglio... non voglio fragole... non voglio fragole.»

«Harald, mio Dio, Harald!»

«È come l'herpes» diceva Holsten. «Con l'herpes non c'è nulla da fare... Tangente sette, tre, uno, nove, nove, tre. Perché tutto verde?»

Barski era impietrito sentendo Holsten pronunciare quelle parole e i numeri. Si appoggiò al letto.

«Oh Harald, Harald!» urlò Hanni.

«Anche Reagan l'ha detto... niente acqua... sì, abbiamo il vaccino... tutto codificato... vieni da me, voglio sentirti di nuovo... ora cantano... come allora in maggio... come allora in maggio... Tangente sette... tre... uno...»

Barski disse: «Fammi passare, Hanni. Devo controllare una cosa». Si chinò su Holsten. Parlò chiaramente, ma a bassa voce: «Dottor Holsten, com'è la codificazione?».

«Tangente ideale sette, tre, uno, nove, nove, tre» disse Holsten senza esitare. Poi ricominciò a straparlare. «... devo andarmene assolutamente oggi. Londra... quando sarò a Londra, le mostrerò tutto... no, dicembre... e poi, un aereo così... in casa brucia tutto... la neve... il castagno... comincia a fiorire... in inverno...»

«Harald!» urlò Hanni disperata.

«Non ha senso» disse Barski, preso da una crescente inquietudine irrefrenabile.«È completamente fuori di sé.»

«Cosa gli hai chiesto?»

«Gli ho fatto un test. È ancora grave... Te l'ho detto che la situazione è critica...»

L'uomo nell'altro letto si lamentava ad alta voce.

«Cos'è quel tubo che ha infilato nel naso?» sussurrò Hanni. Teneva la mano di Barski. Le sue unghie gli penetravano dolorosamente nella carne. «Quel tubo...»

«Ossigeno. Perché possa respirare senza fatica. Sopra il letto ci sono i rubinetti dell'ossigeno, vedi?»

«*Veuve Cliquot brut*...» disse Holsten. E aggiunse: «Con l'orologio d'oro...».

«E i fili che partono da quella cassettina?» chiese Hanni. Su un tavolino vicino al letto era posato un apparecchio nero.

«Un pacemaker» rispose Barski.

«Un pacemaker?»

«Deve andarsene dalla finestra... non così vicino... cadrà di sotto... da questa altezza» diceva Holsten. Il nervo sotto l'occhio continuava a tremare.

Un dispositivo d'allarme cominciò a suonare. Un'infermiera accorse immediatamente e si avvicinò al letto dell'uomo che giaceva immobile.

«Durante l'operazione Harald ha accusato delle aritmie cardiache. È questo l'aspetto più grave della sua situazione. Non potendo applicare un pacemaker sul muscolo cardiaco, abbiamo utilizzato questo apparecchio esterno.»

«Se prima io... no, neanche allora» farfugliava Holsten.

«Portami via!» esclamò Hanni. «Non ce la faccio più!»

14

Venti minuti dopo Barski tornò al reparto di Terapia Intensiva. Hanni era crollata. Aveva dovuto riportarla in Psichiatria con la sedia a rotelle. I dottori si erano subito occupati di lei. Giunto in reparto — ansimava ancora — prese Kaplan in disparte, allontanandosi dai due uomini di Sondersen.

«Harald mi ha rivelato la codificazione del disco nel cervello elettronico» sussurrò Barski. Aveva di nuovo indossato il camice bianco e le scarpe.

«L'ha detto anche a me» rispose Kaplan. «E c'è di più. Gli ho fatto altre domande. Nonostante il suo stato confusionale, alle domande tecniche dà risposte precise. A chiunque. Non riconosce nessuno. Non riconosce né te né me.»

«Nemmeno Hanni.»

«Appunto. Ma risponde alle domande. E senza che glielo si chieda rivela persino la combinazione. Chissà da quanto tempo lo fa.»

«Oh Dio!» esclamò Barski. «Oh mio Dio!»

«Piantala con questo Dio!» sbottò Kaplan. «Lui se ne frega del tuo Dio! Prima che arrivassi c'era qui Alexandra. Harald deve avere detto anche a lei la combinazione. O credi che con lei sia stato zitto?»

«Forse sì.»

«Figurati!»

«Cristo, è possibile!»

«Ma va!» ribatté Kaplan. «Oltre a noi e ad Alexandra entrano un sacco di medici da Harald. Non ne conosco uno. Ce ne sono così tanti. E un sacco di infermiere. Non so chi siano. Cambiano sempre. Un po' per i turni. E un po' perché sono furiosi. Uno di loro mi ha detto che quando sono indisposte restano a casa anche quattro giorni. È una gabbia di matti!»

«Sì, l'ho sentito dire anch'io.»

«Non hai idea di quanta gente entri nella stanza di Harald. Chissà a quanti ha già raccontato quello che sa... chissà quanti l'hanno sentito enumerare la combinazione... possiamo solo sperare che nessuno si sia insospettito.»

«Ho un amico in questo reparto» disse Barski. «Klaus Goldschmied. Era in servizio la notte tra venerdì e sabato. Forse ci può aiutare. Intendo dire che potrebbe autorizzare a entrare solo le persone fidate.»

«Per chi ti senti di mettere la mano sul fuoco?» lo rimbeccò Kaplan. «Conosci tanto bene la gente? Conosci davvero qualcuno così bene?»

«Credo di sì» disse Barski. «Tu per esempio. Non sei un traditore. Non potresti mai esserlo.»

«Mah» aggiunse Kaplan. «Potrei provarci. Per denaro. O se mi costringessero. Cristo, non guardarmi così! A proposito di traditore. Potrebbe trattarsi comunque di uno di noi, anche se Harald è inchiodato in quel letto e Tak è nel reparto Malattie Infettive. Potrebbe essere uno di noi: io, Alexandra, Harald, Tak oppure tu. È possibile, non ti pare? È possibile, ammettilo!»

«Lo ammetto» fece Barski. «Maledizione, cosa dobbiamo fare?» Tu non sai ciò che io so, pensò. È una catastrofe. Un'enorme catastrofe. «La prima cosa da fare è cambiare il codice cifrato. Naturalmente può farlo solo un programmatore dell'azienda che ha messo a punto il sistema. Telefono subito.»

Corse in sala medica. Kaplan lo vide parlare al telefono. Pochi minuti dopo tornò.

«Allora?»

«Domani mattina mandano un programmatore. Ma non so fino a che punto potrà servire... Harald continuerà a straparlare...»

«Già. Non possiamo vegliarlo ininterrottamente. Supponiamo che nessuno, né tu né io, sia il traditore. Tanto per semplificare le cose, intendiamoci. Se un'infermiera o un medico si accorgono di quello che Harald dice? Non esiterebbero di certo a raccontarlo in giro!»

«Ma se non sai nemmeno di cosa si tratta!» lo interruppe Barski.

«E invece sì» replicò Kaplan. «Non sono un idiota. E tengo occhi e orecchi bene aperti. Credimi, Jan, so bene di cosa si tratta, Jan.»

Barski lo fissò ammutolito.

«E so anche cosa pensi» soggiunse l'israeliano.

«Dillo!»

«La penso anch'io come te. E già da un po'. È terribile, ma non ci resta altra scelta.»

«Di' quello che pensi!»

«Ho chiesto al medico se Harald ce la farà. Mi ha risposto: Non è la prima volta che gridiamo al miracolo. E quanto può durare un miracolo? gli ho chiesto. Non ne ho idea, ma sicuramente a lungo. Settimane? ho domandato. Settimane, ha risposto. E la cosa più probabile è che non avvenga nessun miracolo. Già durante l'operazione il paziente ha accusato gravi aritmie cardiache. Continuano tuttora. Può morire da un momento all'altro. Può anche resistere per due o tre settimane e poi morire. Non si può dire. Hai sentito? Può morire da un momento all'altro.»

«Noi non possiamo farlo» esclamò Barski.

«E chi allora?»

«Non saprei.»

«Nemmeno io.»

«Come si fa a farlo tacere?»

«Hm» borbottò Kaplan. «Come?»

«È orribile.»

«Sì, Jan, è orribile. E tu lo sai. Se parla ancora può mandare tutto all'aria. Anche ciò di cui tu non vuoi parlare. E non oso pensare a quello che succederebbe se qualcuno dovesse mettere le mani sul materiale. Sbaglio?»

«Hai ragione.»

«Entrano tante persone» continuò Kaplan. «Medici, infermiere, assistenti, donne delle pulizie. Harald deve tacere! C'è un solo modo per zittirlo. Ha un pacemaker esterno. Se lo si spegne, in dieci, venti secondi Harald è morto. Ci hai pensato anche tu, non è vero?»

«Sì» ammise Barski. «Ma per Dio, Eli! È un essere umano! E ha ancora una possibilità.»

«Una sola possibilità di vivere. E tante di rovinare tutto quanto!»

«Sarà, ma... non posso farlo, Eli.»

«Allora lo farò io.»

«No, non voglio. Io... so cosa succederebbe se continuasse a parlare...»

Suonò un campanello.

L'infermiera più anziana, di nome Agathe, andò alla porta di entrata del reparto e l'aprì. Fuori c'era un signore ben piazzato scuro in volto. Indossava il camice di protezione e le scarpe bianche. Barski e Kaplan lo stettero a sentire.

«Buongiorno. Sono Wilhelm Holsten. Il fratello. Sono stato dal professor Harnack. Mi ha dato il permesso...»

«Si accomodi, signor Holsten! Il professore ci ha avvertito della sua visita. Arriva da Monaco?»

«Sì. E mio fratello...»

Gli uomini di Sondersen gli si avvicinarono mostrando i distintivi. «Commissione speciale BKA» disse uno di loro. «Posso vedere un documento?»

«Certo. Ecco la patente.»

Gli agenti controllarono minuziosamente la tessera e la foto.

«Tutto a posto. Il professor Harnack ha avvisato anche noi.»

«In che camera è?»

«La numero tre» disse l'infermiera. «Mi raccomando, non più di dieci minuti. È grave. Non più di dieci minuti.»

«Grazie, infermiera.» L'uomo s'incamminò.

Barski gli si parò dinnanzi fermandolo. «Un momento!»

«Che le prende?» L'uomo lo guardò furibondo.

«Cosa c'è?» chiese uno dei poliziotti.

«Il dottor Holsten non ha fratelli» rispose Barski. In quell'istante la canna di una pistola automatica si appoggiò contro il suo stomaco. L'infermiera mandò un urlo. Lo sconosciuto intimò ai poliziotti, che avevano estratto le pistole, di gettarle a terra. «Mani sopra la testa! Tutti qui, anche voi là dietro! Mani in alto o sparo.»

Gli agenti lasciarono cadere le pistole. Alzarono le braccia come tutti gli altri. «Lanciatemele coi piedi!» Ubbidirono. «Indietro! Tutti. Tutti indietro! Più lontani! Se non obbedite, sparo.» Intorno a lui e a Barski, che stava immobile con le mani in alto, appoggiato contro il muro, si creò il vuoto. «Infermiera! Spalanchi la porta!» La donna passò tremando davanti allo sconosciuto. «Un passo falso ed è morto!»

«La porta è aperta» disse l'infermiera.

«Torni con gli altri! Indietro! Anche lei!» L'uomo diede a Barski uno spintone. «Tenete le mani in alto! Una mossa e sparo!» Si piegò, raccolse le pistole degli agenti e le infilò in tasca. Poi se ne andò dal reparto imboccando il corridoio. Impugnava due pistole. Un secondo uomo lo attendeva tra le porte dell'ascensore tenendo una gamba tra le fotocellule per evitare che si richiudessero. Barski notò che con la sua arma teneva sotto tiro parecchie persone — pazienti, medici, infermiere. Quando il primo uomo entrò nell'ascensore, il complice lo seguì. La cabina si mosse. Nel corridoio del reparto di Terapia Intensiva si scatenò il panico. Gente che gridava e piangeva. Un agente corse all'ascensore. L'altro si affrettò a comunicare all'esterno del reparto: «*Mayday! Mayday! Mayday!* Attentato al reparto di Terapia Intensiva, numero 8, 12° piano, sezione D! Due uomini armati! Stanno scendendo con l'ascensore. Bloccate le uscite! Chiamate i rinforzi! Attenzione! Sono armati fino ai denti. Uno è molto alto e indossa il camice bianco. Capelli biondi. Atletico. L'altro è più piccolo e più giovane. Abito grigio, camicia blu, senza cravatta». «L'ascensore continua a scendere» urlò il suo collega. «L'ascensore continua a scendere!» ripeté l'altro nel walkie-talkie. «Si è fermato nel sotterraneo!» urlò il collega. «Nell'ultimo sotterraneo!» «Si ferma nell'ultimo sotterraneo! Bloccate tutte le uscite!» L'agente con la ricetrasmittente seguì il collega che saliva sul secondo ascensore. «Il mio collega scende. Io resto qui. Chiuso.»

Agathe, l'infermiera più anziana, aveva perso conoscenza. Le altre strillavano in preda al panico e cercavano di guadagnare l'uscita. Il poliziotto le fermò: «Che nessuno si muova di qui!».

«Vogliamo andarcene!»

«No. Dovete restare dove siete!» Il poliziotto si parò davanti alla porta d'uscita. Il piccolo atrio del reparto era in gran fermento. Un'infermiera corse gridando: «Dottor Gross! dottor Gross!». Il medico che si era occupato di Agathe la seguì. Sparirono nella camera numero tre. La porta si chiuse alle loro spalle. Agathe intanto si era rialzata. Cinque dei sei telefoni del centralino si misero a squillare. Le infermiere risposero a tutte le chiamate.

«Piantatela di urlare!» gridò una dottoressa.

Le ragazze si calmarono un poco. Ma alcune di loro piangevano.

«Cosa facciamo?» chiese Barski.

«Aspettiamo» disse Kaplan.

Aspettarono sei minuti. Poi il dottor Gross e l'infermiera uscirono dalla camera numero tre.

«Il dottor Barski e il dottor Kaplan, vero?» chiese il dottore.

«Sì» rispose Barski.

«Mi dispiace, ma con questa confusione! Nicoletta, una delle infermiere, ha visto sul monitor i sintomi della fibrillazione cardiaca» spiegò loro il dottor Gross. «Purtroppo, quando siamo arrivati il dottor Holsten era già morto.»

15

«Perché è così buio?» chiese Alvin Westen.

Norma lo guardò spaventata. Erano appena entrati nella hall dell'aeroporto accompagnati dagli agenti di scorta. «Cosa c'è Alvin? Cos'hai?»

«Mi sento male. Sorreggimi, cara. Non mi reggo in piedi! Ecco!» L'uomo le si appoggiò pesantemente addosso.

Norma fece cenno a un poliziotto. «Un medico» sussurrò. «Presto!» La guardia del corpo si fece strada nella sala gremita di gente e sparì. Davanti agli sportelli si accalcavano lunghe file di passeggeri e l'altoparlante scandiva ininterrottamente annunci che davano informazioni sui voli in partenza e in arrivo. Faceva molto caldo e l'aria era pesante. Westen si lamentava.

«Senti male, Alvin?»

«No.»

«Cosa ti senti?»

«Devo aver mangiato qualcosa che mi ha fatto male. C'è un posto per sedersi qui vicino?»

Norma, aiutata dall'agente che reggeva le valigie di Westen, lo accompagnò davanti a una fila di sedie di plastica. Lo fecero sedere.

«Oh diamine!» esclamò Westen. «Cosa mi sta succedendo? Non è affatto buio qui. Anzi, dev'esserci parecchia luce.» Alvin Westen era seduto su una sedia all'aeroporto, prossimo a una grave crisi, eppure era distinto e impeccabile come sempre. Faticava a parlare. «Non posso schiattare proprio qui in questa confusione. Con questa puzza. Mi sono sempre aspettato una fine più tranquilla e decorosa.»

«Alvin!»

«Credimi! Sarebbe proprio un brutto addio.»

«Ti senti così male?»

«Ma no, stavo solo scherzando» disse. Poi si girò di scatto e vomitò nel cestino dei rifiuti. Norma e i due agenti lo sorressero. Westen si rialzò. «Che vergogna!» sussurrò. «Scusatemi. Io...» e rigettò di nuovo.

La guardia che era corsa a cercare aiuto tornò aprendosi un varco tra la folla. La seguivano un medico in camice bianco e due infermieri in pantaloni e camiciola grigia, che reggevano una barella ripiegata.

«Buongiorno, signor ministro!» disse il dottore. «Mi chiamo Schreiber.»

«Chi l'ha chiamata?» chiese Westen. «Il suo intervento non è necessario. Per favore, dottor Schreiber, torni al suo lavoro. Ora va meglio.» Detto questo, Westen si accasciò sulla sedia. Una folla di curiosi gli si fece attorno.

Fa' che non muoia! pensò Norma disperata. Oh, ti prego, fa' che viva!

Più tardi sedeva con gli agenti di scorta nella sala d'aspetto del Pronto Soccorso. Una grande vetrata dava sulla pista e in lontananza si vedeva un gregge di pecore brucare. Il rombo dei motori degli apparecchi che decollavano e atterravano arrivava ovattato nella stanza dalle pareti gialle e i mobili blu. Doppi vetri, pensò Norma. Cosa faccio, se muore? Cosa faccio senza di lui? Ha 83 anni. No, non posso sopportare anche questo! Ho bisogno di lui. Tutti abbiamo bisogno di lui. Anche se sono sempre i buoni, gli onesti, gli intelligenti e i sensibili a morire, mentre gli scaltri, i cattivi e gli stronzi non muoiono mai. Anche se muoiono sempre le persone sbagliate, Alvin deve vivere! Nonostante tutto lui deve farcela.

La porta dell'ambulatorio si aprì. Il dottor Schreiber, un uomo di media statura dal viso bonario, apparve sulla soglia. Norma balzò in piedi. «Allora?»

«No, signora Desmond!» Schreiber aveva un tono di voce lieve e dolce. E la sua persona emanava un senso d'infinita tranquillità. «Stia tranquilla. Il signor ministro sta già molto meglio.»

«Ma cosa ha avuto?»

«Problemi di circolazione» spiegò Schreiber. «Ha viaggiato molto, ultimamente? È stressato?»

«Sì.»

«Gli ho praticato due iniezioni» continuò Schreiber. «Gli ho detto di restare sdraiato un momento. Ma si è subito rialzato. È molto irrequieto.»

«Credo che sia perché gli ha ordinato di riposarsi.» Norma annuì. Grazie, pensò. Grazie! «È sempre la solita storia. Con lui non si può discutere.»

«Lo conosce da molto tempo?»

«Sì. Una volta, era ancora deputato, si alzò dal letto con 40 di febbre — aveva un'influenza virale — si liberò di tutti quelli che cercavano di tenerlo fermo e mi chiese di portarlo a una conferenza. Nel corso della quale parlò ininterrottamente per due ore, e senza aver preparato il discorso — uno dei suoi migliori discorsi, tra l'altro. Ed è successo altre volte, in tutti questi anni. Ogni volta mi sono spaventata a morte. Ora vorrebbe partire lo stesso, vero?»

«Sì» rispose il medico. «Ma non è proprio possibile. L'iniezione che gli ho praticato ha regolarizzato la circolazione. Ma è necessario un ricovero in clinica per almeno 10 giorni. Assolutamente. In ogni caso non mi assumerei la responsabilità di lasciarlo partire. Venga, signora Desmond, mi aiuti lei a convincerlo!»

«Farò del mio meglio.»

«Grazie.»

«Dove sono gli agenti?»

«Con lui.»

«Devo prendere assolutamente l'aereo per Francoforte» disse Alvin Westen. Erano trascorsi solo sei minuti e l'aveva già ripetuto quattro volte. Vestito di tutto punto, stava seduto sul lettino dell'ambulatorio. Intorno a lui c'erano le sue guardie del corpo, Norma e il dottor Schreiber.

«Non è possibile!» ripeté il medico dal volto bonario, per l'ottava volta consecutiva. «Non è più un ragazzino, signor ministro.»

«Grazie del complimento!»

«Non le permetterò di suicidarsi!»

«La vita è sua?»

«Per favore, sii ragionevole!» lo implorò Norma.

«Lo sono!»

«Non direi proprio. Sei irragionevole e caparbio. Non permetterò che tu parta.»

«Mia cara» insistette Westen. «Non farmi innervosire.» Si alzò dal lettino e perse l'equilibrio. Il dottor Schreiber gli corse accanto. «Vede?»

«Non è proprio niente! È lei! È il suo lettino che è scomodissimo! Dove sono i miei bagagli?»

«Qui, signor ministro» rispose un agente.

«Bene, andiamo!»

Schreiber gli si piazzò davanti. «Dovrà passare sul mio corpo!»

«Se è l'unico modo...» ribatté Westen.

«Signor ministro» continuò il medico. «Ho saputo cosa pretende dal suo fisico.»

«Chi glielo ha detto?»

«La signora Desmond.»

«Cosa gli hai raccontato, mia cara?»

«Tutto quello che ho vissuto con te.»

«Pazzesco» fece Westen. «Da te non me lo sarei mai aspettato. Mi lasci passare, dottore!»

«No» disse Schreiber. «Non lo farò. Le ho detto che deve farsi ricoverare. Organizzerò tutto io. Non la vedrà nessuno. Farò come lei vorrà. Cosa posso fare per lei?»

«Crepare!» mormorò Alvin Westen.

«Scusi?»

«Ha detto che per andarmene dovrò passare sul suo cadavere, perciò...»

«Oh, Alvin! Dovresti vergognarti!» esclamò Norma.

«Mi vergogno terribilmente» ammise Westen. «Ma ho un appuntamento con un barile di whisky, lo sai. E voglio esserci.»

«Cosa sta dicendo?» chiese Schreiber. «Vorrebbe bere del whisky?»

«Due bottiglie al giorno» rispose Westen. «Per una settimana.»

Schreiber fissò Norma sconsolato. La donna scrollò il capo. «Telefona, Alvin! Telefona e avvertilo che non ci puoi andare. Digli che andrai la settimana prossima. Spiegagli il perché. Per una settimana di ritardo non succederà nulla.»

«Ti sbagli di grosso! È una questione di ore. Per l'ultima volta, dottore, prima che io mi arrabbi sul serio: mi lasci andare! Devo prendere l'aereo per Francoforte!»

«È partito venti minuti fa» disse Norma.

«Allora ne affitterò uno. Signor Warner?»

«Sì, signor ministro» rispose un uomo della scorta.

«Organizzi lei la partenza. Con qualsiasi mezzo, purché sia pronto a decollare.»

«Signor ministro, la scongiuro...» insistette il medico.

Westen lo interruppe: «Su, su, signor Warner!».

L'agente scosse il capo: «Mi dispiace. Devo interpellare il signor Sondersen».

«Cosa c'entra Sondersen? Maledizione, voglio che mi procuri un aereo!» L'agente di nome Warner rimase immobile. Westen osservò i presenti, uno dopo l'altro. «Adesso statemi bene a sentire!» disse. «Sono vecchio. Tempo fa ho pregato Dio di lasciarmi vivere ancora un po', per determinati motivi. Finora ha esaudito la mia preghiera.»

«Partendo rischierebbe di morire» gli rammentò ancora una volta Schreiber.

«Morirò comunque. Non è una novità! Finché il Signore me ne dà il tempo, devo fare il mio dovere. Mi sono sempre comportato così. Crede che sia disposto a cambiare ora che sono vecchio? Non riuscirò comunque a fare tutto ciò che mi sento in dovere di fare. Ma voglio ancora fare parecchio — dovrebbero fare tutti come me.»

«Nella mia veste professionale sono responsabile della sua salute» replicò Schreiber.

«Certo» assentì Westen. «Senta, dottore, se io firmassi una dichiarazione in cui affermo di essere stato avvertito del pericolo che corro e di non accettare il suo consiglio di farmi ricoverare in clinica, assumendomi ogni responsabilità del caso, lei avrebbe il diritto di trattenermi?»

«No» rispose Schreiber.

«Appunto». Westen gli pose amichevolmente la mano sulla spalla. «Mi scusi la franchezza. Comunque grazie di avermi aiutato a rimettermi in piedi.»

«Senta, signor ministro, non sono tranquillo se...»

Intervenne Norma: «Un momento, per favore! Forse un compromesso sarebbe la soluzione più saggia, non trovi, Alvin?».

«Dove vuoi arrivare?»

«A un compromesso.»

«Cioè?»

«Che io parta con te. Così siamo tutti più tranquilli. Lei, dottor Schreiber, io, e anche tu Alvin, ammettilo. Quella volta, quando tenesti la conferenza con 40 di febbre, ti accompagnai e rimasi in platea. In seguito mi rivelasti che senza di me non ce l'avresti fatta. Non è così?»

Westen farfugliò qualche parola incomprensibile.

«Allora, posso venire?»

«Ma se non hai con te nemmeno lo spazzolino da denti!» disse lui.

«Posso comprarlo.»

«Sei venuta all'aeroporto per salutarmi, ma... di' la verità: volevi accompagnarmi!»

«Ci ho pensato, ma non sapevo come fare. Per fortuna ti sei sentito male.»

«Che gliene pare?» fece Westen al medico. E rivolto a Norma aggiunse: «Va bene, mia cara. Mi dia la dichiarazione da firmare, dottore. Parto sotto la mia responsabilità... E lei, signor Warner, si sbrighi a trovare un aereo! Quanti problemi! Ma a tutto si rimedia...».

Al telefono:

«No, signor ispettore, vuole partire a tutti i costi. Le abbiamo provate tutte. La signora Desmond parte con lui. È l'unico compromesso che ha accettato».

«Già. Dobbiamo lasciarlo partire. Lo conosco. Su, cerchi un aereo a nolo. Dovranno partire anche le guardie del corpo della signora Desmond. Vorrei parlarle, se è possibile.»

«Sì, signor ispettore. Un momento.» L'agente Warner passò il ricevitore a Norma. Era seduta accanto a lui nella Mercedes blindata con la quale erano arrivati all'aeroporto. La telefonata dall'auto non poteva essere intercettata.

«Sono Norma Desmond. Westen è sempre il solito.»

«Infatti. Mi trovo alla clinica Virchow per via dell'attentato nel reparto di Terapia Intensiva.»

«Vado a cercare un aereo» disse l'agente Warner scendendo dall'auto. Norma annuì.

«Questa volta ho fatto tutto il possibile. Ho mandato a Guernsey i miei uomini migliori. Ci saranno anche gli agenti dei reparti speciali. Non può accadere nulla. A nessuno. Se Henry Milland ha trovato una soluzione, dobbiamo conoscerla.»

«Okay, signor Sondersen. E il nostro accordo continua.»

«Grazie. Qui c'è qualcuno che le vuole parlare.»

«Arrivederci, signor Sondersen. Salve, Jan!»

«Norma, non sono affatto entusiasta che lei parta.»

«Non posso lasciar solo Alvin! E non dimentichi il mio lavoro!»

«Io penso a lei. Dannazione, non posso muovermi di qui. L'attentato, l'esperimento di Tak, la moglie di Holsten. Devo provvedere per un altro funerale. Mi dica almeno dove sta questo Milland.»

«Un momento, l'ho scritto sull'agenda. La sua villa si chiama Angels Wing e sorge vicino al porticciolo di Bon Repos, sulla costa meridionale di Guernsey nella Corbiere Bay. Il numero di telefono è 38432, prefisso di Guernsey. Comunque mi farò sentire appena arrivata. Per favore chiami il mio redattore-capo Hanske, lo conosce. Deve sapere dove mi trovo.»

«Lo faccio subito. E... Norma...»

«Sì?»

«Sa cosa penso.»

«Ma non posso dirlo.»

16

L'aereo del volo Lufthansa 072 aveva 44 posti. Non ne erano occupati nemmeno la metà. Norma sedeva di fianco a Westen, le quattro guardie del corpo stavano dietro di loro. L'aereo sorvolava la Normandia. Il paese splendeva alla luce del sole autunnale. Erano arrivati a Francoforte in orario.

«Come ti senti, Alvin?»

«Benissimo, mia cara.» L'uomo sorrise e Norma pensò che quel sorriso, quello charme erano unici al mondo.

«I cerchi si chiudono sempre» disse. «A mano a mano che si diventa vecchi... sempre più cerchi si chiudono. E si ricomincia da capo. A proposito di Guernsey! Da ragazzo ho letto un romanzo che mi ha colpito molto. Se mi si dovesse chiedere quali sono i cinque migliori libri del mondo, citerei senz'altro un romanzo di Hemingway — e questo.»

«Di che libro si tratta?»

«*I lavoratori del mare* di Victor Hugo.» Westen sorrideva. «*Les travailleurs de la mer*. Lo conosci?»

«No. Credevo di conoscere abbastanza bene l'opera di Victor Hugo. Una grossa lacuna, no?»

«Imperdonabile. Devi rimediare subito. Da ragazzo ho letto questo romanzo tutto d'un fiato. E adesso ci stiamo dirigendo proprio nella località dove si svolgeva la vicenda. Sai che Hugo era un simpatizzante di sinistra quando era deputato alla Camera di Parigi. Dovette scappare dopo l'avvento del Secondo Impero.»

«Sì» disse Norma. «Il suo esilio durò quasi 20 anni. Dal 1851 al 1870. E passò la maggior parte di questo periodo — oh Dio, certo, a Guernsey.» Annuì. «Vedi,» disse lui e Norma pensò: Quanto mi è caro, quanto lo stimo, è l'uomo più onesto del mondo — «Hugo visse il suo periodo peggiore qui a Guernsey.» Westen aveva voltato il capo e osservava il panorama dal finestrino. «In esilio scrisse parecchi libri, tra i quali anche *I lavoratori del mare*. Il protagonista è il figlio di una francese emigrata a Guernsey dopo lo scoppio della rivoluzione. Si chiama Gilliat. È un uomo molto solo e timido, innamorato di Déruchette, la nipote di un navigatore. Hugo descrive il conflitto di un uomo che lotta contro la forza del mare, di un uomo che sfida l'acqua, il fuoco e l'aria nel tentativo di riparare il motore di un battello a vapore che si è arenato. Hugo ha battezzato l'impresa l'*Iliade di un singolo*. Una lotta che dura settimane, un conflitto con la tempesta e la natura. Combattuto da un uomo solo... ''La caparbietà è la virtù dei migliori'' scrive Hugo. ''E solo coloro che non si stancano di combattere vivono fino in fondo la loro vita''...»

Norma gli prese la mano. Quando quest'uomo morirà, finirà un'epoca. È lui, è lui Gilliat. Ha combattuto sempre, instancabilmente. E lo fa tuttora. Lo farà fino alla morte, pensò, e un sentimento di immensa stima e fiducia la pervase.

«Gilliat ripara il motore,» continuò l'anziano Westen «ma il suo amore non è corrisposto. Mentre egli combatte con gli elementi, Déruchette si innamora del nuovo parroco del paesino, Ebenezer Gaudrey. ''Ciò che sfugge al mare, non sfugge alla donna'' ha scritto Hugo a un amico. Gilliat darebbe tutto per essere amato. Ebenezer ha la bellezza del corpo e dell'anima e grazie al suo doppio splendore gli basta comparire per vincere. Anche Gilliat possiede queste doti, celate però dalla terribile maschera del lavoro. Scopre così la sua situazione di inferiorità...»

I motori dell'aereo ronzavano melodiosamente, spingendo l'apparecchio sopra campi verdi e dorati, sopra distese di terra, su città e paesi.

«La sua condizione di inferiorità» ripeté Westen. «Déruchette aveva fatto una promessa a Gilliat, prima che questi partisse per la sua impresa. Ora Gilliat teme, ricordandole la promessa fatta, di contrastare il suo amore per Ebenezer e di renderla infelice. Organizza perciò un matrimonio segreto e fa in modo che i due lascino Guernsey, anche se perdendo Déruchette la sua stessa vita perde significato...» La voce di Westen si era fatta più lieve. «C'è uno scoglio laggiù». Narrava, mentre i suoi occhi fissavano fuori dal finestrino la terra fertile e rigogliosa. «Di fronte alla costa, raggiungibile solo con la bassa marea...» Alvin è assente, si disse Norma tra sé. Sprofondato in un tempo ormai lontano. «... e su quello scoglio, scavato nella roccia, c'è il trono del marinaio. Gilliat ci si recava spesso... E anche alla fine si reca al suo scoglio e osserva partire la nave con la quale Déruchette ed Ebenezer lasciano Guernsey. La marea sale ed egli siede tranquillo, mentre l'acqua continua a salire, finché non rimane più nulla, se non il mare infinito...» Westen tacque.

Una voce all'altoparlante spezzò il silenzio: «Signore e signori, fra pochi minuti sorvoleremo Saint-Malo e raggiungeremo la Manica. Potrete osservare le isole Jersey, Alderney e Sark e altre isole minori. Alle 15,20 atterreremo come previsto a Guernsey. Grazie».

«Sai che cosa fece più piacere a Hugo quando il libro uscì

e riscosse un grosso successo?» fece Westen. «Le parole dei pescatori inglesi, grati della descrizione così obiettiva della loro dura vita. Hugo inviò loro una lettera.» La voce di Westen divenne di nuovo fioca. «Posso citartene le parole testuali, perché quando lessi quella lettera rimasi profondamente colpito. Hugo scrisse: ''Sono uno di voi. Anch'io sono un uomo di mare, uno che lotta con la natura. Sopra il mio corpo si agitano i venti del nord. Grondo di sudore, impreco, ma in fondo sorrido e canto anch'io come voi — un canto amaro... Sono una povera guida che non si è sbagliata, a cui il compasso dà ragione e l'oceano torto...''.» Sì, pensò Norma, tu sei così, Alvin. «''Io aspetto, nutro rancore...''» Sì, ... Alvin. «''... offro ai deposti la fronte come voi la offrite alla tormenta. Lascio che i lupi ululino attorno nelle tenebre e faccio il mio dovere...''» Sì, tu fai così. Lo hai fatto in tutta la tua vita. Westen tacque e Norma gli strinse la mano. L'aereo sorvolò Saint-Malo e Norma vide il mare. Il bagliore accecante dell'acqua la costrinse a socchiudere gli occhi.

17

Attraversarono la pista di atterraggio e si avviarono verso il salone dell'aeroporto. Il controllo dei passaporti durò a lungo. Soffiava un dolce vento d'autunno. Tutto attorno si stendeva un grande parco con palme, con limoni, querce e un'immensità di fucsie, camelie e ortensie. Norma ripensò a Nizza, ai fiori, alle piante e alla stupenda luce della Costa Azzurra, e ancora una volta si sentì invadere da un senso di pace e un brivido sottile che ben conosceva. Che sciocca sei, si disse. È la corrente del Golfo che fa crescere rigogliosa la vegetazione. Che strano però. Il paesaggio è bello come là, ha gli stessi colori.

Gli uomoni portavano il cappello, come i francesi, e oltre all'inglese si parlava anche francese e dialetto.

Un uomo di mezza età con un abito color kaki si avvicinò. «Immagino che abbiate bisogno di un'auto» disse con amabile determinazione. «Ce ne sono molte fuori, ma la mia è la migliore, una Isuzu Trooper Ranger. C'è posto per tutti!» Prese la valigia di Westen e si avvicinò all'auto. Portava i baffi all'insù e aveva i modi di un soldato britannico. «Mi chiamo

Roger Hardwick» disse, mentre si dirigevano verso Angels Wing.

«Allora andate a trovare il signor Milland» disse, arricciandosi un baffo. Lasciato l'aeroporto, imboccarono una strada costeggiata da palme, ginestre e rovi. «È un vostro amico?»

«Sì» rispose Westen. «Ci ha invitati. Qual è la lingua ufficiale di Guernsey?»

«Sarebbe l'inglese» rispose Hardwick. «Ma fino a poco tempo fa era il francese, che è rimasto nelle formule di diverse celebrazioni liturgiche. Il Padre Nostro per esempio si recita prima in inglese e poi, quasi sempre, anche in francese.»

«E quello strano dialetto che molta gente parla?»

«È il ''patois''» disse Hardwick. «Il patois è una reminiscenza del tempo in cui l'isola era governata da un conte normanno. È un francese medioevale. Qui, nel sud di Guernsey, lo si sente parlare un po' ovunque, specie nei pub e nelle trattorie. Negli ultimi anni si sono formati veri e propri gruppi di patois. Creati da gente che vuole mantenere intatte la cultura e le tradizioni dell'isola. Lei è tedesco?»

«Sì» rispose Westen.

«I tedeschi hanno fatto la guerra qui» continuò Hardwick. «Ci hanno occupato. Già, ma verso la fine del 1944 quei poveri diavoli erano così affamati che dovette intervenire la Croce Rossa Internazionale con un forte stanziamento di viveri. Non si offende per quello che sto dicendo, vero?»

«Affatto» rispose Westen. «Comunque di tedeschi — intendo dire turisti — ne vedete parecchi?»

«Tantissimi» disse Hardwick. «Solo il 20 per cento degli abitanti sono residenti nell'isola. Che è frequentata da turisti di tutto il mondo, molti dei quali s'insediano stabilmente. Stiamo attraversando la Rue de l'Eglise.»

Videro una piccola chiesa dal bellissimo campanile. La porta d'entrata che dava a nord aveva un batacchio in sasso, come le case dei contadini che sorgevano in mezzo ai campi. Nell'aria si sentiva un profumo dolce e penetrante di erba appena falciata.

L'autista parlava a ruota libera. «A noi la guerra è costata parecchio, mentre a voi, a parte la perdita dell'unità nazionale, è fruttata il miracolo economico. A quanto pare sembra che la guerra l'abbia vinta chi l'ha persa. Qui nessuno ce l'ha con i tedeschi, è passato tanto tempo... e poi quei poveri soldati non ne hanno colpa. O per lo meno ben pochi ne hanno. La cosa più raccapricciante che esista è la guerra. Un vostro grande poeta, Brecht — la stupisce che lo conosca? — Brecht scrive che la guerra non viene come la pioggia, ma che è voluta da chi ne trae guadagno. Che uomo Brecht.»

«Oh sì» disse Norma.

«Lì c'è una vecchia fabbrica, si chiama Le Bourg. E quel paesino laggiù, che pare dipinto, è Le Variouf.» Superarono un incrocio.

«A ricordo della guerra sono rimaste le armi» continuò l'autista. «Vede quella costruzione dietro al cimitero? È il museo dell'occupazione tedesca. Ci sono armi di ogni genere: un Flak 37 millimetri, tanto per fare un esempio e una torretta Renault.»

«Una torretta Renault?» chiese Westen. «Come è arrivata fino a qui?»

Hardwick scoppiò a ridere. «L'hanno portata i tedeschi dopo la vittoria sulla Francia. Insieme ad altre prede di guerra strappate ai francesi. È tutto in quel museo. Che strani gli uomini, eh?»

«Sono pazzi» disse Norma.

«Sì, pazzi» ripeté Hardwick. «Anche secondo me, signora.» Poco dopo raggiunsero la costa. L'acqua brillava davanti a loro. «Splendido, vero?» disse Hardwick. «Che Dio mi fulmini se non è stupendo!»

Sul porticciolo di Bon Repos e sulla superficie d'acqua volavano grandi stormi di uccelli marini. I loro versi riempivano l'aria. Sulla costa si distinguevano i ruderi delle postazioni difensive tedesche. Norma inorridì. Westen capì la sua inquietudine e le prese una mano tra le sue. Si guardarono. Norma si portò la mano dell'amico alla guancia pensando: Dio, come mi è caro, ha poco tempo ancora da vivere, tutti abbiamo poco tempo. Come è corta la vita e quante brutte cose riesce a fare la maggior parte di noi in così poco tempo.

Le case del villaggio erano costruite in pietra. Gli uomini lavoravano alle loro barche, i bambini giocavano e le vecchie donne vestite di nero si affrettavano nelle viuzze. Ai tavolini dei caffè i pescatori giocavano ai dadi e nei giardini crescevano palme, rose, fucsie e ginestre, tante ginestre. Hardwick oltrepassò il centro del paese. Viaggiavano verso est. C'era una gran solitudine.

«Sulla costa» mormorò Westen «c'è la scogliera alla quale era rimasta incagliata la nave, cara Norma. Da lì ''il lavoratore del mare'' l'ha tolta. Non c'è strada che porta in quel tratto di scogliera, ma noi saliremo su questo monte, il Mont Hérault. E da lì osserveremo ciò che Hugo ha descritto: il teatro della battaglia di Gilliat contro le forze della natura e lo sperone di roccia su cui è rimasto a sedere finché i flutti l'hanno inghiottito.»

«Eccoci arrivati» annunciò Hardwick. «Questa è Angels Wing.» Si fermò davanti a un prato non cintato. Il cottage, tipicamente inglese, aveva un camino per ogni lato. Il giardino era pieno di fiori e vi crescevano tre possenti querce che davano un senso di protezione. I loro rami scendevano sopra il tetto.

C'erano molte auto parcheggiate davanti alla casa. Poliziotti locali e agenti in borghese, alcuni con il mitra spianato.

«Oh Dio!» esclamò Westen. «Il dottor Milland!» gridò.

Norma e le guardie del corpo si avvicinarono alla casa. Gli agenti avevano estratto le armi. Sopra di loro i gabbiani stridevano, sembravano agitati. Hardwick spostò l'auto. Dalla villa uscirono due uomini. «Siete arrivati» esclamò il commissario capo Carl Sondersen. «Buongiorno, Norma» disse l'altro.

«Jan» fece lei sorpresa. «Aveva detto che non si sarebbe potuto muovere dalla clinica. E anche lei, signor Sondersen! Come avete fatto a precederci?»

«Con un aereo del BKA» spiegò Sondersen. «Siamo arrivati direttamente da Amburgo, mezz'ora dopo aver comunicato con lei, signora Desmond.»

«Milland» disse Westen. «Nonostante tutto sono riusciti a colpirlo, vero?»

«Sì,» rispose Sondersen « gli hanno sparato.» Era furibondo e al tempo stesso rassegnato. «Qui, davanti a casa, sotto le querce.»

18

Entrarono in anticamera. Le guardie del corpo erano rimaste fuori. L'arredamento era composto da armadi e cassettoni antichi, da un comodo salotto posto davanti a un grosso camino e da un mobile bar. Tre grandi finestre illuminavano il soggiorno. Le ante degli armadi erano spalancate e i cassetti aperti. Sul pavimento erano sparsi documenti, carte e lettere.

Westen fece appena in tempo a sedersi sul divano che sbiancò in volto.

«Alvin!» gridò Norma. «Stai male?»

Lui sorrise. «Dammi un paio di quelle pastiglie che mi ha prescritto il medico di Amburgo. Non con l'acqua, però, ma con un goccio di whisky! Guarda... là dietro al bar ci sono un paio di bottiglie di Chivas Regal. Milland le aveva già preparate.»

Norma corse al bar, davanti al quale erano disposti alcuni sgabelli. Prese una bottiglia e un bicchiere e versò un po' di whisky.

«Di più, mia cara» le chiese Westen con la fronte imperlata di sudore. «Di più. Pieno, per Dio!» Norma tornò e gli porse alcune pillole che aveva preso nella borsa. Alvin le ingoiò con un sorso di whisky. Gli altri lo fissavano allarmati mentre si tergeva il sudore dalla fronte.

«Mi ci vuole un momento» disse Westen. Cercò di respirare profondamente.

«Ha agito in modo del tutto irresponsabile. Deve farsi ricoverare» lo rimproverò Sondersen.

«Ha pienamente ragione» ammise Westen. «Sono un irresponsabile.» Sedeva immobile e in silenzio, concentrato esclusivamente sul suo respiro. Nessuno parlò. Dopo circa un minuto il suo volto riprese colore. Con il solito tono di voce chiese: «Com'è successo?».

«Il dottor Milland è stato ucciso prima che arrivassero i miei uomini.»

«Cosa significa? Quando sono partiti?» domandò Norma.

«Questa mattina. Appena abbiamo saputo del vostro appuntamento con Milland.»

«E allora?»

«Quando sono arrivati il signor Milland era già morto. La donna delle pulizie, che abita in paese, lo ha trovato ieri mattina, sotto le querce. Il medico ritiene che sia stato ucciso la notte precedente, tra le 21 e le 24. Quando la donna lo ha trovato, Milland doveva essere morto da nove o dieci ore. Qualcuno era al corrente da tempo del vostro appuntamento — da prima che lei mi informasse, signora Desmond. È un vero peccato.»

«Cosa?»

«È un peccato che lei non mi abbia informato subito, non appena il signor Westen ha ricevuto l'invito di Milland.»

«Sono stato io a impedirglielo» disse Westen.

«Perché?» Sondersen si stava scaldando.

«Perché speravo di salvargli la vita. Pensavo che se ne avessi parlato, il traditore — ormai siamo certi che ce ne sia uno — avrebbe informato i suoi mandanti, i quali avrebbero ucciso Milland.»

«Non è stata una intuizione molto felice» replicò Sondersen.

«Oh Dio! Come potevo immaginare che riuscisse comunque a seguire i nostri movimenti! Sapevo che Milland avrebbe avuto bisogno di protezione, ma credevo che il pericolo sarebbe sorto solo nel momento in cui i suoi uomini fossero arrivati... Il traditore... Non capisco come possa essere sempre al corrente di tutto — e in tempo utile.»

«Nessuno lo sa» soggiunse Sondersen. «Eppure è così. I miei uomini mi hanno avvertito appena sono arrivati. Voi eravate a bordo dell'aereo Lufthansa. L'uomo che vi ha condotto qui era un mio agente.»

«Roger Hardwick» chiese Norma «è anche lui uno dei suoi uomini?»

«Sì.»

«Impossibile. Conosce Guernsey come le sue tasche. Ci ha raccontato un sacco di cose sulla storia dell'isola, la lingua e l'occupazione tedesca.»

«Fece parte delle truppe d'occupazione» spiegò Sondersen. «Sbarcò a Guernsey il 3 luglio 1940. E la lasciò il 12 settembre 1946. Sei anni bastano per conoscere gli uomini, la lingua, gli usi e i costumi di un'isola.»

«Immagino che Hardwick non sia il suo vero nome» aggiunse Norma.

«No. È stata una fortuna avere quest'uomo, non per Henry Milland, purtroppo. Appena ho ricevuto la telefonata ho informato il dottor Barski, il quale mi ha chiesto di venire con me.»

«Perché?» domandò Norma.

«Per lei» rispose Sondersen. «Cos'altro credeva?»

«Jan,» disse Norma con voce tentennante «ha lasciato la clinica e la signora Holsten...»

«Sì.»

«... e Tak nel reparto di Terapia Intensiva.»

«Sì.»

«E il funerale?»

«Domani. Ci saranno Eli e Alexandra. Ero in pena per lei. Ho dovuto venire.»

«La mia vita è sempre in pericolo, in qualsiasi momento» disse Norma.

«Sì, ma d'ora innanzi sarò accanto a lei. Non mi allontanerò dal suo fianco, non la lascerò sola un attimo. Io...» Barski si guardò attorno e una vampata di rossore gli accese il viso. «Scusate, ma la signora Desmond... mi sta molto a cuore.»

«Anche a me, amico mio» intervenne Westen. «E al posto suo avrei fatto esattamente la stessa cosa. Avrei piantato tutto in asso e mi sarei precipitato qui. Non ha bisogno di giustificarsi.»

«Grazie» sussurrò Norma. «Grazie, Jan.»

19

«Allora, riepiloghiamo ancora una volta tutto quanto» disse Westen rivolgendosi a Sondersen.

«Oggi è il 1° ottobre, mercoledì, pomeriggio.» Guardò l'orologio: «Le 16,30. Secondo la deposizione del medico legale Milland è stato ucciso nella notte tra lunedì 29 e martedì 30 settembre. È esatto?».

«Sì.»

«Il 27 settembre Milland mi ha spedito l'espresso. L'ho ricevuto lunedì 29. Il pomeriggio dello stesso giorno l'ho mostrato a Norma.» La donna annuì. «Quello stesso pomeriggio è morto il dottor Holsten e nella notte successiva è stato ucciso il dottor Milland. La spia sapeva che Milland mi avrebbe incontrato per mettermi a parte della sua sensazionale scoperta. Significa che abbiamo a che fare con una organizzazione perfetta.»

«Abbiamo a che fare con i governi degli Stati Uniti e dell'Unione Sovietica» rispose Sondersen secco.

«Lo so. Per questo sono intervenuti i reparti speciali. Come mai hanno fallito? Sono uomini scelti.»

«Non ho idea di cosa sia successo» ribatté Sondersen. «Non ho modo di mettermi in contatto con loro. Mi è stato proibito.

Se vogliono sono loro a contattarmi, anche se finora non l'hanno mai fatto.» Il commissario deglutì. «Come vedete non ho libertà d'azione. Non posso dirigere come voglio io il mio lavoro. E non posso farci niente anche se... anche se a volte supero il limite della sopportazione.»

«È inevitabile» lo interruppe Westen. «Mi faccia riflettere, signor Sondersen. Milland è stato ucciso la notte tra il 29 e il 30 settembre, e precisamente tra le 21 e le 24, davanti a casa sua. Sotto una quercia. Perché fuori casa?»

«Forse voleva prendere una boccata d'aria.»

«Soffriva di lombalgia. Per questo non è venuto a prendermi all'aeroporto. Si muoveva poco e a fatica.»

«Può darsi che abbia sentito dei rumori e sia uscito per sincerarsi che non ci fosse nessuno. La polizia locale sta studiando il caso, ma per ora non ha scoperto gran che.»

«Henry Milland è morto ormai da quaranta ore.»

«È vero» disse Sondersen. «Il cadavere è stato trasferito all'obitorio, dove è stata eseguita l'autopsia. I proiettili sono stati identificati: erano tre, sparati da una carabina tedesca calibro 98. Uno al petto, uno al cuore e uno allo stomaco. Sono stati sparati da circa tre metri di distanza. Naturalmente la polizia tratta il caso come se fosse un normale omicidio. Nessuno sa cosa c'è sotto. Nel frattempo i miei uomini e quelli di Londra lavorano su tutta l'isola mischiati alla polizia locale. Blocchi stradali, controllo dei documenti, perquisizioni, insomma tutto. Naturalmente senza alcun risultato. L'assassino o gli assassini hanno avuto una notte di tempo per abbandonare Guernsey, prima che la donna delle pulizie trovasse il cadavere. E anche dopo non sarebbe stato difficile fuggire.»

«È lo stesso in tutta la casa?» Westen indicò i cassetti rovesciati e le carte per terra.

«Dalla cantina fino al solaio» rispose Sondersen.

«Cosa cercavano l'assassino o gli assassini?»

«Be', Milland l'aveva chiamata per rivelarle la soluzione che sosteneva di aver trovato, vero?»

«E allora?»

«Forse l'aveva scritta da qualche parte.»

«Io lo escludo.»

«Chi l'ha ucciso no. Comunque può darsi che non abbia trovato niente.»

«Tracce, impronte digitali?» chiese Norma.

«Un sacco. Di Milland, della donna delle pulizie, del prete...»

«Quale prete?»

«Mi hanno detto che Milland faceva vita molto ritirata» spiegò Sondersen. «Due o tre volte alla settimana andava in un pub al paese, beveva una birra e chiacchierava con i pescatori. Gli volevano bene. Aveva pochi veri amici. Un avvocato di Saint Peter Port, il capoluogo di Guernsey; un biologo di Creux Mahie, un pittore di Ville Amphrey, e padre Gregory, parroco della chiesa di Rue de l'Eglise. Ci siete passati davanti arrivando qua.»

«Sì, ricordo» disse Norma. «Hardwick ce l'ha fatta notare. E ci ha fatto anche notare il museo dell'occupazione tedesca dietro al cimitero.»

«Milland giocava spesso a scacchi con padre Gregory. Il prete lo veniva a trovare di frequente. Come ho già detto, le sue impronte digitali sono state identificate. Altre sono ancora all'esame dei periti. Ma chi ha rovistato qua dentro ha sicuramente adottato tutte le precauzioni del caso. È inutile sperare di trovare impronte.»

Squillò il telefono. L'apparecchio era appoggiato a una ribaltina di rara bellezza stile Luigi XV. Sondersen scavalcò montagne di carta per raggiungerlo.

«Pronto!» Guardò Norma. «È per lei! Ancora quell'uomo. Le vuole parlare.»

Norma si era alzata. Sondersen le porse il ricevitore.

«Norma Desmond» disse lei subito le e giunse all'orecchio la solita voce maschile metallica.

«Buongiorno, signora Desmond. È arrivata a casa di Milland da un quarto d'ora appena. Deve scusarmi se interrompo la sua conversazione con il signor Sondersen, il signor Westen e il dottor Barski. E mi dispiace che abbiamo dovuto uccidere il dottor Milland.»

«Voi?»

«Sì, signora Desmond... dica ai signori che sono con lei di pazientare un momento. Poi potrà ripetere loro ogni mia parola. Glielo dica.»

Norma disse ad alta voce: «Mi prega di lasciarlo parlare. Poi vi racconterò tutto».

«Grazie» disse la voce. «Sì, signora Desmond, noi. In una situazione estrema come questa si è verificato un caso di collaborazione. Siamo riusciti a convincere i nostri diretti avversari che nel caso del dottor Milland avevamo un obiettivo comune.»

«Come sarebbe?»

«Signora Desmond, la prego! Il dottor Milland ha scritto al signor Westen. Lei conosce il contenuto della lettera e noi anche.»

«Cosa?»

«Quante volte devo dirle cha abbiamo fonti d'informazione ineccepibili. Sappiamo tutto. Sempre e di tutti. Mi faccia continuare: odiamo versare sangue inutilmente. Ma questa volta abbiamo dovuto sollecitare gli altri, i nostri cruenti avversari, perché liquidassero al più presto quell'uomo.»

«Perché?»

«Signora Desmond, per favore, non mi tratti da idiota.»

«Mi dica il perché, lo voglio sapere.»

«Il dottor Milland aveva scritto a Westen di aver trovato una soluzione al — hm — dilemma. E aveva invitato il dottor Westen a prendere parte a una solenne bevuta. Lo sappiamo entrambi, no? Dunque è inutile lambiccarsi il cervello. Entrambe le parti volevano che non si trovasse ciò che Milland definiva ''una via di scampo''. Perciò — e con nostro grande rincrescimento — un uomo tanto notevole ha dovuto essere ucciso. Madame, la saluto e saluto i suoi amici e vi auguro di trascorrere un piacevole soggiorno a Guernsey.»

Norma riappese il ricevitore e raccontò agli altri la conversazione. Barski si alzò e prese a passeggiare davanti al camino.

«Chi può essere così potente, onnipresente, così informato di quello che succede in ogni momento?»

«Chiunque» rispose Sondersen.

«Cosa?» Barski gli puntò gli occhi addosso.

«Potrebbe essere ciascuno di noi» disse Sondersen. «A eccezione della prima volta, lo sconosciuto ha sempre telefonato quando ci trovavamo insieme! Ognuno di noi avrebbe potuto informarlo in precedenza dei nostri incontri e di tutto il resto. Lei, la signora Desmond, il signor Westen e io.»

«Lei?» fece Norma incredula. «Non ha la stoffa del traditore.»

«Cara signora Desmond» soggiunse Sondersen. «Non sottovaluti le sfumature della mente umana.»

Il telefono squillò di nuovo. Rispose Sondersen. «Sì?» Sorrise. «Oh, padre Gregory! Buongiorno!» Sospirò. «Sì, so che era un suo amico. Mi dispiace per quello che è successo... Senta, padre, probabilmente qualcuno sta ascoltando il nostro colloquio... cosa?... non le importa?... Tutti possono sentire quello che ha da dire?» Sospirò di nuovo. «Voleva assolutamente essere sepolto nel suo cimitero, ah... capisco. E allora?» Ascoltò in silenzio. «Una strana epigrafe? Quale?... Lavoro del diavolo?» Barski alzò gli occhi. «No, padre, non capisco neppure io che significa. Vengo volentieri a trovarla. Ma certo, se preferisce venire lei... per una tazza di tè, ma sì... No! Assolutamente non in bicicletta! La mando a prendere io. Nel giro di un quarto d'ora... La prego di non farlo... bene, la ringrazio!...» Sondersen riattaccò.

«Il prete vuole assolutamente venire qui. E in bicicletta, per giunta. Vuole parlare dell'epigrafe che Milland voleva incisa sulla lapide! È un particolare curioso. Non voleva il nome, ma solo queste parole: Qui giace un uomo che ha svolto il lavoro del diavolo. Mah, vado a prenderlo. Le sue guardie del corpo restano qui, signor Westen. Non uscite di casa per nessun motivo. Le spiacerebbe preparare un po' di tè, signora Desmond?»

«Volentieri» rispose Norma.

«Allora a presto.» Sondersen si avviò alla porta.

«Oppenheimer» disse Barski.

Sondersen si fermò. «Cosa ha detto?» chiese.

«È una frase piuttosto famosa» continuò Barski.

«Di cosa sta parlando?»

«Di Robert Oppenheimer, uno degli ideatori della prima bomba atomica americana. Oppenheimer era disperato per la sua scoperta e le relative conseguenze, così come Chargaff era sconvolto dalla possibilità di manipolare il DNA.» Barski si rivolse a Norma e a Westen. «Vi ricordate la sera in cui ci vedemmo all'Atlantic e io raccontai che il professor Gellhorn poco prima di essere ucciso aveva letto gli incartamenti relativi alla commissione d'inchiesta del caso Oppenheimer? E aveva citato alcune frasi profondamente deprimenti? Be', a un certo punto Robert Oppenheimer diceva: ''Abbiamo svolto il lavoro del diavolo''.»

20

«Venite qui in cucina, per favore!» esclamò Norma. «Non mi va di stare sola mentre voi chiacchierate.» Alzò lo sguardo e vide una grande fotografia con la cornice d'argento che ritraeva una donna e una ragazza. «Sono la moglie e la figlia? Se non sbaglio sono morte in un incidente.»

«Esatto» rispose Westen fissando attentamente la foto. «La loro morte lo ha spinto ad allontanarsi sempre più dal mondo. Desiderava solo morire.»

«Te lo ha confessato lui?» chiese Norma avviandosi in cucina.

«Sì. Ma non direttamente. Si parlava della morte in generale e scoprimmo per caso che anche Milland conosceva il trattato sulla vecchiaia di Cicerone e lo trovava toccante quanto me. È la descrizione di un grado di maturità e di saggezza che si raggiunge solo con la morte. ''Sono così felice di raggiungere questa maturità'' si legge ''che più mi avvicino alla morte più mi sembra di giungere in porto dopo un lunghissimo viaggio in mare''. Milland ha raggiunto il suo porto, qualunque esso sia! Ecco la scatola del tè.»

Westen la passò a Norma, che insieme a Barski trafficava in quella cucina sconosciuta alla ricerca dell'occorrente per preparare il tè. Barski sistemò tazze e piattini su un vassoio. Dalla finestra giungeva il profumo dei fiori autunnali. Era una giornata splendida. E quaranta ore prima l'uomo che viveva in quel paradiso era stato ucciso, pensò Norma.

«Io adoro gli scritti di Cicerone» continuò Westen «e so di essere prossimo alla fine del mio viaggio. Eppure ho sempre pregato Dio perché mi lasciasse in mare ancora un po', non per me stesso: io sono stanco della vita. No. Per te, Norma, lo sai.» Lei lo baciò lievemente. «Ora però c'è lei, dottore» proseguì l'anziano signore. «Si prenderà cura lei di questa fanciulla, e farà in modo che abbia almeno una alimentazione regolare!»

«Tu non dovresti morire mai» disse Norma.

«A volte mi sento così stanco...»

«Lo dico per puro egoismo, sai? Molta gente arriva a 90 o 95 anni. Io ho bisogno di te, anche se c'è Jan. Anche Jan ha bisogno di te. Tutti abbiamo bisogno di te.»

«Tutti!» ripeté l'anziano Westen. «Sarebbe terribile. Per

fortuna non è così. Tu, Norma, hai bisogno di me — e chi ancora? Ecco la zuccheriera.» L'afferrò compiaciuto dal ripiano di un armadio a muro. «Lei è un uomo strano» aggiunse rivolgendosi a Barski. «Norma mi ha raccontato che sa tutto su chiese e conventi che non ha mai visto. Cosa sa dei monasteri di Guernsey?»

«Bene» prese a dire Barski serio in volto. «La chiesa in Rue de l'Eglise è la più antica dell'isola. Dovrebbe risalire al 1048. Ha una navata centrale e un bell'organo. Vicino all'entrata settentrionale c'è una cassetta per le elemosine intagliata in legno di quercia...» Norma lo osservava con il sorriso sulle labbra. Non farlo, si disse. Ricorda: la sfortuna inizia quando ci si innamora.

«Su queste isole sorgono chiese meravigliose» seguitò Barski. Era appoggiato alla porta che dava sul giardino. «Per esempio a Les Vauxbelets, dove si trovava un ospedale sotterraneo tedesco, c'è *The little Chapel*, una chiesa in miniatura. Non è però famosa per le sue misure ridotte, bensì per le decorazioni colorate in porcellana, vetro e conchiglie, che la ornano sia all'interno sia all'esterno». Sorrise timidamente. «Oppure la *Glass Church* a Millbrook sull'isola di Jersey. In questa chiesa tutto è di vetro: l'altare, la croce, i banchi, le pareti, l'organo e quattro enormi angeli. È l'unico fonte battesimale in vetro di tutta l'Inghilterra...»

Alle spalle di Barski pendevano dei rami fioriti. Il suo volto era incorniciato da un'aureola fiorita. Come un dipinto antico. Basta! si disse Norma. Smettila! La sfortuna comincia quando i sensi si indeboliscono.

La teiera si mise a fischiare.

Non è sempre questione di debolezza, pensò Norma. Non sempre.

21

«Nessuno di voi avrà creduto che ho voluto venire qui per l'iscrizione sulla tomba, vero?» disse padre Gregory.

Erano comodamente seduti davanti al camino e stavano bevendo il tè. Padre Gregory era un uomo paffuto con pochi capelli bianchi in testa e sul suo volto spiccava un grosso naso rosso da ubriacone. Aveva chiesto di correggere il tè con un goccetto, ma Norma gli aveva versato ben più di un goccio — e per due volte. Padre Gregory aveva almeno cinque anni più di Westen.

«Sono venuti anche da me» disse il religioso, che sembrava uscito da un romanzo di Charles Dickens. Sollevò un poco la veste nera lasciando intravedere i sandali che calzava a piedi nudi. «Mentre ero in città a ordinare la bara. Milland non aveva parenti, no?»

«Chi è venuto da lei?»

«Gli stessi che hanno messo a soqquadro questa casa» spiegò padre Gregory. «Gli assassini. Hanno frugato in tutti i cassetti, mettendo tutto sottosopra. Sembra che ci sia stato il terremoto. La donna delle pulizie è in Francia dai suoi genitori. Quei disgraziati hanno spaventato solo le galline. Ottimo questo tè. Potrei averne ancora una tazza?... oh, grazie signora. E anche un po' di .... oh, ma lei è troppo gentile. Grazie figliola, Dio ne terrà conto. Ho tre dozzine di galline» continuò padre Gregory fiero. «Uova fresche tutti i giorni. Ne vendo parecchie. E possiedo anche un orto. Ogni settimana viene un contadino che va al mercato a vendere per mio conto insalata, pomodori, verze... insomma tutto.» Padre Gregory sembrava un po' imbarazzato. «''Qui giace un uomo che ha svolto il lavoro del diavolo.'' Cosa volete che vi dica? La Chiesa ci insegna che il diavolo è mandato da Dio, affinché gli uomini imparino a resistere alle tentazioni.»

«*Nullus diabolus — nullus redemptor*» citò Westen.

«Giustissimo!» padre Gregory annuì rincuorato. «Senza diavolo non c'è redentore.»

«''Può Dio'', si domanda il vescovo Graber di Regensburg ''permettere orrori come Auschwitz? No, Dio non può, perché è bontà e amore''.»

Bontà e amore, pensò Norma. Me lo hanno insegnato venti anni fa.

«''Se non esiste il diavolo, non esiste nemmeno Dio'' sostiene il vescovo Graber di Regensburg.»

Furbi, pensò Norma. Sono proprio furbi. Papa Wojtyla sta convincendo i credenti che il diavolo esiste. Il motivo è evidente.

«Sembra che io sia scettico» disse padre Gregory.

«Infatti» disse Westen.

«In un certo senso lo sono. Ringrazio Dio di aver accolto

le preghiere del mio amico Milland e di averlo preso con sé. Era talmente infelice che stava incominciando a credere in Dio. Vede — è veramente buono questo tè tipicamente inglese — vede, quando si tocca il fondo della solitudine e della disperazione, nasce il bisogno di credere. Il mio amico Henry era giunto a quel punto.»

Ricordi cosa confidò la Dietrich tanti anni fa? si chiese Norma. Un essere supremo — aveva detto. Storie. Tutte storie. Non esiste. E se esiste è un incapace.

«È sempre la stessa storia» continuò padre Gregory. «Coloro che non credono sarebbero disposti volentieri a farlo. Non mi guardi in quel modo, signora. È così.»

«Comunque, da lei non hanno trovato niente» disse Norma.

«Maledizione, no! Quello che cercavano non si trova a casa mia.»

«Ma qui...» disse Barski.

«Come ci è arrivato?»

«È per questo che ha voluto venire a tutti i costi, vero?»

«Mi congratulo per il suo intuito!» Padre Gregory era stupito. «Sono triste» disse a un tratto. «Infinitamente triste. Henry era un caro amico. Giocava bene a scacchi. E aveva dell'ottimo whisky.»

«Cosa stanno cercando?» chiese Norma.

«Non lo so, so solo che Henry era molto infelice da un po' di tempo in qua.»

«A causa dell'incidente» intervenne Westen.

«Per la moglie e la figlia?»

«Sì.»

«Non era questo il motivo della sua infelicità.» Padre Gregory scosse il capo. «Voglio dire che non era l'unico motivo. E in ogni caso non era quello che lo aveva indotto a ritirarsi a Guernsey.»

«Come lo sa?»

«Me lo disse lui» rispose il prete «quando ci conoscemmo. Era un uomo disperato. E deluso dal prossimo. ''Padre'' mi aveva detto un giorno. ''Nietzsche mi dà il voltastomaco. Eppure era un genio. La pazzia — ha scritto — la pazzia è una cosa rara tra i singoli, ma tra i gruppi, le nazioni e le epoche è la regola.''»

«È vero» fece Westen. «Tra gruppi, nazioni ed epoche la pazzia è una regola.»

«La disperazione di Henry aveva a che fare col suo lavoro» soggiunse l'anziano prete.

«Le ha detto anche questo?» chiese Barski.

«Sì, ma me ne parlò a distanza di anni. Anzi, solo un paio di giorni fa.» Padre Gregory chiese: «È proprio sicuro che nessuno ci può ascoltare?».

«Sicurissimo. I miei agenti hanno perlustrato la casa con le loro apparecchiature più sofisticate.»

«Henry mi aveva detto che voleva scriverle e pregarla di venire qui, signor Westen. Mi aveva confidato che ciò che doveva dirle era talmente importante da temere che qualcuno potesse ucciderlo. Gli ho consigliato di avvisare la polizia.»

«E lui?»

«Mi ha risposto: ''Ognuno ha la sua ora. Nessuno può sfuggire alla morte!''. Bene, gli avevo detto, allora se quella cosa è tanto importante la scriva. La dia a me e io la conserverò. ''Metterei in pericolo anche lei'' aveva ribattuto. Allora la scriva, nasconda il foglio e mi riveli il nascondiglio.»

«E ha seguito il suo consiglio?» domandò Sondersen.

«Sì, lo ha fatto.» Padre Gregory si alzò e si avviò verso la ribaltina Luigi XV, i cui cassetti giacevano a terra.

«Ma hanno frugato dappertutto» disse Norma.

«Non possono aver trovato il nascondiglio.» Padre Gregory sollevò la sottana e s'inginocchiò faticosamente. «Qui a Guernsey vive un uomo che ha lavorato per un gioielliere di Parigi. Costruiva doppi fondi segreti e allarmi. A volte lo chiamano ancora. Bene, quest'uomo ha fatto in modo che anche Henry avesse un nascondiglio.» Padre Gregory indicò il piano di legno sotto il cassetto. «Notate qualcosa di strano?»

«No» rispose Westen.

«Ah!» fece padre Gregory. «Bisogna conoscere il punto esatto. Lo si preme lievemente e...» il sacerdote pigiò un punto del piano di legno «e il tavolino si apre.» Apparve una piccola nicchia. Padre Gregory si curvò ed estrasse un rotolo di pagine scritte. Sondersen era balzato in piedi. Padre Gregory gli consegnò i fogli. Il commissario li passò a sua volta a Barski e disse: «Torno subito. Controllo solo che ci siano abbastanza uomini intorno alla casa. Dobbiamo leggere immediatamente ciò che ha scritto». Si precipitò fuori e lo si sentì parlare con gli agenti. Le auto della polizia circondarono la casa. Tutti gli agenti impugnavano la pistola. Norma scattava una foto dopo l'altra.

22

«Caro signor Westen!» incominciava la lettera di Henry Milland. Il destinatario leggeva a voce alta, scandendo bene le parole.

> Le scrivo queste righe alle 20,55 del 29 settembre. Temo che prima del suo arrivo possa accadermi qualcosa. Mezz'ora fa padre Gregory, un mio caro amico, è tornato nella sua chiesetta. Lui solo sa dove nasconderò questo scritto. Se la mia paura è motivata e quando lei arriverà io sarò morto, padre Gregory le mostrerà il nascondiglio. Credo di avere trovato una soluzione al problema. Per prima cosa però è necessario che le spieghi come le grandi potenze intendono combattere la cosiddetta guerra morbida. Vorrei anche puntualizzare che non mi sono ritirato in questo eremo solo in seguito alla perdita della moglie e della figlia che adoravo, ma anche per l'angoscia che mi soffoca al pensiero di ciò che il futuro ci prospetta. Non potevo più lavorare, non sopportavo più l'amoralità dei politici e dei militari.

Westen posò i fogli di carta e osservò a uno a uno tutti coloro che sedevano intorno al camino. Poi riprese.

> La ricerca di un virus ottimale è in atto da parecchi anni. A giudicare dalla brutalità con la quale è stato colpito l'Istituto di Amburgo, si direbbe che i ricercatori della città tedesca abbiano isolato il virus in questione. Lei stesso mi ha detto che uno scienziato del gruppo di Amburgo sta sperimentando sul proprio corpo l'efficacia del vaccino. Entrambe le potenze vorrebbero mettere le mani sia sul virus sia sul vaccino. Ma ciò di cui hanno soprattutto bisogno è il virus. Infatti non avrebbero grossi problemi per ottenere successivamente il vaccino, potendosi avvalere della collaborazione dei migliori scienziati di tutto il mondo. Sono sicuro che una delle potenze riuscirà prima o poi ad avere questo virus. Una volta entrata in possesso della formula relativa alla sostanza, la superpotenza agirà come segue. L'operazione avrà luogo in autunno.

Questo perché ogni anno, in autunno, milioni e milioni di persone si fanno vaccinare contro l'influenza. Alcune categorie di individui vengono vaccinate in modo sistematico. Si tratta dei politici, dei militari, sia di altro grado sia di leva, degli studenti e così via.
Gran parte della popolazione, inoltre, si sottopone spontaneamente a questo tipo di vaccinazione, temendo le complicazioni che possono insorgere dalle affezioni influenzali. Nel caso di una guerra morbida insieme al vaccino antinfluenzale verrebbe somministrato anche il vaccino contro il virus micidiale. Una percentuale compresa tra il 20 e il 25 per cento della popolazione resterebbe esposta al rischio di infezione, ma non sarebbe nulla contro il 90 per cento di fatalità che provocherebbe una ipotetica guerra atomica. Inoltre l'infezione non comporterebbe la morte dell'individuo, ma semplicemente la sua alterazione psicofisica. Costoro potrebbero essere utilizzati dal paese come ''api operaie''. Senza turbare minimamente l'etica e la morale della nazione.
Una volta che le categorie preminenti della popolazione e tutti gli altri — a eccezione di quel 25 per cento — sono vaccinati, dunque immuni contro il virus, è sufficiente che un solo individuo affetto dal morbo venga introdotto nel territorio nemico per innescare una vera e propria reazione a catena. Serviranno enormi quantità di vaccino ma basteranno pochissime dosi di virus.
La potenza in possesso del virus infetterà una spia nemica rinchiusa in carcere, quindi la libererà in cambio di un proprio agente. L'agente nemico infetto tornerà nel suo paese causandone la rovina.
In pratica, per accelerare il processo, si provvederà a infettare interi gruppi di individui — compagnie teatrali o di balletto, orchestre, membri di congressi scientifici e così via. Nell'arco di alcune settimane o di qualche mese interi continenti risulteranno contagiati. E in due o tre mesi al massimo la guerra morbida porterà pace in tutto il mondo, trasformando mezza umanità in un branco di creature succubi e alienate.
Quando la incontrai, ero profondamente disperato e sconvolto da questa terrificante prospettiva. Ora intravedo una soluzione alla catastrofe. La mia idea — ne parli ai suoi amici di Amburgo — sarebbe quella di...

Westen lasciò cadere i fogli di carta. «Tutto qui» disse. «La lettera termina qui. È probabile che Milland abbia sentito dei rumori, o qualcuno che bussava alla porta. È molto strano che abbia avuto il tempo di nascondere il suo scritto. Ma il suo presentimento era fondato. Quando è uscito per indagare su quel rumore inatteso gli hanno sparato, proprio là, dietro alle tre querce.»

Dopo un attimo di opprimente silenzio Barski disse: «E non sappiamo cosa intendesse dire quando affermava di avere trovato una soluzione».

«No» ribadì Alvin Westen. «Non ne abbiamo idea.»

23

L'hotel Beau Séjour sorgeva ai margini del Cambridge Park, nel sobborgo di Saint Peter Port, alle spalle dei Candie Gardens, le serre ricche di fiori e piante esotici, e dietro il Museo e la Galleria d'Arte di Guernsey. Accompagnati dagli agenti di scorta, Norma, Barski e Westen avevano attraversato gli ampi viali del giardino ancora illuminati dagli ultimi raggi di sole ed erano passati davanti ai monumenti alla regina Vittoria e a Victor Hugo. Una lapide riportava un'iscrizione dedicata, come Westen spiegò, all'opera *I lavoratori del mare.*

ALLO SCOGLIO DI OSPITALITÀ E LIBERTÀ
AL LEMBO DI TERRA NORMANNA
SUL QUALE ABITA IL NOBILE POPOLO DI MARE,
ALL'ISOLA DI GUERNSEY, LA DOLCE, ASPRA TERRA
CHE OGGI ACCOGLIE LA MIA VOGLIA DI ANDARE E
DOMANI ACCOGLIERÀ LE MIE SPOGLIE.

Il commissario Sondersen aveva bruciato nel camino della casa di Angels Wing le ultime righe scritte da Henry Milland.

«Se non ci fosse un traditore, ora sapremmo quale sarebbe questa via d'uscita» aveva detto. «Purtroppo siamo ben lontani dal poter sventare una catastrofe. Si fa sera. E io sono responsabile della vostra sicurezza. Per quest'oggi non ci sono più voli di linea. Dovete allontanarvi da questa casa e pernottare sull'isola. Preferibilmente in un albergo della città. In modo da potervi tenere sotto controllo. Dio solo sa chi può esserci ancora sull'isola, oltre naturalmente agli uomini dei reparti speciali che comunque non si sono fatti ancora vivi.»

«Forse è stato uno di loro a far fuori Milland» aveva detto Barski. «Per impedirgli di rivelare a Westen le sue intuizioni.»

«Perché mai avrebbe dovuto ucciderlo?» aveva chiesto Sondersen.

«Il compito dei reparti speciali — lo ha detto lei — è quello di impedire a tutti i costi che gli americani entrino in possesso della nuova arma. Se avessimo scoperto il modo per renderla inefficace, l'arma stessa non avrebbe avuto più alcun interesse per gli americani. Ma queste cose agli uomini delle unità speciali non importano affatto.»

«Non capisco perché insiste tanto su questa tesi!» aveva obiettato Westen.

«Proprio lei ci ha rivelato che il suo conoscente di Bonn le ha detto che ai reparti speciali appartengono veri professionisti che disprezzano tutti i sistemi di potere, ritenendoli disumani.»

«Sì, ma che c'entra?» aveva chiesto Westen.

«È gente che si cura solo del denaro. Per denaro è pronta a tutto. Ricevono un mucchio di soldi dal governo. Ma può darsi che uno di loro abbia avuto un'offerta più interessante...»

«Intende dire che qualcuno abbia fatto il doppio gioco per soldi?» aveva domandato Norma.

«Perché no? Disprezzando il sistema e in cambio di una somma molto allettante avrebbe potuto benissimo farlo. Ne dubita?»

«Affatto» aveva risposto Norma. «Pensavo la stessa cosa. Il potere costa sempre parecchio.»

«Le vostre disquisizioni sono molto interessanti» si era intromesso Sondersen. «Qui però è stato ucciso un uomo. E uno di voi potrebbe essere il prossimo. Sono responsabile di ciò che potrebbe capitarvi, avete capito?»

E così si erano recati all'hotel Beau Séjour, una costruzione moderna ai margini del Cambridge Park. Avevano cenato senza troppo appetito. E non avevano intavolato grosse conversazioni. Sembrava quasi che ciascuno fosse seduto da solo al suo tavolo.

Salirono in camera. E ognuno restò solo con se stesso. Norma aprì la finestra. Un venticello tiepido entrò nella stanza. Portava la fragranza dei fiori del parco e Norma, sdraiandosi sul letto, si domandò come potessero i fiori profumare anche di notte.

Era molto agitata. Si alzò e fece un lungo bagno. Poi si sdraiò di nuovo sul letto, nuda, come era solita fare d'estate, per sentire le goccioline d'acqua sulla pelle. Era sempre più triste e agitata, e sapeva anche il perché. Era per Jan. Si trovava in una bruttissima situazione, la peggiore. Sicuramente Jan aveva confidato molto nella soluzione prospettata da Henry Milland. Ma la catastrofe si faceva via via più vicina. Quanto tempo passerà prima che ricattino anche Jan? pensava Norma disperata. Il vaccino immunizza contro il virus, ne sono certa. Tak ha scoperto ciò che cercava. Lo sento. Ma non è del vaccino che quella gente ha bisogno. Lo ha scritto anche Milland. Ciò che serve è il virus. Mi è capitato più di una volta di presagire gli eventi. Jan si rifiuterà di rivelare i risultati delle ricerche del suo gruppo, esattamente come Gellhorn. E cosa accadrà? Uccideranno Jan, come hanno ucciso Gellhorn. Forse con lui uccideranno anche me. È una consolazione? Non riusciranno a eliminarmi, no, pensava Norma nel silenzio della notte. Non c'è riuscito nemmeno Pierre. Non sono morta prima di lui, come desideravo, né insieme a lui. Sono viva e sto iniziando a dimenticarlo. Devo continuare a vivere. Un giorno morirò anch'io. Ma prima di me uccideranno Jan e anche Alvin morirà. Succede sempre così quando si ama qualcuno. Ma amo davvero Jan? Ho paura di sì, nonostante abbia fatto di tutto per evitarlo. Se davvero lo amo, devo desiderare che non viva nella paura, nella disperazione, nella disgrazia, devo volere la sua felicità. E la mia. Ma noi non siamo felici. Jan è rinchiuso nella sua stanze come in una prigione e io sono sbarrata qua dentro. Tutti gli uomini, quando dormono, sono prigionieri delle loro stanza, prigionieri di una catastrofe che si fa sempre più vicina. Si sentivano delle rane gracidare. Dev'esserci uno stagno nel parco, si disse Norma. Il tempo passa. Devi rendertene conto. E i cerchi si chiudono. Da un'ora all'altra.

Si alzò di scatto e tornò in bagno. Per ordine di Sondersen era stato acquistato tutto ciò di cui avrebbe avuto bisogno per la notte — pigiama, pantofole e l'occorrente per la toeletta. All'attaccapanni erano appesi due accappatoi bianchi da piscina. Norma ne infilò uno, lo chiuse con la cintura e infilò le pantofole. Uscì in corridoio, chiuse la porta e passò davanti ai due agenti di scorta che, seduti a un tavolo ricoperto di panno verde, giocavano a carte. Uno dei due la salutò. Norma ricambiò il saluto, pensando che non le importava affatto che la sorprendessero mentre si recava nella stanza di Barski. Non le importava affatto. Stava commettendo una sciocchezza, ma neppure di questo le importava. Barski era solo e disperato. Anch'io sono sola e il tempo passa e tutto quello che ho detto e pensato poco fa non conta più.

Premette la maniglia. La porta era aperta e Norma entrò. Attraversò l'anticamera e si affacciò sulla soglia della camera. Barski giaceva nudo sul letto e come lei ascoltava i ranocchi gracidare.

«Norma» mormorò.

«Sì» disse lei avvicinandosi al letto.

L'espressione di gioia e di eccitazione che gli illuminava il volto fu offuscata da un velo di tristezza e si trasformò all'improvviso in una smorfia di perplessità, di rifiuto. Lentamente Barski si alzò, appoggiò la schiena al cuscino e con fare stranamente irritato si coprì con il lenzuolo. Poi la fissò in silenzio. E il sorriso era sparito dal suo volto.

Norma aveva osservato e registrato la sua trasformazione con la precisione e l'attenzione della giornalista, ma ne era rimasta delusa come donna. Si era aspettata una reazione ben diversa. Entrambi erano vittime dell'imbarazzo. Nel silenzio che si creò, il gracchiare delle rane divenne insopportabile.

Norma si sedette esitante ai piedi del letto, tolse le pantofole e raccolse le gambe.

«Non riuscivo a dormire» disse e si chiese il perché di quella stupida frase. Perché mi sono seduta? Perché non me ne torno in camera mia? È solo perché non voglio, si disse. Perché voglio restare. Voglio rimanere con lui. Con lui.

Barski annuì in silenzio.

«Non riuscivo a dormire» ripeté. Era furiosa con se stessa ma non poteva fare altro che parlare. «Avevo paura. E pensavo che anche tu fossi terrorizzato quanto me.» È penoso. È penoso il modo in cui mi sto comportando. Ma non mi importa. Non mi importa affatto. «Credevo che avessi paura anche tu» ripeté.

«Sì, avevo anch'io paura» disse Barski.

Non voglio rivelargli tutto quanto, pensò Norma e disse: «Credevo che insieme avremmo potuto mitigare le nostre paure. Per un po'. Almeno per un po'».

Lo guardò e si rese conto di guardarlo con occhi imploranti. Non aveva mai fatto una cosa simile. Ma non gliene importava nulla. Nulla di nulla.

«Norma» disse lui e la sua voce era priva di tono. «Ci aspetta una giornata molto dura. Dovremmo attingere alle nostre energie più profonde. È meglio cercare di riposare un poco.»

È finita, si disse Norma. A questo punto non posso dire altro. E non posso permettergli di dirmi altro. Annuì, si alzò e si rimise le pantofole. Poi si avviò alla porta, lentamente. Passo dopo passo. Le rane gracidavano stridule nello stagno. Barski, sdraiato sul letto, la seguiva con lo sguardo. Ancora due passi. Un passo. Norma giunse davanti alla porta. Afferrò la maniglia e la premette. Poi sentì una voce. La sua voce.

«Norma...»

«Sì?» fece senza voltarsi.

«Lo sai cosa sei per me?» disse Barski. «Lo sai, vero?»

Norma non rispose. Uscì in corridoio e si chiuse la porta alle spalle. Tornò sui suoi passi e incontrò di nuovo i due agenti di scorta. Non giocavano più a carte, ma discorrevano fra loro a bassa voce. Vedendola arrivare, si voltarono cortesemente. Al diavolo, pensò Norma. Cosa volete da me?

Rientrò in camera e si buttò sul letto, gli occhi fissi al soffitto. Sono un'idiota! Una maledetta idiota! si disse. Ho rovinato tutto con i miei sciocchi sentimentalismi, con la mia presunzione di doverlo e poterlo aiutare nella sua disperazione e nella sua solitudine. Se ne stava benissimo da solo, si disse. Eri tu, tu a soffrire. A non resistere. Tu avevi bisogno di aiuto e di sfogare la tua pena e hai cercato l'amore nella tua disperazione. Volevi aiutare te stessa, non lui. No, non mi era mai capitato di comportarmi così. Ho avuto tutti gli uomini che desideravo. Questo sì. Li ho presi come si prende dell'acqua quando si ha sete o del cibo se si ha fame. Ma questa volta non è stato così. Il mio bisogno non era fisico. No. Magari lo fosse stato! Ho voluto fare la sentimentale, calandomi nella parte della consolatrice di cuori afflitti nell'intento di fargli scordare le sue pene. Sono stata una stupida e adesso ne pago le conseguenze. Cosa mi resta da fare? Niente. Niente di niente.

Andò in bagno e si lavò a lungo il viso con l'acqua fredda,

finché sentì le guance, la fronte e il mento pizzicare. Poi tornò in camera da letto, camminò avanti e indietro alla luce della luna e infine si sdraiò di nuovo supina. Non si era mai sentita così male in vita sua. Presto dovette rialzarsi e ricominciò a camminare nervosamente per la stanza. Prese dal bar un bicchiere di cognac, ma non servì a nulla. Ci riprovò una seconda volta ma senza risultato e riprese a passeggiare avanti e indietro. Passando davanti alla finestra gettava lo sguardo al giardino, illuminato dalla luna. Una volta le parve di scorgere due uomini in fondo al prato, accanto a un cespuglio, ma non se ne preoccupò. Il giardino dell'albergo pullulava di poliziotti. Ma quando li vide una seconda volta, li osservò con maggiore attenzione. In fondo al prato rasato c'erano effettivamente due uomini che conversavano fra loro. Impossibile, si disse Norma fissandone i volti. No, è impossibile. Sporse la testa dal davanzale e osservò meglio le due figure che si stagliavano al chiarore della luna. Le rane nello stagno gracidavano chiassose. Vicino ai cespugli c'era il commissario Sondersen e accanto a lui un uomo dal volto pallido, con gli occhiali montati a giorno. Un uomo che si faceva chiamare Horst Langfrost.

24

Quando, dieci minuti più tardi, il commissario Sondersen bussò alla sua porta ed entrò nella stanza, trovò Norma perfettamente vestita, truccata e pettinata.

«Accipicchia!» esclamò il commissario. «Sono le quattro del mattino. Credevo di trovarla a letto.»

«Volevo fare un giro nel parco, ma i suoi uomini me lo hanno impedito.»

«Hanno fatto bene. Io stesso ho impartito disposizioni molto precise. È molto difficile garantire la vostra incolumità al di fuori dell'albergo. Perché voleva passeggiare nel parco? È la luna a renderla tanto nervosa?»

Norma aveva ripreso il controllo ed era molto tranquilla. Sondersen non poteva immaginare cosa le era capitato.

«Volevo parlarle» disse.

«Dice davvero?»

«L'ho vista dalla finestra. E non riuscivo a prendere sonno. Ho visto lei con quell'uomo, Horst Langfrost.»
«Ah...»
«Che significa?»
Sondersen le rispose: «Abbiamo molta fretta. Langfrost mi ha chiamato mezz'ora fa qui in albergo. Aveva qualcosa da dirmi. Ma non per telefono. Perciò ci siamo incontrati nel parco. Dove nessuno poteva ascoltarci. Dopo avergli parlato, sono venuto subito da lei».
«E io cosa c'entro?»
«Signora Desmond,» disse Sondersen «l'uomo che si fa chiamare Horst Langfrost è l'elemento più importante all'interno delle unità speciali.»
«Impossibile!»
«Non sto mentendo» asserì Sondersen. «Sto dicendo la verità. Naturalmente non si chiama Langfrost. Quello era il nome di cui si era servito per soggiornare presso la signora Meisenberg. Ma le spiegherò tutto in aeroplano.»
«In aeroplano?»
«Andiamo a Parigi.»
«Lei e io?»
«Sono venuto a chiederle di partire immediatamente.»
«Ma perché?»
Fuori i ranocchi gracidavano.
«Signora Desmond, riesce a capacitarsi del fatto che il dottor Barski possa essere il traditore?»
«Jan?» Norma si sentì venir meno. A un tratto tutto le parve irreale. «Cosa glielo fa pensare?»
«Riesce a capacitarsene?»
«No. E lei?»
«Si direbbe che sia lui. Insieme al dottor Kaplan.»
«Cosa?»
«Sì. Lui e il dottor Kaplan.»
Le rane gracidavano.
«Gliel'ha...» La voce le mancò e dovette ricominciare da capo. «Gliel'ha detto Langfrost? È stato lui?»
«Mi ha semplicemente riferito dei fatti.»
«Quali?»
«L'Istituto di Amburgo è vigilato da agenti della Commissione e da uomini delle unità speciali, che badano alla sicurezza di tutti coloro che ci lavorano.»

Il concerto delle rane aumentava di intensità.

«Sì» fece Norma. «Sì, sì, e allora?»

«Un quarto d'ora dopo la mia partenza per Guernsey con il dottor Barski, il dottor Kaplan si è recato all'ufficio postale N° 122, dove aspettava una telefonata. Da Parigi.»

«L'ha detto Langfrost?»

«Sì.»

«Come fa a saperlo?»

«Le unità speciali hanno stanziato degli uomini a Parigi in seguito alla vicenda dell'Hôpital De Gaulle.»

«Va bene. E poi?»

«Gli agenti di Parigi hanno pedinato l'uomo che ha telefonato all'ufficio postale N° 122 di Amburgo. Lo osservavano da parecchio tempo. L'uomo ha chiamato da una cabina pubblica, per evitare intercettazioni. Ma è stato fotografato. Langfrost ha ricevuto la foto qui a Saint Peter Port via telefax. Prego, la guardi anche lei!»

Sondersen le mostrò una foto. «Lo conosce?»

«Sì» fece Norma con una voce priva di tono. «È Patrick Renaud della EUROGEN.»

25

Le rane gracidavano.

«Mi dispiace molto» disse Sondersen.

«Di che?»

«Del fatto che il dottor Barski sia in qualche modo implicato. Appresa la notizia dell'uccisione di Henry Milland, gli uomini delle unità speciali, guidati da Langfrost, hanno provveduto a installare in tutti i maggiori alberghi dell'isola degli apparecchi di intercettazione telefonica. Non è stato difficile. È bastato spacciarsi per operai dei telefoni. Barski non poteva sapere di questa manovra. Fino a qualche ora fa nessuno sapeva che avreste pernottato in questo albergo. E si sentiva sicuro.»

«Che significa?»

«Sicuro di non essere ascoltato. Appena arrivato ha telefonato ad Amburgo.» Sondersen tolse di tasca un piccolo registratore di fabbricazione giapponese. «Questa è la registrazione della telefonata.» Azionò l'apparecchio.

Si sentì la voce di Barski. «Eli?»
La voce di Kaplan. «Sì.»
«Prima è stato impossibile. Qui tutto va bene. Hai aspettato molto?»
«Quasi due ore. Ma sta funzionando. Devo prendere l'ultimo volo. Ho fatto esattamente come hai detto. Mi aspetta a Orly.»
«Buona fortuna!»
«Grazie.»
Sondersen fermò il registratore.
«È questa la conversazione che ha colpito Langfrost. L'ultimo volo da Amburgo per Parigi è atterrato all'aeroporto di Orly alle 23,40. Gli agenti dei reparti speciali erano già sul posto. E c'era anche Patrick Renaud. L'ha portato a Sarcelles con la sua auto.»
«Dove?»
«A Sarcelles, un paesino a nord di Parigi. Sono entrati in una casa e ne sono usciti subito — in tre. Il terzo uomo era Pico Garibaldi.»
«Chi?»
«Pico Garibaldi, della GENESIS TWO di Montecarlo. Aveva prestato servizio come agente di vigilanza presso la clinica del dottor Kiyoshi Sasaki, che lei ha visitato insieme al dottor Barski. Non è vero?»
«Sì, certo. La stupenda clinica sulle alture di Nizza» disse Norma. «Allora non sapevo chi fosse Pico Garibaldi. È lui che ha rubato il materiale in codice custodito nella cassaforte dell'istituto del dottor Sasaki. Kaplan e Renaud sono andati da lui? A... come ha detto che si chiama quel posto?»
«Sarcelles.»
«Anche questo glielo ha detto Langfrost?»
«Tempo fa Langfrost perquisì l'appartamento di un dipendente americano della EUROGEN, un certo Jack Cronyn che in realtà si chiamava Lawrence e lavorava per conto del governo americano in un laboratorio ubicato nel deserto del Nevada. In quella occasione egli trovò una traccia che conduceva a questo Pico Garibaldi. È certo che Kaplan e Renaud sono andanti a Sarcelles a prenderlo. Langfrost è un tipo maledettamente in gamba.» Sondersen diede un'occhiata all'orologio. «Di lui avremo modo di parlare più tardi. Di ritorno da Sarcelles i tre si sono recati a Parigi, in Rue de Richelieu 65, a casa di

Renaud. Il francese ha posteggiato l'auto nel garage sotterraneo.»

«E poi?»

«I tre sono saliti in casa di Renaud. Mezz'ora fa Barski ha telefonato al francese. Il calcolatore elettronico della centrale telefonica registra automaticamente i numeri che vengono composti. Abbiamo controllato sulla rubrica degli abbonati di Parigi. Dunque non ci sono dubbi. E anche questa telefonata è stata intercettata e registrata.»

Mezz'ora fa, pensò Norma fra sé, ero in camera sua. Forse ha cercato di liberarsi di me per via di questa telefonata.

Sondersen accese il registratore.

La voce di Barski. «È tutto chiaro?»

«Tutto chiaro» rispose un'altra voce maschile.

«È la voce di Renaud?» chiese Sondersen.

Norma annuì. Era impallidita.

Ancora Barski. «Allora?»

Renaud: «È stato bello a Breisach».

«Sì, vero? Ciao, Patrick.»

«Ciao.»

Sondersen spense l'apparecchio.

«Ovviamente si trattava di una frase prestabilita, che voleva significare tutt'altro» disse.

Era tutto prestabilito, si disse Norma. Anche la telefonata. Dovrei esserne contenta. Grazie al cielo non hai dovuto fingere di amarmi, Jan. Di volermi. Sono una stupida. È stato bello a Breisach. Quel senso di pace. Un'ora di infinita serenità. È stato bello a Breisach. Una frase che per Jan e Renaud è diventata una sorta di parola d'ordine. Avrebbe dovuto sceglierne un'altra. Non questa. E la sua passione per i conventi, le chiese e i monumenti artistici? Era vera o soltanto una finzione per ingannarmi? Jan è venuto qui a Guernsey. Per amore e preoccupazione. Questo l'ha detto lui. O forse è venuto per complicare ulteriormente le cose? Per lasciare altre tracce fasulle? È proprio Jan il traditore? Oppure Kaplan? O entrambi? No, non può essere. Non può essere così. No, pensò Norma, non può? Quante volte ti è capitato di pensare una cosa in questi vent'anni — e alla fine l'impossibile si è realizzato, l'incredibile è diventato realtà. Ma non può essere così questa volta. Jan non è il traditore. Solo a pensarlo sto male. Non potrei sopportarlo. No, hai sopportato di peggio. Molto peggio.

«Allora?» le chiese Sondersen. «Parte insieme a me?»
«Certamente.»
«Lo immaginavo.»
«Perché è lei a partire, e non Langfrost?»
«Langfrost non è autorizzato a operare sul suolo francese. Finora ha agito illegalmente. E non può comparire in veste ufficiale.»
«Lei sì?»
«Sì. Devo presentarmi alle autorità francesi e lavorare insieme a loro. Con i membri della Police Judiciaire.»
«Grazie» disse Norma.
«Siamo soci, no? Spesso è stata lei ad aiutarmi. Dimenticavo... Ero così sicuro che sarebbe partita insieme a me che ho telefonato ad Amburgo chiedendo ai miei uomini di prepararle una valigia con tutto l'occorrente per il soggiorno a Parigi. Un agente la porterà nella capitale francese con il primo volo delle 7,20 del mattino.»
«La ringrazio molto. Non so come comportarmi con il signor Westen. Non sta bene e non mi sento di svegliarlo, ma voglio che sappia dove sono.»
«Gli scriva due righe. Più tardi potrà telefonargli» le suggerì Sondersen.

26

Era ormai giorno quando sorvolarono la Manica a bordo di un jet della polizia federale. Il sole sembrava una palla di fuoco. Le sfumature grige, azzurre e blu del cielo e del mare si confondevano fra loro e Norma, ormai vittima della disperazione, rammentò di aver già notato in passato un simile gioco di colori, di aver già visto in un'altra occasione l'acqua del mare che cambiava colore ogni istante. Pensava a Jan, senza posa, mentre Sondersen, seduto accanto a lei, parlava...
«... Langfrost ha vissuto per oltre due anni nella pensione di quella donna, la Meisenberg... Da sette anni il gruppo di ricerca di Amburgo si sta occupando dello studio di un vaccino contro il cancro alla mammella. E da cinque anni i politici e i militari delle due superpotenze sanno di dover uscire dalla spirale atomica e di doversi procurare un'arma adatta alla

guerra morbida. Da due anni il nostro governo si serve di alcune persone. Non sono molti. Langfrost è una di queste...»

Abbiamo vissuto la stessa esperienza, Jan... pensava Norma. Tu hai perso tua moglie, io ho perso Pierre e il mio bambino. Quante attenzioni mi hai rivolto! Senza che ti dicessi una parola comprendesti il mio stato d'animo mentre passeggiavamo a Cimiez, sopra Nizza, nel parco ricco di aiuole fiorite e piante di limoni. Cosa mi raccontavi? Mi parlavi delle rovine romane. Le terme. La Villa des Arènes con il museo di Matisse. I quadri di Chagall... Abramo piange Sara... Ora dovrei piangere per te, Jan? Non ho lacrime da versare....

«... Lei stessa ha fatto visita alla Meisenberg. La donna si lamentò delle continue sparizioni di Langfrost. Credeva che la tradisse con un'altra donna... In realtà aveva parecchio da fare in relazione ai progressi del gruppo guidato da Gellhorn... e anche altrove. In merito agli studi della EUROGEN di Parigi per esempio, l'azienda presso la quale lavora Patrick Renaud...»

Sei entrato in chiesa... Io ti ho aspettato fuori, seduta su una panchina... c'era una lucertolina dagli occhi antichi e saggi a farmi compagnia. Ho creduto che sapesse tutto, le mie pene e anche le tue. Poi arrivò il parroco. Voleva consolarmi. Lo insultai. Quando sei uscito hai capito cosa stavo passando, hai capito tutto... Stavi già mentendo? Era una commedia la tua? Una finzione? Il ragazzino disperato che aveva bisogno di dieci franchi. Gliene regalasti venti. Bel posto, dicesti. Ma il mondo non è affatto bello... Al ristorante *Le Ciel d'Azur* mi dicesti: ''Se anche volassi sulle ali dell'aurora e mi lasciassi condurre in mare aperto la tua mano mi sosterrebbe''. E mi fissavi intensamente, senza distogliere un momento lo sguardo dal mio viso... Era una commedia, una misera commedia? Mi hai mentito fin da principio, per servirti di me... chissà poi a quale scopo?

«... Langfrost le ha salvato la vita quando Antonio Cavaletti della GENESIS TWO, dopo aver mancato il primo colpo, stava per spararle una seconda volta. Le ha salvato la vita per un soffio... grazie a una prestazione encomiabile.»

Quella mattina all'aeroporto... non c'era anima viva... tutto taceva... non avevo mai provato in vita mia una sensazione di pace così profonda... Pensavo di trovarmi in un mondo di fiaba, un mondo nel quale fosse possibile, per due persone che si amavano, vivere insieme felici per l'eternità...

«... Langfrost si faceva mantere dalla Meisenberg... Non ha idea della vita che conducono questi agenti. Quando ci fu la strage, Langfrost si trovava al Circo Mondo... Lui e i suoi uomini erano stati informati... Non perfettamente... Infatti non poterono evitare il bagno di sangue. Ricorda quando lo vide per la prima volta nella cabina telefonica?»

La prima volta che venni a casa tua e ti sentii leggere a tua figlia il racconto di Oscar Wilde... La domenica che portammo Jeli a spasso sul canale... la piccola mi raccontò la storia della povera tartaruga dell'atollo di Bikini... poi mi mostrasti quel testo divulgativo sui segreti del DNA... e senza accorgercene fummo sul punto di baciarci e di amarci... Si può essere così vigliacchi? Si può essere così perfidi? si chiese Norma.

A un tratto trasalì. «Diceva, commissario?»

«Che Langfrost era uno dei necrofori al funerale di Gellhorn.»

«Quando dagli archivi della televisione fu rubato il materiale relativo alla cerimonia funebre, pensai che il furto fosse avvenuto per cancellare le prove della sua presenza. Ma in seguito fu sottratto altro materiale filmato a due reti televisive francesi. In quelle immagini Langfrost non compariva. Quale sarebbe allora il movente dei furti?»

«Non saprei. Ma un motivo c'è» rispose Sondersen. «L'importante è scoprirlo.»

Norma lo guardò. Aveva il volto velato di stanchezza.

«Eccoci in Francia» disse il commissario.

Sotto di loro, ancora in ombra, si disegnava la costa. La terra era inondata di sole.

«Su questo tratto di costa, quarantadue anni fa, sbarcarono intere squadre di ragazzi» disse Sondersen. «Americani, inglesi, francesi e canadesi. Migliaia di loro morirono. Ma lo sbarco riuscì. Con l'aiuto dei russi ci sconfissero e vinsero la guerra. Allora erano alleati e amici. Ora non più.» Sondersen voltò la testa di lato, come se si vergognasse. «Ora non più» ripeté a bassa voce.

«Già» fece Norma. «Tutto è stato vano e inutile.»

27

Il jet sfiorò la pista e si arrestò in un'area appartata dalla zona principale dell'aeroporto. Erano le 7,30. Una Peugeot nera si avvicinò immediatamente all'apparecchio. Il sole era già abbastanza alto nel cielo e la sua luce gettava un manto dorato sugli aerei, gli edifici, le torri di controllo e le autobotti. Una magnifica giornata d'autunno, si disse Norma mentre Sondersen l'aiutava a scendere. La Peugeot si fermò. Scesero due uomini. Il più anziano si avvicinò a Sondersen. Il commissario gli presentò Norma. «Il commissario Jacques Collin della Police Judiciaire. Un mio collega d'oltralpe.»

Collin, un uomo sulla sessantina, era piuttosto tarchiato e colpiva per lo sguardo vivace del suo volto segnato dal tempo.

«Madame, sono felice di conoscerla. Sono un suo fedele ammiratore.»

«Lei è molto gentile, Monsieur.»

L'altro uomo nel frattempo aveva preso una valigetta dall'auto e si era avvicinato al gruppetto.

«L'ispettore Breitner della polizia federale» lo presentò Sondersen.

«Ecco i suoi effetti, signora Desmond.» Breitner porse a Norma la valigetta. «Spero che le infermiere abbiano preso tutto ciò che le serve.»

«Senz'altro. La ringrazio.»

«I piloti hanno ricevuto ordine dalla torre di controllo di restare a bordo» continuò Sondersen.

«Sì» disse Collin. «La devo informare che i tre se ne sono andati.»

«Andati...» Sondersen si interruppe bruscamente. Sulla pista vicina un Boeing dell'Air France aveva acceso i motori e si accingeva a decollare. Il rombo dei motori scuoteva l'aria. L'apparecchio sfrecciò davanti a loro a una velocità di almeno duecento chilometri orari. La terra tremò. L'aereo acquistò velocità, si alzò da terra e il pilota disegnò una brusca impennata nel cielo terso d'autunno. A poco a poco il frastuono si spense.

«Sì» riprese Collin. «Se ne sono andati.»

«Scomparsi?»

«Si stanno recando a Nizza. Sono riusciti a seminare i miei uomini e hanno preso il primo volo di stamane. È decollato alle 6,30 da Orly. Quando i nomi e le descrizioni dei tre sono stati diramati al personale dell'aeroporto, i nostri uomini erano già in volo. Hanno fatto in fretta a sparire.»

«Quando c'è anche solo una probabilità che una cosa vada male, andrà male di sicuro» commentò Norma.

«È una sua massima?» chiese Sondersen.

«No. È la legge di Murphy.»

«Non è ancora detta l'ultima parola» soggiunse Collin. «Ho parlato con Nizza e ho fornito alle autorità dell'aeroporto una descrizione precisa dei tre. I miei uomini sono in allarme. Li seguiranno ovunque siano diretti. Perciò direi che la vicenda è ancora sotto controllo.»

«Ma come hanno fatto ad andarsene di qui?» insistette Sondersen.

Collin alzò le spalle. «Quando si ha a che fare con degli idioti...» Teneva una Gauloise spenta nell'angolo della bocca.

«Idioti ce ne sono dappertutto» replicò Sondersen. «E parecchi. Allora, come hanno fatto a dileguarsi?»

«La casa di Rue de Richelieu dove abita Renaud ha un garage sotterraneo.» Jacques Collin era un uomo vivace e gesticolava animatamente. «C'erano degli agenti nel sotterraneo. Ovvio. Hanno seguito i tre fino all'Hôpital De Gaulle. Il portiere ha fatto passare Renaud — lo conosce perché lavora lì. I miei uomini sono stati fermati e c'è voluto del tempo per riuscire a convincere il portiere a lasciarli entrare all'interno dell'edificio. Si tratta di un complesso enorme. C'è un movimento incessante di ambulanze. Al diavolo! I tre uomini devono essere usciti a bordo di un'ambulanza... tant'è vero che l'ambulanza è posteggiata davanti all'aeroporto.»

«Forza allora! Proseguiamo per Nizza!» esclamò Sondersen. «Viene anche lei, vero, signor Collin? Breitner invece farà ritorno ad Amburgo.» Si rivolse al pilota, che aveva abbassato il finestrino della cabina. «Si metta in contatto con la torre di controllo. Dobbiamo partire immediatamente per Nizza!»

«D'accordo.»

28

Decollarono di nuovo.

Norma si rinfrescò e si cambiò d'abito. Quando tornò

a sedersi indossava un abito azzurro e calzava scarpe bianche.

«Stanca?» le domandò Sondersen.

«Neanche un po'» rispose lei.

Uno dei piloti uscì dalla cabina e servì caffè e brioche fragranti.

«Da dove arrivano?» chiese Norma incuriosita.

«Le ha portate l'ispettore Collin.»

«Grazie, Monsieur» disse Norma rivolta al commissario della Police Judiciaire. «I cornetti francesi sono unici al mondo.»

Si rifocillarono con il caffè bollente e le brioche ancora tiepide, mentre sotto di loro scorrevano terre baciate dal sole, campi, montagne, valli, fiumi e boschi.

Che bel posto in un mondo così brutto, aveva detto Jan. Ah, Jan... Jan...

Dopo tre quarti d'ora di volo la voce del primo pilota annunciò all'altoparlante: «Ci stiamo avvicinando alla costa e dobbiamo effettuare una correzione di rotta. Le foreste dell'entroterra stanno bruciando. Il calore sale in quota. Non spaventatevi perciò se ci saranno delle turbolenze. Allacciate le cinture di sicurezza. Grazie».

«Ogni anno è lo stesso» disse Collin. «Ma quest'anno la situazione è particolarmente grave. Divampano incendi lungo l'intera costa, a Cannes, Nizza, fino a Montecarlo.»

«Ma perché succede?» domandò Norma. «È colpa di piromani, di pazzi incendiari?»

«Anche. Ma non è solo a causa loro che si verificano questi disastri. A dire la verità non si sa come accada. Si è addirittura pensato di radere al suolo le foreste. Ma con quali conseguenze! Sarebbe un duro colpo per il turismo! Pensi a quanti stranieri vengono qui ogni anno! Ma è comunque una catastrofe! Ci sono già state due dozzine di morti, per non contare i feriti. Alcune case sono state divorate dalle fiamme. I vigili del fuoco lavorano ininterrottamente. Si servono anche di speciali apparecchi antincendio. Ne ha mai sentito parlare?»

Norma annuì. L'aereo iniziò a traballare.

«I Canadair» spiegò Collin. «Sono aerei che volano sulla superficie del mare, riempiono d'acqua i serbatoi e li svuotano sulla zona in fiamme. Poi tornano sul mare, senza soluzione di continuità.»

Il jet traballava ininterrottamente. Il sole sparì dietro una cortina di fumo e una luce spettrale si diffuse nel cielo. Norma scorse in profondità gigantesche nuvole di fumo nelle quali guizzavano minacciose lingue di fuoco. E vide due Canadair svuotare i serbatoi sopra il bosco in fiamme e poi virare bruscamente per tornare verso il mare. Il jet si scosse violentemente.

«Tutto sotto controllo» annunciò la voce del pilota. «L'aereo è piuttosto piccolo e le turbolenze si sentono parecchio. Ora puntiamo verso il mare. La situazione sarà sicuramente più tranquilla.»

Presto fumo e fiamme scomparvero. Il mare brillava sotto di loro. Il cielo era blu. C'erano parecchi panfili sotto costa. Norma scorse il vecchio porto di Cannes e cercò di vedere la città. Ma una nuvola di fumo nero la oscurava. Si scorgevano solo le palme della Croisette e gli alberghi del lungomare. L'aereo fece rotta verso il mare per poi disegnare un'ampia virata.

«Il vento ha cambiato improvvisamente direzione» comunicò il pilota. «Sta spingendo il fumo verso Nizza. Tenete le cinture. Balleremo un po'. Ma non succederà nulla. Abbiamo ricevuto il permesso di atterrare.»

L'aereo volò per altri tre minuti nel cielo azzurro, sopra il mare blu. Poi entrò in una densa nuvola di fumo nero e sparì nell'oscurità. Un fremito scosse la carlinga. L'aereo iniziò a vibrare e a traballare, perse quota di colpo e si abbassò ripetutamente. Gli oggetti disposti nell'abitacolo caddero a terra e l'apparecchio prese a sbattere da una parte e dall'altra, spinto da una forza superiore. La luce elettrica si spense, si riaccese per qualche istante e infine se ne andò del tutto. L'aereo iniziò a scendere. Troppo velocemente, si disse Norma. Troppo velocemente. Sentiva dentro di sé lo sforzo del pilota che cercava di raggiungere la pista di atterraggio. Poi fu notte in pieno giorno.

29

Nella hall dell'Aéroport International Côte d'Azur regnava il caos. Donne che strillavano, bambini che piangevano e uomini che discutevano. C'erano persone sdraiate per terra completamente sfinite, altre sconvolte dalla paura. La maggior parte della gente era sporca e aveva i vestiti strappati. Lunghe file di persone si accalcavano davanti agli sportelli delle diverse compagnie aeree. I poliziotti facevano del loro meglio per ristabilire l'ordine. Di tanto in tanto una voce di donna annunciava all'altoparlante che i decolli erano temporaneamente sospesi. Norma scorse uomini e donne accasciati contro i muri con gli occhi rossi e i bambini in braccio. Cominciò a scattare fotografie. Nonostante le luci al neon, era piuttosto buio. Riuscì a guadagnare l'uscita seguendo gli agenti che si facevano largo tra la folla.

Fuori era buio. Norma rammentò gli attacchi aerei in Vietnam, in Cambogia, in Libano. A Beirut. Lo stesso fumo, lo stesso odore, la stessa oscurità. Solo che quella era la città del sole, della serenità, dei fiori.

Davanti all'aeroporto il traffico era bloccato. Si era creato un ingorgo di autobus, automobili e camion. Tutti suonavano il clacson. Anche fuori c'era gente che piangeva. E si sentiva odore di legna bruciata, come durante gli attacchi aerei. Già, pensò Norma, ma l'oscurità era diversa. Un'oscurità incredibile, interrotta da lampi d'oro. I raggi del sole filtravano attraverso le nubi di fumo. Sulla Promenade des Anglais una sirena ululava. L'ambulanza non riusciva a farsi strada in mezzo al traffico.

«Mi segua!» urlò Collin. «Il mio collega ci aspetta fuori, al parcheggio.» Norma e Sondersen si avviarono sui suoi passi, facendosi largo tra la folla che li spintonava. Si sentì l'ululato di una seconda sirena. Poi di una terza. Le palme si piegavano sotto il forte vento e le loro fronde fendevano l'aria.

«Eccoci qua!» gridò Collin.

Indicò due Mercedes che sostavano con i fari accesi. Si avviarono verso la prima. Il francese aprì la portiera. Norma si sedette sul sedile posteriore. Collin si accomodò accanto a lei, mentre Sondersen salì davanti, accanto al posto di guida, occupato da un poliziotto con la faccia da pugile, nero di capelli, con le labbra carnose e gli occhi scurissimi.

«Il commissario Riccardo Torrini» disse Collin, rompendo il silenzio. «È il capo della sezione di Nizza. L'ho avvertito della fuga dei tre. Allora, Riccardo, dove si sono cacciati?»

«A Cimiez» rispose l'aitante collega. «Si sono recati immediatamente alla clinica del dottor Kiyoshi Sasaki in Avenue Bellanda.»

«Tutto sotto controllo?»

«Sì» confermò Torrini. «Un centinaio di uomini circonda l'edificio. Nessuno può abbandonare la clinica. Ho appena parlato con l'agente che dirige l'operazione.» Dal tetto dell'auto pendeva un microfono. «Sasaki e i suoi ospiti si trovano attualmente nell'ala privata dell'edificio. La luce è accesa. Dalla finestra si intravedono i loro profili. No, non possono allontanarsi. Sono in trappola. Possibile che non l'abbiano capito? No, non possono essere tanto idioti. Impossibile!»

«E allora perché si sono rinchiusi là dentro?» chiese Norma.

Il commissario di Nizza sollevò le mani in un gesto assai eloquente.

«Ah, Madame!»

«Possiamo andare?» domandò Collin.

«Certo.» Il colosso prese il microfono. «Auto numero due! Ci mettiamo in moto. Sapete dove andiamo, nel caso ci perdiate di vista!»

«Va bene, capo» rispose una voce d'uomo. La seconda Mercedes era occupata dagli agenti di Torrini. Il commissario partì, azionando la sirena e la luce lampeggiante. Norma udì una seconda sirena. Torrini imboccò l'autostrada per l'Italia. Il traffico era abbastanza scorrevole. Le auto avevano i fari accesi.

«È un'ora che siamo in questa situazione. Da quando il vento ha cambiato direzione. Non era mai successa una cosa simile. La gente che avete visto all'aeroporto proviene dalle zone sinistrate. Vogliono andarsene via, al più presto. Ci mancava questa nuvola di fumo! Ha visto che ingorghi sulla Promenade des Anglais? E pensare che un'ora fa splendeva il sole!»

Lungo entrambi i lati dell'autostrada Norma vide grossi alberi di palma piegati dal vento. Alcuni tronchi si erano spezzati e le fronde giacevano a terra.

«È tutta colpa di quel vento maledetto!» sbottò Torrini.

Doveva tenere il volante con entrambe le mani per impedire alle violente folate di deviare la direzione dell'auto. «L'incendio è iniziato a Tolone. Poi, grazie al vento, si è diffuso ai monti dell'Esterel, accompagnato da una vera e propria tempesta di fuoco. L'esercito è accorso in aiuto dei vigili del fuoco. I Canadair volano dalla mattina alla sera.»

Arrivarono all'uscita Nizza-Nord. Torrini uscì dall'autostrada e si districò abilmente in un groviglio di stradine secondarie, finché imboccò un vialone costeggiato da platani, anch'essi piegati dall'impeto del vento. I marciapiedi erano deserti. Le vetrine dei negozi chiuse dalle saracinesche. A un tratto l'aria si riempì di fuliggine. Fuliggine a grandi falde, simili a fogli di velina nera. Come dopo un bombardamento, pensò Norma. La fuliggine era untuosa e sporca. Si appiccicò ai vetri della Mercedes.

«È il vento che la porta» spiegò il commissario di Nizza diminuendo la velocità. «È piena dell'olio degli uliveti. Si attacca dappertutto. E brucia facilmente. Guardate i muri delle case, gli alberi, i fiori, le strade — un disastro. In confronto l'aeroporto è un paradiso!»

Il Boulevard de Cimiez! si disse Norma. Ora ricordo. Sono passata di qui insieme a Jan all'ora del tramonto. Dovetti inforcare gli occhiali scuri perché il riflesso del sole sull'acqua era abbagliante. Eravamo stati dal fratello di Sasaki, il piccolo giapponese dall'aspetto così elegante che ci aveva parlato di fecondazioni in vitro, di cloni e di uomini su misura. Non sono passate nemmeno quattro settimane. Mi sembra che siano trascorsi degli anni da quel giorno. Ecco, stiamo curvando in Avenue Bellanda. Quante auto della polizia... una, due tre, quattro... E nevicano grossi fiocchi neri, fitti e sporchi. La tempesta qui è particolarmente violenta. Sono stata due volte in questo posto. La prima volta con Pierre. La seconda con Jan. Jan... cos'hai combinato?

Torrini si era fermato dietro le altre auto. Il cancello che portava alla clinica di Sasaki era spalancato. Due uomini con il mitra spianato controllavano l'ingresso. Quando riconobbero Torrini accennarono un saluto. Il commissario entrò nel parco della clinica, seguito dall'altra Mercedes. Poi si fermò e prese il microfono. «Qui Torrini. A tutte le auto. Auto N° 1, N° 2, N° 3 e N° 4, mi sentite?»

Le quattro pattuglie confermarono.

«Restate ai vostri posti. Se qualcuno tenta di fuggire, intimategli l'alt. Se non si ferma, sparate. Prima alle gambe. Noi ci dirigiamo alla villa del giapponese. Con me ci sono una signora tedesca e due colleghi, uno francese e uno tedesco. Passo e chiudo.» La Mercedes si avviò verso il parco.

Norma osservò il giardino, la piscina sui bordi della quale si era seduta insieme a Jan. La vasca di marmo era unta e sporca, la superficie dell'acqua velata da una coltre oleosa. Il prato era nero e neri erano i cespugli, le piante e i fiori. Le aiuole erano distrutte e coperte di fuliggine. Anche il giardino giapponese che Sasaki aveva allestito per combattere la nostalgia del suo paese, il ponticello e il piccolo corso d'acqua erano sporchi e neri. Gli ombrelloni e le sedie erano caduti nella piscina. La luce era giallognola. La cenere e la fuliggine riempivano l'aria.

Torrini si avvicinò alla villa dalle pareti un tempo candide. «Tenga» disse a Norma. «Si metta un foulard in testa!» Norma seguì il suo consiglio. «E prenda il mio soprabito di pelle.» Collin la aiutò a infilarlo. «Altrimenti si sporcherà tutta.» Poi prese il microfono e disse: «Qui è Torrini. Ora entriamo nella villa. Seguite attentamente i nostri movimenti!». Posò il microfono. «Forza, andiamo!» gridò. Corsero fino all'entrata dell'abitazione. Norma vide in lontananza i padiglioni della clinica e gli agenti armati fino ai denti. Erano tanti, tanti...

Sentiva la fuliggine che le si appiccicava addosso. La guerra, siamo di nuovo in guerra. Inciampò. Davanti a lei giaceva un uccello senza vita. Era Origene, il pappagallo che stava appollaiato su una palma vicino alla piscina e fischiettava le melodie di Frank Sinatra. Il pappagallo era morto. Non avrebbe più intonato *Strangers in the night*.

Torrini la spinse oltre. «Venga!» Si avvicinarono alla villa, assediata da una squadra di uomini in assetto da combattimento. Giunsero davanti alla porta d'ingresso. Un agente in divisa li salutò. Norma scattò una fotografia.

«Cosa succede?» domandò Torrini.

«Stanno conversando. Non hanno fatto altro che parlare da quando sono arrivati.»

«Sanno di essere circondati?»

«Per forza, signor commissario. Abbiamo fatto un gran baccano. Ogni tanto uno di loro si mette a gridare. Ma non si capisce cosa dice.»

«Questi tre signori sono con me.»

«Va bene, signore.»

Torrini spinse la porta d'ingresso. Entrarono in una sala sontuosa e accogliente. Il pavimento di marmo era rivestito di tappeti pregiati. Sopra un tavolo antico spiccavano due vasi cinesi pieni di rami fioriti. Al centro era disposta una magnifica composizione di orchidee bianche. Una parete era tappezzata di quadri fra i quali gli studi del celebre dipinto di Matisse *La danse*. Il vento si sentiva appena. Due poliziotti sorvegliavano una porta laccata di bianco con finiture dorate. Salutarono il commissario.

«Salve, amici» disse loro Torrini. Estrasse dal corsetto una pistola a grosso calibro, afferrò la maniglia dorata e spalancò di botto le due ante della porta.

Nella sala erano seduti i quattro uomini che fino a qualche istante prima avevano conversato a voce alta fra loro. Ora tacevano e fissavano ammutoliti il drappello di poliziotti che avevano fatto irruzione nel locale. Quattro uomini immobili. Il lampo di un flash guizzò nell'aria. Norma abbassò la macchina fotografica.

30

«Finalmente!» esclamò Eli Kaplan. «Ce ne avete messo del tempo!» Nessuno di loro si era accorto della tempesta di fuliggine che imperversava fuori.

Torrini entrò nella sala, seguito da Norma, Sondersen e Collin.

«Che significa ''finalmente''?» domandò Sondersen.

«Che non ci è restata altra soluzione se non quella di inscenare questa commedia.»

«Una commedia?»

«Sì, il nostro ultimo tentativo era quello di ''provocarvi''.»

«Ma di cosa diavolo sta parlando?»

«Dovevamo far scoppiare uno scandalo, a Guernsey come a Parigi. Fare in modo che il commissario Collin mettesse in allarme il suo collega di Nizza e facesse pattugliare la clinica da una squadra operativa, fare in modo che la faccenda saltasse alla ribalta e nessuno potesse più minimizzarla, tantomeno lo stato francese. Finora il commissario Collin ha avuto un sacco di difficoltà — e lo stesso dicasi per lei, signor Sondersen. Lo ammetta, commissario!»

«Non capisco un'acca!» esclamò Collin.

«Capirà, capirà...» rispose Kaplan. «Abbia un po' di pazienza. È una questione piuttosto complicata, perché...»

Torrini lo interruppe bruscamente. «Basta! Tutti in piedi!» sbottò. Poi si rivolse agli agenti e ordinò loro di perquisire i quattro.

«Siamo disarmati» disse Renaud.

«Ovvio» brontolò Torrini. «Cosa stavate facendo qui dentro? Una festicciola?»

I suoi uomini perquisirono scrupolosamente i quattro. Kiyoshi Sasaki, un uomo piccolo e minuto come il fratello Takahito, era elegantissimo come sempre. Indossava un abito di shantung di seta grigio argenteo, mocassini di pelle grigia, camicia azzurra e cravatta color argento. Completava l'insieme un fazzolettino di seta azzurra nel taschino. La luce dei lampadari si rifletteva nelle lenti dei suoi occhiali dalla montatura moderna e vistosa. Anche l'arredo del salone era prettamente moderno: tappeti e tappezzeria bianchi, mobili di cristallo con profili cromati e pelle bianca. Le pareti erano rivestite di litografie di Mirò e Dalí. La luminosità del salone contrastava con l'oscurità che era scesa sulla cittadina. Furibondo, Sasaki si mise a urlare: «Mi state conciando tutta la casa! Non vi accorgete di quello che mi state portando dentro?».

«Non se la prenda tanto!» ribatté Torrini.

«E lei chi è?»

Il commissario di Nizza si presentò e presentò al giapponese i suoi colleghi francese e tedesco.

«Mi lamenterò con chi di dovere» disse Sasaki sdegnato. «Il prefetto è un mio caro amico.»

«Se crede di intimorirmi con le sue minacce...»

«Impudente...» Sasaki tacque di colpo. Si era accorto di avere esagerato. Sorridendo fece un inchino a Norma. «Signora Desmond, che piacere rivederla! Un volto amico in mezzo a tanto astio.» Ignorando Torrini, si rivolse a Sondersen e gli spiegò di aver conosciuto tempo prima la signora. «Mi fido di lei, ho confidenza... Mi scusi tanto, ma ho il vizio di elencare tutti i possibili sinonimi di una parola. Lo faccio per acquistare la completa padronanza della lingua. Non mi sembra però il momento adatto per fare esercizio... Insomma, vuol togliere le sue manacce dal mio vestito?» inveì contro il poliziotto che lo stava perquisendo. L'uomo non rispose.

Il suo collega stava controllando un uomo di corporatura piuttosto grossa, dalla pelle olivastra, le labbra sottili e gli occhi piccoli, con le sopracciglia foltissime e i capelli neri ondulati.

«È lei Pico Garibaldi?» gli chiese Sondersen. Parlavano francese.

«Sì, signore.» Garibaldi aveva uno strano modo di comportarsi, sfrontato e intimorito al tempo stesso.

Sondersen si rivolse a Kaplan. «Allora, che succede? Per quale motivo si è recato a Parigi? E perché è venuto qui insieme al suo collega e a Garibaldi?»

«Le ho già spiegato il motivo del nostro incontro. Si tratta di una provocazione.»

«Il suo tono non mi piace, dottor Kaplan. La prego di cambiare modi.»

«Le avrei spiegato tutto quanto molto volentieri prima di partire» aggiunse Kaplan. «Ma non potevo farlo» disse scrollando le spalle.

«Perché?»

«Glielo spiegherò. Le spiegherò tutto. Ora sono in grado di farlo. Come di certo saprà, il collega Patrick Renaud lavora a Parigi per la EUROGEN, presso l'Hôpital De Gaulle, nel reparto in cui poco tempo fa si sono verificati alcuni casi sospetti di cancro.»

«Ne sono al corrente.»

«Tutto a posto, capo» disse uno dei due agenti che si erano occupati della perquisizione.

«Grazie, Christian.» Torrini posò la sua pistola sul davanzale della finestra.

«Il governo sta cercando di insabbiare l'affare EUROGEN» seguitò Kaplan. «Non è il caso che mi guardi a quel modo, commissario Collin. Sia lei sia io sappiamo che è così. Lei non può farci nulla. Deve limitarsi a compiere il suo dovere.»

«E adesso basta con queste ciance! Si può sapere perché vi siete incontrati qui?»

«La sera del 14 settembre il mio amico Patrick Renaud e un operatore della rete televisiva francese *Tele 2* hanno cercato di scoprire dove si fosse nascosto il biochimico Jack Cronyn. Dopo la famosa conferenza stampa non lo si era più visto. Aveva telefonato all'Istituto dicendo di non sentirsi bene. Conosce anche lei questa storia, signor Sondersen, la signora Desmond gliene avrà parlato. Renaud e Lorand si sono recati a casa di Cronyn e hanno suonato alla porta. È andato ad aprire un tipo dal volto pallidissimo e gli occhiali montati a giorno. Non l'avevano mai visto prima di allora. Lorand l'ha fotografato. E ha chiamato la polizia. Quando gli agenti sono arrivati, lo sconosciuto era scomparso. Lei naturalmente sa di chi si tratta.»

Sondersen tacque.

«Lo sa benissimo, anche se non lo ammette! Bene, due giorni fa lo stesso individuo è ricomparso a Sarcelles. È ovvio che lei sa anche questo. A Sarcelles abita il signor Garibaldi. Sotto falso nome. Non è il caso che le spieghi chi è, dal momento che conosce anche lui.»

«Io non so tutte queste cose» si intromise Norma. «Vuol essere tanto gentile da spiegarmi un po' meglio di che si tratta?»

«Certamente, signora Desmond! È molto importante che lei sappia tutto di questa storia. Allora: due giorni fa lo sconosciuto dal volto cereo è comparso a Sarcelles e si è presentato dal signor Garibaldi. Come abbia fatto a trovarlo, non l'ha spiegato. Senza dubbio si tratta di un agente speciale, un tedesco che si è introdotto illegalmente in Francia — lo aveva fatto anche in precedenza, quando era entrato nell'appartamento di Cronyn. Probabilmente proprio in quell'appartamento ha trovato una traccia che lo ha condotto dal signor Garibaldi. Non dev'essere stato facile stanarlo!»

«Lo sconosciuto è stato da lei?» chiese Norma rivolta a Garibaldi.

«Sì, signora.»

«Cosa voleva?»

Garibaldi guardò prima Kaplan e poi Renaud.

«Su, risponda!» lo incoraggiò Renaud.

«Va bene. Questo... questo signore mi ha detto che sapeva che avevo lavorato nel corpo di vigilanza della clinica del dottor Sasaki a Nizza, mandato dalla GENESIS TWO. ''So anche che lei ha sottratto del materiale cifrato registrato su dischi'' mi rivelò. ''E che lo ha ceduto ai russi.''»

«Le ha detto proprio così?» domandò Norma. Devo ragionare con calma e lucidità, si disse. Si sentiva terribilmente confusa. Non fidarti di nessuno! Non fidarti! Abbi fede solo in te stessa!

«Sì, signora.»

«Come faceva a saperlo?»

«Gliel'ho chiesto anch'io. Mi ha risposto che se avessi ceduto il materiale agli americani lo avrebbe saputo per certo. Sapeva invece che gli americani non avevano ricevuto nulla. Per esclusione dunque restavano soltanto i russi. Mi ha dato tre ore di tempo per mettermi in contatto con il signor Sondersen ad Amburgo e raccontargli tutto quanto. Se non l'avessi fatto, avrebbe avvertito la polizia francese e sarei finito in galera. Sono ricercato per furto. Mica scemo l'amico! Era un tedesco, che operava illegalmente sul suolo francese. L'ho capito subito. Voleva attirarmi in Germania. Logico! È proprio in Germania che è avvenuto l'attentato terroristico del circo!»

«È al corrente anche di questo?»

«Come no! Lo sanno tutti. È stato ucciso il capo di un istituto di ricerca che si occupa degli stessi studi della EUROGEN. Ed è morta un sacco di altra gente. Leggo i giornali, sa? Sorprendente, vero? Fatto sta che non avevo la minima intenzione di avere a che fare tanto con la polizia francese che con quella tedesca. Perciò mi sono procurato l'indirizzo dell'istituto di Amburgo. Avevo letto che un certo dottor Barski aveva preso il posto del direttore. Ed ero certo che il suo telefono fosse sotto controllo. Mi sono messo in contatto con lui tramite un amico, pregandolo di telefonarmi da un posto pubblico. Barski mi ha chiamato. Gli ho detto che sapevo il nome del traditore.»

«Lo sa davvero?» Norma lo fissò strabiliata.

«Sì, Madame.»

«Come ha fatto a scoprirlo?»

«Un momento, Madame. Un momento...»

«Come si permette di sedersi sui miei divani in quelle condizioni?» sbraitava Sasaki all'indirizzo di Torrini che si era sistemato comodamente sui sedili di pelle bianca.

«Chiudi il becco!»

«Perché non si è messo in contatto con me?» domandò Sondersen all'ex agente di sorveglianza.

«Gliel'ho detto! Non volevo avere grane con la polizia! Senta, io so quello che il dottor Sasaki fa qui a Nizza. E so quello che si fa a Parigi all'EUROGEN. Come so ciò che si studia ad Amburgo.»

«Come sarebbe?» chiese Collin.

«Queste cose mi hanno sempre interessato, fin da piccolo. Ho persino studiato chimica da autodidatta. Sarei potuto diventare un grande scienziato. So anche che il dottor Barski e i suoi colleghi vogliono evitare a tutti i costi che le loro scoperte finiscano nelle mani sbagliate. Anche il direttore dell'Istituto voleva impedirlo. È stato ucciso. Chi l'ha ucciso non si ferma davanti ad alcun genere di impedimento. Sa di chi sto parlando. Anch'io lo so. È necessario che continui?»

«No» disse Sondersen. «Dunque lei sperava di poter aiutare il dottor Barski e i suoi colleghi rivelando loro il nome del delatore.»

«Esatto, signore. E speravo, così facendo, di salvarmi la pelle. Già. Non ero più al sicuro da quando lo sconosciuto dal volto pallido mi aveva scoperto. Una volta che il dottor Barski avesse saputo il nome del traditore che aveva ceduto il materiale ai russi, io avrei potuto contare sul sostegno e la protezione degli americani. Mi avrebbero dato documenti falsi, grazie ai quali avrei potuto cambiar vita. Avrei potuto vivere in pace da qualche parte — che idiota sono stato a pensarlo! E adesso sono nella merda fino al collo! Ecco... non osavo uscire dai confini della Francia. E così il dottor Barski mi assicurò che con il dottor Renaud della EUROGEN e il dottor Kaplan di Amburgo mi avrebbe raggiunto, per dissipare la matassa e sollevare un po' di rumore.»

«Così è stato» confermò Eli Kaplan. «Siamo riusciti ad attirare su di noi l'attenzione della polizia. Era l'unico modo — ve lo accennavo poco fa — di smuovere un po' le acque.»

«Allora» fece Sondersen. «Si può sapere chi è il traditore?»

Garibaldi indicò il giapponese. «È il dottor Kiyoshi Sasaki» disse.

31

A un tratto si fece chiaro.

Il fumo si era diradato e il sole splendeva di nuovo nel cielo azzurro.

«Il vento ha cambiato direzione» disse Jacques Collin, spegnendo gli interruttori della luce. «È lei il traditore, dottor Sasaki?»

«Sì» rispose il giapponese senza battere ciglio.

«Ha svelato i risultati delle sue ricerche e anche quelli delle ricerche svolte dagli scienziati di Amburgo?»

«Da anni trasmetto i risultati delle mie ricerche, dei quali dispongo a mio piacimento.»

«E per quanto concerne l'istituto di Amburgo?» chiese Collin senza scomporsi.

«Ho potuto rivelare solo quello che mio fratello Takahito

mi riferiva. Da noi in Giappone i rapporti familiari hanno un'impronta sacra, che niente e nessuno possono guastare. Ci fidiamo ciecamente l'uno dell'altro.»

«Magnifico» disse Collin. «Le splendide virtù d'Oriente! Che noi occidentali abbiamo perduto. Suo fratello Takahito le ha dunque raccontato ciò che fanno ad Amburgo e quello che hanno scoperto.»

«Proprio così, signor commissario.»

«Ma non le ha rivelato i particolari, vero? Non le ha detto niente, per esempio, a proposito di questo virus che si è occasionalmente creato nell'ambito degli studi sul DNA?»

«No.»

Il dottor Sasaki manteneva un contegno dignitoso e calmo che poteva apparire innaturale a chi non avesse conosciuto il temperamento orientale.

«No, non mi ha confidato alcun particolare. E sarebbe stato assurdo chiedergli di farlo. Non mi avrebbe risposto. Mio fratello ha due anni più di me. È un ricercatore eccezionale. Un uomo eccezionale. Ma non mi avrebbe detto altro.»

«Lei sa bene di che si tratta» disse Sondersen.

«Sì, signore.»

«Anche Tak è al corrente di tutto» puntualizzò il dottor Kaplan. «Da quando Gellhorn è stato ucciso, Tak sa che entrambe le potenze lottano per il possesso del virus. Sa che vogliono impadronirsene a ogni costo, anche con la violenza. Il dottor Barski e io abbiamo parlato con Tak, signor Sondersen.»

«Quando?» chiese Norma. No, pensò. Non posso crederci! Fosse vero! Fosse vero!

«Appena abbiamo saputo che suo fratello era il traditore. Abbiamo parlato a lungo, nel reparto Malattie Infettive presso il quale è ricoverato per l'esperimento. Tak ha ammesso di aver sempre raccontato al fratello i progressi delle ricerche. E di avergli detto anche del vaccino che sta testando su se stesso. Parlava amenamente con il fratello. Gli riferiva tutto, salvo i particolari. Non lo avrebbe mai fatto, come lo stesso Kiyoshi ha dichiarato poco fa. Conosciamo bene Tak. Ha un solo scopo nella vita: aiutare il prossimo. Per questo ha scelto la professione dello scienziato. Avrebbe voluto scoprire un rimedio contro la leucemia e le malattie provocate dalle radiazioni. Il suo desiderio è una conseguenza di ciò che accadde a Hiroshima. Sulla città giapponese cadde la prima bomba atomica. Provocò la morte di 260.000 persone. Altre 165.000 rimasero ferite o disperse e ancor oggi gli ospedali sono pieni di gente colpita dalle radiazioni. Anche se nacque nel 1955, dieci anni dopo Hiroshima, Tak è rimasto traumatizzato da questa tragedia. E si è posto l'obiettivo di aiutare l'umanità, di salvare vite umane e di evitare altre tragedie. Anche ora che casualmente abbiamo scoperto questo virus che altera il carattere dell'individuo. Come tutti noi anche Tak vuole impedire che una grande potenza entri in possesso di informazioni precise sul virus e sul vaccino. A differenza di suo fratello Kiyoshi.»

Kiyoshi Sasaki balzò in piedi. Per la prima volta da quando Norma l'aveva conosciuto, forse per la prima volta in vita sua, il giapponese alzò la voce e si mise a urlare come un forsennato. «Sì, al contrario di me! Al contrario di me! Il mio caro fratello Takahito nemmeno immagina di che si tratta! Non ha idea di cosa sono capaci gli americani! E invece dovrebbe sapere. Entrambi abbiamo visto cosa è successo a Hiroshima! Ma lui non odia gli americani per ciò che hanno fatto. Non li detesta per l'orrendo crimine che hanno compiuto il 6 agosto 1945! La prima bomba atomica era un ordigno di dimensioni minime. Eppure ha distrutto una città. Ha ucciso donne, bambini, anziani, giovani, persone sane e innocenti. Ha modificato il patrimonio genetico dei sopravvissuti. Costoro hanno condotto un'esistenza atroce. Beati i morti! I sopravvissuti hanno dovuto sopportare sofferenze inenarrabili. Tormentati da piaghe profonde! Accecati dalle radiazioni! Hanno perso la pelle e i capelli! Le donne gravide hanno dato alla luce feti deformi. Hanno sopportato dolori lancinanti. Finché la morte rendeva loro grazie! E questo per colpa di una sola bomba. Una baby bomba, come è stata definita! La luce dell'esplosione fu così forte che fulminò all'istante migliaia e migliaia di persone.» Kiyoshi Sasaki prese fiato. Aggrappato a una lampada a stelo, ricominciò a urlare: «Con questo crimine gli americani hanno dato inizio a una nuova era per l'umanità. L'era della distruzione totale. Oggi il mondo vive nel terrore. Gli americani per primi hanno osato servirsi delle armi atomiche. Né gli uomini né Dio potranno mai perdonarli per ciò che hanno fatto! Mai! Saranno maledetti in eterno!».

Sasaki mandò un respiro profondo e vacillando si lasciò cadere sul divano. Ansimava.

Nel salone scese il silenzio. Il sole d'autunno era tornato a splendere dopo la tempesta di fumo.

32

Per alcuni minuti regnò il silenzio.

Poi Kaplan disse: «Il traditore è proprio lui. Il mio collega Barski e io abbiamo ritenuto necessario che uno dei due venisse qui a Nizza con il signor Garibaldi e il dottor Renaud e lo facesse nel modo più clamoroso possibile. Per evitare che il governo francese continuasse a esercitare pressioni sui suoi funzionari, dunque anche su di lei, commissario Collin».

«Per quale motivo avete coinvolto Patrick Renaud? Come avete scoperto la relazione fra l'EUROGEN e la clinica del dottor Sasaki?» domandò Sondersen.

«Grazie a me» disse Garibaldi. «Quando prestavo servizio in questa clinica mi accorsi che di tanto in tanto il dottor Sasaki spariva. Si recava in Italia, ma a Ventimiglia perdevo regolarmente le sue tracce. Una volta fortunatamente riuscii a seguirlo fino a Diano Marina, dove prese alloggio in una pensioncina. Si incontrò con Jack Cronyn, il dipendente dell'EUROGEN misteriosamente scomparso dopo la conferenza stampa di Parigi. Nei tre viaggi successivi in Italia il dottor Sasaki incontrò altri due individui. Ne ho parlato al dottor Barski.»

«E come faceva il dottor Barski a sapere che si trattava proprio di Jack Cronyn?» domandò Collin.

«Il dottor Renaud gli aveva mostrato una fotocopia dei suoi documenti.»

«Esatto. Nel monastero di Breisach» confermò Renaud.

«A me invece ha consegnato le fotografie dello sconosciuto dal volto pallido» disse Norma «perché le mostrassi al signor Sondersen.»

«Esatto.» Renaud annuì.

«Ma perché il dottor Barski ha agito di nascosto?» chiese Norma.

«Per non metterla ulteriormente in pericolo» rispose Kaplan. «Credeva che il signor Sondersen non le avrebbe detto tutta la verità a proposito di quelle foto — non avrebbe potuto dirgliela.»

«Ma perché non me ne ha mai parlato?» insistette Norma.

«Per la stessa ragione» disse Kaplan. «Per non farle correre altri pericoli. Sa bene quello che Jan prova per lei, signora Desmond!»

Oh no, no, no! pensò Norma fra sé. I miracoli non esistono.

«Jan è preoccupato per lei» seguitò Kaplan. «Era tutto programmato. La mia partenza per Parigi, l'incontro con Patrick e il signor Garibaldi... Poi lei partì con il signor Westen per Guernsey, per vedere il signor Milland. Ma quando arrivaste Milland era già morto. Jan era più che mai in pena per lei. Perciò la raggiunse. Insieme avevamo deciso di fare qualcosa prima che la spirale di violenza investisse altra gente. Stabilimmo una parola d'ordine: Breisach.»

Norma strinse la testa fra le mani. Non voglio che mi vedano in faccia, disse fra sé. Non devono accorgersi che sto piangendo. Jan, ho creduto che il traditore fossi tu. Non dovevo. Non dovevo. Sentì una mano sulla spalla e senza voltarsi capì che era la mano di Sondersen. Da lontano le giungeva all'orecchio la voce di Eli Kaplan.

«... Il dottor Sasaki ha ammesso di aver rivelato ciò che ha saputo dal dottor Cronyn. Patrick e io lavoriamo allo stesso studio — la ricerca di un virus tramite la manipolazione del DNA che dia risultati efficaci nella lotta contro il cancro. Purtroppo questo virus che ha colpito accidentalmente Tom Steinbach è proprio ciò di cui le grandi potenze hanno bisogno per combattere il nuovo tipo di guerra. Sapete tutti di cosa sto parlando. Il dottor Sasaki non era al corrente dei particolari. Dal suo amato fratello aveva saputo solamente che il virus era stato isolato. E lo ha riferito ai russi. I quali hanno risposto con il ricatto. Ma con Gellhorn le pressioni non hanno funzionato, perciò hanno usato l'arma del terrore. Così si è arrivati alla strage del Circo Mondo.»

«Nella quale hanno perso la vita tante vittime innocenti» disse Renaud. «Ma questo al dottor Sasaki non importò, lo ha ammesso poco fa. Non si pente di ciò che ha fatto. L'odio che cova verso gli americani è superiore a qualsiasi sentimento. L'ha detto lei, vero, dottor Sasaki?»

«Sì» rispose il giapponese che nel frattempo si era ricomposto e aveva riacquistato la sua calma proverbiale. «L'ho detto io stesso. Ho fatto la spia per i russi e sarei pronto a rifarlo. Gli americani sono una calamità per questo mondo. E ci porteranno alla rovina.»

«Sarà» fece Torrini. «Ma mi risulta che anche i russi abbiano costruito qualche bombetta.»

«Le risulta forse che l'abbiano sganciata su qualche città?» chiese Sasaki con un filo di voce. «Anche i russi hanno commesso crimini e ingiustizie. Ma questo no, non l'hanno fatto.»

Si intromise Pico Garibaldi. «È stato il dottor Sasaki a richiedermi direttamente alla GENESIS TWO. Gli americani sospettavano che passasse informazioni ai russi. Sasaki aveva bisogno di un capro espiatorio. Prese me. Mi offrì mezzo milione di dollari, nuovi documenti e una nuova vita. In cambio dovevo rubare dalla cassaforte i dischi in codice e sparire. Io sparii, naturalmente senza portare via niente. Con il mio mezzo milione di dollari.»

«E lei, dottor Sasaki, ha passato direttamente ai russi i dischetti e il codice per decifrarli» disse Sondersen rivolgendosi al giapponese.

«Certo.» Sasaki era sempre più assente. «Ho passato ai russi tutte le informazioni in mio possesso e ho riferito loro ciò che ho appreso da mio fratello.»

«Suo fratello mi ha incaricato di dirle che si vergogna terribilmente di lei. E non la considera più un suo parente» disse Kaplan.

«Il solito ingenuo» commentò Sasaki sorridendo. «Così ingenuo e leggero. Naïf, istintivo, sciocco, credulone... Chiedo scusa. Forse non è il momento di...»

«Ha scelto volutamente un uomo della GENESIS TWO, perché si tratta di un'azienda fantasma sovietica. Ce lo ha rivelato lei stesso» soggiunse Kaplan.

«La GENESIS TWO» ripeté Sasaki. Rideva spensierato. «Senza di me la GENESIS TWO sarebbe...»

«Dottor Sasaki!» gridò Norma.

Nessuno negli ultimi minuti si era occupato di lei. Ora tutti la fissarono impietriti. Si era alzata e aveva impugnato la pistola a grosso calibro che Torrini aveva posato sul davanzale. Norma stringeva l'arma con entrambe le mani e la teneva puntata contro il giapponese.

A un tratto tutti si misero a parlare.

«Signora Desmond, non lo faccia!» le intimò Sondersen.

«Madame! Mi dia subito quell'arma» esclamò Torrini.

«Non faccia una pazzia, Madame!» urlò Collin.

«Fermi tutti dove siete» disse Norma. «Se fate un passo, vi sparo!»

«Ma, signora Desmond...» prese a dire Sondersen. Norma lo interruppe bruscamente.

«Zitto! Devo parlare con il dottor Sasaki. Si alzi, dottor Sasaki!» Il giapponese si alzò. «Quando venni a trovarla insieme al dottor Barski lei mi parlò dei progetti folli e disumani dei potenti, della loro avidità di potere. E parlò delle loro ambizione di creare un uomo su misura. Parlò anche del suo desiderio di creare un mondo migliore, più vivibile — nonostante i potenti. Ci disse delle coppie e delle donne che lei rendeva felici. Era una commedia ovviamente.»

«Una commedia» ammise Sasaki. «Notevolmente proficua, devo dire. Non potevo dirle la verità, Madame! Capisce, vero?»

«Dottor Sasaki» continuò Norma. «Con tutta la sua compassione per le vittime di Hiroshima, si rende conto che il suo tradimento è costato la vita a un sacco di innocenti? L'ultimo è stato Henry Milland. Si rende conto che è lei il colpevole principale della morte di mio figlio?»

Sasaki si inchinò profondamente. «Ho dovuto fare il mio dovere, Madame.»

«Lei è un assassino» disse Norma. La sua voce aveva un timbro calmo e pacato. «Non è stato lei a sparare, ma ha ucciso lei il mio bambino, dottor Sasaki. Quando è morto, avrei voluto morire con lui. Ho continuato a vivere al solo scopo di trovare chi l'ha ucciso. Non so se i pagliacci che hanno ammazzato lui e coloro che hanno ucciso Henry Milland hanno agito per conto dei russi o degli americani. Probabilmente non lo si saprà mai. Ma lei, dottor Sasaki, ha fatto sapere ai russi che ad Amburgo era stato scoperto il virus che essi cercavano, che essi volevano a ogni costo. Presto lo hanno saputo anche gli americani. Grazie ai loro servizi segreti. La mia vita è servita a qualcosa. Ho fatto bene a resistere, perché ho trovato l'assassino di mio figlio. E ora la ucciderò, così come lei ha ammazzato il mio bambino. Aveva sette anni, dottor Sasaki!»

«Signora Desmond!» urlò il commissario Sondersen.

«Indietro!» ribatté Norma. «Indietro! Fermi dove siete! Non voglio sentire nessuno. Zitti. Quando avrò fatto ciò che devo, potrete arrestarmi. Indietro!» gridò ancora una volta.

Gli uomini indietreggiarono. Solo il giapponese le si avvicinò di un passo. E poi di un altro. E un altro ancora.

«Ora le sparo» disse Norma.

«Questo l'ha già detto, Madame» disse Sasaki, andandole

incontro. «Sto aspettando che lo faccia». Un altro passo. «Le sto venendo vicino per evitare che sbagli il colpo. La mia vita è alla fine. A questo punto era previsto che morissi. A quest'ora e in questa stanza. La vita e la morte sono insignificanti quando si tratta di una cosa di importanza superiore.» Sasaki fece un altro passo. «Ma ho paura. Perciò, signora, la prego di sparare. La sicura... Deve toglierla.»

Norma disinnescò la sicura. Clic. Sasaki si trovava ad appena un paio di metri di distanza.

«Mi uccida!» le disse. «Sono l'assassino di suo figlio.»

Piccole gocce di sudore imperlavano la fronte di Norma, annerita dalla fuliggine. Le sue mani stringevano il calcio della pistola. Un dito sfiorava il grilletto.

«La prego, signora!» esclamò Sasaki.

Norma chiuse gli occhi un istante. Poi si accasciò su una poltrona di pelle bianca. L'arma le scivolò di mano e cadde sul tappeto.

Kaplan fece un balzo, afferrò la pistola e la consegnò a Torrini. Poi si chinò sulla donna e le accarezzò i capelli. Il fazzoletto che aveva in testa era caduto. La accarezzò ancora. E di nuovo il silenzio pervase il salone.

Jacques Collin si avvicinò. «Dottor Sasaki, la dichiaro in arresto» disse. «Verrà con me a Parigi.»

«Con quale motivazione?»

«Lei è un cittadino straniero che gode del permesso di soggiorno e di lavoro sul suolo francese. Lei ha condotto i suoi studi per conto e con il sostegno del governo francese. E si è reso colpevole di tradimento a favore di una potenza straniera. Inoltre è corresponsabile dell'attentato terroristico al Circo Mondo, dell'attentato alla Chiesa del Ricordo di Berlino e dell'uccisione di Henry Milland.»

«Non rimarrò a lungo in carcere» ribatté Sasaki. «I russi avranno da ridire sul mio arresto.»

«Ne dubito» obiettò Collin. «Le proteste sovietiche non turberanno certo i francesi. Ha sbagliato paese per commettere un reato di tradimento, dottor Sasaki. È probabile che i russi negheranno di aver ricevuto da lei informazioni. I suoi amici non muoveranno un dito, come hanno sempre fatto in questi casi. Inoltre la dichiaro in arresto per falsa testimonianza in merito al furto che il signor Garibaldi avrebbe commesso. Testimonierà contro di lei. E infine la dichiaro in arresto con l'imputazione di aver commesso esperimenti scientifici atti a fornire le basi per avviare un nuovo conflitto. Le sembra abbastanza?»

Sasaki alzò le spalle.

«Prepari la valigia! Due agenti la scorteranno nelle sue stanze» aggiunse Collin.

Sasaki si avvicinò a Norma, che si era accostata alla finestra e osservava il parco. «Madame!»

Norma non si voltò.

«Madame!» ripeté.

Norma non si mosse.

«Madame, è un vero peccato che non mi abbia ucciso.»

Norma tacque.

«La morte sarebbe stata per me una liberazione. Sì, la liberazione — o la grazia, la salvezza, la libertà, la pace dell'anima.» Kiyoshi Sasaki si voltò e uscì dal salone, seguito dai due poliziotti.

Sondersen si accostò a Norma. Entrambi guardavano il parco con i suoi alberi, le aiuole, la piscina, il giardino giapponese. La tempesta di fuliggine aveva rovinato tutto ciò che vi era di bello. I fiori erano anneriti, le palme si erano tinte di nero, così come la piscina e l'acqua del ruscello. I poliziotti vigilavano immobili davanti alla clinica, anch'essi sporchi e neri di fumo. La luce calda e dolce del sole li illuminava e illuminava gli alberi, i fiori, la piscina, il giardino giapponese e tutto quanto la tempesta aveva distrutto. In fondo, lontano, brillava il mare, imperturbato da tanta violenza, indistruttibile e grandioso nella sua maestosità.

Da occidente arrivava un gruppo di vele bianche, simile a uno sciame di farfalle.

«Una regata» disse Sondersen.

«Sì» fece Norma. «Una regata.» Pensava a Jan.

Come avrebbe potuto guardarlo ancora negli occhi?

«È molto bello. Subito dopo la tempesta» aggiunse Sondersen.

«Sì» rispose Norma. «È magnifico.»

Il commissario le posò una mano sulla spalla. «Sono contento che non l'abbia fatto, anche se capisco il suo stato d'animo. Dev'essere terribile.»

«Sì, è terribile.»

«Passerà.»

«Sì» disse Norma. «Come una tempesta.»

33

«Attenzione, prego» disse una voce di donna all'altoparlante. «La Swiss Air annuncia che il volo 547 per Zurigo con coincidenza per Amburgo partirà con un'ora di ritardo.» La comunicazione fu ripetuta in altre due lingue.

La hall dell'Aéroport International Côte d'Azur era gremita di folla. Anche il giorno seguente l'incredibile tempesta di cenere il sole era tornato a splendere e l'intero organico del servizio di nettezza urbana era al lavoro per ripulire la città. I boschi tuttavia continuavano a bruciare e un numero crescente di turisti si apprestava ad abbandonare la costa, mentre a Lione fervevano i preparativi per il terzo viaggio in Francia di papa Wojtyla.

«Facciamo un salto al bar!» propose il commissario Sondersen. Aveva accompagnato Norma ed Eli Kaplan all'aeroporto, ma si sarebbe trattenuto a Nizza ancora per qualche tempo a causa dell'arresto di Sasaki. Patrick Renaud era partito per Parigi la sera precedente con un volo della Air Inter. Attraversarono la hall e con la scala mobile salirono al primo piano, dove si trovava il ristorante.

«Perché non saliamo al secondo piano?» suggerì Kaplan. «C'è un ristorante molto carino che si chiama *Le Ciel d'Azur*.»

«No» disse Norma. «Fermiamoci qui. Al bar là in fondo.» Si sentiva malissimo. Le mancava solo di tornare in quel ristorante!

Si recarono al bar del primo piano. I due baristi, chini sulla pagina sportiva del *Nice-Matin*, discutevano sui favoriti delle corse di cavalli che si sarebbero svolte la domenica a Cagnes-sur-Mer.

«Okapi d'Or non ce la farà mai ad arrivare nei primi tre» diceva uno dei due. «È un brocco.»

«Guarda qua, invece! Lo danno come il favorito» ribatté l'altro tamburellando con la mano sulla pagina del giornale.

«Questi pronostici non azzeccano mai una corsa, André» aggiunse il primo.

«E allora perché te li leggi?»

«Se è per questo leggo anche l'oroscopo del giorno» rispose André. «Proprio come fai tu. Siamo tutti uguali. Tu fa' come vuoi. Io punto su Sine Die. Primo Sine Die, secondo Narcisse

Viking, terzo Rêve de Mai. Signora, signori, buongiorno. Cosa posso servirvi?»

Sondersen e Kaplan ordinarono un Ricard. Norma chiese un Campari Soda.

Serviti gli aperitivi, i baristi tornarono in un angolo a discutere fra loro.

«Mi stia a sentire, signora Desmond» esordì Sondersen. «Avrei voluto metterla al corrente di tutto.» Sondersen aveva un'aria molto afflitta. «Il nostro accordo è sempre valido, no?»

«Certo» disse Norma, sorseggiando il Campari.

«Al diavolo tu e il tuo cavallo!» esclamò uno dei due baristi. «Chiedo scusa!» aggiunse, accennando un inchino a Norma e ai due uomini. «Sono molto agitato.»

«Si figuri!» disse Kaplan. Dalla pista giungeva il rombo dei motori di un aereo in fase di decollo. «Accennate al fatto di aver sospettato di Jan e di me, non è vero?»

«Proprio così» disse Sondersen.

«Non potevate fare altrimenti.» Kaplan fissò Norma negli occhi. «L'avevamo previsto!» Scosse la testa. «Ora è tutto chiarito, signora Desmond. Sa com'è fatto Jan! Aveva contato sul fatto che sospettasse di lui. Non aveva altra scelta.»

E io che ci sono cascata, pensò Norma. Lassù, al piano di sopra, quel mattino... Avrei dovuto credere in lui. Il mio scetticismo mi rovina la vita. Anche se la maggior parte delle volte ho avuto ragione a essere pessimista.

«Ora sappiamo chi è il traditore. E lei sa chi è il responsabile della morte di suo figlio» disse Kaplan.

«E dovrebbe servirmi da consolazione?» chiese Norma.

«Sì. Credo di sì» rispose Kaplan.

«Non sono troppo d'accordo con lei» disse Sondersen, versandosi dell'acqua nel bicchiere. «Che significa?» chiese Kaplan.

«Sasaki è una spia, lo ha ammesso egli stesso. Ma a questo punto sono fermamente convinto che ci sia un secondo traditore. Ci deve essere.»

«Perché le salta in mente proprio ora?» chiese Kaplan.

«Ogni volta che è successo qualcosa abbiamo ricevuto la telefonata dell'uomo dalla voce distorta e metallica» disse Sondersen. «Sempre. Ad Amburgo, a Berlino, a Guernsey. Era sempre informato con la massima precisione sui nostri spostamenti. Ma questa volta? Mentre eravamo da Sasaki? Questa volta non ha chiamato! Per la prima volta da quando ci occupiamo di questa storia non si è fatto vivo — proprio ora che ci aspettavamo di sentirlo!»

«Ha ragione» esclamò Norma perplessa. «Ha proprio ragione, signor Sondersen. Perché non ha telefonato da Kiyoshi Sasaki?»

«Forse perché non sapeva che ci trovavamo là?» azzardò Kaplan.

«Oppure lo sapeva ma aveva un motivo preciso per non farsi vivo» disse Norma.

«Ci sono almeno un paio di spiegazioni plausibili oltre a quelle che avete citato» specificò Sondersen, passandosi una mano sulla fronte. «Ma è certo che abbiamo a che fare con un secondo traditore e nessuno può prevedere quello che ora succederà. L'arresto di Sasaki ha spinto la questione nella fase critica. Per la prima volta devo ammettere che ho...» Sondersen non disse altro e portò il bicchiere alle labbra.

«Anch'io» disse Norma. «Ho paura.»

34

Alle 14,50 l'aereo sul quale viaggiavano Norma ed Eli Kaplan si posò sulla pista dell'aeroporto amburghese di Fuhlsbüttel. Il clima era ancora molto caldo e pesante e a Norma sembrava di essersi assentata per tre anni e non per tre giorni come era stato in realtà. Insieme al dottor Kaplan espletò le formalità di dogana e attraversò il posto di controllo. La hall degli arrivi era gremita di persone in attesa di amici e parenti. Per un attimo Norma aveva sperato di vedere Barski in mezzo alla folla. Deluso si avvicinò a Kaplan che spingeva i bagagli verso l'uscita.

«Norma!» esclamò una vocetta sottile.

Norma si guardò attorno. Accanto alla porta d'uscita scorse Jeli. Aveva un'aria smarrita nel suo vestitino bianco e agitava il braccio sorridendo. Norma si sentì scoppiare di felicità. La bimba le corse incontro. Norma si chinò. Jeli le si strinse al petto. E poi le porse un mazzo di rose rosse.

«Tieni, sono per te!» Jeli era raggiante.

«Grazie» disse Norma. «Che bei fiori!» Kaplan si era fermato in disparte.

«Sono da parte mia e di Jan» disse Jeli.

«Jan dov'è?»

La bambina indicò il parcheggio. «Laggiù.»

«Perché non è venuto?»

«Ha detto che dovevo venirti a prendere io sola. Sarebbe stata una sorpresa ancora più grossa.»

«Capisco!» Ah, Jan... pensava.

«Se ti va, possiamo tornare al canale. Ho proprio voglia di mangiarmi un buon gelato. Fragola e cioccolato. Vero che ci vuoi andare?»

«Come no!» esclamò Norma.

«Ricordi ancora quando ci andammo insieme?»

«Certo.»

«È passato tanto tempo...»

«Oh sì, tantissimo» rispose Norma. «Quasi tre settimane.»

La Volvo metallizzata di Barski si avvicinò a passo d'uomo. Jan scese e sorridendo andò incontro a Norma.

«Salve» le disse.

«Salve» fece lei e gli si strinse al petto.

«È tutto a posto» fece lui.

«Non sapevo più cosa pensare...»

«Al posto tuo mi sarei comportato nello stesso modo.»

«Davvero?» chiese Norma con un filo di voce.

«Ora basta» disse Barski a voce alta. Salutò Kaplan e lo aiutò a sistemare i bagagli.

«Ve l'avevo detto!» commentò il giovane scienziato. «Mi prenderò anch'io un gelato. Alla vaniglia. Ne vado matto.»

«Siete fantastici» esclamò Norma. «Tutti e due.»

«Può ben dirlo» soggiunse Kaplan.

Barski mise in moto l'auto. I finestrini erano abbassati e il vento caldo soffiava nell'abitacolo. Norma aveva la sensazione di aver ritrovato dei vecchi amici e di compiere insieme a loro una missione comune. Sedeva dietro accanto alla bambina.

«Hai visto?» le domandò Jeli.

«Cosa?»

«Che ho messo le mie scarpe preferite. Quelle bianche e blu. Ricordi? Le ho battezzate Norma e Jan.»

«È vero» disse Norma. «Hai scelto queste scarpe perché sapevi che saremmo andati a mangiare il gelato?»

«Le ho scelte perché c'eri tu» rispose Jeli. «Ed è stato Jan a farmele mettere.»

A volte la vita è tanto bella, pensò Norma fra sé. Soltanto a volte e per breve tempo. Ma quando è così bella...

Più tardi sedevano ai tavolini del bar sulla riva del canale. Spirava una brezza fresca e piacevole e numerose imbarcazioni scendevano o risalivano il corso d'acqua. C'era molta gente anche quel giorno e nell'aria si sentivano vecchie melodie sentimentali. Jeli e Kaplan avevano ordinato una coppa di gelato. Norma aveva preso un tè e Barski una Schweppes. Un velo sottile di nebbia autunnale si alzava sulla superficie del canale. Norma ripensò a ciò che Sondersen le aveva detto poche ore prima a Nizza e provò paura. Le rose rosse erano sul tavolo, davanti a lei.

«*C'est si bon...*» cantava la voce profonda di Yves Montand.

«Ha telefonato Patrick» disse Barski rivolto a Kaplan. «A quanto pare stanno facendo progressi notevoli sulla base dei risultati ottenuti da Tom.»

«L'avevo detto io» rispose l'israeliano.

«Ho consegnato a Patrick tutto il materiale che il povero Tom aveva elaborato prima di morire» spiegò Barski a Norma. «Il metodo sulla base del quale Tak ha sintetizzato il vaccino. Per quanto lo riguarda sta benone e non accusa alterazioni di alcun genere. Nel giro di qualche giorno sapremo se il vaccino è effettivamente valido e garantisce l'immunità. Per ora si direbbe che funziona.»

«Ma com'è possibile?» domandò Norma. «Mi risulta che Patrick e i suoi colleghi di Parigi lavorano con sostanze radioattive — mentre voi avete a che fare con dei virus.»

«È proprio questo l'aspetto straordinario del metodo di lavoro studiato da Tom» le spiegò Barski. «Una metodologia operativa che si applica tanto ai virus quanto alle radiazioni.»

«*... bras dessus, bras dessus, en chantant des chansons...*» cantava Yves Montand.

«Vedi,» seguitò Barski «Tom ha elaborato una teoria che si può applicare in entrambi i campi di ricerca. Non è mai stato così geniale come quando si è ammalato per colpa di quello stramaledetto virus! Quando abbiamo esaminato il materiale raccolto da Tak, Eli e io ci siamo subito resi conto dell'importanza di ciò che Tom aveva fatto. Sulla base dei suoi elaborati è possibile sintetizzare diversi tipi di vaccino. È stato semplicemente geniale!»

«Tom è sempre stato un genio» puntualizzò Kaplan. «Aveva

un'intelligenza lucidissima, corredata da una buona dose di fantasia e di faccia tosta. Insomma, era il perfetto scienziato!»

«Buono il gelato?» chiese Kaplan guardando Jeli e carezzandole la testolina.

«Hmmmmm!» fece lei. «È eccellente. Te l'avevo detto che non c'è niente di meglio di fragola e cioccolato insieme.»

«Io vado matto per la vaniglia» disse Kaplan. «Proprio così, signora Desmond, Tom aveva tutte queste qualità. Ci sono molti scienziati che effettuano esperimenti eccezionali e ottengono risultati validissimi. Ma la maggior parte di essi non riesce a tradurli in pratica e a costruire qualcosa sulla base di ciò che ha scoperto. Basti pensare a quanta gente si è occupata dello studio dell'ereditarietà senza venirne a capo. Fino a quando due ragazzotti di Cambridge, che apparentemente badavano solo al gioco e alle ragazze, hanno scoperto il concetto rivoluzionario della doppia elica del DNA. Mi riferisco a Francis Crick e a James Watson. La scoperta di Tom è paragonabile alla loro.»

«La maggior parte di noi» aggiunse Barski «non ottiene alcun risultato geniale. Si lavora e si fatica, ma questo non conta. Prima di morire Tom ha creato qualcosa di fantastico. Perciò ha inviato tutto il materiale a Patrick, nella speranza che il nuovo metodo possa aiutare nella ricerca di un vaccino contro il virus responsabile del nuovo tipo di cancro. E Patrick dice che il metodo funziona.»

«*... ça vaut mieuxc qu'un million. Tellement, tellement c'est bon...*» cantava Yves Montand. Un assolo di sassofono concluse la canzone. Poi fu la volta di un valzer lento.

«Pensare che non troppo tempo fa te la prendesti con Tom, perché aveva parlato per telefono con Patrick e voleva raccontargli gli ultimi risultati dei vostri studi. Adesso sei tu a consegnargli tutto il materiale!» commentò Norma.

«Già» fece Barski. «È strano, no?»

«I soliti cerchi che si chiudono» disse Kaplan.

«Cosa?»

«La vita è una serie di cerchi che prima o poi si chiudono» spiegò il giovane scienziato.

Anche Alvin lo sostiene, si disse Norma.

«A mano a mano che il tempo passa, si vedono altri cerchi che si chiudono. E se si vive abbastanza da contarne parecchi, significa che si è vissuta una buona vita.»

Un suono acuto li distolse dai loro discorsi. Il suono si ripeté diverse volte. Barski tolse di tasca un apparecchio metallico grande quanto una scatola di fiammiferi. Il suono divenne più acuto.

«Scusate» disse. «Devo fare una telefonata.» Si alzò e si avviò verso il bar.

«È un bip-bip» spiegò Jeli a Norma. «Jan l'ha sempre in tasca. Se in clinica hanno bisogno di lui, lo chiamano via radio e Jan sa che deve telefonare subito.»

Uno degli agenti che li aveva seguiti dall'aeroporto si avvicinò al tavolo. «Il dottor Barski è andato a telefonare?» chiese. «Siamo appena stati avvertiti via radio che il dottor Barski deve mettersi subito in contatto con l'Istituto.»

«Hai visto!» esclamò Jeli.

Quando Barski tornò, Kaplan gli chiese una spiegazione.

«Era Alexandra. Deve mostrarci alcune cose. Mi dispiace, Jeli. Ora ti accompagniamo a casa. Non prendertela!»

«Io? Sono felicissima. E il gelato l'ho già finito. Non riuscirei a mangiarne più nemmeno un cucchiaino.»

Barski chiamò con un cenno il cameriere per chiedergli il conto. Intanto Kaplan gli chiese a bassa voce: «Cosa c'è?».

«Alexandra vuole vederci. Mi ha chiesto anche di Sondersen, ma le ho spiegato che è ancora a Nizza.»

«Forza allora, corriamo in Istituto!»

«No. Alexandra ci aspetta a Bendestorf.»

«Dove?»

«Alla sede del *Welt im Bild*» disse Barski.

35

Sulla collina spirava una brezza leggera. I campi riflettevano la luce rossa e violacea del sole pomeridiano. Barski parcheggiò la Volvo accanto alla costruzione. L'aria profumava di fieno e di bosco.

Faceva fresco nella hall. Alexandra Gordon sedeva accanto a un uomo piuttosto giovane, con la barba e gli occhiali dalla montatura di metallo.

L'uomo si presentò: «Sono Karl Fried. Sostituisco Jens Kander».

«Dov'è Jens?» chiese Norma. Aveva portato con sé il mazzo di rose. Faceva troppo caldo per lasciarle sull'auto.

«È partito» rispose Fried. «Sì, è partito.»

«Cosa?» Norma era sorpresa. «Non mi ha detto che sarebbe dovuto partire. È andato lontano?»

«Sì, parecchio lontano» disse l'uomo con la barba. «Volete seguirmi, per favore? È tutto pronto.» Fece loro strada fino all'ascensore. Qualche istante dopo entrarono nell'ufficio di Kander. Fried tirò le tende, accese il televisore e una piccola lampada da tavolo, e si avvicinò al telefono. Alzò la il ricevitore e compose un numero.

«Sono Fried» disse. «Bene, Charley. Siamo pronti.»

«Si può sapere cosa succede?» domandò Barski.

«Aspetta e lo vedrai» gli rispose Alexandra. Nel frattempo tutti quanti si erano seduti e Norma pensò — con un certo disagio — che la stessa situazione si era già creata non molto tempo prima, quando insieme a Jens Kander aveva preso visione della videocassetta con la registrazione dei funerali della famiglia Gellhorn al cimitero di Starnberg.

Sul video apparvero le cifre 5, 4, 3, 2, 1, accompagnate da una serie di suoni. Poi si vide un giardino inondato di sole.

«Le riprese sono state effettuate a Parigi. Nel giardino dell'Hôpital de Gaulle» spiegò Alexandra.

La telecamera indugiò sui magnifici fiori e si spostò infine sul volto di Patrick Renaud. Lo scienziato indossava il camice bianco.

Le sue mani, il volto e le orecchie erano di colore arancio intenso.

«Come mai, Alexandra?» chiese Barski.

«Abbi pazienza» disse lei. Le immagini cambiarono. Sul video apparve il grande cortile interno dell'ospedale, anch'esso inondato di sole. Sullo spiazzo passeggiava un altro uomo in camice bianco.

«È il...» prese a dire Alexandra.

Norma la interruppe: «Il professor Cajolle! Il presidente del consiglio di amministrazione della EUROGEN di Parigi. Insieme a numerosi colleghi stranieri ha presenziato alle esequie di Gellhorn e della sua famiglia. Ho visto un sacco di sue fotografie in quell'occasione.»

«Sì» confermò Alexandra. «Si tratta del professor Robert Cajolle. Le riprese sono state effettuate con una telecamera nascosta. Cajolle non sapeva di essere filmato.» Il professore, un uomo di media statura, piuttosto robusto, si avvicinò all'obiettivo. Il suo viso, le mani, le orecchie, avevano lo stesso colore arancio intenso che era apparso poco prima sul volto di Patrick Renaud. Lentamente Cajolle sfilò davanti alla telecamera e uscì dallo schermo.

«Dannazione, Alexandra, che significa?» domandò Kaplan.

«I tecnici hanno ripetuto la sequenza» disse l'inglese. «Ora la rivedrete. Ecco...» Sullo schermo apparve di nuovo Patrick Renaud, con le mani e il volto di colore arancio intenso, e dopo di lui il professor Cajolle, con lo stesso colore innaturale di pelle.

«Basta così» disse Alexandra all'uomo con la barba e gli occhiali di metallo. Questi prese il telefono, compose un numero di poche cifre e disse: «Grazie, Charley. Basta così». Si alzò, spense il televisore e aprì le tende.

«Dovete sapere» prese a dire Alexandra «che fin da principio mi ha molto turbato il fatto che il materiale filmato del telegiornale del primo canale tedesco relativo ai funerali di Gellhorn fosse scomparso. Mentre la cassetta del secondo canale televisivo era rimasta al suo posto. In seguito furono rubati anche i filmati delle emittenti francesi relativi alla conferenza stampa tenuta in merito ai misteriosi casi di cancro apparsi fra i dipendenti della EUROGEN. Credo che la signora Desmond abbia imputato la scomparsa del materiale alla presenza sulle pellicole di una determinata persona.»

Norma annuì. «È stato un errore» disse. «Perché la persona della quale sospettavo non aveva preso parte alla conferenza stampa di Parigi. Tuttavia il materiale era stato rubato, ancor prima che fosse trasmesso.»

«Infatti» disse Alexandra. «Vi ho già detto che la faccenda mi turbava. Ho controllato attentamente le fotografie dei funerali pubblicate dai giornali. Vi comparivano tutti i partecipanti. Se in televisione fosse apparso qualcuno che non doveva essere visto, allora non sarebbe dovuto comparire nemmeno sui giornali. Non siete d'accordo? Allora mi sono chiesta se per caso le telecamere elettroniche, con le quali sono state effettuate le riprese televisive, non avessero registrato qualche cosa che i normali apparecchi fotografici non sono in grado di fissare.»

Alexandra continuò la sua spiegazione. «Ho riflettuto sul fatto che da noi e a Parigi si lavora sullo stesso tipo di ricerca.

Sia noi sia i nostri colleghi francesi stiamo cercando di sintetizzare un rimedio contro un determinato tipo di cancro. Noi lavoriamo sui virus, gli enzimi e il DNA, loro trattano sostanze radioattive. Forse nessuno di voi se ne sarà accorto, ma ricordo perfettamente che durante il telegiornale del primo canale televisivo, nel corso delle riprese dei funerali di Gellhorn, quando sullo schermo avrebbero dovuto sfilare i colleghi stranieri, il collegamento video subì un'interruzione. E il programma proseguì con il solo collegamento audio.»

«Gli scienziati stranieri sono stati ripresi anche dalla seconda rete» replicò Norma. «Ho rivisto la cassetta del telegiornale e ricordo perfettamente che non c'erano interruzioni.»

«Anch'io ho rivisto tutto il materiale» disse Alexandra. «Certo, si vedono sfilare i colleghi di Gellhorn. Tutti, tranne uno. Forse in quel momento stava parlando con qualche parente del defunto. Fatto sta che non compare nel filmato. Mentre compariva probabilmente nella trasmissione del primo canale.»

«Vorresti dire che la cassetta del telegiornale è stata rubata a causa del professor Cajolle?» le chiese Kaplan.

«Sì. Ed è per lui che le immagini sono state disturbate» spiegò Alexandra. «Aspetta! Ho telefonato a Parigi a Patrick e gli ho detto di chiedere al suo amico Félix Lorand di *Tele 2*, l'operatore al quale è stato sottratto il materiale del telegiornale, di riprendere lui e il professor Cajolle con una telecamera elettronica. Naturalmente senza farsi vedere da Cajolle. Quelle che avete visto sono le riprese effettuate da Lorand. Ampie porzioni della pelle di Patrick e di Cajolle, riprese con una telecamera elettronica, assumono un colore arancio intenso. La loro pelle ha subìto questa manifesta alterazione in seguito al contatto con determinate sostanze che vengono utilizzate all'EUROGEN.»

36

«È possibile?» domandò Barski al giovane di nome Fried.

«L'ha visto lei stesso, dottore.»

«Ma è possibile che una cosa del genere non sia stata notata prima della messa in onda del programma?»

«Be'» disse Fried «può capitare. Quando le riprese vengono

dirette da un redattore fidato, questi sceglie direttamente sul posto gli spezzoni che ritiene adatti alla trasmissione e li invia qui in sede. Poi monta il servizio e lo correda del commento audio. In questi casi il filmato pronto per la trasmissione viene inoltrato direttamente in cabina di regia per essere diffuso nell'ambito del telegiornale. Di questo filmato si era occupato un redattore fidatissimo. Si chiama Walter Grüter.»

«Ora dove si trova?» chiese Norma.

«Non ne ho la più pallida idea» disse Fried.

«Cosa?» fece Barski.

«Non lo so. Il giorno dopo la trasmissione del filmato, Grüter si sarebbe dovuto recare ad Atene per fare un servizio da diffondere nel nostro settimanale.»

«E poi?»

«È partito da Amburgo ma ad Atene non è mai arrivato» disse il giovane con la barba.

«È scomparso?» chiese Norma.

«Sì. Lo hanno cercato per un bel po' di tempo, ma di lui non si è trovata traccia. Oggi il portiere ha ricevuto questo da parte sua.» Fried prese un nastro e lo introdusse nel registratore. «State a sentire!» Accese l'apparecchio.

Si udì una voce d'uomo calda e profonda. «Buongiorno. Sono Walter Grüter. Mi chiamavo così quando lavoravo per la redazione del *Welt im Bild.* Comunque non importa come mi faccio chiamare ora né dove mi trovo. Faccio parte dei reparti speciali federali. Potete chiedere conferma al signor Sondersen. Sicuramente sarà informato su quanto è accaduto ultimamente. Vi ho mandato questo nastro registrato perché ho saputo che la signora Gordon ha fatto eseguire a Parigi alcune riprese televisive. Come sapete fui incaricato di curare la ripresa dei funerali di Gellhorn a Ohlsdorf. Quando rividi sul monitor del pullmino le immagini, notai che il volto e le mani del professor Cajolle assumevano sul video una colorazione arancio molto intensa. Quel giorno c'era molto da fare in redazione. Le notizie erano molte e tutte importantissime. Informai il mio superiore e gli dissi di quella strana colorazione. Fu deciso di coprire le immagini nelle quali comparivano Cajolle e i suoi colleghi con un'interferenza. In seguito tutto il materiale, compresa la registrazione su videocassetta, avrebbe dovuto essere eliminato.» La voce tacque un momento e poi riprese: «Vi domanderete sicuramente il perché di tutto ciò.

Provate a riflettere! A quell'epoca a Parigi i giornalisti si stavano occupando dei misteriosi casi di cancro verificatisi alla EUROGEN. Il governo faceva di tutto per mettere a tacere la faccenda. Se il filmato che avevo realizzato — le immagini del professor Cajolle non si potevano tagliare per motivi tecnici — fosse apparso integralmente, la stampa francese avrebbe avuto un ottimo appiglio per creare un caso sensazionale. E la gente? Se quelle immagini fossero comparse, sarebbe scoppiata un'ondata di panico, paragonabile a quella suscitata dallo scoppio del flagello del secolo, l'AIDS. Come si sarebbe potuta spiegare l'insolita colorazione delle mani e del volto del professor Cajolle? Con quello che già era successo a Parigi nessuno avrebbe creduto ad alcun genere di spiegazione. E nell'ambito delle ricerche dei colpevoli dell'attentato al Circo Mondo le autorità dello stato avevano insistito perché nel paese non si creasse un'ondata di terrore. Una volta eliminato il materiale in questione, abbiamo avvertito i colleghi dei reparti speciali francesi. Alla conferenza stampa avrebbero preso parte sia Cajolle sia i suoi collaboratori. Ripresi dalle telecamere elettroniche tutti loro sarebbero apparsi con i volti e le mani di colore arancione. E i colleghi hanno impedito che il materiale filmato fosse trasmesso. Buongiorno, signore e signori».

Fried spense il registratore.

«Abbiamo una spiegazione esauriente» disse. «La signora Gordon non si è sbagliata.»

Quando i tre scienziati e Norma, alcuni minuti dopo, lasciarono l'ufficio e attraversarono il corridoio, il giovane con la barba e gli occhiali prese Norma da parte. «Dovrei parlarle, signora Desmond.» La spinse in un angolo della hall. «Poco fa, quando mi ha chiesto di Jens Kander, le ho mentito.»

«Non capisco. Non è vero che è partito?»

«No. Oppure, dipende. Diciamo che è partito per un viaggio molto lungo. Un viaggio senza ritorno.»

«Gli è successo qualcosa?» chiese Norma bruscamente.

«Sì. Si è impiccato» rispose Fried. «Alla finestra del suo ufficio. Ha scelto un modo orribile per farla finita.»

«Quando è successo?»

«Quattro giorni fa. Faceva il turno di notte. La sede era pressoché deserta. L'abbiamo trovato il mattino dopo. In un primo tempo ho creduto che la sua morte avesse a che fare con la storia del materiale rubato. Ma Jens ha lasciato una lettera a sua moglie in cui chiede di perdonare il suo gesto, ma non poteva più vivere.»

«Non poteva più vivere...» ripeté Norma.

«Sì. Nessuno di noi riesce a capacitarsene. Era un uomo in gamba. Godeva di buona salute. Aveva un buon posto e una bella moglie. Si volevano bene. Vivevano in una bella casetta. Abito vicino a loro e posso dire che il loro era proprio un matrimonio riuscito. Gli volevamo tutti bene. Siamo andati tutti ai suoi funerali. E siamo riusciti a tenere segreta la sua fine. Lo conosceva da tanto, signora Desmond?»

«Sì, da tanto» rispose Norma. Jens Kander è morto, pensò. Il povero Jens, tormentato dal senso della vita. La vita non ha senso, per nessuno. Perché esistiamo, si domandava, se tutto ciò che facciamo può essere sbagliato? Perché viviamo? Mi rivolse queste domande l'ultima volta che ci vedemmo. Perché tante sofferenze se non servono a farci diventare più intelligenti e più onesti, più gentili e meno malvagi? Jens ha preso una corda e si è impiccato. Povero Jens Kander.

Da lontano le giungeva all'orecchio la voce di Karl Fried. «... lei, che lo conosceva da tanto tempo, ha un'idea del motivo che può averlo indotto a compiere un gesto così grave?»

«No» disse Norma. So perché l'ha fatto. Ma non lo dirò a nessuno. Non ho potuto aiutare Jens. E non ha senso parlarne ora. «No, non ne ho la minima idea. Sono molto turbata. Dove ha detto che si trova il cimitero?»

«Proprio dietro casa mia.»

«Allora prenda queste rose» gli disse. «E le deponga sulla sua tomba. Era un buon amico. Un bravo ragazzo.»

Raggiunsero gli altri. Cosa diceva poco fa Kaplan, al bar sulla riva del canale? Che la vita è una serie di cerchi... Un altro cerchio si era chiuso.

«Norma!»

La donna trasalì. «Cosa c'è?» chiese.

Barski le corse incontro. «Il tuo giornale...» Era senza fiato. «L'editore ha appena ricevuto una telefonata anonima... pare che ci sia una bomba. Fra mezz'ora l'intero edificio salterà in aria.»

37

Tre automobili sfrecciarono sulla collina. Nella prima sedevano Norma e Barski con due agenti di polizia. Speravano di apprendere ulteriori notizie via radio. Sulla seconda auto viaggiava Alexandra Gordon con gli uomini di Sondersen, mentre Eli Kaplan guidava la Volvo di Barski. L'autista della prima auto della polizia aveva azionato la sirena e la luce blu lampeggiante. Il microfono trasmetteva ininterrottamente i messaggi della centrale. A un tratto giunse una comunicazione diretta proprio alla loro pattuglia.

«Peter Ulrich! Chiamo Peter Ulrich!»

L'autista si chinò sul microfono, alloggiato accanto al volante.

«Qui è Peter Ulrich.»

«Qui Caesar Viktor. Vi informiamo che una squadra di agenti e di artificieri si è recata presso la sede dell'*Hamburger Allgemeine.* I dipendenti del giornale stanno abbandonando l'edificio. Per sicurezza sono state evacuate anche le case vicine. Il quartiere è stato bloccato. L'esplosione dovrebbe avvenire fra 24 minuti. Chiudo.»

«Grazie, Caesar Viktor» disse l'autista. E rivolto ai passeggeri aggiunse: «Grazie al cielo la maggior parte delle volte si tratta solo di mitomani. Gente che vuole seminare il panico. Raramente le bombe ci sono davvero».

«Ma...» fece il collega. «Non troppo raramente. Tant'è che le prendiamo sempre sul serio. Non mi piacerebbe fare l'artificiere. Non si sa mai.»

Una ruota dell'auto finì in una buca e l'autista per un soffio non perse il controllo del veicolo.

«Scusate» disse.

Il microfono trasmetteva altre comunicazioni...

«Come operate in queste situazioni?» chiese Barski.

«Lei cosa farebbe per prima cosa, se ricevesse una telefonata minatoria?»

«Avvertirei immediatamente la polizia.»

«Esatto. La polizia manda sul posto specialisti e cani poliziotto — ha sentito lei stesso la comunicazione diramata via radio poco fa. Per guadagnare tempo, la gente presente nell'edificio è stata avvertita e si è chiesto loro di controllare tutti gli oggetti sospetti — borse, sacchetti, valigie e così via.»

«Vuole dire che si dà credito all'autore della telefonata minatoria.»

«Non necessariamente. La telefonata è arrivata. Se la bomba effettivamente c'è e nessuno la trova, l'intero edificio può saltare in aria, no?» disse l'autista. «Diverse aziende — e il vostro giornale è una di queste — hanno ricevuto più di una volta questo tipo di minacce telefoniche. L'allarme generale è già scattato altre volte. Ogni dipendente, dopo aver controllato il suo posto di lavoro, deve abbandonare al più presto l'edificio. Nel caso trovasse qualcosa di sospetto, allora deve strillare più forte che può finché arriva l'artificiere.»

Il breve convoglio di auto raggiunse il raccordo autostradale per Hannover e si mescolò al traffico. La sirena e la luce lampeggiante della prima Mercedes erano sempre in funzione. Le tre auto viaggiavano sulla corsia di sorpasso a velocità sostenuta.

«Gli specialisti e i cani poliziotto» continuò l'autista «devono essere accompagnati da qualcuno che conosce molto bene l'edificio. Prima di tutto si perlustrano gli ambienti più frequentati. Sale, ascensori e altri luoghi aperti al pubblico. Gabinetti e così via.»

«È molto rischioso» commentò Norma.

«Sì. Fortunatamente non sempre c'è una bomba a ogni telefonata.»

Il vento contrastava la direzione di marcia.

«Peter Ulrich» disse una voce al microfono. «Qui Caesar Viktor. Chiamo Peter Ulrich.»

«Peter Ulrich» rispose l'autista chinandosi sul microfono. «Qui Peter Ulrich, dite pure.»

«Nessuna traccia. Mancano 17 minuti all'ora X. Dove siete?»

«In autostrada. A una ventina di chilometri dal ponte sull'Elba.»

«Grazie, Peter Ulrich. Presentatevi direttamente al commissario Sondersen. Avete capito?»

«Sissignore, Caesar Viktor. Chiudo.»

«E se la bomba c'è per davvero?» domandò Barski. «Cosa succede in questo caso?»

«Dipende» rispose l'autista. «Dal tempo di cui si dispone. Dal tipo di ordigno. Le variabili sono parecchie. Comunque la bomba viene chiusa in un recipiente metallico a forte tenuta. Quando è possibile la si porta altrove e la si fa esplodere. Se invece il tempo stringe l'artificiere la disinnesca in loco. E spostati adesso!» L'agente suonò due volte il clacson e fece spostare una Cadillac sulla corsia di destra. «Ci sono degli esperti bravissimi» disse. Poi tacque e nessun altro parlò. Il microfono trasmetteva continuamente i messaggi alle diverse pattuglie di polizia.

Il sole illuminava il panorama. Campi, prati e boschi sfrecciavano ai lati dell'autostrada. Poi Caesar Viktor si rimise in contatto con l'equipaggio della Mercedes per comunicare che mancavano ormai solo 9 minuti all'ora X e della bomba non s'era ancora trovata traccia.

«Merda» esclamò l'autista.

«Come mai il signor Sondersen è già ad Amburgo?» chiese Norma. «Aveva parecchio da fare a Nizza.»

«Non saprei. Come avete sentito, dobbiamo portarvi al comando operativo. È lì che il commissario Sondersen si trova in questo momento.»

«Ed è il posto più sicuro per voi» aggiunse il suo collega.

Norma guardò Barski negli occhi. «A cosa stai pensando?»

«Che è una grossa illusione quella di sentirsi al sicuro» rispose il dottore, posando una mano sulla sua.

Trascorsero alcuni minuti. E di nuovo si udì la voce al microfono. Questa volta aveva un tono concitato e teso. «Peter Ulrich! Peter Ulrich! Qui Caesar Viktor!»

«Qui Peter Ulrich. Cosa c'è?»

«Hanno trovato la bomba.»

«Oh Cristo!» esclamò l'autista. «Allora c'era davvero.»

«Un momento, Peter Ulrich. C'è una comunicazione per voi. Dove si trovano la signora Desmond e il dottor Barski?»

«Sono sulla nostra auto.»

«E la dottoressa Gordon?»

«È dietro di noi. Il dottor Kaplan guida la Volvo del dottor Barski.»

«Bene. Il suo collega accompagnerà la signora Gordon all'Istituto e resterà con lei. Voi invece dovete accompagnare la signora Desmond e il dottor Barski all'agenzia di pompe funebri Eugen Hess in Uhlenhorster Weg. Segnalate al dottor Kaplan di seguirvi.»

«Agenzia di pompe funebri Hess in Uhlenhorster Weg? Mi prendete in giro?»

«No, non stiamo scherzando. È un ordine del commissario Sondersen. Recatevi all'indirizzo che vi ho dato.»

«Ma perché proprio lì?»

«Non lo so. Il signor Hess ha telefonato al comando operativo e ha parlato con il signor Sondersen. Dopodiché ci è stato detto di avvertirvi. Dirigetevi dove vi abbiamo detto. I vostri colleghi mi hanno sentito? Pronto! Ludwig Theo! Mi sentite?»

«Forte e chiaro, Caesar Viktor. Accompagniamo la signora Gordon all'Istituto.»

«Bene. Ludwig Theo! Un momento... un momento... richiamo subito...» La voce tacque. Il microfono trasmise dei brusìi e delle interferenze. Poi: «Qui Caesar Viktor. A tutte le auto! A tutte le auto! Abbiamo appreso poco fa che la bomba è stata trovata. Gli artificieri si apprestano ad avviare l'operazione di disinnesco».

«Che lavoro di merda!» commentò l'autista pensieroso.

«Per l'ultima volta. Ludwig Theo all'Istituto con la signora Gordon. E Peter Ulrich all'agenzia di pompe funebri in Uhlenhorster Weg.»

38

Giunsero in Uhlenhorster Weg. Davanti al grande negozio con la vetrina di specchio nero dall'insegna dorata

AGENZIA DI POMPE FUNEBRI
EUGEN HESS
SEPOLTURE TRADIZIONALI E CREMAZIONI
TRASPORTI IN TUTTO IL MONDO
APERTO 24 ORE SU 24

Sostavano tre auto della polizia. La Mercedes e la Volvo di Barski si fermarono accanto al marciapiede.

Norma, Barski e Kaplan entrarono nella sala d'aspetto. Due uomini vestiti di nero erano in piedi accanto al maestoso feretro attorniato da grosse candele. Faceva piuttosto fresco. Gli altoparlanti nascosti diffondevano le note di una sinfonia di Chopin. Quando sono stata qui l'ultima volta? si domandò Norma. Un altro cerchio stava per chiudersi...

«Sono...» prese a dire Barski, ma uno dei due uomini lo interruppe. «Lei è il dottor Barski. Con lei ci sono la signora Desmond e il dottor Kaplan. Vi stanno aspettando. Volete seguirmi?»

L'uomo vestito di nero, con la camicia bianca e la cravatta a lutto, fece loro strada nell'ufficio privato di Eugen Hess. Quando entrarono nella stanza l'anziano signore si alzò. Con lui c'erano l'editore Hubertus Stein, il commissario Sondersen e il vecchio Alvin Westen. Norma presentò Barski all'editore, un uomo alto e slanciato, dal volto sottile e la fronte alta. Stein aveva un pessimo aspetto. Prima di salutare Sondersen, Norma corse ad abbracciare Alvin.

«Abbiamo avuto fortuna» disse il commissario quando tutti si furono seduti. «E dei bravi cani poliziotto. Uno di loro ha scovato l'ordigno, nascosto nell'archivio. Sotto a un tavolo, in una vecchia borsa. Era una bomba molto potente, che avrebbe fatto saltare in aria redazione e tipografia, provocando danni ingenti alle case circostanti. Aveva una carica esplosiva potentissima.»

«Quando è arrivato da Nizza, commissario?» chiese Norma.

«Due ore fa. Avrei dovuto fermarmi là. Dovevo sbrigare ancora alcune cose con la polizia locale. Ma avevo un brutto presentimento. Perciò ho chiesto scusa al commissario Collin e sono ripartito per Amburgo. È difficile che il mio intuito mi tragga in inganno. E non mi ha sorpreso il fatto che il signor Hess ci abbia pregato di venire al più presto da lui.»

Sondersen aveva gli occhi rossi. Norma pensò che non dormiva da almeno tre giorni. «Prego, signor Hess. Immagino che abbia qualcosa da raccontarci.»

L'anziano signore sfiorò con lo sguardo la pergamena incorniciata di nero appesa alla parete. Norma seguì la direzione dei suoi occhi. Sulla pergamena era incisa questa massima:

PERCHÉ TREMARE ATTERRITI DI FRONTE ALLA MORTE
CHE CI ASPETTA INESORABILE?
Friedrich Schiller
La Pulzella d'Orléans

Sono stata qui quando cercavamo il cadavere di Tom Steinbach. Mi sembra che sia passata un'eternità. E invece sono trascorse poche settimane. Il tempo. Cos'è il tempo?

Hess sedeva dietro la scrivania straripante di carte. Sulla destra era posato il vaso di ceramica nera con i crisantemi di seta bianca. Una luce soffusa illuminava la stanza tappezzata di nero. L'ultima volta che sono stata qui, pensò Norma fra sé, ho sentito le note di una musica funebre.

«Ho una grave colpa da confessare» esordì Eugen Hess. «Una colpa infinitamente grande. D'altro canto... non avrei mai immaginato che saremmo giunti a questo punto... che fosse così pieno d'odio... da essere pronto a tutto...»

«Di chi sta parlando?» chiese Kaplan.

«Del suo fratellastro» rispose Sondersen.

Hess premette le mani livide fra loro.

«Lo conosciamo?» chiese Norma a sua volta.

«Oh sì» disse l'editore Stein. «Sì, cara signora Desmond.»

«Chi è?»

«Il nostro redattore capo» disse Stein, abbassando la testa. «Il dottor Günter Hanske.»

39

«Hanske è il suo fratellastro?» Norma fissava Hess con aria stupefatta.

«Sì, signora cara» disse piano costui. «Il signor Sondersen ne è al corrente da tempo. Ha sicuramente indagato su di noi fin da principio.»

Sondersen annuì.

«Sa molto, ma non tutto sul mio fratellastro» aggiunse il signor Hess. «No, non può sapere tutto di lui. Quando ho sentito alla radio che alla redazione del suo giornale, signor Stein, c'era una bomba, non ho esitato a telefonare al commissariato e a mettermi in contatto con il signor Sondersen. Ho capito che era giunto il momento di aprire il libro. Che non potevo più proteggere Günter. L'odio deve avergli fatto perdere il lume della ragione. Non ha più paura di nulla e di nessuno. E pensare... E pensare che siamo figli della stessa madre, non è vero? Vi prego...»

«Sono io a pregarla di raccontarci ciò che fino a questo momento ci ha tenuto nascosto» disse Sondersen. «Al suo fratellastro ci stanno pensando in molti. Lo troveranno, chissà. Ha studiato genialmente la sua fuga, mascherandola con l'attentato alla sede del giornale. Bene, signor Hess, ci dica!»

«È una storia tremenda» disse Hess. «Anche se non giustifica il comportamento di Günter. Ma è terribilmente tragica, questo sì. E dimostra una volta per tutte a cosa possono condurre la politica, la fede in una ideologia, il vittimismo e il coraggio, la bestialità degli uomini e un trauma infantile... sì, proprio così» disse amareggiato l'anziano signore. Prese fra le mani un crisantemo di seta e si schiarì la voce. «Veniamo ai fatti. Mio padre, Wilhelm Hess, si occupò di quest'azienda come suo padre e suo nonno prima di lui. È una delle più antiche imprese della città. Nel 1924 mio padre sposò una certa Viktoria Klarswick. I Klarswick erano una delle famiglie più in vista di Amburgo. Nel 1925 nacqui io. In un primo tempo il matrimonio di mio padre fu molto felice. Ma dopo qualche anno i miei genitori iniziarono ad allontanarsi l'uno dall'altro.» Mentre parlava Hess spostava le carte da una parte all'altra della scrivania. «Quando sposò mio padre — un uomo molto più anziano di lei — mia madre, che ricordo come una donna bellissima, aveva appena compiuto diciotto anni. Era appassionata di politica e parteggiava apertamente per il comunismo. I suoi genitori erano indignati. E lo stesso i genitori di mio padre. Provate a immaginare — due famiglie benestanti della borghesia amburghese. E mia madre una comunista sfegatata! Non sto esagerando! Sfegatata!» Hess sfogliò la pila di carte. «Naturalmente ho appreso queste cose a distanza di parecchi anni. Quando mio padre chiese la separazione, ero soltanto un ragazzino... Proprio così, mio padre dovette chiedere la separazione perché l'atteggiamento di mia madre era diventato insostenibile in società... e incompatibile con il suo lavoro! Egli amava mia madre, ne sono certo. Me lo ripeté lui stesso sul letto di morte... L'ha amata per tutta la vita e non si è più risposato.» Hess si passò una mano sugli occhi. «Nel 1930 il matrimonio fu sciolto. Mia madre se ne andò da Amburgo.»

«Dove andò?» chiese Norma.

«In un primo tempo a Monaco» disse Hess. «Incontrò un uomo che la pensava come lei, un comunista fanatico e convinto che si chiamava Peter Hanske. Combatterono insieme contro il nazismo, che allora imperversava.» Hess sospirò. «E lottarono anche contro i socialdemocratici. Se comunisti e socialdemocratici avessero creato un fronte compatto contro il nazismo, ci avrebbero risparmiato Hitler e il Terzo Reich.» Nel grande ufficio era calato un silenzio così profondo che si sentivano in lontananza le note della sinfonia di Chopin. Era una musica triste. Adatta al luogo e alla circostanza. Norma si sentiva a terra. Pensava a Günter. Da quanti anni lavorava con lui. Quante confidenze le aveva fatto sulle sue avventure galanti. Era convinta di conoscerlo bene. Günter Hanske. Con il parrucchino che gli scivolava sempre dalla testa. Il suo amico Günter Hanske...

«Invece,» proseguì Hess «invece di collaborare, comunisti e socialdemocratici lottavano fra loro, e i nazisti presero il potere. Prima che ciò accadesse, nel 1931, mia madre Viktoria sposò Peter Hanske, di professione editore. Si sposarono in gennaio. Alla fine dell'anno mia madre diede alla luce il suo secondogenito, il mio fratellastro Günter. Nel 1934 la famiglia riuscì a sfuggire alla persecuzione nazista e scappò a Mosca.» Afflitto, Hess seguitò: «Sì, ripararono a Mosca. Era il periodo d'oro di Stalin. E un bel giorno, nel 1936, il padre di Günter fu arrestato, non si sa per quale imputazione. Mia madre, la madre di Günter, non lo rivide mai più. Alcuni mesi dopo le comunicarono che era morto in carcere. Polmonite. Allora Günter aveva cinque anni. Quello che vi racconto l'ho saputo da lui, parecchi anni dopo la guerra. Mia madre probabilmente sapeva che il suo uomo era stato ucciso nel corso di una delle tante operazioni di epurazione ordinate dal regime. Ma non provava odio per il partito. Credo addirittura che ritenesse giusta la sua eliminazione. Di certo suo marito aveva danneggiato il partito. E il partito ha sempre ragione, no? Fece autocritica e chiese al partito di inviarla in Germania a compiere qualche missione speciale.»

«Sì» disse Westen. «Queste cose sono accadute per davvero...»

«Proprio così, signor ministro» disse Hess. «Lei stesso avrà conosciuto tante di queste persone.»

«Sì» ammise Westen. «Ne ho conosciute parecchie. Gente straordinaria. Che credeva fermamente nel comunismo, come i cattolici credono in Dio. Il comunismo era il loro credo. E per il comunismo erano disposti a sacrificare la loro vita, come i martiri cristiani.»

Ideologie... ideologi... pensava Norma fra sé. Ci risiamo. Anche l'ideologia più perfetta, data in pasto all'umanità, si trasforma in qualcosa di terribile, crudele e malvagio.

«Mia madre,» soggiunse Hess «ovvero la madre di Günter, era predestinata per questo tipo di missioni. Le diedero un nome di battaglia e la mandarono all'estero, facendola passare per la Finlandia. Nel tempo che seguì, questa donna infelice e ammirevole portò a termine nell'interesse del partito numerose missioni pericolosissime, nel corso delle quali mise a repentaglio la propria vita e quella del figlioletto, che aveva sempre con sé... Qualunque politica Mosca decidesse di perseguire, per mia madre era quella giusta. Sempre. Finché nel 1939 Molotov e Ribbentrop firmarono il patto di non aggressione e si spartirono la Polonia. Russi e nazisti giunsero a un compromesso! Per mia madre era troppo. All'epoca stava svolgendo una missione in Olanda. Era lagorata dalla tensione, dagli strapazzi e dai pericoli. Quando seppe di questo accordo mostruoso il mondo sembrò crollarle addosso. Non ce la faceva più. Decise di morire. E masticò la capsula di veleno che il partito le aveva dato. E si avvelenò.»

«Allora morì sul suolo olandese?» domandò Barski.

«No» disse Hess. «Il veleno non fu abbastanza potente per ucciderla. I vicini la trovarono in condizioni gravissime. I medici lottarono per giorni e giorni per salvarle la vita. E la salvarono. Alcuni compagni le fecero visita. Quando si alzò dal letto, era la stessa di prima. Si sentiva in colpa per aver dubitato dell'operato del partito. Il partito sapeva ciò che faceva. Se aveva stipulato quell'accordo, c'era una ragione. L'Unione Sovietica doveva tutelarsi in qualche modo, poiché non era pronta a subire un'aggressione da parte di Hitler. E aveva pertanto optato per la soluzione più saggia, non è vero?» Hess tacque. Per qualche tempo nella stanza regnò il silenzio. «Perciò mia madre riprese a combattere. Ottenne missioni sempre più rischiose. Era convinta di dover scontare la sua colpa affrontando compiti sempre più difficili. E li ottenne, uno più pericoloso dell'altro. Riuscì a sopravvivere. Era la sua fede incondizionata nella vittoria del comunismo, nella più forte dottrina del mondo, a infonderle tanto coraggio, a renderla così forte e baldanzosa. Quando la guerra finì lei e Günter si trovavano a Berlino. Nel frattempo mio fratello aveva compiuto 14 anni. Nostra madre l'aveva nascosto nella cantina di un rudere. Un giorno si trovava anche lei in quel rifugio quando arrivarono alcuni soldati dell'Armata Rossa. Lei... lei...» Hess parlava a stento. «Era un pomeriggio... mi disse Günter a distanza di anni... e sentì nostra madre gridare e cercare aiuto... Allora egli lasciò il suo nascondiglio e attraverso una breccia nel muro scivolò giù in cantina... e laggiù... vide nostra madre... nuda... in una pozza di sangue... e una dozzina di soldati ubriachi... che... che la violentavano... la picchiavano e la ferivano... Günter osservò la scena nascosto dietro una parete. Non poteva muoversi, non riusciva a strillare, non riusciva a fare nulla... guardava la mamma nuda e sanguinante... e i soldati che le saltavano addosso...» Hess non poté dire altro. Nella stanza calò di nuovo il silenzio e di nuovo si udirono le note della musica funebre.

40

Infine Hess riprese a parlare.

«Questa volta la mamma non guarì. Non si riprese dalla violenza che aveva subìto. Impazzì. E dopo il ricovero in ospedale fu trasferita in una clinica per malattie mentali. Potete immaginare come funzionassero allora questo tipo di istituti. Günter fu internato in un orfanatrofio. Nel 1949, per la prima volta, ottenne il permesso di andare a trovare la mamma. Lei non lo riconobbe. Chiamò un'infermiera e urlando come una forsennata pretese che facesse allontanare lo sconosciuto dalla sua stanza. Qualche settimana dopo il cuore le cedette e morì. Alle esequie parteciparono solo Günter e il suo tutore. Non ci fu nemmeno il prete. E da quel giorno Günter covò un solo pensiero, fisso e insistente: Devi vendicare tua madre. Devi vendicare la sua morte. Al diavolo i russi! Che siano maledetti in eterno!»

Avevano a che fare con due uomini agli opposti estremi. Da una parte Sasaki, che odiava gli americani perché avevano lanciato su Hiroshima la prima bomba atomica della storia. E dall'altra Hanske, che detestava i russi per ciò che avevano fatto a sua madre. Due uomini. Due traditori. Con un unico movente: l'odio. Era comprensibile il loro atteggiamento? Sì, sì... si disse Norma. Cos'è questo mondo, se non un sogno infernale?

«La ringrazio, signor Hess» disse Sondersen in tono sommesso. «Sospettavo qualcosa di simile. Come faceva l'uomo dalla voce metallica a sapere con precisione tutte le nostre mosse? Hanske era l'unico che poteva informarlo. E la signora Desmond lo teneva costantemente al corrente dei nostri spostamenti e delle nostre operazioni. Una volta sola non lo informò per tempo, perché era di fretta. Ricorda, signora Desmond? Quando partì da Guernsey insieme a me, diretta prima a Parigi e poi a Nizza. Allora le chiesi come mai secondo lei dal dottor Sasaki non era giunta la solita telefonata anonima. Ora sappiamo il perché. Perché lei non aveva informato Hanske dei suoi spostamenti. Quando me ne sono reso conto, sono partito per Amburgo. Hanske aveva finalmente trovato un modo per vendicare sua madre. E fino in fondo! Il suo odio per i russi ha permesso agli americani di esercitare una forte pressione psicologica su di lei, su noi tutti. Ma da Guernsey lei non ha informato il dottor Hanske, il quale a sua volta non ha potuto avvertire gli americani. E si è reso conto di essere in pericolo. Doveva scomparire, al più presto. E la cosa migliore era approfittare della confusione creata dalla notizia della bomba.»

«È mio fratello» disse Hess. «Pensi di me quello che vuole, commissario. Ma spero che riesca a fuggire.»

Nessuno rispose.

Lo spero anch'io? si domandò Norma. Lo spera anche Alvin? E Jan? Sondersen? Si può sperare una cosa del genere?

Il telefono sullo scrittoio si mise a squillare.

Hess alzò il ricevitore e rispose. «Un momento» disse e porse la cornetta a Sondersen. «È per lei.»

«Sì?» Il commissario rimase un momento in ascolto. «Grazie» disse poi e riappese. Guardò Hess negli occhi. «La sua speranza è andata in fumo.»

«Avete preso...» Hess non riuscì a dire altro.

«Sì» disse Sondersen. «Günter Hanske è stato arrestato. Dalla polizia danese. Era ricercato da questa mattina. La polizia di frontiera l'ha riconosciuto. Nonostante si fosse tolto il parrucchino e avesse con sé documenti falsi.»

«Senza parrucchino?» domandò Norma. «L'hanno riconosciuto ugualmente?»

«Sì» disse Sondersen. «Oltre alle fotografie è stato diramato anche un identikit di Hanske. Sul quale compare senza parrucchino.»

41

Quattro giorni dopo, martedì 7 ottobre 1986, si ebbero finalmente i risultati definitivi di tutti gli esami clinici sostenuti da Takahito Sasaki. Rispetto agli esami effettuati in precedenza dal paziente non era subentrata alcuna alterazione. Questo significava che il vaccino testato da Sasaki era efficace.

Il giapponese lasciò il reparto Malattie Infettive. I suoi colleghi si congratularono con lui. Ma nessuno palesava sentimenti di trionfo e di allegria, specie lo stesso Sasaki, profondamente scosso dal tradimento perpetrato dal fratello.

Alle 12,45 di quello stesso giorno la campanella della scuola di Jeli si mise a squillare, segnando la fine delle lezioni. Tutte le scolare uscirono dall'aula e la maestra accompagnò Jeli nell'atrio d'ingresso dove ogni giorno la aspettava un agente della scorta messa a disposizione dei Barski dal commissario Sondersen. Un agente accompagnava la piccola a scuola tutte le mattine e la affidava a un membro del corpo insegnante e durante le ore di lezione una pattuglia di polizia vigilava davanti all'istituto.

Anche il 7 ottobre un giovane sorridente e baldanzoso attendeva nell'ingresso la piccola Jeli, che arrivava con la maestra dalle scale. Salutò cortesemente.

«Buongiorno. Mi chiamo Paul Krasner.» Mostrò all'insegnante il documento di riconoscimento con il timbro di servizio del distretto di polizia. C'era una sua fotografia sul tesserino. «Sostituisco Karl Teller, l'agente che solitamente ha Jeli in custodia.»

L'insegnante aveva osservato scrupolosamente il documento e il timbro del distretto e lo restituì all'agente.

«La madre del signor Teller ha avuto un infarto ed è stata ricoverata in ospedale. Il mio collega è da lei.»

«Capisco» disse la maestra. «Mi dispiace. Arrivederci. Ciao, Jeli.»

«Arrivederci» rispose Krasner mentre la donna si allontanava. «Vieni, piccola. Saliamo in macchina.»

Prese la bambina per mano e uscì sulla strada. Fatto qualche passo, Jeli si fermò.

«Cosa c'è?» le chiese Krasner. Il cortile della scuola era deserto.

«Perché non l'ho mai vista?» domandò Jeli.

«Lavoro al distretto. Karl Teller è un mio amico. È stato lui a chiedermi di sostituirlo.»

«Non so» disse Jeli. «Lei è molto gentile, ma vorrei telefonare a mio padre.»

«Certo, piccola» le rispose l'uomo. «Certo. Aspetta un attimo! Hai una macchia nera sulla fronte.» Si tolse di tasca un fazzoletto. E senza indugiare lo premette sul naso e sulla bocca della bambina. Il fazzoletto era freddo e bagnato. Jeli sentì un odore forte e penetrante. Cercò disperatamente un po' d'aria. Poi perse conoscenza.

Le 12,51.

Nell'ufficio di Barski squillò il telefono.

«Sì?» Barski sollevò il ricevitore.

La voce della signora Vanis gli annunciò: «Il signor Sondersen».

Subito dopo la voce del commissario disse: «Ho brutte notizie per lei. Sua figlia è stata rapita».

Barski sedeva immobile dietro la scrivania. Avrebbe voluto dire qualcosa. Ma non riusciva a parlare. Gli altri capirono che era accaduto qualcosa di grave. Il silenzio calò nella stanza.

«Incredibile» disse Sondersen. «Ma è successo. Non abbiamo la minima traccia.»

Con enorme fatica Barski riuscì a domandargli: «Come hanno fatto?».

«L'auto di scorta era parcheggiata davanti alla scuola, come sempre. Poco prima che Teller — uno degli agenti che sorvegliano la bambina abitualmente — scendesse dall'auto per andarla a ritirare all'uscita della scuola, due individui si sono avvicinati all'auto. I finestrini erano abbassati, dato che faceva piuttosto caldo. All'improvviso i due hanno estratto dei fazzoletti imbevuti di cloroformio e hanno stordito gli agenti. Probabilmente si tratta di ottimi professionisti. Nessuno si è accorto di quello che stava succedendo. Non ci sono state date descrizioni dei due. Non sappiamo nemmeno se sono donne o uomini.»

«Oh Dio» esclamò Barski.

«Cosa c'è?» chiese Norma.

Barski non le rispose.

«Gli agenti sono rimasti in stato di incoscienza per cinque minuti circa. Quando si sono ripresi, sono corsi all'uscita della scuola. Hanno cercato la bambina dappertutto. Ma non l'hanno trovata. Un'insegnante ha detto loro che la piccola era stata ritirata da un poliziotto. L'uomo le aveva mostrato i documenti vidimati dal distretto. Un certo Paul Krasner. Naturalmente era materiale falsificato. Sono spiacente...»

«Sì, sì, sì» disse Barski. «E adesso che facciamo?»

«Stiamo setacciando la città. Abbiamo mobilitato tutte le forze di polizia. Speriamo di avere successo.»

«È molto probabile che non troverete nulla.»

«La prego, dottore! Si metta nei nostri panni! Non possiamo appiccicare alla bambina un poliziotto giorno e notte.»

«Non le ho mai chiesto di farlo. Del resto che importa adesso discutere di queste cose!»

«Al diavolo!» esclamò Kaplan. «Hanno rapito Jeli?»

Barski annuì. Tutti si misero a parlare contemporaneamente.

«Silenzio!» strillò Barski.

Alexandra Gordon scoppiò a piangere. Norma avrebbe voluto avvicinarsi a Barski e posargli una mano sulle spalle. Ma non riusciva a muoversi.

«I suoi colleghi sono con lei?» chiese Sondersen.

«Sì.»

«Un momento» disse ancora il commissario. «C'è una telefonata per me...» Barski lo sentì farfugliare qualcosa.

«È l'uomo dalla voce metallica» lo informò tempestivamente Sondersen. «Vuole che le ricerche siano immediatamente sospese. Qualsiasi tipo di indagini. Mi chiede di ritirare tutti gli agenti. E vuole una risposta immediata. Altrimenti uccideranno Jeli. Cosa devo fare?»

«E me lo chiede?»

«Sì. Voglio che sia lei a rispondere.»

«Interrompete subito le ricerche! Subito!» Barski non riusciva a parlare. «Subito!» strillò con voce gracchiante.

«Un momento» disse di nuovo Sondersen. Barski lo sentì parlare all'altro telefono. Poi udì la sua voce chiara e distinta: «Ho fatto come lei mi ha detto, dottore. L'uomo dalla voce metallica mi ha sentito ordinare via radio la sospensione delle operazioni di ricerca. È un'idiozia. Ma si tratta di sua figlia, capisco». Sondersen alzò un poco la voce. «Informi i suoi colleghi che i rapitori avanzeranno le loro richieste. Immagino che lei intuisca di che si tratta. Ai vostri apparecchi verranno subito applicati degli intercettatori, sia a casa sia in Istituto. Come lei sa, i tecnici hanno bisogno di un po' di tempo per individuare la linea dalla quale viene effettuata una telefonata. Perciò chi dovesse parlare con i rapitori cerchi di prolungare in tutti i modi la conversazione. Vi raggiungo al più presto.»

«Cosa posso fare?» domandò Barski.

«Aspettare» disse Sondersen. «E tenere il telefono libero. A presto!» Riattaccò.

Barski era sconvolto. Alexandra singhiozzava. Un aereo appena decollato dal vicino aeroporto passò rombando sopra la torre dell'Istituto. I vetri delle finestre tintinnarono.

«Smettila di piangere!» esclamò Kaplan.

«Non riesco» singhiozzò Alexandra.

«E allora vattene!»

«Andatevene tutti» sussurrò Barski. «Lasciatemi solo, per favore. Tu no, Norma. Resta qui!»

Kaplan, Alexandra e Sasaki uscirono dall'ufficio. Norma restò sola con Barski. Jan aveva lo sguardo fisso nel vuoto. Ancora una volta Norma cercò di andargli vicino. Ma non riuscì a muovere un passo. Il volto di Barski pareva impietrito. Le occorse un momento per capire che stava pregando.

Le 18,21.

Solo a quest'ora giunse la prima telefonata dei rapitori.

Barski era paralizzato dalla tensione. Si muoveva e parlava come un giocattolo meccanico, un robot. Durante la lunga attesa Norma aveva preparato del tè. Sondersen era arrivato, se n'era andato via ed era ritornato. Barski aveva spedito a casa le segretarie recalcitranti e aveva ricevuto la visita di amici e collaboratori che cercavano di consolarlo o volevano apprendere le ultime novità. Ma di novità non ce n'erano state. E nessuno poteva recargli conforto. Sembrava che Jan si fosse rinchiuso in un guscio d'acciaio per non andare in frantumi. Come Sondersen gli aveva chiesto, prima di rispondere lasciò squillare il telefono cinque volte. Dal microfono gli giunse all'orecchio la solita voce metallica e distorta: «Se la prossima volta aspetterà ancora così tanto a rispondere, non ci faremo più vivi».

«Io...»

«Silenzio! Parlo io. E non parlerò a lungo. Volete localizzare la chiamata, vero?» I nastri del registratore collegato al telefono giravano lentamente. Sondersen e Norma sedevano di fronte a Barski e ascoltavano la telefonata da due microfoni ausiliari. «Sua figlia sta bene. Vogliamo che lei ci consegni tutto il materiale cifrato e memorizzato su disco a proposito del virus e del vaccino. Naturalmente ci dovrà fornire anche il codice. Se il materiale sarà recapitato in tempo utile, libereremo sua figlia. Altrimenti la uccideremo. Non stiamo scherzando. Pensi all'attentato al Circo Mondo e alla famiglia Gellhorn.»

«Voglio parlare con la bambina.»

«Avrà la prova che è viva. Mi rifarò sentire. Torni pure a casa sua. Penseremo noi a rintracciarla. Dica al signor Sondersen che se si immischierà nella questione uccideremo la bambina. Subito.» Clic.

L'uomo aveva riattaccato. Il registratore si fermò.

Barski fissò Sondersen ammutolito.

«Non posso starmene...» prese a dire il commissario.

Ma Barski lo interruppe bruscamente. «Può farlo! Lei se ne starà fuori! Voglio che faccia quello che le dico! Non è sua figlia che hanno rapito! È la mia!»

Sondersen tacque.

«Siamo intesi!» esclamò Barski.

Il telefono squillò. Una voce maschile chiese del signor Sondersen.

«Sì?»

«Non siamo riusciti. La telefonata è stata troppo breve.»

«Bene, Hellmers.» Sondersen si alzò, compose il numero della Commissione speciale e disse: «È Sondersen che parla.

Sospendete le ricerche fino a nuovo ordine! La vita della bambina è in pericolo». Evidentemente l'interlocutore protestò vivacemente, poiché il commissario aggiunse in tono collerico e brusco: «Lei non farà un bel niente! Ha capito? È un ordine!».

Barski telefonò a Eli Kaplan, Alexandra Gordon e Takahito Sasaki. Parlò con Westen, che soggiornava come sempre all'Atlantic e lo pregò di raggiungerlo. Alvin arrivò verso le 19. A eccezione di Sasaki, erano tutti d'accordo sulla decisione di rimuovere il disco fisso del calcolatore e rendere noto il codice cifrato.

Dopo quattro ore e mezza — mancava circa mezz'ora alla mezzanotte — erano ancora tutti riuniti e cercavano di convincere Sasaki, che insisteva sulla linea dura, a cedere. Il telefono non aveva più squillato.

Alle 24,37 Alexandra Gordon ebbe un collasso nervoso.

Barski chiamò un amico del pronto soccorso, chiedendogli di praticarle un'iniezione. Il medico disse: «Siete sfiniti tutti quanti. Dovreste sdraiarvi e prendere un calmante».

«Io no» ribatté Barski. «Non prenderò tranquillanti. Voglio restare lucido.»

«Se non prenderai un calmante, non resisterai per molto» gli disse l'amico. «Questa storia durerà parecchio tempo. Te ne rendi conto? Se cerchi di resistere con le tue sole forze, finirai per crollare. Ti ho portato qualcosa. E il mio consiglio come medico e come amico è quello di riposare. Meglio se nel tuo letto. Parlo con te, Jan. Se quel bastardo deve parlarti, ti chiamerà anche a casa.»

«Il suo collega ha ragione» disse Sondersen. «Non è la prima volta che affronto un caso del genere. Tutti a casa! Signora Desmond, sarebbe bene se lei restasse con il dottor Barski.»

«Sì» disse Norma. «Vieni, Jan. Ti prego. Resterò con te. Prendi il tranquillante. Ne abbiamo bisogno tutti. Ti prego, prendilo!»

Barski prese una pastiglia dal flaconcino che l'amico gli aveva portato e la inghiottì con un sorso d'acqua.

«A Mila fanne prendere due» gli raccomandò il medico. «E altre due domattina alle otto.» Salutò con un cenno e se ne andò.

Sasaki disse: «Bene, non possiamo fare più niente».

«No, proprio niente» soggiunse Alexandra. «Possiamo solo sperare che Jeli ne esca sana e salva.»

Kaplan si alzò e incominciò a passeggiare avanti e indietro per la stanza. «Maledizione!» esclamò. «Deve esserci un modo per liberarla!»

«No, non c'è» rispose Sasaki.

«C'è sempre una soluzione. A tutto» insistette l'israeliano. «L'importante è trovarla.»

Anche Westen si alzò. Barcollava un poco.

«Signor ministro!» Kaplan gli corse accanto. «Non si sente bene?»

«Ho solo bisogno di un po' d'aria fresca» disse l'anziano signore. «Un po' d'aria fresca. Mi accompagni fuori, per favore!»

Petra Steinbach fece un balzo sul letto. Aveva sentito dei passi. La luce della sua stanza nel reparto Malattie Infettive si accese di scatto.

«Eli!» esclamò Petra sorpresa. «Che ci fai tu qui?»

Il dottor Kaplan era entrato attraverso la paratia ermetica e indossava gli indumenti protettivi. «Scusami tanto, Petra, se ti disturbo a quest'ora di notte. Ma non potevo fare a meno di venire.» Così dicendo Eli cominciò a spostare schizzi, disegni, giornali e riviste dal tavolo davanti alla finestra.

Petra si alzò di scatto e in camicia da notte corse alla scrivania. «Cosa diamine stai facendo? Questa roba mi serve domattina! Stai mettendo in disordine tutto il mio lavoro! Al diavolo, Eli!»

«Questa era la scrivania di Tom» le rispose.

«Cosa? Ne è passato del tempo ormai!»

Senza curarsi di lei Kaplan prese una sedia, si sedette e accese il terminale del calcolatore elettronico. Inserì un dischetto e incominciò a battere nervosamente i tasti del computer. La macchina mandava un ronzìo sommesso.

«Questa è bella!» brontolò Petra. «Da giorni nessuno si occupa di me e adesso arrivi tu, nel cuore della notte. La tua visita mi fa molto piacere, ma mi sembri matto da legare.» Raccolse un disegno da terra. «La mia nuova collezione estiva. Credi, è quasi terminata! Ho disegnato abiti di stile sportivo, marinaro, sai... con quell'aria da vacanza sulla costa bretone che è tanto di moda. E questi sono gli abiti da città. Materiali raffinati e motivi audaci...»

«Petra?»

«Sì, Eli. Ti piacciono?»

«Sono stupendi» rispose senza nemmeno alzare la testa. «Stupendi. Ma fammi il piacere di rimetterti a letto, hai capito? E soprattutto sta' zitta!»

Il calcolatore ronzava e ronzava...

«Non ho più lacrime da versare» disse Mila. Era circa l'una di notte. «Non riesco più a piangere. Non riesco più a pregare. Non posso credere che Dio Onnipotente pemetta una cosa come questa! Dio mio, abbi pietà di me! Oh Signore, la mia povera bambina! Quelli non sono uomini, sono bestie! Stanno uccidendo anche me. Preparo una tazza di caffè, va bene?»

«È meglio andare a dormire, Mila» disse Norma.

«Prima preparo il caffè.»

«No, fa male con le pastiglie» disse Barski.

«Allora un po' di tè.»

Quando il tè fu servito — Norma e Barski sedevano nello studio — il telefono squillò. Barski alzò di scatto il ricevitore. Le bobine del registratore iniziarono a girare.

La solita voce distorta disse: «Bene, vedo che questa volta non ha perso tempo a rispondere. Meglio così. Voleva un segno che la bambina è viva...». Trascorsero pochi istanti e Barski sentì la voce fragile e tremula della sua bambina. «Jan, Jan, questi uomini mi hanno regalato un libro di fiabe. E se fai quello che vogliono, mi daranno anche del gelato. Fragola e cioccolato. Quanto ne voglio.» Silenzio. E ancora la voce d'uomo: «Ecco il segno che ci ha domandato. Se farà ciò che le abbiamo chiesto, la bambina avrà gelato a volontà. In caso contrario, sa già cosa accadrà a sua figlia». La conversazione fu interrotta.

«Era la bimba?» domandò Mila. «Ha sentito la bambina?»

«Sì.»

«È viva! La bimba è viva. Perdonami, mio Dio, se ho dubitato di te. Perdonami. Il mio piccolo amore sta bene...»

«Al diavolo! Stia zitta un momento!» sbottò Barski.

Mila lo fissò impietrita. Non lo aveva mai visto così adirato. Il telefono squillò ancora. Mila si segnò.

«Pronto!» Barski aveva risposto immediatamente. «Ce l'avete fatta?... Sì, aspetto...»

«Hanno scoperto da dove arrivava la telefonata?» domandò Norma, incredula.

«Sì.»

«Grazie al cielo!» esclamò Mila.

«Da dove?»

«Dalla cabina telefonica della stazione della metropolitana di Lübecker Strasse. Le auto della polizia stanno convergendo in quella zona. Io devo aspettare ulteriori ragguagli.»

Attesero cinque minuti. Poi Barski risentì la voce dell'agente. «Mi dispiace. Non abbiamo trovato niente.»

«Ma non mi aveva detto che avevate scoperto da dove chiamava?»

«Infatti. Quando gli agenti hanno fatto irruzione sulla strada, la cabina era vuota. Il ricevitore era appoggiato alla mensola, accanto a una ricetrasmittente. Il rapitore parlava da quell'apparecchio. E la cabina telefonica serviva solo a sviare le indagini. Maledettamente furbi, vero?»

«Sì» disse Barski. «Sono molto furbi.»

Riappese.

Quando alcuni minuti dopo il telefono squillò un'altra volta, la solita voce metallica disse: «Sondersen ci aveva garantito che avrebbe interrotto le indagini, ma sei pattuglie sono piombate poco fa in Lübecker Strasse».

«Io non posso farci nulla!»

«Dica a Sondersen che ne pagherà le conseguenze. Ne va della vita di sua figlia. Siamo intesi?»

«Sì.»

«E ora mi stia a sentire. Vogliamo risolvere questa storia del materiale una volta per tutte. Senza perdere altro tempo. Quando avrà parlato con Sondersen, si rechi all'Istituto. Dica al portiere che domattina alle 7 verrà a trovarla una persona. Un certo Hans Heger. Ripeta il nome che ho detto.»

«Hans Heger.»

«Arriverà al volante di una Mercedes 500. Avrà con sé un lasciapassare. Glielo ha dato lei.»

«Io non ho dato niente a nessuno.»

«Per favore! Heger avrà un lasciapassare. Il portiere le telefonerà per avere una conferma. E lei gli dirà di farlo salire. Si ricordi che la teniamo costantemente sott'occhio. Se il portiere dovesse sospettare qualcosa, sua figlia sarebbe bell'e morta. Ha capito?»

«Sì.»

«A quell'ora l'Istituto è ancora chiuso. Dica al portiere di aprire il portone a questo Hans Heger e di lasciarlo passare. Siamo intesi? Heger ritirerà il disco fisso del calcolatore sul quale sono registrate tutte le informazioni relative al virus e al vaccino. D'accordo?»

«Sì.»

«Una volta estratto dal calcolatore, il disco fisso è inutilizzabile. Perciò alle 9 in punto lei si recherà alla filiale della Dresdner Bank e ritirerà le copie custodite in cassetta di sicurezza. Tutte le copie della codificazione! Mi ha sentito? Heger la accompagnerà e preleverà tutto quanto. Se a Sondersen venisse la malaugurata idea di intromettersi, sua figlia morirà nel giro di tre minuti. È chiaro?»

«Sì.»

«Se dovesse accadere un imprevisto, non importa cosa, la bambina morirà.»

«Dio santissimo! Farò tutto quello che vuole.»

«Non gridi! Appena entreremo in possesso delle copie, libereremo la bambina. Sondersen ha richiamato tutti gli agenti. Lo sappiamo per certo. La sua auto è posteggiata davanti a casa. Esca subito!»

Il telefono tacque.

Barski chiamò subito Sondersen al distretto di polizia. «Ha sentito tutto?»

«Sì.»

«Se succede qualcosa a mia figlia, la colpa sarà sua.»

«Non muoverò un dito.»

Barski si alzò.

«Devo andare all'Istituto» disse a Norma.

«Vengo anch'io.»

«No. Devi restare qui. Lo capisci, vero?»

«Sì» disse Norma.

Tre minuti dopo, affacciata alla finestra, lo vide allontanarsi con la Volvo metallizzata. La strada era buia e deserta.

Nella stanza di Petra il calcolatore ronzava. Eli Kaplan era seduto davanti alla tastiera. Di tanto in tanto impostava una funzione. Guardò l'orologio. Cambiò il dischetto. Premette altri due tasti.

«Insomma, vuoi dirmi cosa stai facendo?» gli gridò Petra dal letto. «Eli, vuoi rispondermi una buona volta?»

Kaplan non rispose. Il calcolatore ronzava.

«Voglio sentire la tua voce, Eli! Hai capito? Se non rispondi, mi metto a strillare.»

«Sta' zitta, tesoro mio.»

La donna balzò in piedi. «Come vuoi.» Cominciò a sventolare disegni e fogli di giornale e a strillare: «Valentino! Moda per signore consapevoli del proprio ruolo! Donne che vogliono sottolineare la loro personalità...».

Il telefono squillò ancora una volta. Norma rispose.

«Sì?»

«Buongiorno, signora Desmond» disse la voce metallica. «Volevo solo accertarmi che fosse andato da solo.»

«Sì. È uscito da solo.» A un tratto Norma sentì il cuore scoppiarle nel petto. «Senta... io... vorrei proporle uno scambio.»

«Cosa?»

«Prenda me al posto di Jeli! Mi dica cosa devo fare. Sondersen è in ascolto. Nessuno mi seguirà, altrimenti ucciderete la bambina. Sono disposta a venire dove volete. Prendete me al posto della bimba. Vi supplico.»

«Perché vuole correre questo rischio?»

«Perché amo Jan. E sarebbe terribile se a Jeli capitasse qualcosa. Non dico per colpa vostra. Potrebbe accaderle di tutto.»

Norma parlava precipitosamente.

Mila Krb la guardava e mormorava fra sé frasi in lingua cecoslovacca.

«Barski mi ama. Come ostaggio sarò meglio io della bambina. La piccola non si rende nemmeno conto di ciò che sta succedendo. Io invece... io...»

«Allora?»

«Ho perduto mio figlio nella sparatoria al Circo Mondo. E non sopporto l'idea che un'altra creatura innocente debba morire. Se una vittima ci deve essere, allora sarò io a morire... ma non un bambino! No!»

«Un momento.»

Norma si accasciò sulla poltrona dello studio. Mila continuava a parlottare in cecoslovacco. Norma teneva il ricevitore incollato all'orecchio. Aspettava.

Poi la voce tornò a farsi sentire. «D'accordo. Accettiamo lo scambio. Esca immediatamente di casa. Nessuno deve seguirla. Ha capito? Nessuno!»

«No... no.»

«Conosce Amburgo, vero? Percorra la Sievekingsallee fino allo svincolo. E si fermi sul ciglio della strada dietro all'imbocco dell'autostrada per Lubecca e Berlino. Ha capito bene?»

«Dietro all'imbocco dell'autostrada, al margine della carreggiata.»

«Esatto.»

«Chi mi garantisce che non ci ucciderete entrambe?»

«Nessuno. Allora? Vuole muoversi oppure no?»

«Sì.»

Norma balzò in piedi e si precipitò alla porta.

«Signora Desmond!» gridò spaventata Mila Krb. «Signora! Signora Desmond!»

La porta dell'appartamento si chiuse pesantemente alle sue spalle.

42

Imboccò la Barmbecker Strasse in direzione sud.

Pensava alla bambina. La bambina non doveva morire! Sarebbe potuto accadere di tutto. Ma Jeli no, non doveva morire. Sono innamorata di Jan, pensava. Voglio aiutarlo. Voglio aiutare lui e la sua piccola Jeli. Mi stanno seguendo? Non si vede nessuno. Non ci sono automobili in giro. Le luci dei semafori lampeggiavano monotone. Attraversò a folle velocità un incrocio.

La posta in gioco è altissima, pensava. Un giorno un noto medico mi ha detto che l'uomo ha tante facce. Quante cose sono in gioco in questa vicenda. Sono una giornalista. Ho scoperto già parecchio a questo proposito. E voglio sapere tutto, anche gli ultimi risvolti, i più importanti, della questione. Chissà che non ci riesca. Del resto è il mio lavoro. Bisogna sempre arrivare fino in fondo. Pierre lo diceva sempre. Il giornalista che si arrende a un passo dalla fine non sa fare il suo mestiere. È un vigliacco e un fifone. La vita è un rischio. Sempre.

Un altro incrocio. Nel buio lampeggiava la luce gialla dei semafori. Sì, l'uomo ha molte facce. Non crederti migliore di quella che sei. Vuoi arrivare alla fine. Vuoi scrivere un servizio completo ed esauriente. Perciò devi sapere tutto.

All'altezza della fermata del tram imboccò la Sievekingsallee e procedette in direzione est.

C'è dell'altro però. Amo Jan, perciò ho paura. Prima non ne avevo. Ora sì. Ho paura di questo amore. Perché so cosa succede a chi si ama. E mi sono prefissa di non innamorarmi mai più. Di nessuno. Arrenditi, si disse. Se tutto finirà bene e sia tu sia Jeli uscirete vive da questa storia, potrai abbandonarti a questo amore. È un rischio. Accettalo, anche se sai cosa capita di solito. Va bene, si disse, ho deciso. E se tutto finisce male... è colpa mia. L'ho voluto io. Sarà la fine. E dopo la morte non ci sarà più nulla. Non ci saranno più disgrazie né felicità. Mica male...

Raggiunse l'imbocco dell'autostrada. Un cartello diceva: AUTOSTRADA LUBECCA-BERLINO.

Devo fermarmi sul ciglio della strada, si disse. Accostò. C'era un silenzio di tomba. Si appoggiò allo schienale e respirò profondamente.

Da qui non c'è ritorno, pensò. Mi fa piacere che sia così e che non possa più tornare indietro. Quante stelle! Domani sarà una bellissima giornata!

Qualcuno bussò al finestrino. Fuori c'era un uomo in tuta, con un cappuccio calato sul viso e due fessure nella stoffa in corrispondenza degli occhi. Impugnava una pistola. Le fece segno di scendere dall'auto.

Norma ubbidì. Vide un altro uomo dietro la Golf, mascherato come il primo. Accanto a lui sostava un autocarro con il cassone chiuso. Il secondo uomo le fece cenno di avvicinarsi. Le puntò la pistola alla schiena e la fece avanzare fino all'automezzo. L'uomo aprì una portiera posteriore. Mosse la pistola per farle capire di salire. Norma si arrampicò sul pianale. Una persona — che non poteva vedere nell'oscurità — le afferrò le mani e gliele bloccò con un paio di manette dietro la schiena. Nessuno parlò. Norma sedeva con la schiena appoggiata alla parete del camioncino. La persona che era con lei le bendò gli occhi con un fazzoletto. La porta fu richiusa e sprangata. Qualcuno bussò tre volte. Il camioncino si mise in moto.

All'Istituto squillò il telefono.

Barski rispose. «Sì?»

«Oh signore! Finalmente l'ho trovata! È la terza volta che telefono! Sono Mila!»

«Mi sono dovuto fermare dal portiere di notte. Sono appena arrivato in ufficio. Cosa c'è?»

«La signora Desmond è andata.»

«Che significa? Dove?»

«Appena lei è uscito, il telefono ha suonato un'altra volta. Era ancora quell'uomo. Voleva sapere se la signora Desmond era rimasta a casa. O se invece era uscita con lei.»

«E allora?»

«La signora Desmond lo ha pregato di fare uno scambio.»

«Cosa?»

«Di prendere lei in cambio della bambina.»

«Dio santissimo!»

«Ci hanno pensato su un momento. Poi l'uomo ha detto che andava bene. Hanno accettato lo scambio.»

«E lei come lo sa?»

«La signora Desmond era così contenta e non ha fatto altro che ringraziarlo. E poi se n'è andata di corsa, senza dirmi niente. È partita con l'automobile. Crede che lasceranno libera la bambina adesso?»

«Non lo so, Mila.»

«Santa Madre di Dio! Crede di no?»

«Ma sì, Mila. Certo che la libereranno.»

«Allora vedrà che tutto finirà bene. La aspetto, signore. Che Dio la protegga. E protegga la bambina e la signora Desmond. Cristo santo, proteggi tutti noi!»

Barski riappese. Norma, pensò, non credere di avermi reso le cose più facili.

Siamo in autostrada, si disse Norma. Sì, in autostrada. Ne sono certa. Lo sento. Stiamo viaggiando in autostrada da almeno un'ora. Non so in quale direzione. La persona che mi ha ammanettato e bendato è qui vicino a me. Lo sento. Non si muove. Non sembra neppure che respiri. Ma so che c'è. Qualcun altro è alla guida. E una terza persona deve aver condotto altrove la mia Golf. La benda sugli occhi non è una novità per me. Ho già provato due volte questa sensazione. Durante due interviste. Con il leader del movimento sciita a Beirut e con un guerrigliero haitiano. Ora stiamo decelerando. Mi sento schiacciare contro la parete del camioncino. Stiamo uscendo dall'autostrada. Lo svincolo è in curva. Una curva strettissima. Ora prendiamo un'altra strada. Il fondo è diverso. Molto più sconnesso. Può darsi che sia ancora una strada piuttosto grossa. Ma non è più un'autostrada. Sto perdendo la cognizione del tempo. Già?

Il telefono.

Barski guardò l'orologio. Le 7 in punto.

«Sì?»

«Il dottor Barski?»

«Sì.»

«È Wilhelm che parla, il portiere di notte. Mi ha detto che aspettava una persona.»

«Esatto.»

«Il signore che aspettava è arrivato. Mi ha mostrato il lasciapassare.»

«Lo faccia salire, per favore. Gli apra il portone d'ingresso e gli dica che lo raggiungo.»

«Benissimo, dottore.»

Abbiamo cambiato di nuovo strada. Siamo su un sentiero in mezzo a un bosco. Il terreno è morbido. E ripido. Molto ripido. L'autista ha ridotto la marcia. Rallentiamo. E continuiamo a salire. È un'impressione o sento davvero il profumo del bosco? Fino a questo momento ho sentito solo l'odore del gasolio. Ma adesso si è aggiunto un profumo diverso. Sì, un profumo di bosco.

La Mercedes 500 si allontanò dall'edificio della clinica e tornò verso l'uscita. Il portiere di notte uscì dalla guardiola.

Al volante dell'auto sedeva Hans Heger. L'uomo salutò il portiere, che sollevò la sbarra e lo fece passare.

Hans Heger era un tipo piuttosto magro sulla quarantina. Indossava un abito molto elegante e guidava con prudenza. Non voleva correre rischi, perché nel bagagliaio della Mercedes era riposto il disco fisso del calcolatore, inutilizzabile — questo sì — ma preziosissimo. Heger era un tipo coscienzioso e prudente.

Siamo tornati su una strada asfaltata, pensava Norma fra sé. Una strada nel bosco. È senz'altro un bosco. Sento gli uccelli cantare. Perciò dev'essere giorno.

La strada sale ancora. L'autista ha scalato due volte la marcia. Adesso non è più una strada, ma un sentiero. I rami degli alberi urtano la carrozzeria del camioncino, che traballa e arranca. Si è fermato. Dei passi. Qualcuno apre la portiera. La persona seduta accanto a me mi tira in piedi. Delle braccia forti mi portano fuori. Siamo in un bosco. Non ho più dubbi.

I due uomini — li sento ansimare — hanno incrociato mani e braccia e mi trasportano su per il sentiero. Sono seduta sulle loro braccia. Il sentiero è ripidissimo. Sudano. Parecchio. E ansimano sempre più. Ora stiamo entrando in qualche posto. C'è odore di cemento. Sudore e cemento. Scendiamo le scale. Tre. Quattro. Cinque gradini. Poi proseguiamo diritti. Un corridoio. Una porta o qualcosa di simile. Mi fanno entrare. I passi rimbombano. Una grande stanza vuota. Cosa può essere? Un vecchio bunker? Un'altra stanza. C'è odore di sigarette. Una terza stanza. A giudicare dall'eco dei suoni dev'essere molto più piccola. Mi buttano a terra. Sul pavimento di cemento. Mi girano sulla schiena. Mi siedo. Sul pavimento di cemento. Sento odore di marcio. I due se ne vanno. Rimango da sola.

Sono sola. Sono sempre sola. Da quanto tempo? Dieci minuti? Due ore? Non saprei.

Le manette sono gelide. Dei passi. Si avvicinano. Ancora un po'. Sono vicinissimi. Un uomo dà un colpo di tosse. Apre le manette. È un uomo ben curato. Profuma di acqua di colonia.

«Buongiorno, signora Desmond» dice. «Noi ci conosciamo. Per telefono, quanto meno.»

Norma tacque.

«Non è molto confortevole questo posto. Mi dispiace. Purtroppo non posso toglierle la benda dagli occhi. Fra poco qualcuno le porterà del caffè e qualcosa da mangiare. È una situazione sgradevolissima. Anche per noi, mi creda. Dovremo imboccarla come se fosse un bambino. Purtroppo non si può fare diversamente. Laggiù c'è una brandina. Lei non può vederla, ma se vuole può sdraiarsi. Per quanto riguarda la pulizia non posso prometterle molto. A titolo di informazione le dirò che il dottor Barski si è prestato a collaborare con noi. Siamo già in possesso dei dischetti custoditi all'Istituto. Il dottor Barski ci ha rivelato anche il codice per decifrarli. Aspettiamo di ricevere il materiale depositato in banca. Naturalmente dovremo mostrarlo ai nostri esperti. Se vuole fumare, lo dica. Le porteremo delle sigarette.»

Per la prima volta Norma aprì bocca. «Come sta la bambina?» chiese.

La latteria e panetteria di August e Dietlinde Ammersen si trova in Lünebuger Strasse, una zona pedonale del quartiere di Harburg, sulla sponda sinistra dell'Elba. Le propaggini del bosco arrivano quasi fino in città.

Come ogni giorno August Ammersen aveva aperto i battenti del negozio alle sette in punto. Alle sette e mezza c'era già un notevole movimento. Uomini e donne facevano ressa davanti al banco. Gli Ammersen e due commesse cercavano di accontentare tutti quanti.

In un primo momento nessuno si accorse che era entrata una bambina dall'aria sconvolta e smarrita. A un tratto una signora si voltò di scatto e urtò inavvertitamente la piccola, facendola cadere per terra. La bambina mandò un gemito.

La donna si chinò. «Santo cielo, scusami, piccolina. Ma da dove vieni? E chi sei? Chi ti ha ridotto così?»

Era pallida e sporca, con i capelli scarmigliati. Aveva gli occhi sbarrati ed era ammutolita dalla paura.

«Parla!» le disse la donna. «Non aver paura. Di' qualcosa! Nessuno vuole farti del male!»

Molti clienti si erano avvicinati alla bambina, che giaceva impaurita sul pavimento del negozio. «Non è di qui.» «Come ti chiami?» «Da dove vieni?» «Di' quello che vuoi!»

«Signora Ammersen, signora Ammersen! Chiami la polizia!» «E un medico! La piccolina non sta bene! Guardatela!» «Poveretta. Fa tanta pena.» «Sarà figlia di emigranti. In giro a quest'ora del mattino.»

«Oh Dio santo, si è messa a piangere!» «Ha la mano sporca di sangue!» «Ve l'ho detto che c'è qualcosa che non va! Su, signora Ammersen! Chiami qualcuno!»

«Sono al telefono!»

A un tratto la bambina disse: «Mi chiamo Jeli Barski. Per favore, telefonate a mio padre».

«Sai il numero?»

«Sì.»

«Allora dillo!»

Jeli tacque. E ricominciò a piangere.

«Il numero di telefono. Dillo! Dicci il numero di telefono!»

43

«Signora Desmond!» L'uomo si avvicinò al giaciglio.

«Sì?» Norma aveva ancora le manette e la benda sugli occhi.

«La portiamo via.»

«Mi liberate?»

«Sì.» L'uomo profumava di acqua di colonia. Di fresco e di pulito.

Come me, pensò Norma fra sé. Come me. «Come mai?» chiese. «Non aveva detto di dover mostrare il materiale agli esperti?»

«È già stato fatto.»

«Che giorno è?»

«Mercoledì.»

«Quale mercoledì?»

«L'8 ottobre.»

«8 ottobre? Sono stata condotta qui la mattina dell'8 ottobre. È sera o mattina adesso?»

«È sera. Dobbiamo farle un'iniezione. Per il trasferimento. Venite!» disse l'uomo. Altri passi si avvicinarono. Norma trasalì. «Non sentirà alcun male» disse l'uomo. «Non abbiamo tempo da perdere... Forza!»

Delle mani la afferrarono, cercarono la cerniera della gonna e la aprirono, le tolsero i vestiti e gli slip.

«Si sdrai sul ventre!» Norma rotolò sul fianco, il viso rivolto in basso. Sentì che qualcuno le disinfettava la pelle con un batuffolo di cotone bagnato.

«Attenzione!» disse la voce. Poi sentì la puntura dell'ago.

«Già fatta. Brava!» All'improvviso avvertì una sensazione di calore.

«Sente caldo, vero?»

Norma annuì.

«Bene. Funziona.» E, rivolto alla persona che aveva praticato l'iniezione, disse: «Via tutti. Restiamo solo io e te. Fra cinque minuti dormirà».

Sto già dormendo, pensava Norma fra sé. Accusava un forte senso di pesantezza, come un velo di piombo che calava inesorabile su di lei.

«Auguri, signora Desmond. E ci scusi per i disagi che ha dovuto affrontare. Era inevitabile.»

Già, si disse lei. Era inevitabile. E adesso dove mi porteranno? Cosa mi...

44

Sognò di viaggiare con Barski sull'autostrada. Era notte e il cielo era pieno di stelle. Faceva molto caldo. Il vento che entrava dai finestrini aperti le accarezzava il viso e il cielo disegnava sopra di loro un arco infinito. Come mai vedo il cielo sopra di me? si chiese. Come mai sono sdraiata e non seduta accanto a lui?

Aprì gli occhi e si accorse di essere sdraiata sul sedile posteriore della Volvo. Barski sedeva al posto di guida. In un primo momento ne scorse solo la sagoma annebbiata. Le occorse un momento per mettere a fuoco le immagini.

Si sollevò un poco. Proprio così. Stavano viaggiando in autostrada. Un'auto sfrecciò in direzione opposta. La luce degli anabbaglianti le diede fastidio. Un bosco. Stavano attraversando un bosco. L'altra auto sparì nell'opposta direzione.

«Jan» disse con la voce roca. Si schiarì la gola.

«Sì» disse lui. «Sì, tesoro. Ti sei svegliata?»

«Hm.» Norma si mise a sedere. E con suo grande disappunto si accorse di mandare cattivo odore. Tutto ciò che ave-

va addosso puzzava. Barski allungò un braccio verso di lei. Norma gli strinse la mano. «Jan... Jan...»
«Amore... Tesoro mio» disse lui. «Ti amo.»
«Jan...» Si sollevò a guardare il cruscotto. La lancetta del tachimetro oscillava intorno ai 220 chilometri orari. «Stai correndo troppo! Sei diventato matto?»
«Sto seguendo Sondersen.»
«Sondersen? E dov'è?»
«Davanti a noi. Vedi i fanalini posteriori?»
«I fanalini...» Norma strizzò gli occhi. «Sì, li vedo.»
«E dietro di noi ci sono altre auto.»
Norma si voltò. Un'ambulanza li seguiva.
«E infine c'è la tua Golf. La guida Eli.»
«C'è anche Eli?»
«Sì, tesoro.»
«Dove siamo?»
«A metà strada tra Brema e Amburgo. Più vicini ad Amburgo per la precisione.»
«Cos'è successo?»
«L'uomo dalla voce metallica ha telefonato.»
«Chi?... Lui? Ha detto che doveva andare via... subito...»
«Infatti se n'è andato. In un altro paese.»
«Un altro paese?»
«L'ha detto Sondersen. Ha telefonato da un paese straniero.»
«Quando?»
«Due ore fa. Ha chiamato in Istituto. Eravamo tutti nel mio ufficio.»
«Tutti nel tuo ufficio...» Sussurrò: «Jan... siamo liberi?».
«Siamo liberi, amore. È finito tutto. L'uomo ha detto che avremmo trovato la tua Golf nella prima area di parcheggio dopo l'uscita di Oyten, a pochi chilometri da Brema. Siamo venuti a prenderti. Il pericolo è passato. Sono finite le minacce, e sono finite le paure. Non era necessario che venissero anche Sondersen e i suoi. Ma hanno insistito per accompagnarmi. Ed è venuto anche Eli. Abbiamo trovato te e la Golf e ti stiamo portando a casa.»
«A casa...» ripeté lei pensando a quanto fosse bella quella parola. A casa. «Che ore sono?»
«È quasi mezzanotte.»
«Di che giorno?»

«Mercoledì, 8 ottobre. Presto sarà giovedì.»

«Presto sarà giovedì» disse lei. «Sei un tipo in gamba, Jan. Non hai esitato a venirmi a prendere. Profumava di colonia, sai?» Norma era ancora stordita.

«Chi?»

«L'uomo delle telefonate. Non l'ho mai visto in faccia. Ero bendata e ammanettata...» Si guardò le mani.

Le manette erano sparite. «Sono sempre stata legata in quel bunker... Credo che si trattasse di un bunker... Penso proprio di sì... un rifugio dell'ultima guerra... sperduto in un bosco... Molto distante da qui... Oh, Jan, è stato orribile...»

«No» disse lui. «Non pensarci più. È tutto finito. Nel migliore dei modi.»

«Nel migliore dei modi? Com'è possibile?» chiese Norma sorpresa. Sulla corsia opposta le auto sfrecciavano velocissime. Barski guidava a 225 chilometri orari. Sul tetto dell'auto che li precedeva lampeggiava una luce blu. «Com'è possibile, Jan? Non può essere come dici tu.»

«Sì, invece. Sì.» Rise. Rise di cuore.

«Come mai?» A un tratto si ricordò di Jeli. «Dov'è la bambina?»

«In clinica. Al reparto di Pediatria.»

Luci. Luci. Altre luci. Una lunga fila di auto procedeva in senso inverso. Il vento caldo entrava dai finestrini aperti.

«Le è successo qualcosa?» Ancora non riusciva a ragionare con lucidità.

«No, Norma. Sei stata così coraggiosa. Non le hanno fatto niente. Hai chiesto di liberarla offrendoti come ostaggio al posto suo. E così è stato. È stata liberata questa mattina presto. Ha girovagato per le strade di Harburg in stato di shock. È ancora sconvolta. Perciò l'hanno trattenuta in clinica. Domani uscirà. Andremo a prenderla insieme. Questa mattina alle sette è arrivato l'uomo che aspettavo. Heger. Gli ho consegnato i dischetti contenenti tutte le informazioni che volevano avere. E alle nove sono andato in banca a ritirare le copie depositate in cassetta di sicurezza. Heger mi aspettava fuori. Gli ho consegnato tutto quanto.»

«Perché?»

«Se non l'avessi fatto, avrebbero ucciso Jeli oppure te!»

«Sì, certo. Sondersen non poteva fare nulla. Sì, ora ricordo. E poi? Cos'è successo poi?» chiese Norma, ansiosa di conoscere l'esito della vicenda. «Cos'è successo poi?»

Sembrava che il vento suonasse una canzone. Strano, si disse. Strano...

«Alvin Westen ed Eli Kaplan hanno trovato una soluzione.»

«Una soluzione?»

«Un modo di uscire dalla terribile situazione che si sarebbe venuta a creare se una sola delle due potenze fosse entrata in possesso della formula del virus.»

«E che soluzione hanno trovato?»

«L'uomo delle telefonate sapeva che conservavamo una copia del materiale in una cassetta di sicurezza di una banca. Una sorta di garanzia in caso di furto o di incendio.»

«Sì, certo...»

«Per questo ha voluto entrambe le copie. Per entrare in possesso di tutto il materiale esistente. Mi segui?»

«Sì. Ma...»

«Westen e Kaplan hanno scoperto come uscire da questa situazione. Hanno avuto un'idea geniale! Sai che il povero Tom ha lavorato come un pazzo fino alla morte. Per lavorare aveva bisogno di un terminale. E il terminale sul quale lavorava si trova ancora nella stanza del reparto Malattie Infettive.»

«Sì, sì. E allora?»

«Alvin e Kaplan se ne sono ricordati!»

«Fantastico!»

«Sì, puoi dirlo forte! Cominci a capire di che si tratta, vero? Eli conosce il codice cifrato. Si è recato nella stanza di Petra, ha messo in funzione il calcolatore e ha copiato per filo e per segno tutto il materiale registrato sul disco fisso.»

«Oh Jan...»

«Il tempo stringeva. Temeva di non farcela. Così ha iniziato a copiare tutti i particolari relativi al virus — ricordi, il virus è fondamentale per l'attuazione della guerra morbida — e successivamente ha trasferito sul dischetto le informazioni relative al vaccino sintetizzato da Tak. Grazie al cielo è riuscito a terminare il suo lavoro prima che io togliessi il disco fisso dal calcolatore centrale e lo consegnassi ad Hans Heger. Ce l'ha fatta, tesoro! Ce l'ha fatta!»

«E poi?»

«Westen si è messo in contatto con l'ambasciata sovietica a Bonn. Ha detto all'ambasciatore che gli americani si erano impossessati del materiale, ma che Kaplan era riuscito a copiare l'intero dossier di informazioni relative a virus e vaccino. Il materiale era a loro disposizione. A questo punto i russi hanno contattato gli americani, dicendo loro di essere anch'essi in possesso delle informazioni relative al virus. In un primo tempo gli americani hanno creduto che si trattasse di un inganno. Poi hanno capito che era la verità. E a questo punto abbiamo iniziato a temere per la tua vita. Ti avrebbero ucciso per ripicca?»

«Un momento» disse Norma. «Un momento. È stata un'idea di Alvin e Kaplan quella di consegnare il materiale a entrambe le potenze?»

«Sì, tesoro, proprio così. È stata un'idea loro. La soluzione definitiva al problema.»

«E adesso sia gli americani sia i russi sono in possesso dell'arma ottimale per attuare la famigerata guerra morbida?»

«Sì» rispose Barski. «E questo significa che la temutissima arma ha perso tutta la sua efficacia. Entrambe le potenze hanno sia il virus sia il vaccino. Possono colpire in qualsiasi istante. Ma non lo faranno per paura di contagiarsi. Prima di farlo dovranno procurarsi dosi ingenti di vaccino. E per far ciò occorrerà parecchio tempo. Agli uni come agli altri. La vaccinazione della popolazione verrà effettuata contemporaneamente. Per questo dico che l'arma del virus non funziona più.»

Norma si sdraiò sul sedile.

«Ora che tutte e due le potenze hanno ciò che volevano, è come se non avessero nulla tra le mani. Questo grazie a un'idea di Alvin e di Kaplan. Fantastici, vero? Sono stati fantastici. Lo credi anche tu, vero?»

«Sì, sono stati meravigliosi» disse Barski. «Meravigliosi e fantastici.»

La lancetta del tachimetro segnava quasi 230.

45

«Purtroppo» continuò qualche istante dopo «non sarà così per sempre. La pace non regnerà in eterno. Ma per il prossimo futuro il pericolo di una guerra morbida è sventato. Ovvero si tornerà alla vecchia strategia nucleare. Ricorda però ciò che ci disse Bellmann a Berlino. Abbiamo avuto la sfortuna di trovare per primi una sostanza adatta alla guerra morbida. Per questo Gellhorn è stato ricattato e ucciso e con lui tanti altri. Per questo abbiamo vissuto in un clima di terrore. Con l'incubo di avere a che fare con dei traditori. Per questo anche Milland è stato ammazzato. E Jeli è stata rapita. Volevano impadronirsi a tutti i costi del virus. Sia i russi sia gli americani. Ora hanno ciò che volevano. Entrambi. E possono entrambi gettarlo al vento.» Barski deglutì. «In base al calcolo delle probabilità e alle leggi della logica, ci disse Bellmann a Berlino, un giorno qualcuno in qualche posto scoprirà un altro virus dalle caratteristiche simili a questo. E poi un altro. E un altro e un altro. Non resteremo sicuramente gli unici. Perciò possiamo godere di un attimo di tregua. Può darsi che duri a lungo. Oppure che sia di breve durata. La prossima volta le grandi potenze sapranno evitare che un uomo come Alvin Westen possa disattivare un'arma così importante. La prossima volta sarà l'ultima. Ma fino a quel momento potremo vivere in pace, amore mio. Almeno spero.»

Il vento cantava e Norma premette il suo viso sulla guancia di Barski. «Torniamo a casa, Jan. Torniamo subito a casa.»

«Sì.»

«Voglio andare da me» gli sussurrò Norma all'orecchio. «A casa mia. Insieme.»

46

Entrarono insieme nell'appartamento di Parkstrasse.

La mia casa, pensò Norma. Ha sempre contato molto per me. Era come la tana dove un animale si rifugia quando è stanco, ferito oppure abbattuto e sfinito. O dove torna soddisfatto e divertito dopo una buona caccia. Era la mia vita. Non avevo altro posto dove andare. Mi hanno portato via anche questo. Ma adesso me lo sono riconquistato. E non sono più sola. No, non sono più sola.

Andò da una stanza all'altra. Barski la seguiva. Si fermarono nel soggiorno pieno di libri, con il grande divano che occupava quasi tutta la stanza, e la parete tappezzata dei quadri che amava. I due soldati con le gambe amputate di Zille e gli amanti di Chagall. Il minotauro di Dürrenmatt e la morte di Horst Janssen che divora se stessa e infine il tamburino bianco e rosso.

Il suo sguardo si soffermò sulle ampie vetrate che si affacciavano sulla terrazza. Le spalancò e uscì con Barski all'aria aperta. Guardarono le luci del fiume che scorreva così vicino, le luci del canale, le luci della stazione e il cielo infinitamente grande pieno di stelle.

«Ho bisogno di fare un bagno» disse Norma all'improvviso tornando in soggiorno. «Non ne posso più. Devo togliermi di dosso questa roba.»

Rimase a lungo nella vasca piena d'acqua calda pensando che tutto ciò che stava accadendo sembrava ancora una volta irreale e fantastico. Ma era vero. Era tutto vero. Jan era con lei e sarebbe rimasto sempre al suo fianco. Sempre. Ma quanto? Non le importava. Jan era con lei.

Uscì dall'acqua e si asciugò con un telo da bagno. Infilò l'accappatoio e a piedi nudi andò in camera da letto. Le lampade sui comodini erano accese. Barski era sdraiato sul letto e l'aspettava sorridente. Pensò a quella volta all'hotel Beau Séjour di Guernsey, quando era entrata nella sua stanza. Anche allora indossava soltanto un accappatoio bianco. Il ricordo di quella sera la irrigidì.

Poi diede un'occhiata al portafortuna — il ciondolo che le pendeva sul petto — e ritrovò il coraggio. Sciolse la cintura dell'accappatoio e se lo sfilò di dosso. Gli occhi le ardevano di eccitazione e tutto il corpo fremeva. Jan le tese la mano. Norma gli andò vicino e si sdraiò accanto a lui e iniziarono ad amarsi. E prima che il sangue le annebbiasse la mente, impedendole di pensare, Norma si disse che a volte il breve intermezzo che è la vita sa regalare momenti indimenticabili.

Epilogo

«Sveglia, Martin» dice la moglie. «Svegliati!»

Siamo ad Amburgo. Sono le 9,11 di lunedì 25 agosto 1986.

«Martin,» dice la donna «ti vuoi svegliare?»

Martin Gellhorn apre lentamente gli occhi. È un uomo di 46 anni, il viso segnato dal duro lavoro, i capelli imbiancati. Sua moglie è una donna giovane, bionda.

«Buongiorno, Angelika» le dice Gellhorn.

Angelika si china su di lui e lo bacia. «Buongiorno, Martin. Erano anni che non avevi un sonno così pesante.»

«Hai ragione. È proprio vero.»

«Poco fa sorridevi nel sonno. Hai fatto un bel sogno?»

«Non ricordo.»

«No?»

«Non ne ho idea. È stato un sogno molto lungo e sono successe tante cose. Ma sai che mi capita così. Non ricordo mai i sogni che faccio. Nel momento in cui mi sveglio tutto si dilegua.»

«Peccato» dice lei. «Forse questa volta era davvero un bel sogno.»

«Oppure no» replica Martin. «E allora è meglio averlo dimenticato.»

«Lisa e Olivia ti aspettano per la colazione. Sai che senza di te non possono iniziare.»

Gellhorn butta indietro le coperte e si alza. «Farò in fretta» assicura alla moglie.

Si rasa, fa la doccia e si veste. Quando entra in salotto per fare colazione, le sue bambine lo accolgono sorridenti. Gellhorn le bacia e le abbraccia. Lisa, la più piccola, ha i capelli neri e gli occhi azzurri. Olivia, che ha già compiuto sette anni, è bionda come la mamma e ha gli occhi del suo stesso colore, castani. La famiglia al completo fa colazione con caffè bollente, pane fresco e un raggio di sole che illumina la tavola. Sarà una giornata calda, molto calda. Ridono, chiacchierano e si divertono. È vacanza! Niente scuola!

Ma Gellhorn deve recarsi al lavoro. Bacia ancora una volta le bambine e la moglie.

«Non ti sarai dimenticato?» gli chiede lei.

«No, non me ne sono affatto dimenticato» la assicura Martin Gellhorn. «L'ho promesso!»

«E le promesse si mantengono» esclama Lisa.

«Puoi contarci» dice suo padre. «Sarò puntualissimo!»

«Magnifico!» strilla Lisa battendo le mani.

Poi Gellhorn si reca all'Istituto. Il portiere giù all'ingresso della clinica lo saluta cordialmente. E già sudato fradicio. Che caldo!

«Giorno, professore!»

«Buongiorno, signor Lutz.»

La sbarra si alza. Gellhorn si dirige al parcheggio. Ha un posto riservato per la sua auto. Con l'ascensore sale al 14° piano della prima torre. Tutte le tapparelle sono abbassate per schermare i raggi del sole. Tutto è bianco nel reparto. Pareti, mobili, porte, lampadari. Gellhorn entra nella sua stanza. Sulla porta è scritto il suo nome. PROF. DR. MARTIN GELLHORN. Saluta amichevolmente le segretarie. Indossa il camice bianco. Dà un'occhiata alla posta. Fa qualche telefonata. Detta un paio di lettere. Alle 11 esce dall'ufficio e attraversa il corridoio, sul quale si affacciano le porte degli uffici dei suoi collaboratori. DR. TAKAHITO SASAKI. ANNUNCIARSI ALLA PORTA ACCANTO. DR. ALEXANDRA GORDON. ANNUNCIARSI ALLA PORTA ACCANTO. DR. HARALD HOLSTEN. ANNUNCIARSI ALLA PORTA ACCANTO. DR. THOMAS STEINBACH. ANNUNCIARSI ALLA PORTA ACCANTO. DR. JAN BARSKI. ANNUNCIARSI ALLA PORTA ACCANTO.

Il professor Gellhorn entra in segreteria. Saluta la signora Vanis e la signora Woronesch. Passa nell'ufficio di Barski. È una stanza molto grande, naturalmente bianca. Il gruppo al completo lo sta aspettando. Ci sono tutti: il giapponese, l'israeliano, l'inglese, il tedesco e l'altro tedesco. È la consueta riunione del mattino. Ciascuno fa il punto sul suo operato. Da sette anni il gruppo cerca un virus efficace contro il cancro della mammella attraverso la manipolazione del DNA. Da circa un anno Thomas Steinbach ha intrapreso un programma di ricerche molto promettente. Può darsi che ci vogliano altri sette anni per avere successo. Oppure un anno soltanto. O ancora il successo potrebbe non arrivare mai. Né per il gruppo di Gellhorn, né per altri ricercatori.

Analizzano i risultati ottenuti, avanzano proposte, discutono sulla strategia da seguire. E infine stabiliscono l'ordine dei successivi esperimenti. Gellhorn confida molto in questi incontri con i suoi ragazzi, come ama chiamarli anche se sono poco più giovani di lui. Dopo una barzelletta di Tom, tutti tornano al lavoro. Anche Gellhorn. Ama il suo lavoro, l'ambiente in cui si svolge, gli piace avere a che fare con scienziati di tutto il mondo e adora l'atmosfera serafica della biblioteca e dei laboratori. Alle 15,30 torna da Barski. «So che il suo amico di Cambridge le ha appena mandato una scatola di tè» dice. «Ma oggi dovrete fare a meno di me. Devo andare. Ho fatto una promessa alle bambine.»

«Si capisce. Buon divertimento, professore» dice Barski e Gellhorn se ne va.

Il professore torna a casa a prendere la moglie e le figlie. È fiero di mostrarsi in pubblico con le sue tre bellissime donne. È diretto all'Heiligengeistfeld ed è profondamente soddisfatto in cuor suo. Prendono posto in terza fila. Alla sua destra siede Angelika e alla sinistra Lisa e Olivia. Gellhorn non è mai stato così felice.

Che spettacolo!

Sotto l'enorme tendone bambini e bambine siedono estasiati accanto ai loro genitori. Esultano quando sulla pista scendono i cavalli ammaestrati; fremono quando i leoni ruggiscono dalle gabbie, e trattengono il fiato quando le ragazze dai costumi d'argento si librano nel vuoto appese ai trapezi.

E poi... poi... Le voci dei bambini si uniscono in un grido unanime di gioia.

Entrano in scena i clowns.

Ringraziamenti

Ho potuto scrivere questo libro solo grazie all'apporto costruttivo e sostanziale prestatomi gentilmente da diverse persone di varie nazionalità; scienziati soprattutto, ma anche storici, politici, militari, strateghi, esperti di economia politica, dell'informazione, giornalisti ed esperti di problemi di sicurezza. Non posso ringraziare singolarmente tutti loro, prima di tutto perché sono troppi per citarli a uno a uno e secondariamente perché alcuni di essi hanno acconsentito a prestarmi la loro consulenza alla condizione di mantenere l'anonimato. Perciò non posso fare altro che ringraziare calorosamente tutti coloro che mi hanno aiutato.

Sono inoltre grato ai seguenti scienziati e autori di testi scientifici, nonché ai rispettivi editori, che mi hanno gentilmente concesso di citare brani tratti dalle loro opere, riportandoli a volte integralmente nel mio libro:

Horst Afheldt: *Guerra atomica*, Hanser Verlag München 1984 (dtv tascabile 1987); *La prassi della difesa*, Rowohlt Taschenbuchverlag Reinbek 1983 (Sponholtz Verlag Hameln 1987); *Il mattino dopo*, Kursbuch/Rotbuch Verlag, Berlin 1986.

Rita Arditti, Renate Duelli-Klein e Shelley Minden: *Retortenmütter*, Rowohlt Taschenbuchverlag Reinbek 1985.

Erwin Chargaff: *Il fuoco di Eraclito*, Verlagsgemeinschaft Klett-Cotta Stuttgart 1981 (tascabile 1984); *Il segreto inspiegabile*, 1981; *Osservazioni*, 1981; *Tabelle*, 1982; *Critica del futuro*, 1983; *Testimonianze*, 1985.

Hans Günter Gassen, Andrea Martin e Gabriele Sachse: *La materia dei geni*, Verlag J. Schweitzer München 1986.

Joël de Rosnay: *Il biokit*, 1985. Raccolte di tecnologia genetica, probabilità e rischi.

Jost Herbig: *Il bio-boom*, Stern-Buch, Verlag Gruner + Jahr, Hamburg 1982.
Vance Packard: *Il grosso tentativo*, Econ Verlag Düsseldorf 1977.

A tutti coloro che vogliono documentarsi in modo più specifico ed esauriente sulle basi scientifiche e politiche — ammesso che si riesca a separare le une dalle altre — sulle quali ho costruito il mio romanzo, consiglio la lettura dei testi citati.

Zug, primavera 1987

Johannes Mario Simmel

Finito di stampare nel mese di maggio 1992
presso lo stabilimento G. Canale & C. S.p.A.
Borgaro Torinese (TO)

Printed in Italy

BUR
Periodico settimanale: 20 maggio 1992
Direttore responsabile: Evaldo Violo
Registr. Trib. di Milano n. 68 del 1°-3-74
Spedizione abbonamento postale TR edit.
Aut. n. 51804 del 30-7-46 della Direzione PP.TT. di Milano

L. 14.000